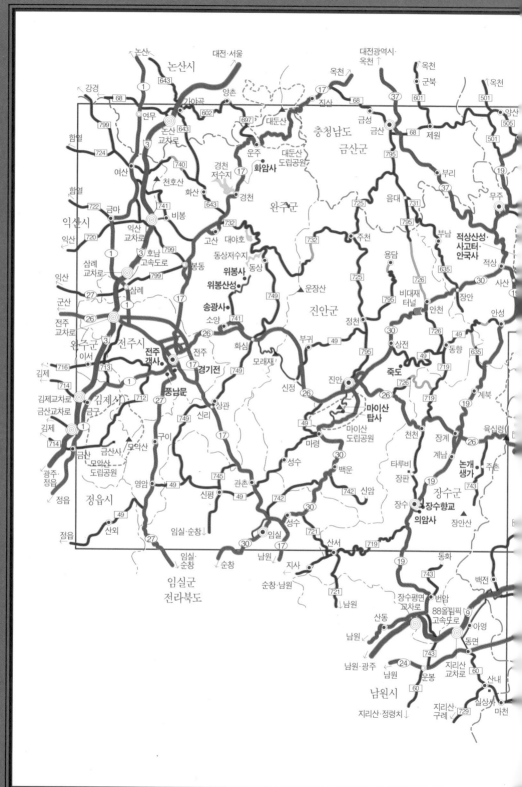

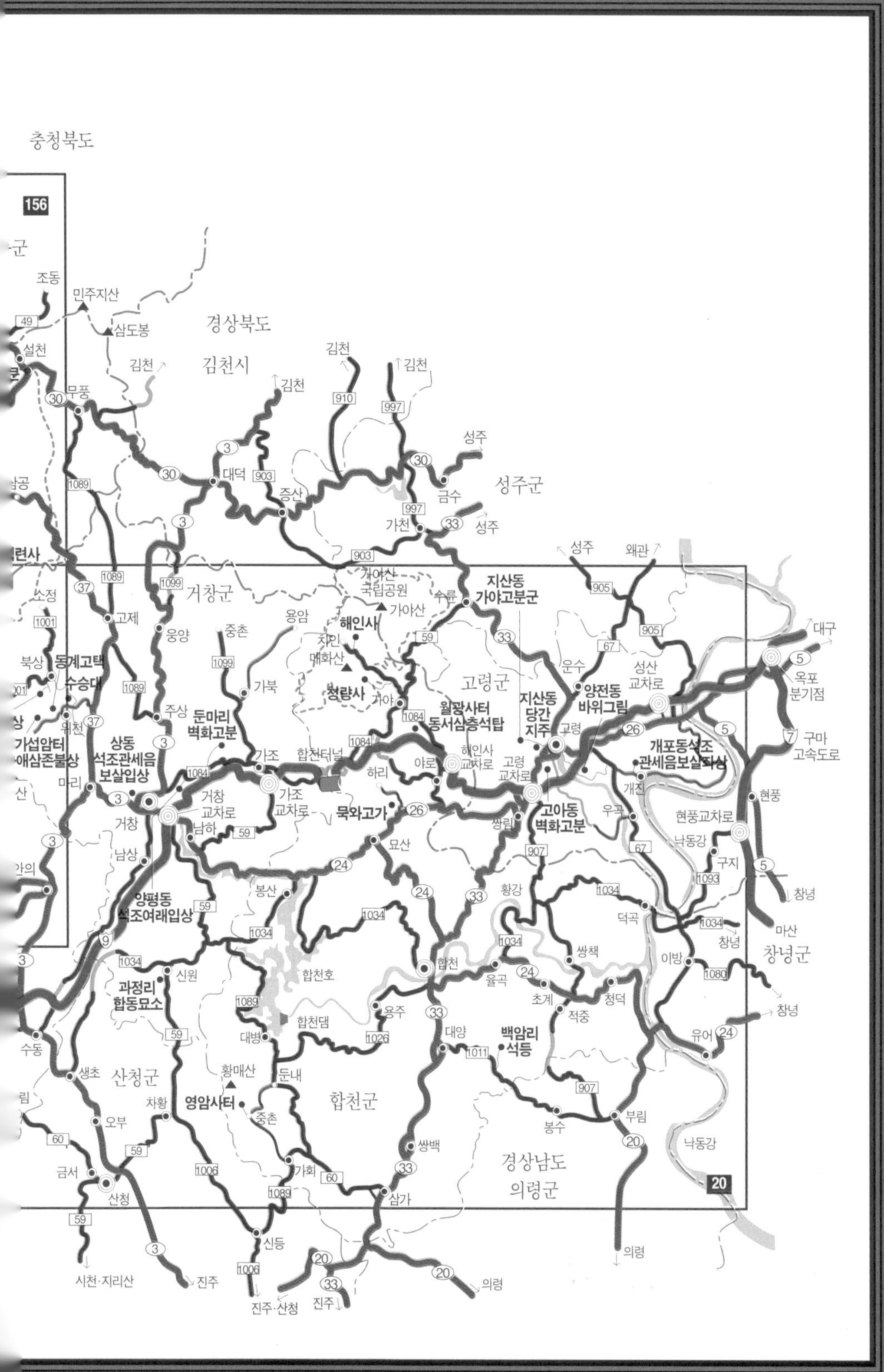

충청북도

조동
민주지산
49
설천
삼도봉
경상북도
김천시
김천
군
30
무풍
김천
910
997
김천
↑김천
성주
1089
3
대덕
903
증산
30
금수
성주군
성주
공
30
가천
997
성주
련사
3
903
성주
왜관↗
소정
1089
가야산
국립공원
수륜
지산동
가야고분군
905
거창군
37
1099
905
대구
1001
고제
웅양
중촌
용암
가야산
33
67
운수
성산
교차로
옥포
분기점
북상
동계고택
1099
치인
매화산
해인사
59
고령군
양전동
바위그림
5
상
수승대
가북
청량사
가야
지산동
당간
지주
26
개포동석조
관세음보살좌상
7
구마
고속도로
가섭암터
마애삼존불상
37
주상
둔마리
벽화고분
1084
월광사터
동서삼층석탑
고령
현풍
1001
위천
상동
석조관세음
보살입상
3
기조
합천터널
해인사
교차로
고령
교차로
1084
산
마리
거창
교차로
가조
교차로
하리
아로
쌍림
고아동
벽화고분
현풍교차로
낙동강
3
거창
남하
59
묵와고가
26
907
67
구지
5
남상
묘산
황강
1034
덕곡
1093
창녕
양평동
석조여래입상
59
봉산
24
33
쌍책
이방
1034
창녕
9
1034
신원
1034
1034
1034
1080
마산
창녕군
과정리
합동묘소
1089
합천호
합천
초계
24
글곡
정덕
창녕
수동
생초
산청군
대병
용주
1026
합천댐
대양
33
백암리
석등
1011
적중
907
유어
24
금서
차황
황매산
둔내
합천군
봉수
부림
낙동강
60
영암사터
중촌
59
1006
쌍백
경상남도
의령군
20
오부
기회
60
산청
1089
삼가
33
59
3
신등
1006
20
의령
20
시천·지리산
진주
진주·산청
진주
33
20
의령

20

답사여행의 길잡이 13

가야산과
덕유산

답사여행의 길잡이 13

가야산과
덕유산

한국문화유산답사회 엮음

돌베개

책임편집 김효형
글   홍선
사진   김성철

감수   유홍준

답사여행의 길잡이 13· 가야산과 덕유산

2000년 2월 7일 초판 1쇄 발행
2012년 7월 30일 초판 10쇄 발행

엮은이   한국문화유산답사회
펴낸이   한철희
펴낸곳   주식회사 돌베개
등록   1979년 8월 25일 제406-2003-000018호
주소   413-756
           경기도 파주시 회동길 77-20 (문발동)
전화   (031)955-5020
팩스   (031)955-5049
홈페이지   www.dolbegae.com
전자우편   book@dolbegae.co.kr

편집   최세정
표지·본문 디자인   정용기
조판·지도 제작   (주)한국커뮤니케이션
인쇄   백산인쇄
제본   백산제책

ⓒ 한국문화유산답사회·주식회사 돌베개, 2000

ISBN   89-7199-089-9 04980
ISBN   89-7199-039-2 04980(세트)

값 9,000원

「답사여행의 길잡이」를 펴내며

언제부터인지 여행은 인간의 삶을 이루는 한 부분으로 되어왔다. 여행이 인간의 삶에 주는 일차적 의미는 권태로운 일상으로부터 벗어나는 즐거움에 있을 것이다. 여행이 주는 이러한 즐거움은 감성의 해방에서 비롯된다. 그러나 여행의 의미는 결코 여기에서 머무르는 것이 아니다. 즐거움과 동시에 무언가를 새롭게 느끼고 배우는 지적 충만으로 이어진다는 데 여행의 큰 미덕이 있는 것이다.

한국문화유산답사회는 지난 10년 동안 문화유산의 현장을 찾아 구석구석을 누벼왔다. 이러한 답사를 통해서 돌 하나 풀 한 포기에도 삶의 체취와 역사의 흔적이 그렇게 서려 있음을 보았다. 그것은 놀라움이자 기쁨이었으며, 그동안 우리것에 무관심했던 데 대한 부끄러움의 확인이기도 하였다.

우리는 아름다운 국토와 뜻 깊은 문화유산이 어우러진 현장에서 맛보는 답사여행의 행복한 체험을 함께 누리기 위해 이 시리즈를 펴낸다. 이 책들은 문화유산 답사여행을 위한 안내서이자 기본 자료집이며 동시에 길잡이다. 그 속에는 한국문화유산답사회가 그동안 현장답사를 통해서 얻은 산 체험과 지식이 고스란히 담겨 있다. 전국을 행정구역과 문화권에 따라 구분하고 답사코스별로 세분하여 충실한 답사정보와 자상한 여행정보를 체계적으로 정리하였다. 내용은 물론 형식적인 측면에서도 답사여행의 현장에서 활용될 수 있도록 최대한 배려하였다.

근래에 들어 우리의 여행문화도 새롭게 전환하고 있다. 여행이 감성의 과소비가 아니라 삶의 에너지를 재충전하는 계기가 되는 참된 여행문화의 정착이 요구되고 있는 것이다. 이러한 시대적 흐름 속에서 답사여행에 대한 관심이 크게 일고 있다. 이 책이 아름다운 우리땅과 문화유산을 찾아떠나는 여행길을 밝혀줌으로써 참된 여행문화를 이끄는 데 기여한다면 그보다 더 큰 보람은 없을 것 같다.

한국문화유산답사회 대표 유홍준

이 책의 구성과 이용법

1. 「답사여행의 길잡이」 시리즈는 전국을 지역 혹은 문화권으로 갈라 15권으로 묶었다. 각 권에서는 나라에서 지정한 문화재를 모두 소개하기보다는 역사가 담겨 있고 문화적 가치도 있는 유형·무형의 문화유산들을 여행자의 발걸음을 따라가며 소개했다.

2. 이 책 『가야산과 덕유산』편은 전체를 2개 부(部)로 나누고 하나의 부에는 2∼3개의 코스를 만들어 총 5개 코스 중에 선택하여 여행할 수 있도록 했다. 각 코스는 하루 정도에, 각 부는 1박 2일이나 2박 3일 정도에 돌아볼 수 있다.

3. 책머리에는 「가야산과 덕유산 답사여행의 길잡이」를 실어 전체적인 주제와 특색을 파악하도록 했으며, 말미에는 특집 「팔만대장경판의 제작 과정」을 붙여 경판용 나무의 선택과 벌채, 운반, 건조, 다듬기, 판각, 옻칠 과정 등 팔만대장경판이 만들어진 과정을 재구성함으로써 유네스코 지정 세계문화유산으로 등록된 팔만대장경판의 이해를 돕고 있다. 또 각 부와 코스마다 개관을 달아 가고자 하는 곳을 구체적으로 그릴 수 있도록 했다. 본문에는 기초적인 답사 지식, 전설, 인물에 얽힌 이야기, 문양, 그림, 사진 들을 담았다.

4. 본문 옆에는 교통·숙식 등 답사여행에 필요한 기본 정보들이 담겨 있다. 교통 정보는 지도와 함께 보면서 이용하는 것이 좋다. 그동안의 경험에서 얻은 유익한 답사 정보들에는 따로 표시를 해두어 도움이 될 수 있게 했다.

5. 가야산과 덕유산 지역 전체를 보여주는 권지도, 몇 개의 코스를 하나로 엮은 부지도, 각 코스를 자세히 보여주는 코스별 지도를 그려놓았고, 특별히 찾기 어려운 곳에는 상세도를 넣었다. 코스별 지도 아래에는 그 지역을 찾아가는 방법에 대해 간략히 적어놓았으며, 각 답사지 옆에 아주 친절하게 길안내를 해놓았다. 책 말미에는 가야산과 덕유산 지역으로 가는 기차·고속버스·시외버스 시각표를 실었다.

6. 부록 「가야산과 덕유산 지역을 알차게 볼 수 있는 주제별 코스」에는 시대적·문화적 특성을 조망할 수 있는 주제별 코스를 소개해두었다. 각 부가 1박 2일이나 2박 3일 정도의 코스이므로 그중 하나를 선택해 다녀올 수도 있지만, 이 책에서 권하는 주제별 코스를 이용할 수도 있겠다. 또한 부록 「문화재 안내문 모음」에는 이 책에서 다루지 않은 유물·유적지를 포함하여 가야산과 덕유산 지역의 중요 문화재 안내문을 모아놓아 참고 자료로 활용하도록 했다.

7. 지도 보기

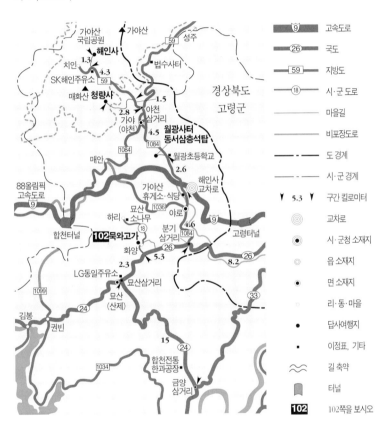

	고속도로
	국도
	지방도
	시·군 도로
	마을길
	비포장도로
	도 경계
	시·군 경계
▼ 5.3 ▼	구간 킬로미터
◎	교차로
◉	시·군청 소재지
◎	읍 소재지
⦿	면 소재지
○	리·동·마을
●	답사여행지
▪	이정표, 기타
≋	길 축약
	터널
102	102쪽을 보시오

8. 그림 보기

 교통, 숙식 등 여행에 필요한 기초 정보

 알찬 답사, 즐거운 여행을 도와주는 유익한 정보

차례

제1부 고령과 합천, 거창

골골이 맺힌 잊혀진 왕국 가야의 전설

코스 1   고령 망각의 대지 위로 솟은 대가야의 얼

제2부 전주·완주와 진안·장수·무주

온다라를 넘어 백제의 시간으로

코스 4 **전주·완주** 풍패향의 전통, 백제의 정신

코스 5 **진안·장수·무주** 이 땅 조선 여인의 매운 마음자리 하나

가야산과 덕유산 답사여행의 길잡이 유홍준

1

이 책은 답사여행의 길잡이 제13권 『가야산과 덕유산』편이다. 행정구역으로는 경상북도 고령, 경상남도 합천·거창, 전라북도 전주·완주·진안·장수·무주 등 3개 도 8개 시군으로 구성되어 있다. 얼핏 생각하기에 가야산과 덕유산 인근 지역을 한 권의 여행안내서로 엮는 것이 당혹스러울 수 있다.

그러나 실제로 답사여행을 다니다보면 경북·경남·전북 3개 도의 접경지역에 해당하는 이곳은 하나의 답사 벨트로 묶여 있다는 생각을 하게 된다. 더 확실히 한다면 경북의 성주, 경남 함양의 안의계곡까지 여기에 편입시키면 커다란 호(弧)를 그리는 동선이 이루어진다.

현재 우리나라의 행정구역은 도로망이 발달하지 않은 시절 주민들의 생활이 시와 읍으로 연결되는 찻길을 염두에 두고 구획된 것으로 오늘날에는 맞지 않는 것이 매우 많다. 한 예로 해인사는 합천군 가야면에 있지만 해인사의 생활권은 오히려 고령·거창으로 이어져 있다. 또 장수에서 육십령을 넘어 안의계곡을 지나 거창으로 빠지는 길은, 옛날에는 빨치산이 근거를 잡을 정도로 험준한 남덕유산 남쪽 자락이지만 오늘날에는 옛 정취를 풍겨주는 향토적 서정의 답사길일 뿐만 아니라 대전─진주간 고속도로가 바로 이곳을 통과하는 지역으로 되어 있다.

따라서 승용차나 버스로 답사하는 사람들에게는 덕유산과 가야산 자락이 한 권의 책으로 묶여 있는 것이 훨씬 실용적일 수 있다.

2

고령의 문화유적 중 으뜸은 지산동 가야고분군이다. 대가야의 왕도였던 고령 읍내 뒷산인 지산동에는 200여 기의 가야고분이 산자락을 타고 줄지어 있다. 읍내 가야공원(구 대가야유물전시관)에서 지산동 가야고분군에 올라 88올림픽고속도로변 쪽에 새로 세운 대가야순장묘전시관에까지 이르는 등산길은 그야말로 '왕릉의 능선' 이라고 불릴 환상적인 답사길이다. 흔히들 88올림픽고속도로 쪽에서 시작하여 버스는 읍내에 가 있게 하고 대가야순장묘전시관을 관람하고나서 왕릉의 능선을 답사한 다음 읍내에서 식사를 하는 방법을 택하곤 한다.

가야시대의 무덤은 신라와는 달리 평지가 아니라 능선 위에 조성되었다. 그것은 평야가 적은 이 지역으로서는 농지의 확보를 위해 자연히 그렇게 된 것으로 생각되고 있지만, 한편으로는 조상님이 내려다보는 가호 아래 삶이 이루어진다는 정신적인 측면이 있다는 해석도 있다. 지산동 가야고분군의 형성을 보면, 위쪽으로 오를수록 무덤이 크고 오래된 것을 알 수 있다. 아래쪽은 봉분의 형체가 없어진 것이 많고, 있어도 아주 소형이다. 중간 지역은 봉분의 지름이 10m 정도 되는 중형이고, 능선 마루는 봉분의 지름이 20m 이상 되는 대형분으로 특히 44호분, 45호분이 그 절정을 이룬다.

이는, 44·45호분에 이르러서는 신라의 왕릉 못지않은 거대한 구조를 갖게 되었음을 말해주는 것으로 시기로는 5세기경 대가야의 전성시기였다. 즉 3세기 김해의 금관가야가 쇠퇴한 뒤 대가야가 여섯 가야를 대표하던 시기의 고분들이다. 44호와 45호 고분에 다다르면 여기에서는 멀리 고령땅의 들과 산이 조망되며 잃어버린 왕국의 잃어버린 전설을 회상하게 되니 고령 지산동 가야고분군의 '왕릉의 능선' 은 여느 답사와는 다른 역사의 향취가 있다.

고령에는 또 양전동 바위그림으로 알려진 알터의 청동기시대(B.C. 3세기경) 유적이 있다. 기하학적 추상무늬를 주술적으로 새긴 이 바위그림은 울주 천전리 바위그림, 포항 칠포리 바위그림, 영주 가흥동 바위그림으로 이어지는 것이어서 우리나라 청동기 문화의 전파 과정을 말해주는 매우 의의 있는 유적이다.

3

합천 해인사는 그 명성이 전국에 자자하고 팔만대장경은 세계의 문화유산으로 지정되어 있으니 그 중요성은 더 말하지 않아도 좋을 것이다. 또, 팔만대장경은 그 자체 못지않게 대장경판전 건물의 탁월한 기능과 건물의 아름다움이 한국 건축사에 우뚝함도 익히 알려진 바이다.

그러나 해인사는 이런 명성 때문에 이에 못지않는 홍류동계곡의 역사성을 간혹 뒤로하게 하곤 한다. 홍류동계곡에는 지금도 최치원의 시를 우암 송시열이 새겨놓았다는 글씨가 남아 있으니 이에 서린 선비들의 자취는 능히 짐작할 수 있을 것이다. 또 해인사 맞은편 매화산에 있는 청량사는 해인사에서는 찾아볼 수 없는 시원한 전망이 있으니 답사객 중에는 오히려 이쪽을 더 선호하는 이도 많다.

그러나 나 개인적 취향으로 합천의 유적 중 으뜸으로 삼는 곳은 가회면 황매산의 영암사터이다. 늠름한 기상과 신령스러움 그리고 아름다움을 모두 간직한 황매산 모산재 바위봉우리를 배경으로 하여 높직이 올라앉은 영암사터에는 화려한 자태를 뽐내는 쌍사자석등이 천 년을 두고 변함없이 절터를 지키고 있는 것을 볼 수 있다. 사실 이것 하나만으로도 영암사터를 가장 사랑스런 답사처로 꼽는 이들이 많다. 영암사 옛 절은 모두 사라졌지만 금당터의 돌축대와 주춧돌은 그대로 옛모습을 간직하고 있다. 축대로 오르는 무지개 모양의 돌계단 난간의 형태도 아름답지만 금당터 기단의 돌사자 조각과 난간 기둥의 비천상 조각들은 다른 곳에선 찾아볼 수 없는 우리나라 석조예술의 별격이다. 그리고 아마도 조사당이 있었을 것으로 추정되는 서금당터에 남아 있는 비석받침 돌거북은 여지없이 9세기의 풍모를 보여주는 조각이다. 비록 비신은 잃었지만 하대신라의 큰스님, 아마도 이 아름다운 영암사를 창건했던 분의 공덕이 거기에 기록되어 있었을 것으로 추정되며, 또 하나는 중창주인 11세기 적연국사의 비로 알려져 있다.

영암사터는 진달래 만발한 봄철의 풍광을 자랑하고 있지만 흰 눈이 쌓인 겨울철이 오히려 더욱 장엄하고 신령스러웠다고 나는 기억하고 있다. 그것은 아마도 봄철엔 사람이 많아 호젓함을 즐길 수 없었기 때문인지도 모른다. 아무튼 영암사터를 추천받고 다녀와서 실망했다는 말을 나는 아직껏 듣지 못했다.

4

거창은 한국현대사에서 뼈아픈 상처를 받은 곳으로 사람들은 거창하면 으레
'거창양민학살'을 떠올리곤 한다. 1951년 2월 초, 신원면 일대의 공비 토벌
에 나섰던 국군이 이곳 주민 8백여 명을 공비에 협조할 우려가 있다는 이유로
집단 학살한 사건이다. 지금 신원초등학교 뒷산인 박산골에 주민들을 끌고 가
기관총으로 모두 사살하고 휘발유를 끼얹고 시신을 불태운 끔찍한 사건이다.
전쟁이 끝나고 50년이 되도록 그 진상은 제대로 규명되지도 않고 어이없이 죽
은 영혼들은 신원되지 못한 채 이곳 한쪽 언덕에는 남자뼈, 여자뼈, 어린아이
뼈를 추려 묻은 3개의 무덤이 있을 뿐이다.

거창군 신원면은 거창의 남쪽 깊은 산골로, 그 너머는 산청군 원리로 통하는
오지 중 오지인데 현대사의 답사처로 뜻있는 역사학도들이 가끔 들르는 정도
이지만 양식 있는 대한민국 국민이라면 한번쯤 들러 마음으로 그 영혼을 위로
해드려야 할 곳이다.

거창은 이렇게 양민학살의 현장으로 각인되어 있지만, 본래 조선시대에는 영
남 유학의 중요한 고을로 동계 정온 선생의 고택과 수승대가 그 만만치 않은 전
통을 지키고 있다. 동계 정온 선생의 고택은 영남의 고가 중에서도 가장 보존
이 잘 된 곳으로 이 집의 구조도 구조이지만 문고리, 들쇠, 창살, 난간 등 그 디
테일에 조선 맛이 물씬 풍기고 있어 그 품격이 말할 수 없이 드높다. 또 동계 정
온의 유적으로는 그가 세상을 피해 살며 그곳 이름을 감추어 모리(某里)라고
했던 모리재(某里齋)가 있는데, 모리재는 비록 낡고 쓸쓸하지만 모리재로 오
르는 길의 억새밭은 환상적인 아름다움이 있다.

수승대는 거창의 최대 명소로 가까이 구연서원이 있고 또 인근 황산마을엔
고가가 즐비하여 옛 조선시대 반촌의 분위기를 엿볼 수 있는 곳이다. 영남 정
자문화를 애기함에 빼놓을 수 없는 수승대는 바로 이웃한 안의의 농월정과 함
께 가히 쌍벽이라 할 수 있는 곳이다.

거창에 남아 있는 이런 선비문화의 전통은 오늘날에도 이어져 군민 수가 7만

이 못되고 읍내에 2만여 명이 살고 있건만 거창읍에 고등학교가 6개나 있고 이들이 모두 전국에서 손꼽히는 명문이라는 놀라운 교육열을 보여주고 있다.

거창에는 불교 유적도 적지 않아 양평동의 석조여래입상, 상동의 석조관세음보살입상, 농산리의 석조여래입상이 있고 가섭암터에는 마애삼존불상이 바위굴에 새겨 있다. 이 모두가 한 차례 답사처로 손색이 없다. 거창군의 이런 문화 전통은 군으로서는 예외적으로 거창박물관이 세워지게 하였으니, 앞으로 거창은 양민학살의 현장이 아니라 문화 교육의 고장으로 새로운 명성이 쌓이기를 간절히 바라는 마음이다.

5

전주가 우리 역사·문화에서 차지하는 위치는 새삼 강조하지 않아도 될 것이다. 그 역사성을 지키고 있는 풍남문, 경기전, 전주객사에 대해서도 본문에 자세히 설명한 대로이다. 그중에서 특히 강조하고 싶은 곳은 교동·전동의 한옥마을이다. 향교가 있어 교동, 경기전이 있어 전동이라는 이름을 얻은 이곳 전주의 옛 동네에는 지금도 무려 8백여 채의 한옥이 그대로 남아 있다. 서울의 가회동에 맞먹는 규모이다. 혹자는 전주의 한옥마을은 20세기 일제강점기를 거치면서 많이 변질되었다고 그 가치를 낮추기도 하지만, 시대의 흐름 속에 개조해가며 지금까지 사람이 살고 있다는 사실 자체가 문화사적으로 큰 가치를 갖는 것이다.

그중에는 낡고 허름한 집도 많지만 학구당처럼 당당한 한옥도 적지 않다. 이 한옥마을은 향교 뒷산의 오목대에서 내다보면 그 지붕선이 아름답게 다가오는데, 사정이 허락되는 분은 동네 가까이 있는 리베라호텔 객실에서 내려다보면 그 진면목을 느낄 수 있을 것이다. 어느 해 여름 이곳에서 내려다본 전동·교동의 한옥마을엔 유난히도 능소화꽃이 아름답게 피어 있어 더욱 정겹게 다가왔다.

동네를 돌다보면 옛날 전당포가 지금도 운영되고 있어 신기했고, 한국은행

지점장 사택이 현대적으로 개조된 것도 볼 만했으며 학구당의 정원과 우물은 가히 명물이었다. 그리고 어느 골목길은 『혼불』의 작가 최명희의 고향이라고 들었는데 이런 모든 것이 관광과 교육의 장으로 다시 태어나기를 기대해본다.

완주에는 위봉사, 송광사, 화암사 같은 유명한 절이 있다. 그중 화암사는 정말로 조용하고 아담한 절이다. 들어가는 입구의 호젓함도 그러하지만 알맞은 규모의 절집이 더욱 사람의 마음을 사로잡는다. 인근 위봉사나 송광사가 현대식 허장성세로 치장한 것에 비할 때 이 예스러움의 가치는 더욱 빛난다.

6

무주·진안·장수는 합쳐서 무진장이라고 불린다. 덕유산의 무주 구천동은 특별한 문화유적이 없어 답사가 아니라 등산과 스키를 즐기는 사람들의 차지로 되었지만, 나제통문을 지나 반딧불이 보호지역에 다다르면 그것 자체가 역사와 자연의 답사라는 생각도 든다.

무주 읍내의 한풍루와 무주향교, 안성면의 도산서원(道山書院), 한말 의병들의 무덤인 칠연의총 등이 무주의 유적으로 그 나름의 이름을 갖고 있는데, 아무래도 무주가 자랑할 문화유적은 덕유산의 적상산성과 안국사라 할 것이다.

적상산성은 삼국시대 이래의 격전지였던 곳으로 본래 무주군이 백제의 탄천현과 신라의 무산현이 합쳐 이루어졌다는 사실만으로 그 중요성을 알 만한 곳이다. 또 임진왜란이 끝나고 얼마 안되어 묘향산에 있는 실록이 위험하다고 이곳 적상산에 실록전과 사고(史庫)를 지어 옮겼으니 더욱 그 험준함과 역사성을 새기게 된다. 지금은 그 모습이 사라졌고 산성 내에 있는 안국사에 그것을 되새길 자취만 남아 있는 것이 아쉽다. 안국사에는 무엇보다도 거대한 괘불이 있어 미술사학도의 관심을 끌게 한다. 의겸이라는 화승이 그린 이 불화는 조선 후기 괘불의 대표작 중 하나로 손꼽힌다.

진안에는 마이산이 있고 마이산에는 탑사가 있어 관광객, 등산객, 답사객들이 많이 몰려든다. 마이산의 기이한 모습도 사람을 놀라게 하지만 탑사의 공력 또한 많은 생각거리를 던져준다. 비록 그것의 역사성이 얕아도 감동은 감동인 것이니 답사가 꼭 옛것만을 즐기는 것이 아님을 여기서도 알겠다.

장수에는 무엇보다 논개사당인 의암사가 있어 그곳을 지날 때면 장수가 충절의 고장임을 내세우는 이유를 새삼 깨닫게 된다. 그러나 장수가 충절을 말하는 것은 논개뿐만이 아니라 정유재란 때 장수향교를 지키다 순절한 정충복의 비가 있고, 또 현감을 따라다니던 통인(通引)이 현감이 죽자 함께 목숨을 끊고 글씨를 남겼다는 '타루비'(墮淚碑)가 있기 때문이다. 깊은 산골에 이런 유교적·애국적 순절의 자취가 곳곳에 남아 있음이 차라리 놀라운 일이다. 장수는 지금도 옛날의 정취를 곳곳에서 느끼게 하는 산간마을이 많아 비록 거기에 오래 머무는 일 없어도 자주 지나가고 싶은 곳으로 내 가슴에 남아 있다. 장수에서 육십령 고개를 넘어가면 함양 안의의 농월정으로 이어지고 여기서 차로 15분 안에 거창 수승대에 닿을 수 있다.

제1부 고령과 합천, 거창

골골이 맺힌 잊혀진 왕국 가야의 전설

고령

합천

거창

1 고령과 합천, 거창

이제까지의 연구에 의하면 가야사는 전기와 후기로 나눌 수 있다고 한다. 서기 2~3세기에 이르면 풍부한 철산지와 해운에 유리한 입지 조건을 갖춘 변한지역, 오늘날의 경상남도 해안지대는 그런 조건에 힘입어 상당한 부와 기술을 축적하게 되고, 그에 따라 사회통합의 단위도 점차 확대되어 소국(小國) 단계로 발달하였다. 당시의 변한지역에는 10여 개의 소국들이 성장하고 있었는데, 이들 가운데 가장 유력한 세력은 김해의 가야국이었다. 말하자면 2~3세기의 변한지역은 가야국을 맹주로 한 변한소국연맹체, 즉 전기가야연맹을 형성하고, 대외적으로 그 주변 지역인 마한·낙랑·왜 등과 교역에 임하기도 하고, 진한(신라)과 세력다툼을 벌이기도 하면서 착실하게 발전하고 있었다. 그러나 4세기 초 고구려가 이른바 한사군의 잔존세력이었던 낙랑군과 대방군을 소멸시킨 여세를 몰아 한반도 남쪽으로 영향력을 확대하고, 4세기 중엽 황해도지역을 점령할 정도로 세력이 신장된 백제 또한 주변 지역에 압박을 강화하자 그 영향은 곧바로 변한지역에 미치게 된다. 그 결과 전기가야연맹은 성장을 멈추고 주춤한 상태에서 현상을 유지하게 된다. 하지만 이런 상황조차 오래가지 못하고 4세기 말, 5세기 초에 걸쳐 다시 한번 크게 변화한다. 즉, 고구려와 백제의 패권다툼에서 백제가 크게 패하고 고구려 광개토대왕의 군대가 낙동강 하류지역까지 내려와 가야를 공격하자 4세기 전반 이후 정체를 면치 못하던 전기가야연맹은 결정적인 타격을 입고 와해되고 만다.

이러한 일련의 파동을 거치면서 변한지역에는 몇 가지 변화가 일어난다. 먼저 전기가야연맹의 중심지역이었던 김해를 비롯한 경상남도 해안지대는 큰 타격을 입고 쇠잔해졌다. 이에 비해 가야지역 안에서 전쟁의 피해를 입지 않은 고령·함양 등의 내륙산간 후진지역은 오히려 세력 기반을 차츰 넓혀가게 된다. 또 가야지역 중에서 신라에 가까운 지방, 특히 성주, 양산, 동래 등지의 세력은 신라의 영향권 아래로 이탈해 들어간다. 전반적으로 말하자면 가야연맹은 대폭 약화되어 그 세력권도 고령 이남의 낙동강 서쪽지역으로 축소되고 마는 것이다.

한번 발전의 기틀이 꺾이고 그 세력이 미치는 범위도 줄어든 가야지역은 5세기를 넘어서면서 다시 성장을 시작한다. 그 가운데서도 서부 경상도 내륙의 고령, 삼가, 거창, 산청, 함양, 남원 등의 세력은 경남 해안지역의 선진문화의 파급으로 급속히

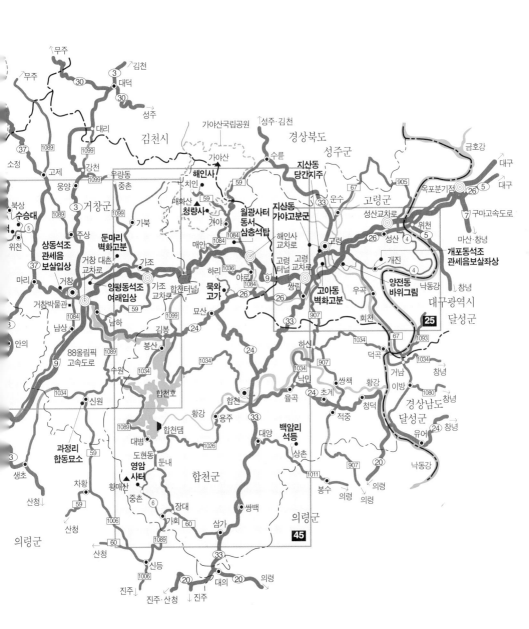

고령·합천·거창은 멀리 거슬러 오르면 같은 역사적 배경을 공유한다.
그러나 가야사 자체가 어둠에 파묻히다보니 이들 지역에서 답사객의 눈길이 멎고 발길이 닿는
문화유산은 가야 이후의 시대에 이룩된 것들이 될 수밖에 없다.

발전하며, 선진지역이었다가 전쟁의 참화를 입고 퇴락했던 경남 해안지대에도 점차 복구의 기운이 일어나게 된다. 그리하여 이제는 해안지대가 아닌 내륙산간지역이 주도하는 가야연맹이 형성되어 562년 대가야가 무력에 의해 신라에 병합될 때까지 한반도 역사 전개의 한 축을 이루게 된다. 우리는 이를 후기가야연맹이라 부른다.

우리의 발길이 향하는 고령·합천·거창은 멀리 거슬러 오르면 이와 같은 역사적 배경을 공유한다. 그러나 가야사 자체가 어둠에 파묻히다보니 이들 지역의 가야시대를 증명해줄 유물이나 유적은 매우 영성(零星)하여 몇 덩이 고분 정도가 근근이 잔존할 따름이다. 따라서 이들 지역에서 답사객의 눈길이 멎고 발길이 닿는 문화유산은 거개가 가야 이후의 시대에 이룩된 것들이 될 수밖에 없다.

그런 가운데서도 고령은 다소 예외적이다. 후기가야연맹을 주도적으로 이끌어간 우두머리는 대가야였고, 대가야의 중심지가 바로 오늘날의 고령이었다. 그래 그런지 고령에는 가야사 복원에 없어서는 안될 중요한 유적이 남아 있다. 지산동 고분군과 고아동 벽화고분. 이들 또한 많은 가야고분 가운데 하나임에 틀림없지만, 특히 지산동 고분군이 가야고분 가운데 차지하는 비중은 단연 우뚝하여 그에 비견되는 것을 찾기 어렵다. 지산동 고분군은 고령에서 보게 되는 지산동 당간지주, 양전동의 선사시대 바위그림, 개포동의 석조관세음보살좌상을 찾는 발길을 조금은 맥빠지게 할 만큼 인상적이다.

합천, 하면 얼른 해인사가 떠오를 만큼 해인사는 합천의 얼굴 같은 곳이다. 그래서 누구라도 찾게 되고, 또 그 때문에 모여드는 인파와 소화불량에 이를 정도로 많은 볼거리에 얼마간의 피로감을 느끼게 되는 곳이 해인사이기도 하다. 해인사와 이웃해 있으면서 아득하게 솟은 월류봉 바위봉우리가 아름답고 그 봉우리에서 떨어져 내린 능선의 키 큰 소나무들이 운치 있는 청량사나, 비록 전설이긴 하나 가야시대에 희미한 끈이 닿아 있으면서 두 삼층석탑을 거느린 월광사터는 해인사에서 쌓인 피로를 씻어내기에 맞춤한 곳이다. 또 조신한 여인네처럼 다소곳한 자태로 움직일 줄 모르는 백암리 석등, 한 독립운동가의 구가(舊家)로 우리 시대의 그네들에 대한 대접이 어떠한가를 반성케 하는 묵와고가도 반드시 들를 곳이다. 허나 아무래도 합천 답사의 백미는 황매산 아래 숨어 있는 영암사터가 될 터이다. 그곳에서 우리는 황매산 바위봉우리의 돌꽃 무더기와, 그에 호응이라도 하듯 점점이 꽃으로 피어난 갖가지 석조물을 울렁이는 가슴으로 만날 수 있다.

거창에서 우리가 유난히 자주 대하게 되는 것이 불상이다. 양평동 석조여래입상, 상동 석조관세음보살입상, 가섭암터 마애삼존불상, 농산리 석조여래입상 등. 산간 오지라 할 수 있는 이 지방에 왜 이렇게 많은 불상들이 만들어졌는가는 의문이지만, 거창 읍내와 원학계곡을 따라 드문드문 서 있는 이들 불상을 요모조모 비교해보며 감상하는 것도 답사의 묘미가 될 수 있겠다. 거창에서는 또 찰찰히 흘러내리는 위천 너머로 건너다보이는 묵은 마을이나 거창 전역에 점점이 흩어진 골기와지붕을 어렵지 않게 볼 수 있다. 조선시대 이 고장에 뿌리박은 사대부들이 적지 않았다는 한 증좌이겠는데, 위천면의 동계고택이나 수승대는 저들의 주거문화와 일종의 정자문화를 엿볼 수 있는 좋은 지표가 되겠다. 그밖에 고려시대의 무덤인 둔마리 벽화고분은 또 그것대로 거창 답사의 별격으로 꼽을 수 있을 것이다.

코스1 고령

망각의 대지 위로 솟은 대가야의 얼

시간은 모든 것을 무화시킨다. 자연도, 인간의 삶도, 그밖의 어떤 것도 시간의 파괴력 앞에 온전히 견디어 남지 못한다. 더구나 인간이 개입한 시간은 더욱 가공할 횡포로 모든 것을 묻어버린다. 그래서 시간은 역사의 무덤이다.

특히 우리가 가야의 역사와 마주할 때 그런 생각은 사뭇 심각해진다. 고령은 후기가야연맹을 주도적으로 이끌던 대가야의 도읍지였다. 한반도 여명기에 나름대로의 빛깔과 목소리로 역사와 문화를 엮어갔던 이들이 살던 옛 터전이다. 그러나 오늘날 그 땅에 살던 가야인들의 자취는 아주 드물다. 모든 것을 삼켜버리는 시간이 강물처럼 흐른 탓이다. 그들의 자취가 남기를 원치 않았던 사람들이 한 줄기 바람 속에 가야인의 삶을 남김없이 흩어버린 까닭이다. 그래도 남을 것은 남았다.

지산동 고분군은 천마디 말보다 무거운 침묵으로 옛 대가야의 실체를 보여준다. 현재의 경상남북도 곳곳에 가야시대의 고분들이 산재한다. 고령 지산동 고분군, 상주 증촌리 고분군, 성주 성산동 고분군, 거창 말흘리 고분군, 합천 옥전 고분군, 함안 도항리·말산리 고분군, 창녕 교동·송현동 고분군, 김해 양동리·예안리 고분군, 부산 복천동 고분군……. 옛날 대가야가 그랬듯이 입지와 규모와 학술적 가치 등 모든 면에서 이들 가야고분을 대표하는 것이 바로 지산동 고분군이다. 그러므로 고령 읍내를 굽어보며 말없이 솟은 이 가야의 옛 무덤에 오르면 시간의 강물을 거슬러, 외면과 은폐의 손길을 뿌리치고 대가야의 참모습과 마주 서려는 1,500년 전의 외침이 들려올지도 모른다. 한 줌 바람 속에 가야의 숨결이 두 볼을 스쳐갈지도 모를 일이다.

고령 읍내에는 지산동 고분군 말고도 가야시대의 무덤이 하나 더 있다. 고아동 벽화고분이 그것이다. 지금까지 알려진 가야시대 유일의 벽화고분이다. 지산동 고분군은 많은 무덤이 무리지어 있지만, 고아동 벽화고분은 외따로 다소곳하다. 지산동 고분군이 높은 능선 위에 자랑스런 자태로 솟아 있다면, 고아동 벽화고분은 산자락 끝에 납작 엎디어 있다. 그렇게 조용한 자세로 고아동 벽화고분은 그 안에 그려진 연꽃처럼 이제는 자신이 대가야의 연못에서 핀 한 송이 연꽃이 되어 남았다.

고령에 가면 이 고장에 시간의 켜가 곱게 앉았음을 느끼게 되고, 역사의 퇴적물

개포동 석조관세음보살좌상　　지산동 당간지주

양전동 바위그림　　지산동 가야고분군

고아동 벽화고분

경상북도 서남쪽에 위치한 고령은 88올림픽고속도로가 군의 동쪽에서 서쪽을 지나
며 대구·달성에서 뻗어온 26번 국도가 고령읍을 지나 합천·거창으로 연결된다. 또
한 구미·성주에서 내려온 33번 국도 역시 고령읍을 지나 합천·진주로 연결되며 그
밖에 여러 지방도로와 군도로가 대구·창녕·합천·성주로 나 있어 교통이 매우 편리
하다. 고령으로는 서울을 비롯하여 부산·대구·광주·진주·거창·성주·울산 등지에
서 고속버스와 직행버스가 다니는데 그외 지역에서 교통이 편리한 대구로 와서 다
시 고령을 찾아도 그리 불편하지 않다.
이 책에서는 88올림픽고속도로 성산교차로를 이용해 고령의 여러 곳을 돌아보는 동
선으로 꾸몄다.

고령 읍내를 굽어보며 말없이 솟은 가야의 옛 무덤에 오르면
시간의 강물을 거슬러, 외면과 은폐의 손길을 뿌리치고 대가야의 참모습과
마주 서라는 1,500년 전의 외침이 들려올지도 모른다

이 차곡차곡 차례로 쌓여 있음을 생각하게 된다. 아주 멀리 선사시대의 유적으로
양전동 바위그림이 있고, 가야의 무덤들이 있고, 통일신라의 당간지주가 있고, 고
려의 마애불상이 있는 것이다. 양전동 바위그림은 국내에서 두번째로 알려진 바위
그림으로, 이 방면 연구에 불을 지핀 기념비적 유적이다. 지산동 당간지주는 역사
의 주체가 바뀌어도 세월은 또 간단없이 흐르면서 새로운 문화가 이어짐을 생각케
하는 통일신라시대의 유물이다. 그런가 하면 개포동 석조관세음보살좌상은 한때
화려한 역사의 중심지에서 이제는 주변부로 밀려난 고령이 역사의 뒤안길에서도 나
름대로의 삶과 창조적 행위를 지속했음을 보여주는 조촐한 기념사진과도 같은 문
화유산이다.

　고령은 망각의 대지 위에 솟은 옛 무덤을 통해 우리를 기억 저편으로 사라진 가
야시대로 초대하는 곳이며, 요란스러울 것 없는 차분한 유물들로 우리의 발길을 부
르는 고장이다.

월담정(月潭亭)

남명 조식(南冥 曺植)

가야 古國 옛 무덤 뫼인 듯 이어지고
허물어진 月器마을 남은 듯 스러진 듯
잔풀 무리무리 봄빛을 띠었건만
해 바뀌니 또 한 마을 가뭇없이 사라지네.

伽倻古國山連塚 月器荒村亡且存
小草斑斑春帶色 一年銷却一村魂

개포동 석조관세음보살좌상

고령군 개진면 개포리에 있다. 88올림픽고속도로 성산교차로 입구 성산 파출소 앞에서 오른쪽 고령으로 난 26번 국도를 따라 6.9km 가면 길 오른쪽에 쌍용금산주유소가 있는 양전삼거리에 닿는다(고령 시외버스정류장 앞 현문사 거리에서 대구로 난 26번 국도를 따라 3.4km 가도 양전삼거리에 닿는다). 양전삼거리에서 다시 왼쪽 우곡으로 난 67번 지방도로를 따라 3.7km 가면 길 오른쪽에 쌍용개진주유소가 있는 열뫼삼거리에 이른다. 열뫼삼거리에서 왼쪽 개진면으로 난 4번 군도로를 따라 2km 가면 길 왼쪽에 성서산업표지판과 함께 시례마을(개포2동)로 난 마을길이 나온다. 마을길을 따라 100m쯤 가면 다시 두 갈래로 길이 나뉘는데 왼쪽으로 난 마을길을 따라 900m쯤 가면 마을공터에 이르고 마을 뒤로 난 산길을 따라 200m 정도 가면 개포동 석조관세음보살좌상이 나온다. 승용차는 마을공터에 주차할 수 있으나 대형버스는 성서산업표지판이 있는 마을 입구에 잠시 주차해야 한다. 시례마을 주변에는 숙식할 곳이 없다. 가까운 고령 읍내에는 숙식할 곳이 여럿 있다. 고령 시외버스정류장에서 개포2동 입구를 지나 개진·생동으로 가는 버스가 하루 6회 있다(고령 시외버스정류장→개진·생동 6:30, 9:10, 12:20, 14:10, 15:30, 19:40).

이 세상 모든 고통의 소리를 맑은 지혜의 눈으로 관찰하는 보살, 중생의 고통이 있는 곳에 언제나 함께하는 분, 큰 사랑과 한없는 연민으로 가득한 존재 ─ 불교에서 말하는 관세음보살(觀世音菩薩)이다. 한마디로 관세음보살은 자비의 화현(化現)이다. 때문에 불교미술에서 이분을 형상화할 때는 표정과 자세에 그런 덕성을 담으려고 애쓰게 된다. 그런데 우리가 지금 찾아가는 개포동 석조관세음보살좌상은 관세음보살의 이런 이미지와는 거리가 먼 얄궂은 관세음보살이다.

한때는 나루터가 있는 낙동강가의 강마을이었을 개포리(開浦里), 그곳의 시례마을 뒷산 자락에서 이 관세음보살은 금방이라도 울음을 비죽비죽 내밀 듯한 표정으로 이따금 찾아드는 이들을 맞고 있다. 펑퍼짐한 얼굴에 미간이 좁아 두 눈과 눈썹이 가운데로 몰려 있다. 눈썹은 활처럼 휘어지며 선명하게 팬 반면, 거의 감긴 듯이 가늘고 얇게 새겨진 눈은 눈두덩이 부어올랐다. 코는 애초부터 그러한 듯 양쪽의 볼보다도 낮게 푹 주저앉았으며, 그 아래 입은 생기다 만 듯 어름하다. 미간에 박혀 있어야 할 백호는 이마에 자리잡고 있으면서 지나치게 커서 이물스럽기 짝이 없다. 쓴 것이 아니라 머리에 얹어놓은 듯한 보관은 보살상에서 흔히 보이는 화려하고 세련된 것과는 사뭇 달라 거들먹거리기 좋아하는 놀부영감이 쓰던 정자관(程子冠)을 닮았다. 그 가운데에는 관세음보살의 상징이라 할 화불(化佛)이 간단하게 새겨져 있고, 보관의 아랫부분에는 머리에 보관을 고정시키기 위한 비녀가 막대기처럼 양옆으로 길게 나와 있다.

몸은 영락없이 어린아이가 그린 그림이다. 비례나 균형은 아예 생각해본 바도 없는 듯이 '자유롭다'. 위로 쳐든 오른팔은 뼈가 있지도 않은 듯 U자를 그리며 휘어져 올랐고, 반대로 왼팔은 부지깽이처럼 뻣뻣하게 내리뻗었는데 그 끝에 달린 손 또한 작고 귀엽기는 하지만 고무장갑처럼 굴곡이 없다. 옷자락은 구불구불한 선이 서너 줄 비껴 흐르는 것으로 그만이다. 가부좌한 두 발은 더욱 볼 만하여 마치 고대 이집트 회화에서 인물의 시각과는 상관 없이 눈은 언제나 정면을 응시하듯, 발바닥이 하늘을 향한 것이 아니라 앞을 향하고 있는데 꼭 맨발로 진흙 위에 찍

어놓은 발자국처럼 생
생하면서 작고 갸름한
모습이 차라리 어여쁘
다. 왼손에 쥔—손가
락이 모두 일직선이라
쥘 수도 없지만—연
꽃가지는 어깨 너머로
뻗었는데, 그 끝에 달
린 두 송이 작은 연꽃
은 간지러울 정도로 곰
살궂고 앙증맞고 애교
스럽다. 이 보살상에
서 가장 그럴 듯한 구
석을 찾는다면 바로 여
기 연꽃송이가 아닐까
모르겠다.

개포동 석조관세음보살좌상
자비로운 보살의 이미지보다는 무속적인
인상이 강하다.

　요컨대 개포동 석조관세음보살좌상은 보관 속의 화불과 왼손에 쥔 연
꽃으로 보아 관세음보살임을 알 수 있을 뿐, 어디에도 끝없는 연민의 눈
으로 중생의 아픔을 바라보는 보살의 이미지가 담겨 있지 않다. 말하자
면 관세음보살 같지 않은 관세음보살, 장인이라 부르기도 뭣한 시골 석
공이 만든 것 같은 보살상, 산골 아낙네들이나 섬겼음직한 보살상이다.
흔히 이와 비슷한 솜씨와 표정의 불보살상을 토속적·지방적이라고 말하
지만, 얼굴 표정이나 머리에 쓴 보관의 모습을 보면 그것은 오히려 무당
들이 쓰는 부채, 곧 무선(巫扇)에 그려진 불상에 훨씬 가까워 차라리 무
속적이라 해야 맞을 것이다. 까닭에 어쩌면 이 보살상은 불교와 무속이
습합(襲合)하는 과정을 조형적으로 보여주는 한 예가 되지는 않을까 생
각해보게도 된다.

　주변에 흔한 돌 가운데 평평하고 얇은 돌을 골라 아주 얕게 새김질한
이 보살상은 만들어진 연대가 확실하다. 뒷면에 "雍熙二年乙酉六月二
十七日"(옹희이년을유유월이십칠일)이라는 음각 글씨가 있어 고려 성

88올림픽고속도로 성산교차로
입구 성산파출소 앞에서 고령으로 난 26
번 국도를 따라 약 4.5km 가면 길 왼쪽
에 논메기탕이라는 큼직한 간판을 단 덕
수장가든(T.054-954-5277)이 있다.
이 집은 직접 양식한 메기에 다양한 버섯
과 각종 야채를 넣어 만든 버섯메기탕으
로 이름높다.

종 4년(985)에 조성되었음을 알 수 있다. 짐작보다는 훨씬 나이를 잡수신 보살이시다. 하지만 글씨는 맨눈으로는 얼른 판독이 되지 않는다. 높이는 1.5m, 경상북도 유형문화재 제118호이다.

양전동 바위그림

고령군 고령읍 장기리에 있다. 개포동 석조관세음보살좌상에서 다시 성서산업표지판이 있는 마을 입구로 나와 오른쪽으로 난 4번 군도로를 따라 2km 가면 길 왼쪽 앞에 쌍웅개진주유소가 있는 열뫼삼거리에 이르고, 열뫼삼거리에서 오른쪽으로 계속 난 67번 지방도로를 따라 900m 가면 길 왼쪽 앞에 금천휴게소가 있는 삼거리가 나온다. 금천휴게소 앞 삼거리에서 왼쪽 개진농공단지로 난 마을길을 따라 3.5km 가면 88올림픽고속도로 회천대교 교각 밑에 이른다. 교각 밑에서 오른쪽으로 난 마을길을 따라 50m쯤 가면 양전동 바위그림에 닿는다. 승용차는 양전동 바위그림 앞까지 갈 수 있으나 대형버스는 회천대교 교각 밑 주변에 잠시 주차해야 한다. 양전동 바위그림 주변에는 숙식할 곳이 없다. 가까운 고령 읍내에 숙식할 곳이 여럿 있다. 고령 시외버스정류장에서 양전동 바위그림이 있는 장기리를 지나 가진·생동으로가는 버스가 하루 6회 있다(고령 시외버스정류장→가진·생동 6:30, 9:10, 12:20, 14:10, 15:30, 19:40).

현재 양전동 바위그림이 있는 알터마을의 행정지명은 고령읍 장기리이지만, 이곳의 바위그림이 처음 세상에 알려질 당시의 행정지명은 양전리였다. 때문에 지금도 양전동 또는 양전리 바위그림(암각화)이라고 불린다.

암화(岩畵) 또는 암각화(岩刻畵)라고도 하는 바위그림은 주로 선사시대 사람들이 바위면에 물감을 이용하여 그리거나 어떤 도구를 사용하여 새긴 그림을 말한다. 다만 국내에서는 아직까지 물감으로 그린 것은 발견된 바 없고, 새김질에 의한 바위그림만이 알려지고 있을 따름이다.

우리나라에서 가장 먼저 세상에 모습을 드러낸 바위그림은, 1970년 12월 동국대학교 박물관 조사단에 의해 보고된 울주 천전리 바위그림이다. 그로부터 두 달 뒤인 1971년 2월, 이번에는 영남대학교 박물관 조사단에 의해 고령 양전동 바위그림이 알려졌다.* 국내 두번째의 일이었다.

보물 제605호인 양전동 바위그림은 장기리 알터마을 길목의 나지막한 바위면에 새겨져 있다. 바위면은 높이 약 3m 너비 6m쯤 되는데, 그림들은 폭 1.5m 길이 5m 정도의 면적 안에 군데군데 남아 있다. 내용은 겹동그라미[同心圓], 십자무늬, 그리고 양전동식 기하문이라 불리는 특이한 문양, 이렇게 세 가지로 나눌 수 있다. 겹동그라미는 모두 4개가 남아 있고, 주위에 네모진 테를 두른 십자무늬는 1개가 있으며, 양전동식 기하문은 처음 조사자는 17개로 보고하고 있으나 많게는 29개로 보는 이도 있다. 그러나 처음 알려진 뒤로 풍화도 많이 진행되었고, 특히 탁본 등 인공적인 훼손이 심해 이것들을 모두 맨눈으로 확인하기는 어려운 게 현재의 실정이다.

겹동그라미는 지름이 18~20cm쯤 되는 세 겹 동그라미, 곧 삼중원이다. 이것이 무엇을 나타내는가에 대해서는 크게 두 가지 의견이 있다. 겹동그라미가 새겨진 바위그림은 이곳 알터의 바위그림을 비롯하여 울주 천전리 바위그림, 경남 함안 도항리 바위그림 들에서도 찾아볼 수 있

양전동 바위그림
알터마을 길목의 나지막한 바위면에 겹동
그라미, 십자무늬, 그리고 특이한 양전
동식 기하문이 새겨져 있는데 현재는 풍
화가 많이 진행되어 맨눈으로 확인하기 어
려운 것도 적지 않다.

다. 겹동그라미는 일반적으로 태양을 상징하는 무늬, 곧 태양신으로서
선사시대 사람들이 농경의 풍요를 기원하는 대상으로 해석되어왔다. 그
런데 최근에는 이를 재생을 상징하는 영원 회귀의 원으로 보는 가설이
제기되었다. 이 설명에 따르면 양전동의 겹동그라미는 끊임없이 되풀이
되는 계절의 순환과 그에 따라 동일하게 반복되는 농경생활에서 자연스
럽게 얻어진 재생의 이미지가 관념화한 것이라 한다.

양전동식 기하문은 기본적으로 위가 넓고 아래가 좁은 사다리꼴 모양
에 양옆의 선이 안쪽으로 약간 휘어진 형태이다. 그림의 안쪽은 1~2개
의 가로선을 그어 면을 나누고 그렇게 나뉜 면마다 동그란 구멍을 두어
개씩 팠으며, 바깥쪽은 밑면을 뺀 나머지 삼면에 빗살처럼 짤막한 선들
을 여럿 그어붙였다. 이런 무늬는 비단 이곳뿐 아니라 경북 포항 칠포리,
영천 보성리, 영주 가흥동, 고령 안화리, 전북 남원 대곡리의 바위그림
들에서도 비슷한 형태로 나타나, 이제까지 알려진 우리나라 선사시대 바
위그림 가운데 절반 가량을 차지하고 있다.

양적으로 많다보니 해석도 분분하여 갖가지 의견이 제시되었다. 가장

양전동 바위그림 탁본

먼저 나온 견해는 이 그림들이 사람의 얼굴을 추상화시킨 가면 또는 신의 얼굴이라는 것이었다. 그림 속의 구멍들을 눈·코·입으로, 바깥의 선들은 머리카락이나 수염으로 본 것이다. 그리고 선사인들은 여기에 주술적인 의미를 담아 신앙의 대상으로 삼았다는 설명이다. 그림들을 사람의 얼굴로 보는 것은 같되 그 해석을 달리하는 의견도 있다. 사람의 얼굴이 상징하는 것은 다름 아닌 태양신이며, 이때 빗살처럼 퍼진 선들은 태양에서 퍼져나가는 햇살을 나타낸다는 것이다.

다음으로는 이 그림들을 방패무늬로 보면서 "보다 강한 집단이 그 힘을 바탕으로 약소집단을 지배하며 또 다른 사회 질서로 진입해간 청동기 후기부터 나타나기 시작하여 새로운 무기의 발달로 더욱 사회 불안이 고조된 초기 철기시대에 성행하다가 고대국가의 탄생으로 새로운 사회 질서가 확립된 역사 초기에 자연히 소멸해간 집단안보 기원의 제단화(祭壇畵)"라고 해석하는 의견이 있다.

또 다른 생각으로 이 그림들을 '검파형(劍把形) 암각화'로 보는 견해가 있다. 이런 주장을 펴는 이들은 석기시대의 유물인 돌칼이 이들 그림의 출발점이라고 한다. 이때 돌칼은 실용적인, 곧 무기로서의 칼이 아니라 일종의 의례용이며 남성을 상징하는 것인데, 칼날이 분리되어 떨어져나가고 검파(劍把), 곧 칼자루만 남은 다음 여기에 동그란 구멍으로 표현된 여성 상징이 결합하여 이루어진 것이 이 계열의 바위그림이라는 것이다. 한 걸음 더 나아가 이들은 여기에 나타난 여성 상징에는 풍요·재생·다산의 의미가 담겨 있으며, 선사인들이 이러한 여성성을 간직

한 땅 ─ 대지의 어머니에 대한 신앙과 숭배의 관념을 가시적으로 나타
낸 것이 이 계통의 바위그림이라고 본다. 다시 말해 양전동식 기하문은
바로 지모신(地母神, Goddess)이라는 게 그들의 결론이다.

끝으로 이런 그림들을 '패형(牌形) 암각'이라 부르는 의견도 있다.
이에 따르면 청동기시대의 유물 가운데 실물로 현존하는 의례용 기물인
"검파형·방패형 동기(銅器) 또는 동북아시아의 샤먼들이 착용하던 무
복(巫服)에서 외형적인 모티브를 취하고 그 무복에 매달리는 중요한 무
구(巫具)인 거울이나 원판을 그 속에 성혈(性穴)로 표현함으로써 샤먼
의 신체(神體)를 상징적으로 묘사한 것"이 이들 바위그림이라고 한다.
결국 이 패형 암각에는 "청동의기가 내포하고 있는 의기적인 성격과 샤
먼의 무복이 가지고 있는 신성성(神聖性)이 결합"되어 있다는 설명이다.

이렇듯 다양한 의견 가운데 어느 것도 정설로 굳어진 것은 없다. 그
저 나름대로의 논리와 근거를 바탕으로 하여 제시된 가설일 뿐이다. 그
러므로 양전동 바위그림에 대한 정확한 이해를 위해서는 좀더 시간이 지
나기를 기다려야 할 듯하다.

양전동식 기하문
기본적으로 위가 넓고 아래가 좁은 사다
리꼴 형태이다. 사람의 얼굴을 추상화시
킨 가면 또는 방패무늬, 칼의 자루 등 보
는 사람의 생각에 따라 갖가지 의견이 제
시된다.

고아동 벽화고분

우리나라 삼국시대의 벽화가 그려진 고분은 북한과 만주 지역에 집중되
어 있고 남한 쪽에는 아주 드물다. 특히 가야나 신라 지역에서는 1960
년대 초까지만 해도 단 하나의 벽화고분도 알려지지 않아 전문가들은 매
우 이상스러워하면서 그 출현을 은근히 기대하고 있었다. 1963년 고아
동 벽화고분이 세상에 모습을 드러내자 전문가들은 그 중요성을 거듭 강
조하면서 흥분을 감추지 못했다. 이렇게 등장한 고아동 벽화고분은 비
슷한 발견이 이어지지 않아 지금까지 알려진 유일한 가야시대 벽화고분
으로 남아 있으며, 그 귀중한 가치로 말미암아 사적 제165호로 지정, 보
호되고 있다.

봉토의 크기가 동서 약 25m 남북 약 20m, 아래쪽의 높이가 7m쯤
되는 이 옛 무덤은 이른바 굴식돌방무덤[橫穴式石室墳]이다. 무덤 내

고령군 고령읍 고아리에 있다.
양전동 바위그림 앞에서 다시 고속도로 회
천교 교각 밑으로 나와 오른쪽으로 난
마을길을 따라 2.3km 가면 회천교가 나
온다(승용차는 회천교 교각 밑을 지나면
바로 회천교로 오르게 되나 대형버스는 회
천교 앞에서 오른쪽 대구·성산 교차로로
난 26번 국도를 따라 2.5km 가면 나오
는 양전삼거리에서 다시 U턴해야 한
다). 회천교에서 고령 읍내로 900m
쯤 가면 길 오른쪽 앞에 고령 시외버스정
류장이 있는 헌문사거리에 이른다. 헌문
사거리에서 왼쪽 합천·고령 교차로로
난 33번 국도를 따라 약 600m 가면 길
오른쪽 앞에 고령파출소가 있는 사거리에
닿고, 고령파출소 앞 사거리에서 다시 왼
쪽으로 난 6번 군도로를 따라 500m쯤

가면 길 앞에 우시장이 있는 갈림길에 이
른다. 우시장 앞 갈림길에서 오른쪽으로
계속 난 6번 군도로를 따라 600m 정도
가면 길 오른쪽에 벽화고분표지판과 함께
돌계단이 나 있다. 돌계단을 따라 약
50m 가면 고아동 벽화고분이 나온다.
승용차는 벽화고분표지판 옆 공터에 잠시
주차할 수 있으나 대형버스는 우시장 갈
림길 한편에 잠시 주차하고 걸어가야 한
다. 벽화고분 주변에 숙식할 곳은 없다.
고령 읍내에는 숙식할 곳이 여럿 있다. 고
령 시외버스정류장에서 고아동 벽화고분
앞을 지나 우곡으로는 하루 10회 버스가
다닌다(고령 시외버스정류장→우곡
8:00, 9:10, 10:00, 11:10, 13:20,
14:40, 16:20, 17:20, 20:00,
22:50). 고령 읍내에서 매우 가까운 거
리에 있으므로 걸어가거나 택시를 이용하
는 것이 좋다.

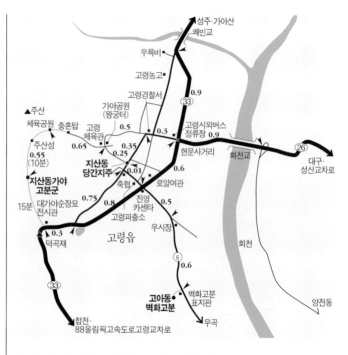

고아동 벽화
고분 내부의 벽과 천장에 회칠한 다음 그
림을 그렸던 듯한데 지금은 널방과 널길
의 천장 일부에만 약간의 연꽃그림이 남
아 있다.

부가 관을 안치하는 널방[玄室]과 널방에 이르는 통로인 널길[羨道]로
이루어졌다. 널방의 모양은 짧은 터널을 연상하면 된다. 남북으로 긴 네
모꼴 바닥 위에 크고 작은 돌을 이용하여 남북 두 벽은 수직으로, 동서
두 벽은 아치형으로 쌓아올라가다가 맨 위에 천장돌 4매를 동서로 걸쳐
서 마무리했다. 바닥의 크기는 동서 2.8m, 남북 3.7m이며, 천장까지
의 높이는 3.1m이다. 널길은 너비와 높이가 각각 1.4m, 길이는
1.5m 되는데 널방의 남쪽에 연결되어 있되 동쪽 벽은 널방의 동쪽 벽
과 일직선을 이루고 있다.

무덤 내부의 벽과 천장에는 모두 조갯가루 회칠을 한 다음 그 위에 그
림을 그렸던 듯한데 지금은 회가 거의 떨어져나가 단지 널방과 널길의
천장돌에만 약간의 연꽃 그림이 남아 있다. 연꽃들은 모양이 거의 비슷
하다. 동그란 꽃술을 가운데 두고 여덟 장 꽃잎이 그 둘레를 돌아가며 세
겹으로 그려져 있다. 꽃술은 초록색, 꽃잎은 흰색과 엷은 홍색, 꽃잎의
테두리는 다갈색으로 나타냈다. 널길 천장돌 연꽃의 경우 지름 28cm
쯤의 크기이다.

고아동 벽화고분
해방 후 남한에서 처음 발견된 벽화고분
이며 또 유일한 가야시대 벽화고분으로 그
가치가 매우 귀중하다.

　이렇듯 천장이나 벽에 여러 개의 연꽃을 그린 경우는 평양의 고구려
고분과 백제고분에서 찾아볼 수 있다. 고아동 고분의 연꽃은 평양 진파
리, 부여 능산리 벽화고분에 그려진 연꽃과 모습이 닮았다. 또 무덤의
구조는 옛 백제지역에서만 볼 수 있는 형식으로 공주 무령왕릉과 서로
비슷한 점이 있다. 그 때문에 전문가들은 고아동 고분을 백제의 영향을
받아 만들어진 6세기 후반, 대가야 말기(562년 멸망)의 무덤으로 추측
하고 있다.

　이미 일제강점기에 도굴을 당했고, 1960년대의 조사 전에도 또 한 차
례 도굴을 당해 확실한 발굴 유물로는 알려진 게 없다. 다만 호암미술관
이 소장하고 있는 가야금관(국보 제138호)과 국립중앙박물관에 있는 금
동안장장식이 여기에서 나온 것이라는 말이 있으나 확인된 것은 아니다.

고아동 벽화고분 실측도

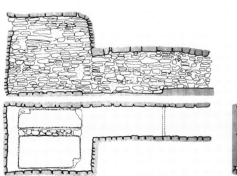

지산동 당간지주

　　고령군 고령읍 지산리에 있다.
고아동 벽화고분에서 다시 고령파출소 앞
사거리로 나와 앞으로 계속 난 군도로를
따라 읍내로 200m쯤 들어가면 길 왼쪽
에 축협이 있는 사거리가 나온다. 읍내축
협사거리에서 오른쪽으로 난 길을 따라 약
10m 가면 길 왼쪽에 지산동 당간지주와
함께 고령체육관으로 가는 길이 나온다.
당간지주 주변에는 주차장이 따로 없으나
길가 한편에 잠시 주차할 수 있다. 읍내
에는 숙식할 곳이 여럿 있다. 고령 시외
버스정류장에서 매우 가까운 거리에 있으
므로 따로 대중교통을 이용하지 않고 걸
어갈 만하다.

제가 태어난 자리를 지키며 본디 주어진 기능을 다하고 있는 문화유산
은 행복하다. 이런저런 사연으로 박물관, 또는 그 비슷한 곳으로 옮겨
진 것들은 절반쯤 불행하다. 제자리에 있지만 주변이 너무나 달라져버
린 경우는 절반 이상 불행하다. 지산동 당간지주를 마주하면 그런 생각
이 든다. 당간지주가 남아 있으니 예전에는 절이었음에 틀림이 없다. 그
러나 지금은 밀집한 상점들과 요란한 자동차들과 그 사이에서 붐비는 사
람들로 언제나 소란스런 저잣거리다. 지산동 당간지주는 이렇게 복작대
는 시장통 한가운데 달랑 나앉아 둘레의 풍경에 섞여들지 못하며 외톨
이로 겉돌고 있다.

　　70cm 간격으로 서 있는 두 개의 지주는 지극히 평범하다. 아래와 위
의 폭이 거의 같아 맛이 밋밋하고, 두드러진 장식이 있어 별난 느낌을 주
는 것도 아니다. 장식이라야 바깥면 윗부분에 턱을 지워 그 아랫부분보
다 두껍게 만든 것과, 밖으로 활처럼 휘어져내리는 꼭대기를 세 번 공글
려 변화를 준 것 정도이다. 만든 이가 그저 얼마간의 손질을 가해 제 기
능을 부여하는 것에 만족한 듯하다. 지주의 안쪽은 아무런 조각 없이 거
슬거슬 다듬었다. 바깥면은 양옆의 모서리를 죽인 다음 주변을 따라가
며 폭 14cm쯤의 띠를 도드라지게 새기고, 가운데에도 중심에 선이 가
늘게 솟아오른 좀더 폭이 넓은 띠를 세로로 길게 늘였다. 양쪽 옆면도 바
깥면처럼 주위에 띠를 둘렀는데, 가장 윗부분에 일렁이는 파도 같은 무
늬를 덧붙였다.

　　당간(幢竿)을 당간지주에 고정시키는 구실을 하는 것을 간(杆)이라
하고, 간이 끼워지는 구멍을 간구(杆溝)라 한다. 당간지주에는 대개 이
간구가 아래와 위 두 군데 있게 마련이다. 여기도 그러해서 긴 네모꼴 구
멍이 꼭대기와 지면에서 55cm 높이에 마주 뚫려 있다. 물론 꼭대기의
구멍은 위로 터진 형태이다.

　　현재의 지면이 애초보다 높아진 것으로 지주의 아랫부분이 지면 아래
로 잠겨 있다. 최근의 발굴조사에 따르면 당간지주의 하부 구조가 가로
6m, 세로 8m, 깊이 1m 정도라고 한다.

지산동 당간지주
예전에는 절이었음에 틀림이 없으나 모두
다 사라지고 지금은 당간지주만이 홀로 남
아 있다.

키가 3.14m인데, 이는 땅 위로 드러난 부분만 그렇다는 얘기다. 통일신라시대의 작품으로 보물 제54호이다.

고령에도 닷새마다 장이 선다. 그럴 때면 당간지주 주변에도 빠끔한 터만 있으면 인도고 차도고 가릴 것 없이 번듯한 좌판에서부터 시골 아낙네나 할마시가 들고 나온 보퉁이까지 온갖 물건들이 얼굴을 내민다. 가던 날이 장날이라고, 이런 장날이라도 얻어 걸리면 당간지주 구경보다 장구경이 한결 신난다.

지산동 가야고분군

가야는 잊혀진 왕국이다. 아니라면 신라와 어떤 차별성도 갖지 못했던 비주체적 고대국가로 기억된다. 가야의 역사는 사라진 역사이다. 아니라면 신라사의 부분사 또는 종속사로 취급되는 오해의 역사이다. 그러나 가야토기와 신라토기는 얼마나 다른가. 가야의 금관과 신라의 금관은 또 얼마나 다른가. 작게는 귀걸이 하나에서부터 크게는 금관에 이르기까지 두 나라의 문화는 이렇게 다르다. 이런 차이의 확인을 가능케 한 것이 가야의 옛 무덤들이다. 그런 만큼 가야의 옛 무덤들은 그 입지와 구조 또한 삼국 가운데 어느 나라와도 다른 독자성을 간직하고 있다.

고령군 고령읍 지산리에 있다. 지산동 가야고분군으로 오르는 길은 두 곳이 있다.
먼저 가야공원(왕궁터)을 둘러본 후 오르는 길은 다음과 같다. 지산동 당간지주 앞 삼거리에서 왼쪽으로 난 길을 따라 250m 가면 길 오른쪽에 가야공원이 있는 사거리가 나온다.(대형버스로 갈 경우 지산동 당간지주 앞 삼거리에서 오른쪽으로 난 길을 이용해야 한다. 이 길을 따라 350m쯤 가면 나오는 고령경찰서 앞 삼거리에서 왼쪽으로 난 길을 따라 약 500m 가면 길 왼쪽에 가야공원이 있는 사거리가 나온다). 가야공원 앞 사거리에서 왼쪽 주산으로 난 길을 따라 약 650m 가면 체육공원에 이르고, 체육공원을 지나 약 550m, 10분쯤 산을 오르면 지산동 가야고분군이 나온다. 체육공원에서 지산동 가야고분군으로 가는 도중에는 주산성의 성벽 일부가 보인다. 승용차는 체육공원까지 갈 수 있으나 대형버스는 가야공원 주변에 주차해야 한다. 또 다른 길은 지산동 당간지주 앞 삼거리에서 합천·88올림픽고속도로 고령교차로로 난 길로 가야 한다. 이 길을 따라 1.06km 가면 덕곡재에 이르고 길 오른쪽에 대가야순장묘전시관이 나온다. 대가야순장묘전시관 뒤로 난 산길을 따라 약 15분쯤 산으로 오르면 지산동 가야고분군이 나온다. 대가야순장묘전시관 주차장은 대형버스도 여러 대 주차할 수 있다. 읍내에는 숙식할 곳이 여럿 있으며, 고령 시외버스정류장에서 지산동 가야고분군까지는 매우 가까운 거리에 있으므로 따로 대중교통을 이용하지 않고 걸어갈 만하다.

　　가야고분들은 대개 능선의 꼭대기나 그 아래 경사면, 혹은 독립된 구릉 위에 솟아 있다. 그 이유는 무얼까? 몇 가지 설명이 있다. 높고 건조한 곳을 신성한 양지(良地)로 생각한 당시의 매장관념 때문이라는 해석이 그 하나다. 사람들의 삶은 이승에서 끝나는 것이 아니고 저승 또는 하늘나라로 이어진다는 계세사상(繼世思想)에 따라 좀더 하늘에 가까운 높은 곳을 선택하여 주검을 안장하려던 풍습으로 말미암는다는 것이 또 다른 견해이다. 마치 등대처럼 무덤에서 가까운 하천을 따라 나 있는 뱃길의 길잡이 구실을 하였다는 주장도 있다. 설명이야 어떻든 하늘을 배경삼아 능선 위에 자리잡는 가야고분의 독특한 입지는 가야 고유의 것이다. 가까운 곳에는 거의 예외 없이 하천이 흐르고 너른 들판이 펼쳐져 있는 것도 가야고분의 중요한 변별점이다. 고대 농업사회라면 어느 사회를 막론하고 생산력과 직결되는 강과 평야를 소중하게 여겼겠지만, 가야에서는 특히 뱃길, 물길로서의 강이나 하천을 중시했던 듯하다. 전기 가야는 더욱 두드러지지만, 아마도 가야의 문화가 바다, 그 바다와 연결된 내륙수로를 바탕으로 발전한 탓이리라. 주위에는 거의 반드시 산성 따위 성곽이 축조되어 있는 점도 가야고분이 갖는 남다른 특색이다. 이것이 당시의 세력권이나 생활권과 관련이 있으리라는 정도밖에 그 이유가 알려져 있지 않으나, 아무튼 가야고분의 독자성임에는 틀림이 없다.

　　무덤의 내부구조도 신라와 가야는 판이하게 다르다. 신라고분은 지상 또는 지하에 안치한 나무덧널(木槨) 위로 냇돌을 두껍게 쌓아올린 다음 다시 그 위에 점토 따위의 찰진 흙으로 봉토를 만드는 돌무지덧널무덤(積石木槨墳, 또는 積石封土墳)으로 대표된다. 반면 가야고분은 판돌(板石)로 짠 상자형의 돌널에 나무널(木棺) 없이 주검을 안장하는 돌널무덤(石棺墓 또는 石箱墳), 깬돌(割石) 또는 깬돌과 판돌을 함께 사용하여 덧널을 만들되 널길이 없는 돌덧널무덤(石槨墳), 돌로 만든 널방을 두되 널길 없이 위에서 주검을 넣도록 한 구덩식돌방무덤(竪穴式石室墳) 따위가 주류를 이룬다.

　　지산동 고분군은 이와 같은 가야고분의 본보기이자 나아가 가야 문화의 특색을 유감없이 보여주는 대가야시대의 옛 무덤이다. 주산(主山, 321m, 일명 耳山)은 남북으로 흐르며 고령 읍내를 감싸고 있는 고령

지산동 가야고분군
대가야시대의 옛 무덤으로 삼국시대 어느
나라의 고분과도 달리 산 능선의 꼭대기
나 경사면에 자리하고 있다.

읍의 진산(鎭山)이다. 그 산의 남쪽으로 내리뻗은 능선 위에 크고 작은
많은 옛 무덤이 밀집되어 있다. 지산동 고분군이다. 봉분이 없어진 작
은 무덤까지 합치면 천여 기에 이르지만 지금은 그 가운데 외형이 확실
한 무덤만을 72호까지 번호를 매겨 사적 제79호로 지정, 관리하고 있
다. 이들은 규모에 따라 대형분, 중형분, 소형분으로 나눌 수 있다. 대
형분은 봉토 아래의 지름이 20m 이상 되는 크기의 무덤인데 주로 능선
위에 자리잡고 있으며, 중형분은 그 지름이 10~15m 정도의 무덤들로
능선의 중턱 아래에 모여 있고, 소형분들은 그보다 더 작은 무덤들로 능
선의 위아래 구분 없이 대형분과 중형분 둘레에 흩어져 있다.

이 가운데 가야고분의 맛을 한껏 드러내는 것은 20여 기쯤 되는 대형
분들이다. 이들이 능선 위에 또 하나의 능선을 만들며 때로는 오연하게
하늘을 떠받들듯, 때로는 부드럽게 하늘을 감싸안듯 둥근 곡선으로 솟
은 모습은 자못 감동적이다. 보름달처럼 둥두렷한 자태로 커다란 옛 무
덤들이 어우러지며 그려내는 스카이라인은 인공의 소산이로되 강팍하
지 않으며 편안하고 자연스럽다. 이렇게 크고 잘생긴 옛 무덤 언저리에

주산성
읍내에서 고분군으로 오르다보면 만나는 성벽으로 지금은 군데군데 무너진 채 볼품없이 남아 있지만 예전에는 대가야의 도읍을 에두르고 있던 긴요한 성이었다.

서 아래를 굽어보면 평평한 터전 위로 차츰 퍼져가는 고령 읍내와 그 주변에 질펀하게 펼쳐진 논과 밭이 훤히 보이고, 다시 그 너머로 고령 읍내를 감돌아 흐르는 회천(會川)이 한눈에 들어온다. 높은 산이 아니라도 눈맛이 그렇게 시원할 수가 없다. 정상적으로 지산동 고분군으로 오르다면 반드시 옛 대가야시대의 산성인 주산성(主山城, 사적 제61호)을 거쳐가게 마련이다. 지금은 비록 군데군데 무너진 석축처럼 볼품없이 남았지만 예전에는 대가야의 도읍을 에두르고 있던 긴요한 성이었다. 지산동 고분군은 이처럼 가야고분의 일반적인 입지를 남김없이 두루 갖추고 있다.

누구에게나 쉽게 눈에 띄는 바람에 지산동 고분군은 20세기 벽두부터 일본인들의 손길을 심하게 탔다. 물론 저들이 말하는 임나일본부에 대한 관심이 큰 이유였겠지만 아무튼 이른바 합방이 되던 해인 1910년 세키노 다다스(關野貞)가 처음으로 발굴, 조사한 뒤로 1915년 구로이타 가쓰미(黑板勝美), 1917년 이마니시 류(今西龍), 1918년 하마다 고사쿠(濱田耕作), 1939년 아리미쓰 교이치(有光敎一) 사이토 타다시(齋藤忠) 등이 많은 고분을 조사하였다. 말이야 발굴조사였지만 그때마다 출토된 유물들은 '흐지부지' 흩어져 종적이 묘연한 경우가 대부분이고 변변한 조사보고서 하나 제대로 남아 있지 않은 실정이니 나머지 얘기야 더 해서 무엇하랴.

세월이 한참 흐른 뒤에야 우리 손으로 발굴이 이루어졌다. 1977년 경북대학교와 계명대학교가 합동으로 대형분 2기, 44호분과 45호분을, 이듬해인 1978년에는 계명대학교 단독으로 중형분 4기, 32~35호분을 발굴, 조사하였다. 이때 무덤의 내부구조가 매우 다양함이 드러났지만 대표적인 형태는 돌널무덤, 돌덧널무덤, 구덩식돌방무덤임이 밝혀졌다. 또 그때 아주 많은 양의 토기와 함께 금동관, 철로 만든 갑옷과 투구, 긴 칼, 갖가지 꾸미개 따위 주요 유물이 수습되었는데, 이로 말미암아 이 고분들이 4~6세기에 만들어진 대가야 지배계층의 무덤임이 설득력을 얻게 되었다. 여기에 더하여 우리의 호기심과 흥미를 강하게 불러일으키는 것이 순장(殉葬)의 문제이다.

"사람이 죽으면 여름에는 얼음을 채워둔다. 사람을 죽여 순장을 하는

데 많을 때는 그 수가 백여 명에 이른다"(其死 夏月皆用冰 殺人徇葬
多者百數 ―『삼국지』「위서」〈동이전〉 부여조). "즉위 3년 봄, 삼월
에 영을 내려 순장을 금하도록 했다. 이보다 앞에는 국왕이 죽으면 남녀
각각 다섯 사람을 순장했는데 이때에 이르러 금지했다"(三年春 三月 下
令禁殉葬 前 國王薨 則殉以男女各五人 至是禁焉 ―『삼국사기』권
4「신라본기」지증마립간조). 두 사서(史書)의 기록이 모두 고대 우리
나라의 순장 풍습을 알려주고 있다. 지산동 고분군은 이렇게 사료(史料)
에만 전하던 순장제도가 실재했음을 물증으로 확인시켜주었다. 발굴된
고분 가운데 44호, 45호, 32호, 34호분 등에서 순장의 흔적이 발견되
었는데, 특히 44호분과 45호분은 보존 상태가 비교적 좋아 순장의 실
상을 잘 보여주고 있다.

　44호분은 3개의 돌방과 32개의 작은 돌덧널이 하나의 커다란 봉토 아
래 함께 덮여 있는 내부구조를 보인다. 돌덧널에 비하여 규모가 큰 세 돌
방 가운데 하나는 무덤의 주인이 묻힌 곳이고, 나머지 둘은 껴묻거리〔副
葬品〕를 넣는 곳이었다. 그런데 무덤의 주인이 안장된 방을 포함하여 껴
묻거리를 넣는 방에서도 무덤 주인 이외의 사람뼈가 발견되었으며, 그
상태로 보아 이들은 순장자로 짐작된다. 더욱 놀라운 것은 3개의 돌방
주위로 배열된 32개의 돌덧널 가운데 무려 22개에서 24명분의 사람뼈
가 나왔으며, 이들이 모두 순장되었던 것으로 추정된다는 점이다. 종합

지산동 44호분 실측도

해서 말하자면, 학자에 따라 조금씩 다르지만 가장 적게 잡아도 24명, 많게는 36명이나 되는 사람이 한꺼번에 죽임을 당해 한 무덤에 묻힌 셈이니 실로 놀라울 따름이다. 45호분도 44호분과 내부구조가 같은 형식의 무덤으로, 2개의 돌방과 11개의 돌덧널이 한 봉토 아래 몰려 있다. 여기서도 적지 않은 순장자가 있었음이 확인되었는데, 그 수는 적어도 7인, 많으면 12인에 이른다는 얘기다.

가야 사회에서는 순장제도가 보편적이었던 듯하다. 대가야뿐만 아니라 김해의 금관가야, 함안의 아라가야지역에서도 순장무덤이 여럿 확인되었다. 그런데 순장과 왕권의 관계를 추적한 한 연구에 따르면, 순장무덤의 양상이나 출토품으로 보아 5세기 후반의 대가야는 고령·합천·함양 등을 직접 지배하는 강력한 왕권을 확립한 왕국이었던 반면 금관가야나 아라가야는 그런 단계에 이르지 못했다 한다. 전자에서는 가야 사회 최대 규모의 순장무덤(지산동 44호분)을 만들고 있으며 왕권의 상징이랄 수 있는 금관(국보 제138호)이나 금동관(지산동 32호분 출토)이 사용되었으나 후자에서는 그런 흔적이 발견되지 않은 점이 그러한 판

2000년 9월부터 문을 연 대가야왕릉전시관은 지산동 44호 고분의 내부를 그대로 재현한 전시관으로 가야고분의 이해를 돕고 있다. 지산동 가야고분군을 찾은 이라면 반드시 들러볼 것을 권한다. 입장료는 어른 2,000(1,800)·학생 및 군인 1,500(1,200)원이며 ( )는 30인 이상 단체. 주차료는 받지 않는다(문의전화: 고령군청 문화체육과 T.054-950-6111).

단의 근거이다.

그러면 대가야는 어떻게 이와 같은 강력한 왕권을 확립할 수 있었을까? 또 다른 연구자에 의하면 대가야는 중심지의 크기나 농업생산력에서 다른 가야 사회와 크게 다르지 않았지만 중요한 차이점이 하나 있었다. 그것은 바로 철생산지의 확보였다. 대가야는 조선시대까지만 해도 국내 3대 철장(鐵場)의 하나였던 야로(冶爐, 지금의 합천군 야로면)를 그 영역에 아우르고 있었으며, 여기서 생산되는 철을 바탕으로 가야 사회의 맹주로 부상하였다는 풀이다. 그럴 듯한 가설이라 하겠다.

지산동 고분군은 말없이 솟아 있다. 그러나 그 침묵은 갖가지 주장과 분분한 논란과 흥미로운 이야깃거리를 제공하면서 마치 주술사가 잠든 영혼을 깨우듯 망각의 강 저편에서 잠들고 있던 가야의 역사를, 가야의 문화를 되불러내는 우레와 같은 말없음이다. 문헌사료 속에서는 거의 존재 자체를 부정당하다시피 한 가야의 역사를 복원해가고 있는 것이 가야고분들이라면, 어쩌면 지산동 고분군은 그 한가운데 버티고 서서 가야사의 큰 줄기를 힘겹게 떠받치고 있는지도 모를 일이다.

무덤이 아름답다고 말하면 안되는 것일까? 아마 경주의 벌판 곳곳에 우람하게 솟은 옛 무덤들을 천천히, 그리고 찬찬히 돌아본 이라면 이 말에 공감하리라. 무덤의 잔디가 노랗게 물든 늦가을, 짙푸른 물빛으로 깊게 잠긴 가을 하늘과 맞닿은 지산동의 고분들을 보는 사람 또한 이 말에 동의하리라.

금동관
지산동 32호분에서 출토된 금동관으로 초화형(草花形)과 출자형(出字形)이 복합된 형식의 관이다. 대구 계명대학교 박물관에서 소장하고 있다.

코스2 합천

화엄의 바다에서 황매산의 돌꽃으로

80년대에 합천군수를 지내고 떠난 어떤 양반이 왈, "합천에는 팔아먹을 것이 황강의 모래밖에 없다"고 했다는 말이 전한다. 잠시 머물다 떠나는 사람에게 토박이들이 보듬어 안은 제 고장에 대한 애정을 기대하는 일이 애시당초 무리인지도 모르지만, 정말 뭘 몰라도 한참 모르시는 말씀이다. 그야말로 '팔아먹을' 것을 드니까 그렇지 자랑스러운 것, 아름다운 것, 유서 깊은 것을 꼽는다면 그분의 말은 영 아니올시다. 더군다나 요즘이 어떤 시대인가? 이른바 문화의 시대가 아닌가. '팔아먹을' 것으로만 따져도 이쪽이 한 수 윗길임은 내남없이 다 아는 일이다.

이중환은 『택리지』(擇里志)에서 "경상도에는 암석으로 된 화산〔石火星: 바위로 된 산봉우리가 불꽃처럼 솟아 있는 형태의 산〕이 전혀 없다. 오직 합천의 가야산만이 바위봉우리가 줄줄이 이어져 마치 불꽃이 공중으로 솟아오르는 듯하여 지극히 높고 수려하다"고 하면서 가야산을 경상도의 명산으로 꼽았다. 명산에는 명찰(名刹)이 있다고, 그 가야산 빼어난 봉우리 아래 해인사가 1,200년의 역사를 이어오고 있다. 합천은 몰라도 해인사는 알 만큼 이 천년고찰은 전국적인 지명도를 갖고 있으며, 절집으로만 얘기해도 이른바 삼보사찰의 하나로 비중이 무겁다. 또 세계의 문화유산으로 등록된 팔만대장경을 비롯한 국보가 세 가지, 보물 일곱 가지, 지방유형문화재 여섯 가지를 보유한 해인사가 이 고장의 자랑이 아니라면 서천의 소가 웃을 일이다.

뿐인가. 해인사에서 부르면 들릴 듯한 거리, 매화산 월류봉 아래 자리잡은 청량사는 또 어떤가. 거기에는 신라시대 고복형석등의 출발을 알리는 칼칼한 석등과 상층기단 네 귀로 흐르는 곡선의 맵시가 여간 아닌 삼층석탑이 멀리 비슬산을 바라보며 서 있고, 법당 안에는 석불사 불상의 뒤를 잇는 위풍당당한 석조여래좌상이 좌정해 있다. 다시 청량사에서 엎어지면 코 닿을 거리에 대가야 마지막 태자의 전설이 얽힌 월광사터가 있고, 거기에는 일반적인 쌍탑과는 달리 형태와 시대 다른 통일신라의 두 탑이 형제처럼 나란히 서서 햇빛과 비바람을 벗고 있다. 조금 떨어진 대양면 백암리에는 세월에 익어 갸름해진 우리의 누이를 닮은 신라시대의 팔각석등이 호젓하다. 그런가 하면 묘산면 화양마을에는 조선 중기에 지어진 묵와고

중촌

가야산
국립공원
↑가야산

해인사 1.3
치인

SK해인주유소
매화산 4.3 청량사
2.8
가야
(야천)

경상남도
거창군

59 성주
■법수사터

야천
삼거리
1.5

월광사터
동서삼층석탑 4.5

경상북도
고령군

1084

1084
●월광초등학교
2.6

1099

88올림픽
고속도로
가조
장기
가조온천
가조
교차로

해인사
교차로

거창

9

고령

거창

합천터널

가야산
휴게소·식당
묘산
하리 소나무
야로
4.6

1036

고령터널

쌍림

59

102 묵와고가
화양
2.3

LG동일주유소
묘산삼거리
묘산
(산제)

분기
삼거리
26

1084

8.2
26

33

거창

김봉
권빈
봉산

24

1099

15
24

합천전통
한과공장

1034

창녕
창녕

1034

거창
합양
수원

1034

합천호

금양
삼거리
4.3
합천
금강사거리
규청
정양로터리
오일뱅크
황강주유소
옹주

황강

합천댐

대병

1089

1026

21.5

도현동
2.3
둔내

황매산
5.1

109 영암사터

중촌
5.75

6 가회
중학교
2.3
장대
간회(덕촌)

60

8.9

합천군

4.9
대양파출소

대양
(덕정)

백암리
석등
6.65
상촌
1011
1.8

백암
버스정류장

율곡
33

15.1

쌍백

삼가
LG삼가주유소

↓산청 ↓진주

의령군

낙민

의령

경상남도 서북부에 위치한 합천은 88올림픽고속도로가 군의 북쪽에서 동서로 가로지르고, 고령 방면에서 뻗어 내려온 33번 국도가 합천읍을 지나 진주로 이어지며, 거창에서 이어온 24번 국도 역시 합천읍을 지나 창녕 방면으로 이어진다. 또한 고령에서 이어지는 26번 국도가 군의 북쪽에 위치한 야로·묘산을 거쳐 거창 방면으로 뻗어 있고 그밖에 여러 지방도로와 군도로가 경북 성주·고령과 창녕·의령·산청·거창 등으로 나 있어 교통이 그런대로 편리하다. 합천 시외버스터미널로는 서울·부산·대구·마산·진주·창녕·고령·의령·거창 등지에서 시외버스가 다니며, 해인사 시외버스터미널로도 부산·대구·마산·진주 등지에서 고속버스와 시외버스가 다닌다.

해인사 관광단지와 합천읍에는 숙식할 곳이 많이 있다. 그러나 그외 지역은 숙식할 곳이 드문 편이다. 이 책에서는 88올림픽고속도로 해인사 교차로를 이용하여 먼저 가야산의 해인사를 돌아본 후 합천 곳곳에 있는 문화유적을 찾아가는 동선으로 꾸몄다.

해인사
청량사
월광사터 동서삼층석탑
묵와고가
백암리 석등
영암사터

절은 망하고 절터만 남은 곳, 폐사지를 흔히 최고의 답사처로 친다.
누구든 황매산 바위꽃을 배경삼아 자신도 꽃처럼 피어 있는 영암사터를
본다면 '황홀한' 폐사지 목록에 이곳을 반드시 끼워넣게 될 것이다.

가가 비록 잦아드는 노을처럼 안타까운 모습으로나마 긴 세월을 버티고 있다. 이 들을 두고 유서 깊은 것을 따로 어디서 찾으랴.

절은 망하고 절터만 남은 곳, 폐사지를 흔히 최고의 답사처로 친다. 그러면서 폐 사지라면 으레 관동의 진전사터를 비롯한 몇몇 곳, 아니면 고달사터 따위 남한강 가에 남은 옛 절터를 떠올린다. 당연히 그럴 테지만, 누구든 황매산 바위꽃을 배경 삼아 자신도 꽃처럼 피어 있는 영암사터를 본다면 '황홀한' 폐사지 목록에 이곳을 반드시 끼워넣게 될 것이다. 경남을 고향으로 둔 어떤 분이 영암사터를 보고나서 야 자신의 고장도 다른 어느 지방에 못지않은 문화유산이 있음을 알았고, 그래서 그동안 속으로 주눅들었던 마음을 풀고 자부심을 갖게 되었느라고 말하는 것을 들 은 일이 있다. 문화유산만을 두고 말한다면 영암사터는 합천의 자존심이다. 하니, 합천의 아름다움을 말할 때 영암사터를 제쳐둔다면 그것은 아무것도 말하지 않은 것과 다름없는 셈이다.

한반도 남부의 내륙산간지방에 속하는 합천은 외진 산골임에는 틀림없다. 그러 나 우리 국토라면 어디든 박물관이란 말이 있듯 합천 또한 적지 않은 문화유산을 간 직한 채 제 고장 사람에겐 자부심을, 다른 이웃들에게 기쁨과 감동을 주는 일만큼 은 여느 지방 어디에도 뒤지지 않는 곳이라 말해도 좋으리라.

월광사(月光寺)

도은 이숭인(陶隱 李崇仁)

좋은 경치 만나서는 이름지어 불러주고

또 한 걸음 계곡 따라 지팡이를 옮긴다.

벗과 헤어지는 낡은 다리 위

두 그림자 앞뒤로 나뉘어 섰네.

경을 보는가,

솔그늘에 높았다 낮아지는 글 읽는 소리

그림처럼 깨끗한 산천을 두고

세월 좇아 저 나무 늙어가누나.

이제 가면 언제쯤 다시 올 수 있을꼬

오늘 풍광 오래도록 가슴에 걸리리라.

每逢佳處便書名　又向雙溪杖屨行

送客野橋前後影　念經松楊短長聲

山川地勝如圖畵　樹木年深自老成

北去何時更南下　懸知此景最關情

해인사

불교에 삼보(三寶)라는 게 있다. 불(佛)·법(法)·승(僧). 부처님과 부처님의 가르침과 그 가르침을 전하는 스님네들. 이 삼보는 불교가 발딛고 서는 존립 근거이면서 동시에 궁극적 지향점이다. 삼보 가운데 어느 하나가 빠지더라도 불교는 더 이상 불교로서 존재하기 어렵다. 모든 불교도의 최종 목표는 스스로 부처라는 완전한 인격을 성취하는 것이며, 법이라는 부처가 갖춘 보편적 진리를 체현하는 것이며, 어느 한 개인이 아닌 수행자집단으로서의 승가(僧伽)정신을 구현하는 것이다. 때문에 삼보는 불교도와 비불교도를 가르는 가장 중요한 변별점이 된다. 삼보를 자신의 삶 속에 깊이 받아들이는 사람, 다시 말해 삼보에 귀의하는 이는 그가 누구든 불교도라고 할 수 있다. 반면에 그가 아무리 불교에 해박하더라도 삼보에 돌아가 의지하겠다는 생각을 마음 깊은 곳으로부터 일으키지 않은 사람은 참된 불교도는 아니라고 할 수 있다. 요컨대 삼보는 불교의 핵심이요 정점이자 바탕이다.

우리나라의 많은 절 가운데 이 삼보를 상징하는 절들이 있다. 이른바 '삼보사찰'(三寶寺刹)이다. 통도사(通度寺), 해인사(海印寺), 송광사(松廣寺)가 여기에 든다. 『삼국유사』에도 나오듯이 통도사에는 석가모니의 사리가 모셔져 있고, 해인사에는 석가모니 가르침의 총화라고 할 수 있는 팔만대장경이 봉안되어 있으며, 송광사에서는 고려 이래 국사(國師)를 지낸 열여섯의 고승들이 배출되었음은 물론 지금까지도 승가의 맑은 가풍이 비교적 잘 전해지는 까닭에 불교도들이라면 승속을 막론하고 이 세 절을 각각 불보(佛寶)·법보(法寶)·승보(僧寶) 사찰로 꼽는 데 별 이의를 달지 않는다. 지금 우리가 찾아가는 해인사의 위상을 짐작케 하는 대목이다.

법보사찰 해인사의 비중은 비단 오늘날뿐만 아니라 처음 출발부터 매우 무거운 것이었다. 통일 후의 신라 사회를 지탱한 이데올로기는 화엄사상이었으며, 화엄교학으로 무장한 화엄종 승려들은 이데올로그들이었다. 그리고 그 화엄사상을 생산하고 전파하는 연구소, 혹은 전진기지라고 할 수 있는 것이 화엄종 사찰이었으며, 그 선두에 열 군데의 화엄

1920년대 후반의 해인사 전경
가야산 너른 품에 깃들여 있는 해인사의
모습으로 현재는 몇몇 건물이 추가되었지
만 기본 구성에는 크게 변함이 없다.

종 사찰, 즉 화엄십찰(華嚴十刹)이 있었다. 해인사는 이 화엄십찰 가운데 하나로 창건되었다.

화엄십찰은 하나같이 의상스님 혹은 그의 제자들에 의해서 세워졌다. 그도 그럴 것이 이 땅에 화엄종을 확립한 인물이 바로 의상대사였으며 그의 제자들에 의해 화엄사상이 신라 사회 전체로 확산, 파급되어갔기 때문이다. 해인사도 예외가 아니어서 창건주 순응(順應)스님은 의상스님의 손제자(孫弟子)가 된다. 의상대사의 10대 제자 가운데 한 사람인 신림(神琳)스님이 그의 스승인 까닭이다. 절은 신라 제40대 애장왕 3년(802)에 처음 만들어졌다. 그러나 이때 모든 일이 끝난 것은 아니었고 대를 넘겨 이정화상(利貞和尙)에 의해 마무리되었다. 저간의 사정을 통일신라 말의 대학자 고운 최치원(孤雲 崔致遠)은 이렇게 전한다.

조사(祖師)인 순응대덕은 신림대사에게서 공부하였고 대력(大曆, 766~779) 초년에 중국에 건너갔다. 마른나무 쪽에 의지하여 몸을 잊고 고

해인사 관광단지에는 다양한 숙식시설과 함께 많은 음식점이 있다. 대부분 가야산에서 나는 나물로 요리한 산채정식을 파는데 그중에서도 고바우식당(T.055-931-7311), 향원식당(T.055-932-7575), 부산식당(T.055-932-7385)의 산채정식이 맛있기로 이름나 있다. 또한 이들 집에서는 전통 사찰 음식도 맛볼 수 있다.

승이 거처하는 산을 찾아가서 도를 얻었으며, 교학을 탐구하고 선(禪)의 세계에 깊이 들어갔다. 본국으로 돌아오자 영광스럽게도 나라에서 선발함을 받았다. …… 정원(貞元) 18년(802) 10월 16일에 동지들을 데리고 이곳에 절을 세웠다. …… 이때 성목왕태후(聖穆王太后)께서 천하에 국모(國母)로 계시면서 불교도들을 아들처럼 양육하시다가 이 소문을 듣고 공경하며 기뻐하시어 날짜를 정하여 귀의하시고 좋은 음식과 예물을 내리셨다. 이것은 하늘의 도움을 받은 것이지만 사실은 땅에 의하여 인연을 얻은 것이다. 그러나 제자들이 안개처럼 문으로 모여들 때 스님은 갑자기 세상을 떠나셨다. 그리하여 이정선백(利貞禪伯)이 뒤를 이어 공적을 세웠다. 중용의 도리를 행하여 절을 잘 다스렸고, 주역 대장(大壯)의 방침을 취하여 건축을 새롭게 하니 구름이 솟아오르듯 노을이 퍼지듯 날마다 새롭고 달마다 좋아졌다. 이에 가야산의 빼어난 경치는 도를 성취하는 터전에 알맞게 되었으며, 해인사의 귀한 보배는 너욱 큰 값어치를 지니게 되었다. ─「신라가야산해인사 선안주원벽기」(新羅伽倻山海印寺善安住院壁記)

그러면 이렇게 터전을 닦은 절을 '해인사'라고 이름지은 까닭은 무엇인가? 화엄종의 근본경전인 화엄경, 곧 『대방광불화엄경』(大方廣佛華嚴經)에 '해인삼매'(海印三昧)라는 말이 나온다. 이 화엄경의 세계관은 일심법계(一心法界)로 요약된다. 온갖 물듦이 깨끗이 사라진, 진실된 지혜의 눈으로 바라본 세계가 일심법계이다. 그 세계는 객관적 사실의 세계, 영원한 진리의 세계이다. 그러한 세계는 모든 번뇌가 다한 바른 깨달음의 경지에서 펼쳐진다. 깨달음의 눈, 부처의 눈으로 바라본 세계가 바로 일심법계이다. 일심법계에는 물질적 유기세계(有機世界: 器世間), 중생들의 세계〔衆生世間〕, 바른 깨달음에 의한 지혜의 세계〔知情覺世間〕가 있는 그대로 다 나타난다. 마치 바람이 그치고 파도가 잔잔해져 바다가 고요해지면 거기에 우주의 만 가지 모습이 남김없이 드러나듯이. 이러한 경지가 곧 해인삼매이다. 우리들 마음의 바다에서 번뇌라는 가지가지 물결이 일고 있는 것은 지혜의 눈으로 사물을 바라보지 못하는 어리석음이라는 바람이 불고 있기 때문이다. 그 어리석음의 바람이 잦아들고 번뇌의 물결이 쉬어지면 참 지혜의 바다[海]에는 흡사 도장을 찍듯이[印] 무량한 시간, 무한한 공간에 있는 일체의 모든 것이 본래의 참모습으로 현현하게 된다. 이것이 바로 해인삼매이자 부처가 이룬 깨달음의 내용이며, 우리들이 돌아가야 할 참된 근원이요 본래 모습이다. 해인사라는 절 이름은 바로 이 말에서 따온 것이니, 말하자면 화엄경의 내용을 압축적으로 드러내는 이름인 셈이다. 절 이름을 통해 다시 한번 해인사의 성격을 확인할 수 있는 것이다.

화엄사상이라는 해인사의 창건 정신은 그 뒤로도 오래도록 해인사를 떠받치는 이념으로 작용한 듯하다. 고려 때 혁련정(赫連挺)이 찬술한 균여대사의 전기인『대화엄수좌원통양중대사균여전』(大華嚴首座圓通 兩重大師均如傳)에 "스님은 북악(北岳)의 법손(法孫)이다. 옛적 신라 말기에 가야산 해인사에 화엄학의 종장(宗匠)이 두 분 있었는데, 한 분은 관혜(觀惠)스님으로 후백제 거두 견훤의 복전(福田)*이었고 다른 한 분은 희랑(希朗)스님으로 우리 태조대왕의 복전이었다. …… 당시 사람들이 일컫기를 관혜스님의 문파를 남악이라 했고, 희랑스님의 문파를 북악이라 했다"는 구절이 나온다. 이를 통해 우리는 통일신라 말 고려 초에는 화엄사상이 해인사의 굳건한 뿌리로 자리잡고 있었음을 확인할 수 있다. 또한 이때 희랑대사와 고려 태조와의 만남이「가야산해인사고적」(伽倻山海印寺古籍)에 자못 신비스럽게 분식되어 전해지는데, 아무튼 희랑대사가 태조를 도와 고려의 건국에 기여한 듯하고 태조는 그 보답으로 토지 500결을 해인사에 헌납하여 절을 크게 중창하였다 한다. 그러나 이 무렵 중창된 해인사의 모습을 지금으로선 알 수 없고 가람의 윤곽을 대강이나마 짐작할 수 있는 것은 조선시대에 들어선 뒤의 일이 된다.

조선조에 들면서부터 내리막길을 걷는 불교 사태 속에서도 해인사는 왕실의 비호 속에 온존하다가 성종대에 들어서는 오히려 사세를 키우는 계기를 맞는다. 1488년 인수(仁粹, 덕종으로 추존된 세조의 맏아들 장暲의 비), 인혜(仁惠, 세조의 둘째아들 예종의 계비) 두 왕대비가 세조비 정희왕후의 유명(遺命)을 받들어 당대의 고승 학조스님으로 하여금 해인사를 대대적으로 중창케 하여 1490년에 공사를 마쳤던 것이다.

복을 거두는 밭이라는 뜻으로, 삼보(三寶)·부모·가난한 사람을 비유적으로 이르는 말이다. 불교에서는 삼보를 공양하고 부모의 은혜에 보답하며 가난한 사람에게 베풀면 복이 생긴다고 한다.

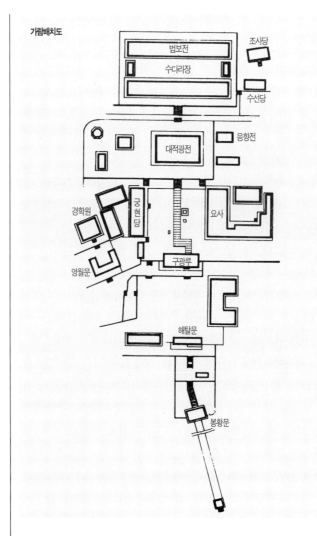

이때 세워진 각종 건물의 총 칸수가 160칸이었다. 이렇게 중창된 해인사의 모습을 문장과 충의로 일세를 울리던 매계 조위(梅溪 曺偉)는 1491년에 쓴 「해인사중수기」(海印寺重修記)를 통해 이렇게 묘사한다.

　무려 집 160칸을 짓되 어떤 것은 낡은 것보다 크게 짓기도 하고, 어떤 것은 작게 짓기도 하면서 규모가 화려하고 정화(精華)롭기는 몇 배나 더했으며, 부엌·목욕탕·헛간·변소라든가 동종(銅鐘)·목어(木

魚)·요발(鐃鈸)·대고(大鼓) 따위도 모두 갖추어 새롭게 하였고, 금벽
색(金碧色)의 단청이 산골짝을 휘황찬란하게 하였다. 역사(役事)를 마
치고 9월 보름에 고승대덕 수천 명을 초청하여 법회를 굉장하게 베풀어
낙성하니 산문(山門)의 할 만한 일이 비로소 끝났다.

  아마도 성종대의 중창으로 오늘날 우리가 보는 해인사의 틀이 잡혔으
리라 생각된다. 하지만 이때의 모습이 지금까지 전해지지 않음은 물론
이다. 임진왜란 때도 아무런 피해를 입지 않았던 해인사는 1695년부터
1871년까지 176년 사이에 짧게는 1년, 길게는 수십 년의 간격으로 무
려 일곱 차례나 크고 작은 화재가 발생하여 여러 번 제 모습을 바꾸었다.
그 가운데 1817년의 대화재는 천여 칸의 건물을 불태웠다고 한다. 그
때 마침 추사 김정희(秋史 金正喜) 선생의 아버지 김노경(金魯敬)이
경상도 관찰사로 있었던 관계로 해인사의 중창을 후원하게 되고, 또 그
것이 인연이 되어 김정희는 그의 나이 33세가 되는 1818년 「가야산해
인사중건상량문」(伽倻山海印寺重建上樑文)을 쓰게 된다. 가로
4.85m 세로 0.94m의 감색 비단에 금니(金泥)로 쓴 이 거대한 상량
문은 해인사의 소중한 보배로 지금도 남아 있다. 절이 불타지 않았다면
아예 있지도 않았을 테니 기념비적 가치와 아울러 하루아침에 해인사를
잿더미로 만든 안타까운 역사를 상기시키는 유물이라 하겠다. 아무튼 이
때의 복구는 이전 모습보다 대폭 축소된 형태로 이루어졌고, 그때의 모
습이 부분적인 변화를 거치면서 오늘에 이른다.
  1980년대 이전 해인사를 본 사람이라면 누구나 그 장대하고 고풍스
러우며 실용적이면서 짜임새 있던 모습을 기억하고 있다. 동시에 지금
의 모습에 어처구니없어 하고 적잖이 실망을 느낄 것이다. 실로 그렇다.
그 무렵의 건물 하나하나는 그다지 대수로울 게 없었다. 대장경판전을
제외하면 구조가 유달리 튼실하다거나 의장이 특별히 빼어나다거나 하
는 집채는 거의 없었다. 오히려 자세히 뜯어보면 남루하다 여길 만큼 그
저 최소한의 기능에 맞춰 지은 집들이 도량을 채우고 있었다. 되풀이되
는 화재 뒤끝에 부족한 예산으로 급하게 복구하다보니 어쩔 수 없는 일
이었을 것이다. 그렇지만 낱낱의 건물은 앉을 자리에 앉아 있었고, 높

대적광전 구역
해인사의 중심 구역으로 구광루에서 바라본 모습이다. 탑과 석등, 그리고 옛고 축대는 변함이 없으나 근래 대적광전을 보수하면서 지붕을 크게 높이는 바람에 주변 건물들이 압도당하고 있다.

고 낮고 크고 작음에 조화를 잃지 않고 있었으며, 그 안에서 사는 사람들은 편안함을 느꼈다. 그 무렵, 대장경판전 왼쪽 모퉁이 담장에 기대어 아래를 굽어보면 멀리 남산 자락의 품 속으로 수십 채 건물의 지붕들이 마치 잔파도가 가볍게 일듯 일렁이며 잦아드는 모습을 볼 수 있었다. 그러나 지금은 어떤 운율마저 느껴지던 옛모습과는 달리 지붕들 사이의 높낮이가 너무 커 서로 화해하지 못하는 불협화음이 먼저 들려온다. 개개의 건물은 과시라도 하듯 제 자랑에 여념이 없고 한껏 되바라져 그 안에 사람을 푸근히 감싸줄 것 같지 않다. 수행자들을 외부의 시선으로부터 보호해주던 내밀한 공간들은 여지없이 뜯겨나갔다. 어떤 건물은 덩치에 비해 지붕만 비대해 가분수이고, 어떤 집채는 구부러진 대로 자연스럽고 친근감 넘치던 기둥들이 모두 반듯한 것들로 바뀌어 정감과 매력을 잃은 채 쌀쌀맞고 무표정하게 변해버렸다. 모두가 불과 20년 안팎의 짧은 세월 속에서 생긴 변화다. 승속을 막론하고 사려 깊지 못하고 분별력을 잃어버린 사람과 시대의 탓으로 돌리기엔 아쉬움이 크다. 이제 해인사는 그 많은 집채들이 요소요소에 자리잡고서 서로 어우러지며 보여주던 수수하고 수굿한 맛을 너무 많이 상실했다. 그리하여 지금 우리가 찾는 해인사는 입체로 인식되기보다는 흩어진 점들의 집합으로 다가온다.

홍류동과 제시석

절로 가는 길에는 계곡이 있다. 설악산 백담계곡을 지나 백담사에 이르고, 울진 불영계곡을 거쳐 불영사에 닿으며, 무주의 구천동계곡을 따라가면 백련사가 나온다. 절은 계곡이 있어 윤기가 돌고 계곡은 절이 있어 빛난다.

　해인사로 접어드는 길을 따라 펼쳐지는 십리 골짜기가 홍류동계곡이다. 홍류동은 골짜기 양옆으로 전개되는 가파른 산이 빼어나고, 산을 뒤덮은 줄기 붉은 소나무숲이 장하고, 첩첩이 포개져 골을 가득 메우고 있는 바위들이 보기 좋고, 그 바위 사이를 흘러내리는 물이 언제나 넉넉하다. 무엇보다 홍류동은 그 이름에 이미 계곡의 아름다움이 넘치도록 담겨 있다. 붉은빛[紅]이 흐르는[流] 골짜기[洞] — 봄에는 진달래, 철쭉 따위 봄꽃의 그림자가 물에 비치고 그 꽃잎이 떨어져 물을 따라 흘러내리며, 가을에는 울긋불긋 제 나름의 빛깔로 물든 갖가지 나뭇잎들이 또 그러하다 하여 붙여진 이름이다. 이름만 생각해도 가슴속에 그림이 그려진다. 하여 일찍이 점필재 김종직(佔畢齋 金宗直)은 "아홉 굽이 날아내리는 물 격노한 우레런가(九曲飛流激怒雷) / 떨어진 붉은 꽃잎 끝없이 물결따라 흘러오네(落紅無數逐波來) / 무릉도원 가는 길 이제도록 몰랐더니(半生不識桃源路) / 오늘에야 산빛조차 시샘하는 그곳에 다다르리(今日應遭物色猜)"라고 홍류동의 경치를 예찬했다. 또 조

홍류동
해인사로 접어들면 펼쳐지는 십리 계곡길로, 언제나 맑은 물과 울창한 소나무 숲으로 인하여 찾는 이들의 가슴속을 시원하게 해준다. 사진에 보이는 정자는 홍류동 중간에 자리한 농산정이다.

선 초 형 강희안(姜希顔)과 더불어 선비화가이자 문신으로 이름났던 강
희맹(姜希孟)은 남쪽으로 여행을 하다 이곳에 이르러 "이런 곳에 이름
이 없으니 어찌 시인이나 글쓰는 이들의 부끄러움이 아니겠는가" 하고
는 그 물과 바위를 각각 '시를 읊조리는 여울'[음풍뢰吟風瀨], '붓에 먹
물 찍는 바위'[체필암此筆巖]라 이름짓고 시까지 한 수씩 남겼다. 그가
운데 음풍뢰를 읊은 시는 이렇다. "급한 물살 튀는 물방울 알알이 구슬
이요(濺沫跳珠急) / 놀란 물결 깊어지니 주름 고운 명주일레(驚瀾皺
縠深) / 이는 바람 맞으며 보고 또 보면(臨風看不足) / 저 검은 물밑
에서 들려오는 용 울음소리(泓下有龍唅)." 비단 이 두 곳뿐만이 아니
다. 홍류동의 기이한 바위, 경치 좋은 물굽이치고 이름이 붙지 않은 곳
이 거의 없다. 일테면 이런 식이다. '도원경에 드는 다리'[무릉교武陵
橋], '옥구슬 흩뿌리는 폭포'[분옥폭噴玉瀑], '비 갠 달이 비치는 못'
[제월담霽月潭], '신선들이 모여앉는 바위'[회선암會仙巖]……. 그
리고 여기에 시가 보태어진다. 그리하여 홍류동은 그냥 자연이 아니니
문기(文氣) 흐르는 자연이 된다. 서권기(書卷氣) 넘치는 문화가 된다.
　그런 가운데 홍류동을 문자향(文字香) 가득한 골짜기로 만든 첫머리
에 놓일 사람은 마땅히 고운 최치원일 것이다. 그는 이미 짙은 노을이 비
낀 신라 사회를 버리고 이곳 가야산에 들어와 숨어살다 일생을 마감했
다 한다. "스님네여 청산이 좋다고 말하지 마소(僧乎莫道靑山好) / 산
이 좋다면서 어찌하여 산 밖으로 나오려고 하시는가(山好何須出山外)
/ 뒷날 내 자취를 시험삼아 보시게나(試看後日吾蹤跡) / 한번 청산에
들면 다시는 나오지 않으리니(一入靑山更不還)." 이런 시를 남겨 스
님네들조차 들뜬 세상을 향하여 치닫는 현실을 풍자하고 자신의 결의를
다지면서 ─. 과연 그가 입산 후 어떻게 살았는지 언제 세상을 떠났는
지도 알려진 바 없다. 다만 그의 형으로 해인사에 머물던 현준(賢俊),
정현(定玄) 스님 등과 이따금 오가며 서로 사귀었다는 것이 사실로 전
해질 뿐, 죽음조차도 홍류동 어느 바위 위에 신발 한 켤레, 지팡이 하나
를 남겨두고 어디론가 사라졌다는 전설로 남았을 따름이다. 그런 그가
홍류동에 베푼 시 한 수.

미친 듯 겹친 돌 때리어 첩첩한 산 울리니	狂奔疊石吼重巒
지척간의 말소리조차 분간키 어려울레.	人語難分咫尺間
시비 소리 들릴까 저어하노니	常恐是非聲到耳
흐르는 물 시켜 온 산을 감쌌네.	故教流水盡籠山

어찌 음미하면 어지러운 세상을 만나 자신의 포부를 맘껏 펴보지 못한 한숨소리가 처연하게 들리는 듯도 하지만, 홍류동을 읊은 숱한 시들 가운데 홍류동을 가장 홍류동답게 그리고 있는 것이 이 시가 아닐까 싶다.

홍류동 한 굽이 바위벽에 이 시가 새겨져 있다. 그곳을 흔히들 제시석(題詩石)이라고 한다. 글씨는 초서에 가까운 행서인데, 단숨에 써내려간 듯 매우 속도감이 있으면서 힘차다. 그러면서도 글자 크기의 변화나 획과 획, 글자와 글자 사이의 간격과 짜임에 한 점 흐트러짐이 없다. 28글자를 세 줄에 나누어 쓴 까닭에 첫 줄은 10자, 나머지 두 줄은 9자로 글자수가 다른데도 전혀 눈치챌 수 없을 만큼 포치(布置)가 정확하다. 대단한 달필의 무르녹은 솜씨다.

이 글씨를 두고 최치원의 친필이다, 아니다 하는 논란이 분분하다. 우리나라 인문지리학의 선구자 이중환(李重煥)은 『택리지』(擇里志)에서 "돌 위에 고운이 쓴 큰 글자를 새겨놓았는데 지금도 금방 쓴 것같이 완연하다"(石上刻孤雲大字 至今宛然如新)고 말한 뒤, 그것이 이 시를 가리킨다고 했다. 대표적인 최치원 친필설의 하나다. 그러나 그보다 앞서 살았던 사람들의 그렇지 않다는 증언이 훨씬 더 많다. 가야산 너머 성주에 살았던 예학자 한강 정구(寒岡 鄭逑)는 가야산 기행문인 「유가야산록」(遊伽倻山錄)에서 "최고운의 시 한 편을 폭포 옆 바위 위에 새겨두었는데 매년 장마 때마다 거센 물결에 깎여 이젠 거의 알아볼 수 없게 마멸되었다. 손으로 더듬어야 어렴풋이 한두 글자를 겨우 판별할 수 있을 따름이다"(刻崔孤雲詩一絶於瀑傍石面 而每年霖漲狂瀾盪磨 今不復可認. 摩挲久之 依稀僅辨得一兩字矣)라고 증언하고 있다. 또 낭선군 이우(朗善君 李俁)의 유명한 『대동

제시석
최치원이 쓴 것으로 전해지는 글씨로 단숨에 써내려간 듯 속도감이 있으면서 매우 힘차다.

금석서』(大東金石書)에도 첫 구절의 ‘狂奔’과 끝 구절의 ‘故敎’ 네 글자만이 탁본으로 실려 있다. 그밖에도 조근(趙根), 「산중일기」(山中日記)의 저자 우담 정시한(愚潭 鄭時翰), 김민택(金民澤) 등 여러 선비가 가야산 기행 뒤에 쓴 글들을 통해 정한강과 비슷한 견문을 토로하고 있다. 이로 보건대 흐르는 물 안쪽 바위에 새겨졌던 최치원의 친필시는 이미 마멸되어 사라진 지 오래임을 알 수 있고, 벼랑에 있는 지금의 시는 그 뒤 누군가가 다시 쓰고 새긴 것이 분명하다. 아마 이중환은 직접 이곳에 와보지 않았거나, 아니면 바위벽에 새로 새긴 것을 최치원의 친필로 오해한 것은 아니었던가 한다.

　그렇다면 지금의 글씨는 누가 쓴 걸까? 정식(鄭栻)이라는 선비는 기행문 「가야산록」(伽倻山錄)에서 안내해준 스님의 말을 들어 이 글씨가 노론의 거두 우암 송시열(尤庵 宋時烈)의 필적이라고 밝히고 있다. 또시 구절을 새긴 왼쪽 아래 ‘尤庵書’(우암 쓰다)란 음각 글씨가 선명하게 보이기도 한다. 그러면 이 글씨가 송시열의 작품이란 말인가? 그렇게 단정하기에는 석연치 않은 점이 있다. 우선 글씨체가 우암의 진중하고 무게 실린 그것과 많이 다르다. ‘尤庵書’라는 글씨도 시 구절의 글씨와는 비교할 수 없게 조악하고 새긴 수법도 서로 다르며 본문과의 간격이 너무 좁다. 때문에 오히려 시 구절의 좋은 글씨를 방해하고 있어 후세의 누군가가 덧붙인 것이 틀림없어 보인다. 이러니 이 시구가 꼭 송우암의 필적이라고 말하기가 망설여진다. 좀더 확실한 자료가 나올 때까지 글씨의 주인공을 가리려는 노력은 일단 덮어둘 수밖에 없겠다. 다만 어떤 사람의 솜씨이든 글씨가 참 멋들어진 것은 분명하고, 또 이 바위벽의 시를 통해 우리가 고운을 만날 수 있음에는 아무런 변동이 없다는 사실을 확인하면서.

가야산이 기절(奇絶)하여 천하의 으뜸이라면　　伽倻之山最奇絶
천 년의 외로운 구름〔孤雲〕 짝할 이 드물어　　千載孤雲罕儔匹
내 그를 따르고자 하나 끝내 그러질 못해　　我欲從之竟不能
부질없이 『계원필경』(桂苑筆耕)만 들척이누나. 空讀遺編桂苑筆
청컨대 그대 고운의 발자취 낱낱이 밟았다가　　請君細訪孤雲蹤

돌아와 내 가슴의 티끌을 쓸어주소.   歸來洗我塵胸臆

고운, 고운이여 천 년의 학이여   孤雲孤雲千載鶴

눈으로 그대 보내며 다락에 기대인다.   目送君歸倚高閣

여말 삼은(三隱)의 한 사람인 목은 이색(牧隱 李穡)이 해인사로 떠
나는 친구에게 부친 시이다. 이처럼 해인사 가는 길은 고운을 만나러 가
는 길이자 고운의 발자취를 뒤밟았던 숱한 소인묵객(騷人墨客)과 선비
들을 만나러 가는 길이기도 하다. 하니, 죽장에 삿갓은 아닐망정 가볍
게 행장을 꾸려 길을 나서봄은 어떨지.

묘길상탑

일주문 못미처 사적비(事蹟碑), 송덕비(頌德碑), 이런저런 스님들의
부도비가 우줄우줄 늘어선 해인사 비석거리. 그 한옆에 푸른 이끼 곱게
앉은 자그마한 삼층석탑 하나가 오가는 사람들의 무심한 눈길을 맞으며
얌전히 서 있다. 묘길상탑(妙吉祥塔)이다. 그냥 길상탑이라 부르기도
한다. 전체 높이 3m쯤으로 크기만 작을 뿐 이중기단에 3층 탑신, 5단
의 처마받침을 가진 전형적인 신라탑이다.

보통 탑이라면 ○○사 삼층석탑, △△사 오층석탑 하는 식으로 층수
에 따라 구별하여 보통명사로 부를 뿐, 이 탑처럼 고유명사로 지칭하는
경우는 극히 드물다. 그러면 어찌하여 이 작은 탑은 저만의 이름을 갖게
되었을까? 또 탑이라면 으레 법당 앞마당에 자리하게 마련이다. 그런
데 왜 이 탑은 많은 사람 오르내리는 길가에 서 있는 걸까?

1966년 여름 일단의 도굴꾼들이 검찰에 검거되고 아울러 탑 안에 안
치했던 지석(誌石) 4매와 157개의 흙으로 빚어 구운 작은 탑 따위가 압
수되었다. 그들은 이것들을 해인사 입구의 작은 삼층석탑에서 꺼냈다고
자백했다. 4매의 탑지에 적힌 내용도 그들의 말과 부합하는 것이었다.
탑지 4매는 모두 규격과 재질이 같다. 크기는 가로와 세로가 각각 23cm
에 두께가 2.5cm쯤 되고 전(甎), 곧 벽돌처럼 흙으로 구워 만들었다.
두 장은 앞뒤 양면에 글씨가 새겨져 있으며 나머지 두 장은 한 면에만 글
씨가 음각되어 있다.

해인사 묘길상탑
해인사 입구 비석거리 한편에 서 있는 조그마한 석탑으로 불사리를 안치한 여느 탑과는 달리 당시의 전몰장병을 위로하는 일종의 기념탑이다.

첫번째 지석에는 앞면에 「해인사묘길상탑기」(海印寺妙吉祥塔記), 뒷면에 「운양대길상탑기」(雲陽臺吉祥塔記)가 새겨져 있다. 「해인사묘길상탑기」는 최치원이 글을 지었으며, 진성여왕 9년(895) 7월에 전란에서 사망한 원혼들의 명복을 빌기 위해 삼층석탑을 세운다는 것이 내용의 골자이다. 「운양대길상탑기」에는 탑의 높이, 소요자재와 경비, 그리고 공사 관련 인물들의 성명 등이 밝혀져 있다. 두번째 지석에는 백성사(百城寺) 길상탑 안에 공양물로 봉안하려던 불경 목록이 적혀 있다. 세번째 지석에는 앞면에 「해인사묘길상탑기」와 같은 취지로 오대산사

(五臺山寺)에 길상탑을 세우게 된 내력을 4자씩 떨어지는 운문으로 기록하였고, 뒷면에는 전몰한 치군(緇軍), 곧 승병들에게 바치는 조사(弔詞)가 「승병을 애도함」(哭緇軍)이라는 제목으로 실려 있다. 마지막 네 번째 지석에는 전란중 해인사에서 사망한 승려들과 일반인 56명의 명단이 나열되어 있다.

이상 지석에 새겨진 글의 제목만을 보더라도 몇 가지 사실을 알 수 있다. 우선 이 탑의 정식 명칭이 '해인사 묘길상탑'이라는 것, 묘길상탑은 불사리를 안치한 예사 탑이 아니라 그것과는 전혀 성격이 다른 일종의 기념탑으로, 말하자면 전몰장병 위렵탑이라 할 수 있다는 것, 또 하나 승병 혹은 승군이 적어도 통일신라 말에는 이미 존재하고 있었다는 것, 끝으로 동일한 취지의 탑을 해인사를 비롯한 몇 군데 세우려다가 무슨 까닭에서인지 해인사에만 건립하게 되어 나머지 탑지들을 여기에 함께 넣었다는 점 등을 확인할 수 있다. 여기서 특히 흥미로운 것은 오래된 탑 하면 으레 불탑, 사리탑이라고만 알고 있던 우리에게 그와는 전혀 건립 배경을 달리 하는 탑이 있을 수 있다는 뜻밖의 사실이다. 참으로 놀라운 일이 아닐 수 없다. 또 승군 하면 조선이나 고려시대를 떠올리던 우리에게 신라 승군이 정체를 드러냈다는 점도 여간 의미 있는 일이 아니다. 최치원과 해인사는 떼려야 뗄 수 없는 관계였다는 것도 새삼 확인하게 된다. 다만 아쉬운 것은 살생을 무엇보다 꺼려하는 절집이 무슨 연유로 승속을 합쳐 56명이라는 많은 목숨을 희생해가며 전란에 휩쓸리지 않으면 안되었던가 하는 이유가 석연치 않다는 점이다. 혹시 왕실과 밀접한 관계를 유지하면서 광대한 경제력을 보유한 해인사가 이미 낙조가 짙게 드리운 진성여왕(재위 887~896) 연간의 통일신라 사회에 반기를 든 신흥 지방세력, 아니면 중앙정부나 해인사로부터 오랫동안 피해를 당해온 지방민들에 의해 공격을 당하게 되어 전란에 말려들었던 것은 아닐까 하고 추측할 뿐 그 이상은 알 길이 없다.

앞에서 살펴본 대로 묘길상탑은 통일신라 말기의 사회 상황을 추적할 수 있는 소중한 정보원의 하나이다. 다만 거기서 어떤 정보를 어느 만큼 얻어내느냐 하는 것은 우리에게 주어진 몫이겠다. 묘길상탑, 크기는 작지만 의미는 큰 탑이다. 보물 제1242호이다. 도굴꾼의 손아귀에서 되돌아온 탑지 4매와 석탑 공양구는 현재 국립중앙박물관에서 소장하고 있다.

홍치4년명 동종

우리나라 범종의 우수함은 내남없이 다 아는 일이어서 국제적으로도 'Korean Bell'이라는 학술용어로 불리면서 은은하게 멀리 퍼지는 아름다운 소리, 우아하고 안정된 형태, 독특한 장식과 구조를 자랑한다. 하지만 '코리안 벨'이 모든 시대에 만들어진 우리 범종을 통칭하는 것은 아니다. 정확히 말하자면 신라시대에 만들어진 것이거나 신라시대의 양식을 충실히 계승한 것들만을 가리킨다. 그러면 신라 범종은 어떤 점 때문에 '코리안 벨'이라고 격을 달리하여 불리는 것일까? 가까운 일본이나 중국 등 다른 나라의 종들과 많은 차이가 있지만 두드러진 것만을 들더라도 대충 다음과 같다.

　　우선 음관(音管) 또는 음통(音筒)의 존재이다. 음통은 종의 꼭대기에 굵은 대롱처럼 원통형으로 솟은 부분을 가리킨다. 종의 음질을 더 낮게 하는 데 어떤 작용을 하리라는 추정 이외에는 이 음관이 구체적으로 무슨 작용을 어떻게 하는지 뚜렷하게 밝혀진 바 없지만, 다른 나라의 종에서는 전혀 발견할 수 없는 신라 종 고유의 장치이다. 다음으로 종을 매다는 고리가 되는 용뉴(龍鈕)도 신라 종은 독자적인 생김새를 지녀 그밖의 종들과 확연히 구분된다. 이웃 나라들의 종은 몸통을 맞댄 채 서로 반대 방향을 향한 용머리 둘을 종의 중앙 상부에 부착하여 종고리로 삼음에 비해, 신라 종은 음통에 몸뚱이를 붙인 한 마리 용이 꿈틀 고개를 숙여 입과 두 발로 종의 몸체를 다부지게 물고 움켜쥔 형상으로 용뉴를 마련한다. 또 한 가지 섞일 수 없는 차이는 비천상(飛天像)의 유무이다. 신라 종에는 종의 몸체 가운데쯤 천의(天衣)자락을 나부끼며 하늘을 나는 아름다운 비천무늬가 서로 맞은편 두 군데에 도드라져 있으나 다른 나라의 종에서는 이런 무늬를 전혀 찾아볼 수 없으니 이 또한 신라 종 특유의 양식이다. 유곽(乳廓)과 유두(乳頭)의 모양새나 숫자도 신라 종과 그밖의 종들을 구별하는 좋은 근거가 된다. 유곽이란 종의 상대(上帶) 아래쪽 네 방향에 자리잡은 네모난 테두리를 가리키고, 유두는 그

안에 젖꼭지처럼 돋아난 돌기들을 일컫는다. 중국
종에는 아예 이것들이 없고, 일본 종에는 있긴 있되
유곽은 단순하게 도드라진 선으로 구성되며 유두는
유곽 하나에 스무 개 이상씩 솟아 있다. 반면 신라
종은 유곽이 넓은 띠처럼 돌려지고 그 안에는 당초
무늬가 섬세하게 돋을새김되며, 유두는 유곽 하나
에 반드시 아홉 개가 종횡으로 줄을 맞춰 배열된다.
상대와 하대에 보이는 차이도 적은 것이 아니다. 상
대와 하대는 종의 몸체 어깨부분과 아랫부분에 돌
려진 띠무늬를 말하는데, 신라 종은 그것의 폭이 넓
어 여기에 갖은 무늬가 새김질되지만 중국이나 일
본 종은 융기된 몇 줄의 선으로 처리되는 것이 보통
이다.

홍치4년명 동종
조선 성종 때 만들어졌으며 곳곳에 무늬
가 가득한 매우 장식적인 종이다.

　이처럼 신라 종과 여느 종은 눈만으로도 그 차이점을 쉽게 가름할 수
있을 정도로 형태와 의장에서 커다란 편차가 있다. 한마디로 신라 종은
겉모습의 아름다움이나 종소리의 질에 있어서 동서와 시대의 고금을 통
틀어 단연 우수하다. 그러니 '코리안 벨'이라고 구별지어 부름이 오히
려 당연한 일인지도 모른다.

　그러나 이렇게 완성을 본 우리 범종의 전통양식은 이후 시대가 내려
옴에 따라 변천을 거듭하여 조선시대에 오면 '조선 종'이라는 이름으로
분류해야 할 만큼 신라 종과는 많은 양식상의 차이를 보인다. 가장 현저
한 변화는 음관이 사라진다는 점이다. 신라 종의 등록상표와도 같았던
음관은 고려시대에도 줄곧 모습을 보이다가 조선시대에 들어서면서 완
전히 자취를 감추고 만다. 이에 따라 용뉴도 필연적으로 모양이 달라져
이제는 중국이나 일본의 종처럼 용머리 둘이 몸통을 맞댄 모습으로 정
착한다. 중국 종의 영향으로 생겨난 변화들이다. 비천상에도 커다란 변
화가 나타난다. 갖가지 악기를 연주하며 하늘을 날던 신라 종의 비천들
은 고려시대부터 이미 변화를 보여 불보살이 연꽃 위에 앉은 모습으로
바뀌더니 이윽고 조선시대에는 반듯하게 선 보살의 모습으로 달라진다.
그 무늬가 놓이는 위치와 숫자도 달라져 비천상이 종 몸체 가운데 양쪽으로 나뉘어 자리잡고 있던 신라 종에 비해 조선 종의 보살입상은 몸체 위쪽으로 치우쳐 유곽과 유곽 사이 네 군데 위치하게 된다. 유곽과 유두는 기본적으로 신라 종의 전통이 이어지지만 여기에도 얼마간의 변동은 있다. 신라 종의 유곽은 아래와 양옆만 테두리를 돌리고 윗부분은 상대에 붙여 구성하였으나 조선 종의 유곽은 완전히 상대에서 떨어져나와 온전히 네모진 테두리를 두르는 것으로 바뀌게 된다. 상대와 하대의 변화도 크다. 상대는 아예 사라지면서 고려 초기 범종에서 등장하는 견대(肩帶), 곧 종의 천판 가장자리에 둘려진 연잎무늬띠가 약간 아래로 이동하여 상대 구실을 하게 되거나 몇 줄의 융기선으로 대체된다. 하대는 위치와 문양이 달라진다. 신라 종의 경우 하대는 종 몸체의 끝자락부터 일정한 폭을 이루며 당초무늬가 띠처럼 돌아가고 있음에 반해, 조선 종은 파도무늬가 박힌 하대가 끝자락에서 얼마간 올라온 곳에 자리잡고 있다. 그뿐 아니라 조선 종에는 우리 전통양식에는 없던 중대(中帶)가 나타나고 있다. 중대는 종 몸체 한가운데 세 줄의 도드라진 선이 돌아가는 것을 말하는데, 신라 종이나 고려 종에서는 전연 볼 수 없었던 의장이다. 또 하나 크게 달라진 점은 당좌(撞座)의 소멸이다. 종은 아무 곳이나 함부로 치는 것이 아니라 정해진 곳을 치게 되어 있다. 그래야 좋은 소리가 나고 종도 오래 가기 때문이다. 바로 그곳, 즉 종망치가 닿는 부분을 당좌라 한다. 신라 종에는 종의 밑동에서부터 종 길이의 3분의 1쯤 되는 지점의 맞은편 두 군데에 활짝 핀 연꽃을 돋을새김하여 당좌를 마련하고 있다. 고려 종에도 비슷한 위치에 고른 간격으로 네 군데 당좌를 두었다. 그런데 조선 종에 와서는 당좌가 돌연히 사라져버리고 마는 것이다. 까닭에 조선 종들은 하대 아래 여백의 적당한 자리를 종망치로 칠 수밖에 없어 흔히 그 자리에 종망치를 맞은 자국이 선명하게 남아 있는 경우가 많다.

　이상과 같은 특징을 잘 갖추고 있는 조선 초기 종의 하나가 바로 해인사 홍치4년명 동종(弘治四年銘 銅鐘)이다. 용뉴는 예의 쌍룡두로 구성하였는데, 종의 크기에 비해 좀 작은 편이긴 하지만 비교적 사실적이고 생동감 있게 처리되었다. 종의 어깨 윗부분에 아래로 향한 21장의 연잎을 돌려 견대를 두었으며, 따로 상대는 두지 않았다. 견대 아래로는 유곽과 보살입상이 번갈아가며 네 곳에 자리잡고 있다. 유곽은 역시 조선 종의 특징대로 견대에서 조금 떨어진 자리에 가벼운 사다리꼴 테두리를 두른 형태로 마련하였으며, 그 안에는 아홉 개의 유두가 정연하게 도드라져 있다. 원형의 두광(頭光)을 두르고 화려한 보관을 쓴 채 단정히 합장하고 선 보살상은 원만한 인상을 풍긴다.

종 몸체 가운데에는 세 줄의 융기선을 돌려 중대로 삼았다. 이 점은 조선 종의 전형적인 모습이지만 그 아래와 위에 띠처럼 새겨넣은 무늬는 이 종만이 보여주는 새로운 양식이다. 즉 중대와 유곽 사이의 공간에는 부드럽고 화려하게 양각된 보상당초무늬가 가득히 채워져 있으며, 중대 아래에서 하대 사이의 공간도 2단으로 나뉘어 상단에는 구름을 헤치며 날고 있는 네 마리 용과 여의주를, 하단에는 거친 파도가 치는 모습을 반쯤 도안화한 형태로 섬세하게 새김질하였다. 특히 종의 몸체에 운룡무늬가 새겨진 경우는 이전의 종에서는 없던 일로, 이 해인사 동종에 처음 등장하여 이후에 만들어지는 동종의 선행양식이 된다.

하대는 조선 종의 특징대로 종의 끝자락에서 얼마간 올라온 자리에 돌려져 있다. 그러나 하대 안 여덟 군데에 놓인 팔괘무늬는 이 종 특유의 장식이다. 앞에서 살펴본 대로 조선 종이라면 여기에 파도무늬가 들어가는 것이 일반적이지만 여기서는 그것이 팔괘무늬로 바뀌고 파도무늬는 하대보다 한 단 위로 옮겨가고 있다. 사실 팔괘무늬가 해인사 동종에서 처음 등장하는 것은 아니다. 고려 말인 1346년에 조성된 개성 연복사 동종(북한 보물급 문화재 제30호)에 이미 문양으로 채택된 적이 있긴 하다. 해인사 동종은 그것을 받아들여 이후 만들어진 종들에서 팔괘무늬가 드물지 않게 하는 계기를 이루고 있다 하겠다.

해인사 동종은 하대의 아랫부분을 제외하면 종 전체가 무늬로 가득하다. 그리고 그 하나하나의 무늬들이 주조(鑄造)되었음을 감안한다면 아주 세련되고 정치하며 화려하다. 한마디로 해인사 동종은 '조선 종의 가장 장식적인 표본'이라고 할 수 있다. 그래서 어찌 보면 문화가 난숙기를 지나서야 나타날 수 있는, 건국 초기의 청신한 기풍과는 다소 어울리지 않아 보이는 종이기도 하다.

네 곳의 유곽 아래 "弘治四年 辛亥春成 海印寺 寂光殿鐘"(홍치사

년 신해춘성 해인사 적광전종)이란 글자가 돋을새김되어 있다. '성종 22
년(1491) 봄에 만든 해인사 적광전의 종'이라는 말이다. 이를 통해 이
종이 해인사가 겪은 숱한 재난 속에서도 처음 만들어진 목적대로 오백
년 넘게 해인사 대적광전을 지켜왔음을 알 수 있다. 하지만 지금 우리가
대적광전에서 볼 수 있는 것은 이 종을 그대로 본떠 만든 복제품이다. 진
품은 해인사의 박물관이 개관한 뒤에야 볼 수 있을 듯하다. 보존을 위해
서 어쩔 수 없긴 해도 아쉬움이 크다. 높이 85cm, 입지름 58cm, 밑동
두께 6cm되는 아담한 크기의 종으로, 보물 제1253호이다.

목조희랑대사상

한 절을 거쳐간 고승을 추념하기 위해 불교에서 가장 애용하는 방법은
무엇일까? 아마 부도나 비를 세우거나 아니면 초상화, 곧 진영(眞影)
을 그려 모시는 것이 일반적이리라. 그분 생전의 모습을 조각으로 남기
는 수도 있을 것이다. 초상조각이다. 그러나 이 경우는 왠지 우리에게
낯설다. 서양이라면 실존했던 인물의 흉상 또는 전신상의 제작이 강한
전통으로 자리잡고 있지만, 우리에게는 어딘가 어색한 구석이 있다. 특
히 시대가 올라갈수록 이 점은 두드러진다. 조선시대에도 초상조각은 드
문 예에 속하고, 고려나 신라로 올라가면 그것은 낮달을 보기보다 어려
운 실정이다. 현존하는 유물이 없어서 더욱 그렇겠지만 처음부터 초상
조각은 우리 선조들이 썩 선호하는 장르가 아니었지 싶다. 그런 가운데
이채롭게도 해인사에 고려 초의 초상조각이 한 점 전해온다. 목조희랑
대사상(木造希朗大師像)이 그것이다.

이 초상조각의 주인공 희랑스님은 누구인가? 앞에서 간략히 언급한
대로 그는 통일신라 말 고려 초에 해인사에 주석(住錫)하며 이른바 화
엄학의 양대 파벌인 남악파와 북악파 가운데 후자를 이끌던 화엄학의 종
장(宗匠)이었다. 또한 정치적으로는 왕건을 도와 고려 건국에 일조한,
고려 태조의 복전이기도 했던 스님이다. 그의 이름을 딴 암자인 희랑대
(希朗臺)가 오늘날까지도 건재하는 것으로 보아 해인사에서는 퍽 중요
한 역사적 인물임이 틀림없어 보인다. 말하자면 종교적으로는 심오한 사
상에 정통했으며 정치적으로는 변화의 시대를 주도해간 '성공한' 인물

이었던 셈이다.

　그렇다면 희랑스님을 당당한 기상, 좋은 풍채에 능수능란하게 상황 변화에 대처하는 활달한 수완가로 그려볼 수도 있겠다. 그러나 막상 희랑대사상을 통해 보는 스님의 모습은 이와는 많이 다르다. 적어도 이 조각만으로 본다면 희랑스님은 호한(浩汗)한 화엄의 세계를 헤엄

친 사상가 같지도 않고, 그렇다고 난세(亂世)를 헤쳐간 풍운아의 인상과는 더욱 거리가 멀다. 거기에는 단지 한평생을 오롯한 정진으로 일관한 조용한 수행자의 모습이 담겨 있을 뿐이다. 칠십 고개를 바라보는 곱고 단아한 학자풍의 노스님 한 분이 맑은 눈길로 앞을 응시하고 있을 따름이다. 아주 기름한 얼굴은 깡마른 편은 아니지만 어디에도 살집이 없어 수행자의 얼굴답다. 이마의 깊은 주름, 눈가와 입 언저리의 잔주름에는 스님이 살아온 세월이 차분하게 담겼다. 얇은 입술은 진중해보이지는 않지만 그렇다고 결코 다변으로 말솜씨를 자랑할 것 같지도 않다. 잔잔한 목소리가 나직나직 흘러나올 듯하다. 긴 목에는 성대뼈가 불거졌고, 그 아래 열린 옷깃 안으로는 빗장뼈가 드러났다. 역시 욕심 없는 수행자에 걸맞는 모습이다. 손 모양도 단정하다. 흔히 불보살상은 수인(手印)이라 하여 다양한 손 모습으로 우리에게 말을 걸지만, 이 스님상은 가부좌한 두 무릎 사이에 올려놓은 왼손 위에 오른손을 가볍게 포개고 있을 뿐이다.

　법의(法衣)는 오늘날 스님들의 옷차림처럼 장삼과 가사로 이루어졌지만 모양과 색상은 조금 다르다. 장삼은 목이 깊게 팬 것이라든지 흰 바탕에 붉고 푸른 점이 꽃무늬처럼 찍힌 점 따위가 요즈음과 다르고, 가사도 안감은 군청색을 띠고 있으며 겉감은 붉은 바탕에 녹색띠를 가로세

로 어긋 매겨 얼마간은 낯설다. 문제는 이런 복장이 과연 희랑스님 당시의 법의를 걸친 모습이었을까 하는 점이다. 틀림없이 그 무렵의 복식이라고 주장할 만한 근거도 없지만 그렇지 않다고 말할 뚜렷한 증거도 없다. 다만 오늘에 이르는 긴 세월 동안 몇 번인가 덧칠이 되었다고 보는 게 순리가 아닐까 싶다.

아무튼 희랑대사상은 대단히 사실적인 조각품이다. 같은 불교조각 가운데 불상이나 보살상은 설사 사실적으로 표현된다 하더라도 곳곳에 신앙과 예배의 대상으로서의 이상화가 나타나게 마련이다. 그런데 여기 희랑스님상은 전혀 그런 구석이 없고, 있는 모습을 꾸밈없이 표출하고 있다. 따라서 이 모습은 우리가 언제라도 쉽게 만날 수 있는 노년에 든 수행자의 반듯한 모습에 다름 아니다.

꼭 한 가지 비사실적인 부분이 있긴 하다. 가슴에 뚫린 작은 구멍이 그것이다. 해인사에 전해오는 이야기가 있다. 희랑스님 당대에 해인사에는 모기들이 극성을 부려 스님네가 여간 고역이 아니었다 한다. 보다 못한 희랑스님이 자신이 살고 있던 암자, 희랑대로 모기들을 불러모아 협상을 했다. 자신이 먹이를 배불리 줄 테니 다른 스님네는 절대 괴롭히지 않기로. 협상 조건은 존중되었다. 까닭에 지금도 희랑대 근처에는 모기가 들끓지만 큰절에는 모기가 없다고 해인사 스님들은 주장한다. 그리고 희랑스님상의 가슴에 남은 동그란 자국은 그때 스님이 모기들에게 피를 '보시'(布施)하던 구멍이라는 얘기다. 일설에는 이 자국이 스님이 삼매(三昧)에 들어 빛을 내쏜 자취라는 말도 있다. 어느 쪽이든 굳이 사실 여부를 따질 것까지야 없지 싶다. 그저 하나의 에피소드로 들어두면 되니까.

희랑대사상의 재료는 나무이다. 조사한 바에 따르면 하나의 통나무로 상을 조각한 것이 아니라 몇 토막의 나무를 이어서 만들었다고 한다. 이렇게 조각을 끝낸 상 위에 고운 삼베를 바르고, 그 위에 다시 옻칠과 같은 덧칠을 한 다음 마지막으로 채색을 올린 것으로 판단하고 있다. 그러나 작자가 누구인지, 언제 만들어졌는지는 분명치 않다. 해인사에는 이 상을 희랑스님 본인이 직접 만들었다는 얘기가 전해온다. 단정지을 수는 없지만 이 말은 신빙성이 희박하다. 노년에 접어든 고승이 손수 자신의 초상을 조각한다는 사실이 불교적 사고방식과는 너무도 어울리지 않기 때문이다. 어떤 학자는 이 말을 희랑대사상이 희랑스님 생전에 만들어졌다는 뜻으로 해석하면서, 그렇지 않다 하더라도 희랑스님이 돌아간 뒤 그리 멀지 않은 시기에 조성되었으리라 추측하고 있다. 수긍이 가는 주장이다. 그렇다면 희랑대사상은 늦어도 10세기를 넘기기 전에 만들어졌다고 볼 수 있다.

해인사의 희랑대사상은 마치 기념사진처럼 희랑스님의 인품과 학덕까지도 엿볼 수 있는 사실성이 매우 뛰어난 초상조각이다. 아울러 현존하는 최고(最古)의 목조각 작품이기도 하다. 상의 높이 82cm, 보물 제999호이다.

팔만대장경

80세를 일기로 수행자들의 벗, 먼저 길을 간 안내자임을 자처하던 석가모니가 입멸(入滅)했다. 그를 따르던 수행자들과 재가하는 많은 사람들이 한 위대한 인격의 사라짐을 슬퍼하며 깊은 비탄에 잠겼다. 그럴 즈음 한 젊은 출가수행자가 이렇게 외쳤다. "자, 해방이다. 저 늙은 잔소리꾼은 이제 우리 곁을 떠났다. 우리 앞길에는 무엇이건 우리 뜻대로 할 수 있는 자유가 열려 있다. 우리는 비로소 모든 속박에서 벗어나 해방을 누리게 되었다." 이 말을 들은 대중들은 놀랐다. 특히 교단을 이끌어갈 책무가 주어진 장로들의 충격은 컸다. 시급히 불타의 교설을 정리하여 확고한 원칙을 세워야 할 필요가 절실함을 느꼈다. 서둘러 세존의 가르침을 결집하는 회의가 소집되었다.

때는 석가모니가 입멸하던 해, 중인도 마가다국의 수도 라자가하 성교외의 한 바위굴에 500명의 장로들이 모였다. 주재자는 마하가섭존자였다. 이 자리에서 각자 부처님으로부터 들은 교법을 모으고 대중적인 토의를 거쳐 잘못된 것은 바로잡아 통일된 교설을 확정했다. 실제에 있어선 대부분의 교설이 아난존자에 의해 토의석상에 상정되었다. 그는 20년 동안 부처님의 수행비서를 지냈으므로 부처님의 설법을 가장 많이 들은 제자였기 때문이었다. 그가 가섭존자의 지시에 따라 "이와같이 나는 들었노라(如是我聞)……" 하고 자신이 부처님으로부터 들은 바를 '송

팔만대장경판
완성된 지 750년이 지난 목판이지만 마치 어제 만든 듯하다. 팔만대장경판의 정식 명칭은 고려대장경판이다.

삼장은 고대 인도어인 산스크리트의 트리 피타카(Tripitaca)를 한문으로 번역한 말로, 어원적으로는 '세계의 광주리' 라는 뜻을 담고 있다. 경·율·논의 세 가지 경전들이 기록으로 옮겨질 때 다라나무의 잎사귀 곧 파트라(Pattra, 패다라貝多 羅라 음역하여 쓰거나 패엽貝葉이라고 표기)에 그 내용을 적었고, 이것들을 잘 보존하기 위하여 네모난 광주리에 보관했던 데서 유래한 이름이다. 나중에 한국, 중국, 일본 등 동아시아에서는 삼장이라는 말과 더불어 중경(衆經), 일체경(一切經), 대장경(大藏經) 따위의 말들을 불교 경전을 통칭하는 용어로 사용하게 된다.

출'(誦出)하고 나면, 그 자리에 참석한 장로들이 그 내용이 부처님 말씀과 틀림이 있는지 없는지를 검토한 뒤, 아직 문자가 등장하기 훨씬 이전이었으므로 최종적으로 500명의 비구들이 한 목소리로 이를 외워서 마음에 새기는 것으로 교설의 내용은 확정되었다. 우리는 이를 '대합송'(大合誦)이라 부른다. 경건하고 장엄한 광경이었으리라.

교단의 생활규범, 즉 계율도 똑같은 방식으로 모아졌다. 다만 이때는 송출자가 아난존자 아닌 우바리존자였음이 다를 뿐이었다. 그는 석가모니 제자 가운데 계율에 대해 가장 상세히 알고 있었으며 또 계율을 제일 잘 지킨 인물이었고, 때문에 뒷날 부처님 10대 제자 가운데 '지계제일'(持戒第一)로 알려진 수행자였다. 이렇게 석가모니가 설하고 제정한 교법과 계율, 즉 경(經)과 율(律)이 처음으로 광범위하게 모아진 일을 '제일결집'(第一結集)이라 한다.

경과 율이 결집된 뒤 시간이 경과함에 따라 이 경과 율에 대한 다양한 해석과 연구가 진척되었다. 주로 고승들에 의해 이루어진 이러한 작업의 결과물들을 통칭하여 논(論)이라 한다. 이리하여 경장(經藏)·율장(律藏)·논장(論藏)의 이른바 삼장(三藏)*이 갖추어졌다.

이윽고 이 삼장은 불교가 인도를 넘어 세계 각지로 전파됨에 따라 여러 나라에 전해졌다. 불교가 중국으로 전해질 때에도 그리하여 산스크리트 경전들을 한문으로 번역·소개하는 일은 불교도 최대의 관심사였다. 그리하여 오랜 세월에 걸쳐 거의 모든 경전이 번역되었다. 그러나 이 작업은 산발적이고 비조직적이었다. 삼장의 양이 워낙 방대하여 한꺼번에 모두 번역하는 일이 가능하지 않았고, 따라서 번역자의 관심과 필요, 또는 목적에 따라 그때그때 번역이 이루어지다보니 그럴 수밖에 없는 노릇이었다. 때문에 같은 경전이 거듭 번역되거나 내용과 체제가 달라지는 경우도 적지 않았다. 그나마 이렇게 번역된 경전들도 널리 유통되는 데는 한계가 있었으며, 유통 과정에서 생기는 내용의 변형도 문제였다. 수(隋)·당(唐)을 거쳐 오대(五代)의 말기까지만 해도 거의 모든 서적의 유통은 필사(筆寫), 곧 베껴쓰기에 의존하였으므로 유통 범위는 극히 한정될 수밖에 없었고, 필사의 단계가 늘어날수록 오류가 많아지는 것 또한 어쩔 수 없는 일이었다. 이러한 난점들은 필연적으로 그동안 비체계적으로 이루어진 한역 경전들을 집대성하고 필사의 방법이 갖는 한계를 극복하기 위해 경전들을 돌이나 나무에 새겨 간직하려는 움직임을 낳았다. 그리하여 경·율·논을 체계적으로 정리·집성하여 나무판에 새긴 목판대장경이 출현하게 된다.

　최초의 목판대장경은 북송 태조의 명으로 972년에 판각이 시작되어 만 11년 뒤인 983년에 완성된 북송 관판대장경(北宋 官版大藏經, 蜀版大藏經·開寶版大藏經이라고도 불렸다)이다. 이것은 이제까지 한역된 불전들을 가장 체계적으로 분류·정리한 불전 목록인 『개원석교록』(開元釋敎錄)에 수록된 불전들을 새겨서 만든 것으로, 모두 1,076부 5,048권의 경전이 무려 13만 매의 목판에 새겨진 방대한 것이었다. 이 대장경은 한자문화권 최초의 대대적인 불전 정리작업이자 최초의 경전 판각 인쇄사업이었다. 따라서 대장경이란 말도 이때에 비로소 역사에 등장하게 되는 것이다.

　북송 관판대장경이 등장하자 그 뒤를 이어 가장 먼저 대장경 조조(雕造)를 추진한 곳은 고려였다. 고려에서는 현종 2년(1011)에 처음으로 대장경 조조를 시작하여 선종 4년(1087)까지 6대 76년에 걸쳐 작업을 진행하여 완성을 보았다.* 우리가 흔히 고려 초조대장경(初雕大藏經)이라고 부르는 것이 바로 이것이다. 이 초조대장경은 대체로 북송 관판대장경의 내용과 체제를 따랐지만 고려인들은 그에 만족하지 않고 더 나은 대장경을 만들기 위해 노력했다. 예를 들면, 거란에서는 비록 초조대장경보다 늦은 흥종(재위 1031~1054) 때 조판을 시작하였지만 완성은 적어도 24년 이상 빠른 거란대장경을 보유하고 있었는데, 1063년

* 초조대장경의 판각 시기에 대하여는 여러 가지 설이 있다. 1011년부터 1087년까지 76년에 걸쳐 판각하였다는 설이 가장 유력하며, 1019년에 시작하여 1087년에 끝났다는 설, 1011년에서 1051년까지 판각하였다는 설 등이 있다.

거란에서 이 대장경 전질(全秩)을 보내오자 고려에서는 그 내용을 초조대장경 조판에 적극 반영하였다. 그 결과 고려 초조대장경 안에는 거란대장경에만 실린 불전들이 다수 수록되기에 이르렀고, 전체적인 분량도 570질 5,924권에 달해 북송 관판대장경보다 876권이나 많은 경전이 실리게 되었다.

초조대장경을 만든 고려에서는 한 걸음 더 나아가 경·율·논 삼장에 대한 고금의 주석서와 그밖의 연구논문, 특히 중국이나 우리나라의 여러 승려들에 의해 이룩된 저술들까지도 망라하는 대장경을 간행하려는 야심찬 계획을 실천에 옮겼다. 이른바 고려 속장경의 개판(開板)이다. 이 작업을 주도한 사람이 바로 대각국사 의천(義天, 1055~1101)이었다. 문종의 넷째아들이면서 출가하여 승려가 된 그는 1085년 송나라에 들어가 각지를 다니며 약 3천여 권의 문헌을 수집하여 귀국한 뒤, 계속하여 안으로는 국내 곳곳에서 고서를 모으고 밖으로는 요(遼), 일본 등에서 서적을 구입하였다. 그는 우선 이렇게 수집한 문헌의 목록에 해당하는 『신편제종교장총록』(新編諸宗敎藏總錄) 3권을 간행하여 속장경에 수록할 서적을 결정한 다음, 흥왕사(興王寺)에 교장도감(敎藏都監)을 설치하여 속장경 조조사업을 시작하였다. 그는 1092년부터 1100년, 그가 입적하기 한 해 전까지 9년이라는 짧은 기간에 이 대사업을 마무리하였는데, 여기에 실린 문헌은 그 수가 1,010부 4,740여 권에 달했다. 이 가운데는 중국에서 찬술된 문헌이 많은 부분을 차지하지만 신라 승려들의 저술도 119부 355권이나 포함되어 있어서 의천의 생각이나 속장경의 성격을 짐작할 수 있다.

매우 아쉽게도 이렇게 만들어진 속장경이나 초조대장경은 현존하지 않는다. 속장경은 어디에 봉안하였는지, 언제 어떻게 없어졌는지 아무런 기록도 남아 있지 않다.* 다만 그 경판의 일부가 송광사에서 발견되었고 얼마간의 판본이 일본 나라(奈良)의 도다이지(東大寺) 도서관에 소장되어 있어 그 편린을 유추할 수 있을 따름이다. 초조대장경은 대구 팔공산 부인사에 봉안되어 보존되다가 1232년 몽고병의 제2차 침입 때 저들의 방화로 불타버리고 말았다.* 오늘날에는 일부 판본이 국내에 흩어져 있으며, 일본 난젠지(南禪寺)에도 약간의 판본이 남아 있을 뿐이다.

속장경이 초조대장경과 함께 대구 팔공산 부인사에 봉안되어 있었다는 주장도 있다.

초조대장경이 몽고병의 방화 때문이 아니라 고려인에 의해 소실되었으리라는 추정이다. 즉, 몽고병은 제2차 침입시 처인성전투에서 사령관 살리타이(撤禮塔)가 승장(僧將) 김윤후의 화살에 맞아 전사한 뒤 곧바로 회군함으로써 소백산맥을 넘지 못했고, 오히려 전란으로 말미암은 기아와 무신정권의 착취, 대장경의 소재로 인한 각종 잡세·잡역에 허덕이던 부인사 부근의 농민들이 원망의 표적이자 엄청난 재부(財富)를 축적하고 있던 대 가람 부인사를 습격, 약탈하는 과정에서 소실되었다는 주장이 그것이다.

초조대장경이 한 줌 재로 사라지자 고려 조정에서는 대몽항쟁의 어려운 여건 속에서도 곧바로 새로운 대장경을 만드는 일에 착수하였다. 강화도로 도읍을 옮긴 고려 정부는 먼저 대장경 조성을 총괄하는 기구인 대장도감(大藏都監)을 설치하여 준비에 들어갔다. 이에 따라 대장도감에서는 판각용 나무의 산지를 확인하는 일에서부터 벌목, 벌목한 나무를 바닷물에 담그거나 소금물에 끓여 나무의 진을 빼고 결을 삭히며 그늘에서 건조하는 일, 그런 나무들을 판각에 필요한 두께와 크기로 만들어 다듬는 연판작업, 여기에 새길 경전들을 낱낱이 교정하여 판하본(板下本)을 결정하는 일, 그리고 판하본을 글씨 잘 쓰는 이들로 하여금 경판의 체제에 맞추어 베껴쓰도록 하는 등사작업 등 수년에 걸친 예비작업을 거쳐 1237년부터 본격적인 판각에 들어갔다. 판각작업은 모두 12년이 걸려 1248년에 끝이 났다. 그리고 3년이 지난 1251년에는 낙성경찬회가 열려 대장경이 최종 완성되었음을 내외에 알렸다. 이렇게 세상에 모습을 드러낸 대장경이 오늘날까지 전해져 해인사에 보전되어 있는 팔만대장경(八萬大藏經), 재조대장경(再雕大藏經) 등으로 불리는 고려 대장도감판 대장경이다.

우리가 이 대장경을 흔히 팔만대장경이라고 부르는데 거기에는 두 가지 설명이 있다. 보통 인도사람들은 엄청나게 많은 수를 표현할 때 팔만 사천이라고 말하는데 거기에서 유래하여 어마어마하게 많은 이 대장경을 줄여서 팔만대장경이라고 부른다는 것, 인간의 번뇌 또한 무한하여 팔만사천 번뇌가 있으며 그에 상응하여 그 많은 번뇌를 다스릴 수 있는 부처님 가르침, 곧 법문(法門)도 팔만사천 가지인데 그것을 고스란히 판에 새긴 대장경이므로 그렇게 부른다는 것이 그 풀이다. 게다가 실제 경판의 양도 81,340매에 이르니 이 또한 이름에 부합하는 셈이다.

비록 경판은 8만 매가 넘지만 낱낱 경판은 거의 한결같은 크기와 체제를 유지하고 있다. 경판 하나의 크기는 대체로 가로 70cm 세로 24cm 두께 2.8cm이고, 무게는 3.25kg 정도이다. 앞뒤 양면에 모두 글자를 새겼는데, 면마다 23줄, 줄마다 14자의 글자를 새겨 경판 1매에는 원칙적으로 644자의 글자가 새겨져 있다. 따라서 경판 전체에는 무려 5,200만 자가 넘는 글자가 담겨 있다는 추산이 나온다. 실로 엄청난 양이다. 이를 모두 인쇄하여 책으로 묶으면 1,501종 6,708권*의 경전이 된다. 경판이 완성된 뒤에는 표면에 옻칠을 하여 해충의 피해나 부패를 방지할 수 있도록 하였다. 경판의 양쪽 가장자리에 경판보다 약간 두꺼운 각목을 마구리로 대어 경판의 뒤틀림과 갈라짐을 예방하면서 경판을 인쇄할 때는 이를 손잡이로 사용하고, 평소 겹쳐서 보관할 때는 글자가 새겨진 면이 서로 닿지 않고 그 사이로 통풍이 잘 되도록 배려했다.

그동안 팔만대장경과 관련한 몇 가지 쟁점과 의문이 있어왔다. 그 가운데 하나가 그 많은 경판을 만든 판목은 대체 무슨 나무일까 하는 점이었다. 백화목(白樺木), 즉 자작나무가 판목의 주종을 이룬다는 것이 이제까지의 설명이었다. 그러나 최근의 목재조직학을 이용한 표본적인 재질 조사에 따르면 산벚나무와 돌배나무가 각각 판목의 62%와 13%를 차지하여 대종을 이루고 있으며, 자작나무는 그보다 훨씬 비율이 낮은 8%를 점하고 있을 뿐이라고 한다. 층층나무(6%), 단풍나무(3%), 후박나무(3%)가 그 뒤를 잇고 있으며, 그밖에 버드나무, 굴거리나무도 얼마간 사용하였음이 밝혀졌다.

대장경 조성 사업을 서로 분담했던 대장도감과 분사대장도감(分司大藏都監)은 어떤 관계였으며 어디에 몇 군데나 있었는가 하는 것도 또 다른 의문의 하나였다. 대장경판에는 경전 한 권의 마지막 장에 해당하는 경판 말미에 간기(刊記)가 붙어 있다. 대장경판 전체를 조사한 바에 의

* 이 숫자는 고려대장경의 범위를 어디까지로 보느냐에 따라 조금씩 다르다. 대장목록(大藏目錄)에 수록되어 있는 경전, 즉 정장(正藏)만을 말한다면 1,497종 6,558권이 되고, 이른바 보유판(補遺板) 15종 가운데 분사대장도감판으로 볼 수 있는 4종 150권을 포함하면 1,501종 6,708권이 되며, 나머지 보유판을 모두 넣어 계산하면 1,512종 6,795권이 된다. 그러나 보유판 가운데 『종경록』(宗鏡錄), 『조당집』(祖堂集), 『화엄경수현기』(華嚴經搜玄記), 『화엄경탐현기』(華嚴經探玄記)를 제외한 나머지는 명백히 개인이 발원하여 판각한 사간판(私刊板) 또는 사간판(寺刊板)이므로 고려대장경에 포함시킬 수 없다.

하면 불과 한두 글자씩 다를망정 꽤 여러 종류의 간기가 보이지만 가장
보편적인 형식은 '○○歲高麗國大藏都監奉勅雕造'(○○세고려국대
장도감봉칙조조) 또는 '○○歲高麗國分司大藏都監奉勅雕造'(○
○세고려국분사대장도감봉칙조조)이다. 이로써 판각작업이 대장도감
과 분사대장도감에서 함께 이루어졌음을 알 수 있다. 그런 가운데『종
경록』(宗鏡錄) 제27권 간기는 '丁未歲高麗分司南海大藏都監開
板'(정미세고려분사남해대장도감개판)이라고 되어 있어 분사대장도감
이 설치되었던 곳을 알려주고 있다. 이 간기와 기타 몇 가지 문헌기록을
근거로 많은 사람들이 대장도감은 강화도에, 분사대장도감은 남해에만
있었던 걸로 생각해왔다. 그러나 간기를 좀더 면밀히 조사해본 결과 동
일한 경전을 대장도감과 분사대장도감에서 나누어 판각한 경우가 적지
않게 있음이 확인되었다. 심지어 2권 또는 3권으로 구성되는 적은 분량
의 경전을 두 도감에서 나누어 판각하거나, 전체 60권 가운데 한 권만
을 대장도감에서 판각하고 나머지는 분사대장도감에서 판각한 경우도
있음이 드러났다. 더 나아가 경판을 새긴 각수를 조사한 결과, 같은 경
전을 권수만 달리하여 동일한 각수가 같은 기간에 대장도감과 분사대장
도감에서 동시에 새기고 있는 경우가 있음이 드러났다.

　이런 사실들은 대장도감과 분사대장도감이 그렇게 먼 거리에 있지 않
았거나 아니면 동일한 장소에 있었음을 강력하게 시사한다. 당시 상황
에서 강화의 대장도감에서 남해의 분사대장도감을 오고가는 번거로움
을 무릅쓰면서까지 한 경전의 극히 일부나 양이 적은 경전을 나누어 판
각했다고 보기 힘들기 때문이고, 같은 각수가 동일한 기간에 강화와 남
해를 오가며 판각할 가능성은 더욱 없는 까닭이다. 오히려 이 같은 사실
로부터 대장도감과 분사대장도감이 같은 곳에 있었다고 유추함이 훨씬
자연스럽다. 따라서 분사대장도감이 남해뿐 아니라 강화도에도 설치되
었을 가능성을 전혀 배제할 수 없게 된 것이다. 여기서 한 걸음 더 나아
가 어떤 이는 아예 대장도감과 분사대장도감이 모두 남해에 있었다고 주
장하기도 한다. 이제까지 강화 선원사(禪源寺)에 대장도감이 설치되고
강화에서 대장경판의 판각이 이루어졌다는 것이 거의 정설처럼 굳어져
있었으므로 이와 같은 주장은 매우 획기적인 것이라 할 수 있다. 다만 두

도감이 아주 가깝거나 같은 장소에 있었다는 사실까지는 분명히 밝혀졌지만 그 이상의 의견은 여타의 견해들과 마찬가지로 아직 추론에 지나지 않으므로 앞으로 좀더 연구가 필요하다 하겠다.

대장경판을 새긴 동기가 무엇인가도 논란거리이다. 부처님의 힘을 빌어 외적의 침입을 물리치고자 하는 발원에서 대장경 조성 사업을 시작했다는 것이 전통적이고 종교적인 해석이었다. 이규보(李奎報)의 유명한「대장경을 새기며 임금과 신하가 올리는 기원의 글」(大藏刻板君臣祈告文)의 내용을 그대로 따른 것이다. 이런 해석에 살을 붙여 당시 국교였던 불교, 그것을 상징하는 대장경 판각이라는 거국적 사업을 통해 임금과 신하와 백성들의 일체감을 조성하고 문화적 자긍심을 높여, 이에 반하는 몽고의 침입에 대항하는 대몽항쟁의식을 고취시키고 그 힘을 바탕으로 국난을 극복하려는 의지가 대장경 조성의 주된 동기를 이룬다고 설명하기도 한다.

한편 이와는 전혀 다른, 어쩌면 반대에 가까운 해석도 있다. 대장경 조조는 국가적 사업이었으나 실질적으로 이를 발의하여 주관하고 완수한 것은 당시의 최고 권력자였던 최우(崔瑀)와 그의 계승자인 아들 항(沆)이었다. 이들은 전란의 와중에서도 대장경 조조사업을 강력히 추진했다. 그 이유를 최씨 무신정권의 수립과 유지 과정에서 드러난 그들의 불법성·폭력성과 그에 따른 백성들의 저항의 예봉을 다른 곳으로 돌리고, 또 외적의 칼날 아래 맨몸뚱이로 장기간 방치된 백성들은 아랑곳없이 상대적으로 안전한 강화도에서 피난하고 있는 최씨 무신정권으로 대표되는 무능하고 부패하고 부도덕한 지배층에 대한 백성들의 분노와 불만을 종교적으로 해소하려는 정치적 의도 때문이었다고 보는 시각이 있다.

전자는 오늘날의 관점에서 보자면 논리적, 현실적 설득력이 다소 부족하고, 반대로 후자는 지나친 정치 편향의 해석이 아닌가 하는 생각이 든다. 역시 이 문제도 다양한 각도의 접근이 요망된다 하겠다. 그런 의미에서 팔만대장경 조판의 역사적 배경을 첫째 최씨 무신정권의 정치적 목적, 둘째 6차에 걸친 몽고 침입이라는 미증유의 전란 속에서 오히려 강화된 민족의식·문화의식, 당시 고려 불교의 발전과 그 전통적 저력의

결합에서 이해하려는 노력은 시사하
는 바 크다 하겠다.

완성된 팔만대장경이 어디에 보
관되어 있다가 언제, 어떤 경로로 해
인사에 이안(移安)되었는지도 궁금
증을 자아내는 문제이다. 『고려사』
(高麗史) 권24의 기록에 의하면 팔
만대장경은 완성된 뒤 강화성 서문
밖의 대장경판당(大藏經板堂)에 안

팔만대장경판의 마구리
대장경판의 판이 뒤틀리지 않도록 경판 양
쪽 가장자리에 두꺼운 각목을 대었을 뿐
아니라 다시 네 귀퉁이를 동판으로 감쌌
는데, 그 모습이 튼튼해보이면서도 아름
답다.

치되었음이 확실하다. 그리고 대부분의 연구자들이 으레 이 판당은 곧
선원사를 가리킨다고 생각해왔다. 하지만 서문 밖의 판당이 곧 선원사
라는 명백한 증거는 없다. 다만《조선왕조실록》가운데『태조실록』의 7
년 5월 10일자 "강화 선원사로부터 옮겨온 대장경을 보기 위해 용산강
에 행차하였다"(丙辰 幸龍山江 大藏經板輸自江華禪原寺)는 기사로
보아 적어도 1398년 이전 한동안 팔만대장경이 선원사에 봉안되어 있
었음은 분명하다 하겠다.

대장경이 해인사로 옮겨진 시기에 대해서도 여러 가지 설이 분분하다.
그 예로 고려 말기설, 태조 원년설, 태조 6년설, 조선 초기설 따위를 들
수 있는데, 어느 경우도 논리적인 취약점 또는 근거가 불충분한 문제점
을 완벽히 극복하지 못하고 있기 때문에 현재로서는 결정적인 반증이 없
는 한 비교적 믿을 만한《조선왕조실록》의 기록에 의거할 수밖에 없는
실정이다. 이에 따르면 앞서 본 대로 팔만대장경은 1398년 5월 이전에
강화도 선원사를 떠났음을 알 수 있고, 또 정종 원년 정월 9일의 기사에
의하면 이때 이미 해인사에서 대장경을 인출(印出)하고 있음도 틀림없
다. 그러므로 강화도를 떠난 팔만대장경은 1398년 5월 한양을 경유하
여 1399년 정월 이전에 해인사로 옮겨졌다고 하겠다.

운송 경로도 아직 명확치 않다. 크게 수로를 이용하여 운반했다는 설
과 육로로 수송했다는 주장이 엇갈린다. 수로이용설은 다시 두 가지로
나뉜다. 하나는 해로이용설이니, 한양의 한강에서 선적된 팔만대장경
은 서해 연안의 수로를 이용해 해상 운반되었다는 견해다. 다른 하나는

내륙수로 이용설로 한강을 거슬러 올라 충주에 이른 다음 육로로 새재를 넘고 다시 낙동강 물길을 이용하여 옮겼다는 의견이다. 육로운반설은 새재를 넘는 단계까지는 내륙수로 이용설과 같지만 그 뒤 낙동강 물길을 버리고 육로로 해인사까지 이운(移運)했다는 의견이다. 이 또한 해결을 기다리는 문제다.

이처럼 해인사에 봉안되어 있는 팔만대장경은 숱한 의문과 논쟁거리를 품고 있지만 그것이 지닌 가치를 의심하는 사람은 아무도 없다. 팔만대장경은 동아시아에서 만들어진 20종 이상의 대장경 가운데 가장 우수한 것이며, 현존하는 대장경 중에서 제일 오래된 것이다. 뿐 아니라 팔만대장경은 교정이 정밀하고 오자(誤字)나 탈자(脫字)가 없기로도 유명하다. 이는 팔만대장경을 조조하기에 앞서 기존의 대장경들을 엄밀히 비교, 대조하여 가장 나은 선본(善本)을 채택한 다음 그를 바탕으로 완벽에 가까운 판하본을 만들고, 그에 따라 치밀하고 빈틈없이 판각작업을 진행시킨 결과이다. 고려 불교의 높은 수준과 대장경 조성에 참여했던 모든 이들의 열정, 장인정신을 엿볼 수 있는 대목이다.

팔만대장경의 판하본을 결정하는 과정에서 참고한 대장경은 북송 관판대장경, 거란대장경, 초조대장경 등이다. 따라서 이들 대장경이 경판은 물론 판본조차 거의 모두 지상에서 사라진 현재 그 내용을 추적할 수 있는 유일한 자료가 팔만대장경이기도 하다. 한 연구에 의해 거란대장경 가운데 적어도 20여 종 300권 가까운 경전이 팔만대장경에 수록되어 있음이 알려졌다. 팔만대장경의 성가를 입증하는 좋은 예가 될 것이다.

또 팔만대장경은 풍부한 내용을 자랑한다. 단적인 예로 팔만대장경보다 후대에 중국이나 일본에서 만들어진 대장경들 대부분이 양적으로 팔만대장경에 미치지 못함을 통해서도 이를 잘 알 수 있다. 이렇듯 정확하고 풍부한 내용을 담고 있으므로 근대 이전에 만들어진 일본과 중국의 여러 대장경은 물론 20세기 초 일본에서 인쇄본으로 만들어져 오늘날 세계 각국에서 불교 연구의 기본서로 활용되고 있는 《대정신수대장경》(大正新修大藏經)조차도 팔만대장경을 저본으로 사용했던 것이다.

내용이 풍부함으로 말미암은 미덕은 여기에 그치지 않는다. 이를테면 다른 어느 대장경에도 실려 있지 않되 팔만대장경에만 올라 있는 경전이 적지 않다. 대표적으로 『법원주림』(法苑珠林), 『일체경음의』(一切經音義)·『속일체경음의』(續一切經音義), 『내전수함음소』(內典隨函音疏) 따위를 예로 들 수 있다. 이런 전적들은 만일 팔만대장경에 수록되지 않았더라면 그 존재조차 모른 채 사라져버렸을 것이다.

팔만대장경은 판각기술의 측면에서 보아도 대단하다. 판각용정서본(板刻用淨書本), 곧 판서본을 필사하는 데 참여한 사람들이 적어도 수백 명을 넘고 그것을 판에 새긴 각수들 또한 그 이상으로 많았을 텐데, 오늘날 우리가 보는 대장경판의 글씨는 마치 한 사람이 쓰고 새긴 듯 한결같다. 하긴 경판을 새길 때 일배일각(一拜一刻), 곧 부처님께 절 한 번 하고 글자 한 자 새겼다는 말이 전해올 정도이니, 그런 정성에 고려인들이 쌓아온 목판인쇄기술이 합쳐졌다면 그리 대단한 일이 아닐지도 모르겠다.

팔만대장경은 오늘날까지 거의 아무런 손상 없이 원형을 유지하고 있다. 글자가 마모, 결락된 것도 없으며, 경판이 부식되거나 갈라지거나 휘고 뒤틀린 것도 없다. 완성된 지 750년 이상이 지난 목판이 마치 어제 만든 듯 생생하게 보존되고 있다. 경판의 보존 상태를 보면 경이롭기까지 하다. 그것은 아마도 판각에 적합한 목재의 선택에서부터 판각이 끝난 경판 표면에 옻칠을 하여 마감하기까지 각 단계별 처리과정에 세심한 배려가 기울여졌기 때문에 가능했으리라.

요컨대 팔만대장경은 고려인의 성실성과 열정에 더하여 생활과학, 경험과학이 낳은 목판인쇄문화의 결정판이라 하겠으며, 오늘날 우리가 정말로 세계에 자랑할 만한 민족의 빛나는 문화유산이요 찬란한 자부심이다. 국보 제32호이며, 1997년 유네스코에 의해 세계의 문화유산으로 등록되었다.

대장경판전
해인사의 중심 불전(佛殿)인 대적광전을 뒤로 돌아들면 고색이 듬뿍 앉은 이중의 긴 돌축대 한가운데 높고 가파른 돌층계가 막아선다. 스물세 단 그 계단을 올라서면 흰 회벽 위로 담쟁이덩굴 너울너울 뻗어가는 정감 넘치는 담장을 반으로 가르며 일각문이 솟았다. 그 일각문을 넘어서

면 넓게 두른 담장 안에 네 채의 건물이 긴네모꼴 평면을 이루며 고요하게 자리잡고 있다. 흔히 장경각(藏經閣)이라고 부르는, 팔만대장경판과 그밖의 경판들을 간직하고 있는 대장경판전(大藏經板殿)이다. 남북의 두 건물에는 국간판(國刊板), 곧 팔만대장경판이 보존되어 있고, 그 사이 동쪽과 서쪽 끝의 두 건물에는 팔만대장경보다 앞서 만들어진 고려시대의 경판들*을 비롯하여 사찰에서 그때그때 필요에 따라 만든 경판, 즉 사간판(寺刊板)이 안치되어 있다. 남북의 두 건물에는 각각 수다라장(修多羅藏),* 법보전(法寶殿)이라는 편액이 붙어 있다. 이름을 통해서도 대장경을 갈무리한 두 건물의 쓰임새를 금방 알 수 있다. 두 건물은 크기와 모양이 같아서 정면 15칸 측면 2칸에, 익공계* 우진각 지붕 홑처마집이다. 보통 사간판고(寺刊板庫)라고 불리는 동서의 두 건물도 정면 2칸 측면 1칸에 주심포 맞배지붕 홑처마집으로 서로 크기와 모양이 같다.

장경판전이 언제 처음 지어졌는지는 분명치 않다. 정상적이라면 대장경이 해인사로 옮겨올 무렵 신축되었겠지만 그런 사실을 전하는 아무런 기록이나 증거가 남아 있지 않다. 다만 세조 4년(1458) 원래의 판전 건

물이 비좁아 확장하는 공사를 했다는 기록이 해인사의 역사를 전하는 「가
야산해인사고적」에 있는 것으로 보아, 지금과는 다를망정 판전 건물이
늦어도 15세기 초에는 존재했음을 짐작할 수 있다. 그뒤 성종 12년(1481)
판전 보수에 착수하여 7년 뒤인 1488년에 일을 마쳤다 하며, 弘治四
年 (1488)이라 새겨진 암막새에 "대장경판당 30칸을 수리하고 지붕을
이었다"(大藏經板堂三十間修葺)는 글씨가 남아 전하는 점으로 미루
어 지금의 건물은 이때 형태를 갖추었다고 추정된다. 1964년부터 진행
된 장경판전 보수공사 때 수다라장과 법보전 마루도리에서 묵서(墨書)
와 상량문(上樑文)이 발견되었다. 그 기록에 따르면 1622년에 수다라
장, 1624년에 법보전을 수리했음을 알 수 있다. 이후 오늘날까지 몇 차
례의 보수가 있었겠지만 기록으로 전하지는 않는다. 아무튼 장경판전은
현재 해인사에 즐비하게 늘어선 수십 채 건물 가운데 가장 오래된 집이
다. 해인사의 잦은 대화재로 다른 건물들이 모두 불타버렸지만 장경판
전만은 무사했기 때문이다. 그 안에 간직된 대장경을 생각하면 참으로
천행이고 축복이라 아니할 수 없겠다.

　장경판전은 그 안에 갈무리된 대장경판을 잘 보존하기 위해서 세운 집
이다. 아마도 나무로 만들어진 대장경판을 오래 보전하는 데 가장 중요
한 점은 적정한 온도와 습도의 유지, 직사광선의 차단, 원활한 통풍과
환기 따위일 것이다. 장경판전은 이러한 쓰임새에 필요한 요소들이 주
도면밀하게 베풀어진 건물이다. 우선 건물의 바닥부터가 여느 건물과는

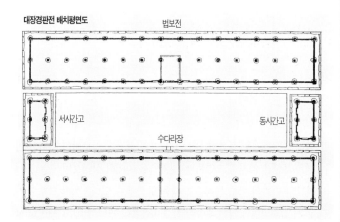

대장경판전 배치평면도

법보전

서사간고

동사간고

수다라장

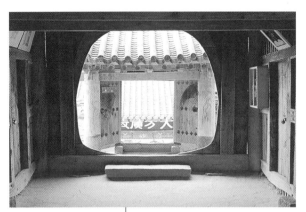

수다라장의 월문
해인사 대적광전에서 대장경판전 구역으로 오르면 만나는 아름다운 문으로 그 모양이 둥글어 월문이라 부른다.

다르다. 장경판전이 들어선 자리는 배수가 잘 되는 토질이라 한다. 그런데 여기에 만족치 않고 집이 앉을 자리에는 석회, 숯, 소금을 겹겹이 다져넣고 그 위를 황토로 마감하였다 한다. 아다시피 석회, 숯, 소금 따위는 모두 습기를 빨아들이는 성질을 갖고 있다. 이것들이 밑바닥에 층을 이루고 있으므로 비가 오는 날이나 습도가 높은 여름철에는 건물 안의 습기를 빨아들여 습도를 낮추고, 반대로 건조한 때에는 머금었던 습기를 내뿜어 적정한 습도 유지에 도움을 주는 것이다. 말하자면 자연식 자동습도조절 장치인 셈이다.

햇빛은 경판의 보호에 득실이 반반이다. 그 속의 자외선은 이끼, 곰팡이, 곤충, 식물 등 생물의 번식을 막는 작용을 하며, 적외선은 흙바닥을 데워 공기의 대류를 촉진시켜 건물 안의 온도를 균일하게 하는 긍정적 효과가 있다. 동시에, 자외선과 일부 가시광선은 목재를 변질시키는 부정적 역할을 한다. 장경판전은 햇빛의 이런 이중성을 건물의 방향과 살창 구조, 경판을 올려놓는 판가(板架)를 통해 조절하고 있다. 장경판전은 서남향에서도 약간 서쪽으로 치우친 좌향을 하고 있으며, 앞뒤 벽면에는 칸마다 상하 2단의 살창을 낸 개방적 구조를 지니고 있다. 이런 좌향과 구조를 통해 건물 내부의 필요한 곳, 즉 흙바닥으로 햇빛을 적절히 걸러 받아들일 수 있도록 하면서, 판가를 벽면에서 멀찍이 띄우고 흙바닥에서도 30cm쯤 높여 설치함으로써 직사광선이 직접 경판에 닿는 일이 없도록 하였다.

살창구조는 일광의 조절뿐 아니라 환기와 통풍에도 매우 중요한 작용을 하는 장경판전의 핵심적 요소이다. 수다라장과 법보전의 앞뒤 벽면의 많은 부분을 차지하고 있는 이 살창들을 자세히 살펴보면 창문 크기의 미묘한 변화와 아주 독특한 특색을 발견할 수 있다. 우선 크게 보자면 두 건물의 앞면 살창은 위쪽이 작고 아래쪽이 크며, 반대로 뒷면의 살

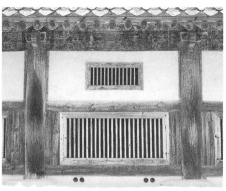

대장경판전의 살창
수다라장과 법보전의 앞뒤 벽면의 살창은 그 크기가 다르다. 이는 남쪽에서 불어오는 신선한 공기를 잘 받아들여 건물 안에서 원만한 대류작용을 유도하기 위한 구조로, 매우 탁월한 기능이 입증되었다.

창은 위쪽이 크고 아래쪽이 작아 한 건물의 앞뒷면이 서로 상반되는 구조를 갖고 있다. 여기까지는 누구나 건물의 앞면, 즉 남쪽에서 불어오는 신선한 공기를 아래쪽으로 잘 받아들여 건물 안에서 원활한 대류작용을 유도한 다음 뒷면의 위쪽 창으로 내보내기 위한 탁월한 구조임을 짐작할 수 있다. 그러나 좀더 면밀히 창문을 조사해보면 그 구조를 이해하거나 설명하는 일이 그리 간단치 않음을 눈치채게 된다. 수다라장의 앞면 살창은 아래가 2.15m×1.0m=2.15m²이고, 위가 1.2m×0.44m=0.528m²이다. 그러므로 아래창이 위창보다 약 4배 크다. 그런데 뒷면은 아래창이 1.36m×1.2m=1.632m²이고 위창은 2.4×1.0=2.4m²로 위창이 아래창보다 1.47배 크다. 다시 말해 아래위의 살창 크기가 건물 앞뒷면에서 단순하게 역전되어 있지는 않은 것이다. 이 점은 법보전도 마찬가지다. 미세한 수치는 조금 다를지라도 정면은 아래창이 위창보다 약 4.6배 크고, 후면은 위창이 아래창보다 약 1.5배 커서 비율상으로는 두 건물의 살창구조가 흡사하다. 또 법보전의 뒷벽 살창들은 칸마다 조금씩 크기가 다르다는 것도 조사되었다. 도대체 크기가 다른 벽면 아래위의 살창이 건물 앞뒤에서 단순하게 역전되지 않고 그것이 지금과 같은 비율로 설치되었다는 사실이나, 북쪽 건물인 법보전 뒷면 벽의 살창들은 칸마다 크기가 다르다는 점이 시사하는 바는 무엇일까? 현재로선 장경판전의 뒤쪽, 곧 북쪽에서 내려오는 차고 습한 공기는 적절히 차단하면서 건물 안의 통풍과 환기를 원활히 하려는 장치이려니 짐작만 할 뿐 그 이상은 별로 밝혀진 게 없다. 옛사람들의 경험에서 우러난 지혜의 소산이 과학세대를 자처하는 현대인들을 비웃는 격이라고나 할지.

　대장경판 보존에 관한 한 현대인의 과학이 옛사람들의 경험을 따라잡지 못함은 그저 비유에 그치는 것이 아니라 사실이기도 하다. 1973년 정부에서는 화재에 매우 취약한 경판과 판전을 안전하게 보전하겠다는 명분으로 지금의 장경판전과 크기가 똑같은 지상 1층 지하 1층 철근콘크리트 구조의 새로운 판전을 세워 대장경판을 그리로 옮겨 보관하겠다는 계획을 수립, 추진했다. 그러나 이런 정부의 계획에 대해 현재의 판전에서 700년이 넘도록 고스란히 간직되어온 것을 군이 건물을 신축하면서까지 옮겨야 할 이유가 없다는 점과 풍수지리설, 신앙적 측면을 내세워 해인사 측과 조계종단에서 먼저 반대를 하고 나섰다. 더 강력한 반대는 전문가들 사이에서 나왔다. 이 일에 간여한 문화재위원들이 현 장경판전의 통풍 및 습도조절 기능이 이상적일 뿐더러, 시멘트로 판전이 신축되면 그 독소가 끼칠 해독이 경판에 더 많은 손상을 입히게 된다는 주장을 편 것이다. 그럼에도 불구하고 정부에서는 공사를 강행했다. 그리고 그 건물은 1976년 완공을 보았다. 그러나 그 건물은 실패였다.

　지하 1층, 지상 1층의 이 건물은 연건평이 574평인 현대식 건물로 방화에는 효과적이나 방수와 방습이 제대로 되지 못하고 있음이 준공 후 10여 차례에 걸친 기술조사 결과 밝혀지게 되었다는 것이다. 즉 지하실에서는 각 벽면마다 물이 스며들어 밑바닥이 질퍽일 정도이고, 지상의 경우도 습기가 차서 나무에 곰팡이가 슬 정도라니, 이런 형편에서 만약 대장경판을 옮긴다면 727년간을 고스란히 간직해온 세계적인 문화재가 단시일 안에 심히 손상되리라는 것은 자명한 이치다.

　1978년 1월의 한 신문 칼럼이 전하고 있는 실패의 실상이다. 온·습도를 조절하기 위해서 독일 기술진까지 동원했던 결과가 그러했다. 일은 아까운 국가 예산만 낭비한 채 한바탕 해프닝으로 끝나고 말았다. 이 한편의 소화(笑話)는 군사독재정권의 무모한 강압식 문화정책의 일면을 보여주는 것이기도 하지만, 역설적으로 지금의 장경판전이 얼마나 뛰어난 구조를 지니고 있는지를 실증적으로 보여준 셈이기도 하다.*

장경판전은 이렇게 빼어난 기능성을 갖추고 있을 뿐 아니라 불교의 사상과 교리를 건축적으로 구현해 보여주기도 한다. 먼저 우리는 장경판전이 들어선 위치에 주목할 필요가 있다. 중심 법당의 정면 뒤, 이 위치는 이른바 삼보사찰의 상징물들이 자리잡고 있는 지점이다. 불보인 사리를 모신 통도사의 금강계단이 그렇고, 승보인 수행자들의 수행 공간인 송광사의 수선사(修禪社)가 그러하며, 이제 법보인 팔만대장경을 안치한 해인사의 장경판전 또한 그러한 것이다. 팔만대장경이 있기 때문에 해인사가 해인사라면, 그 말은 곧 장경판전이 이 자리에 있기 때문에 해인사가 해인사라는 말에 다름 아닌 것이다.

수다라장과 법보전은 모두 정면 15칸 측면 2칸의 건물임을 이미 밝힌 바 있다. 그것은 곧 기둥열이 앞, 가운데, 뒤의 세 줄일 수 있음을 말하고, 실제로도 그러하여 가운데 높은 기둥(高柱)이 한 줄 서고 앞뒤로 평기둥이 한 줄씩 늘어서 있다. 따라서 수다라장의 기둥을 모두 합한 수가 48개, 법보전도 그 숫자가 48개이다. 여기에 정면 2칸 측면 1칸의 동서 사간판고의 기둥 수가 각각 6개씩이다. 이들을 전부 합친 숫자, 즉 장경판전 네 채 건물의 기둥 수는 108개가 된다. 백팔염주, 백팔번뇌 하듯이 이 숫자가 불교와 매우 친숙한 숫자임은 내남없이 다 아는 노릇이다. 백팔번뇌가 벌어지면 팔만사천 번뇌가 되고 그를 다스리기 위해서 팔만사천 법문이 있고 백팔법문이 있다는 것이 불교의 주장 아닌가. 팔만사천 법문을 담은 팔만대장경이 108개 기둥으로 받친 집에 들어 있음 —이 기막힌 은유가 과연 우연일 수 있겠는가?

장경판전은 기능성이나 종교성을 두고라도 매우 차원 높은 건축의 세계를 보여준다. 장경판전은 단순과 반복을 주개념으로 사용한 건축이다. 다듬지도 모나지도 않은 덤벙주초 위에 은은한 배흘림이 있는 두리기둥을 세우고, 그 위에는 아주 간단한 초익공을 올려 보머리를 받고 있을 뿐이다. 처마도 서까래가 한 줄 걸린 홑처마이다. 위 아래로 뚫린 살창 역시 기능에 충실할 뿐 어떠한 욕구도 내보이지 않는다. 그뿐이다. 구조가 매우 단순하다. 아무런 장식도 기교도 조작도 없다. 필요가 낳은 디자인이고, 그래서 필요미의 최대치이다. 그리고 이 단순은 단발성으로

지금도 해인사에 가면 이 '찬란한 실패의 기념물'이자 장경판전의 우수함을 입증하는 증거물을 볼 수 있다. 요새는 아주 용도가 바뀌어 참선하는 스님들이 수행하는 선원(禪院)으로 쓰이는 극락전 뒤의 건물이 바로 그것이다.

그치는 것이 아니라 15칸이나 되는 긴 흐름을 따라 끝없이 되풀이된다. 때문에 단순성은 강화되고 고조된다. 그럴 때의 단순은 평범한 단순이 아니다. 그것은 바로 '고귀한 단순'인 것이다. 간밤의 정적을 한껏 흡수했던 대기가 아직 깨어나기 전의 이른 시각, 혹은 관람객이 모두 빠져 나가고 엷은 어둠을 따라 고요가 내리는 저녁 무렵에 장경판전의 바깥 기단을 따라 천천히 걸어보라. 그러다가 법보전이나 수다라장의 한쪽 끝에서 걸음을 멈추고 뒤돌아보라. 그때 우리 눈에 들어오는 것은 바로 그 '고귀한 단순'이리라.

연속이나 반복은 영원성과 통한다. 인간이 얼마나 반복적인 요소들을 인지할 수 있는가는 디자인 이론의 중요한 논점이라고 한다. 그런데 건축에서 일반적으로 평범한 사람의 눈으로 쉽게 식별할 수 있는 층수가 5층 정도, 길이 방향으로도 대략 5칸 정도라고 말한다. 이 정도의 높이와 길이를 '인간적 척도'(human scale), 그 범위를 넘어서는 크기를 '기념비적 척도'(monumental scale)라고 한다. 그러니까 5칸을 넘고 10칸을 지나버리면 이제는 그것이 15칸이든 그 이상이든 '길다'는 사실만 인지될 뿐, 숫자로 칸 수를 구별하는 것은 무의미해진다는 얘기가 된다. 사람의 인식을 넘어설 정도로 똑같은 기둥이 반복되고 한결같은 창이 되풀이되고 변함없는 칸이 계속될 때 우리는 무한을 생각하게 되고 일상을 넘어선 신성의 영역에 다가가게 되며 무상한 변화의 세계를 지나 영원의 시공 속에 발을 디디게 된다. 그리고 이 영원성은 불타가 설파했던 법, 그것의 현실태로서의 팔만대장경이 갖는 진리의 영원성과 만난다. 수다라장이나 법보전의 15칸이 갖는 의미는 그런 것이다. 단순과 반복을 통해서 장경판전은 우리에게 종교적 경건성을 가르쳐주며 신성조차 느끼게 해준다.

장경판전은 필요가 낳은 아름다움이 어떤 것인지를 보여주는 건축이다. 건축적 완성도, 종교성, 기능성이 상호 교류하면서 상승작용을 일으켜 우리에게 무한한 법열을 선사하는 건축이 장경판전이다. 경판 하나하나가 무수히 핀 연꽃이라면 장경판전은 그 연꽃들을 피워올린 장엄한 연못과 같은 건축이다. 국보 제52호이며, 1997년 팔만대장경과 함께 세계의 문화유산으로 등록되었다.

중봉 마애불입상

공식 명칭은 '합천 치인리 마애불입상'이지만, 해인사 스님들은 그냥 '중봉 마애불'이라고 부른다. 해인사에서 산길을 따라 2.6km쯤 오르면 닿는 산봉우리, 중봉(中峰)에 있기 때문이다. 몸길이 5.8m, 머리 높이 1.7m, 전체 높이 7.5m에 이르는 듬직한 불상이다.

너비 3.1m 되는 바위에 고부조(高浮彫)로 두광(頭光)과 불신(佛身)을 새겼다. 신광(身光)은 따로 새기지 않았으되 바위가 자연스럽게 신광 구실을 한다. 크고 둥두렷한 두광에는 아무런 무늬가 없다. 그게 오히려 불상의 얼굴을 돋보이게 한다. 머리는 소발(素髮)이고, 육계(肉髻)가 큼직하다. 얼굴은 그리 정감이 가는 모습은 아니다. 전체적으로 퉁퉁한 편인 데다 양 볼에 살이 올랐고 턱에도 군살이 졌다. 이마는 좁고 눈꼬리는 위로 치켜졌으며 인중은 짧고 입은 체구에 어울리지 않게 작다. 도톰하게 솟아오른 인중과 입술은 어린아이의 얼굴이라면 귀엽게도 보였으련만 여기서는 오히려 표정을 굳게 만들고 있다. 목에는 삼도가 뚜렷한데, 그 뚜렷한 게 지나쳐 마치 아프리카 어느 부족 사람들의 목에 끼운 고리처럼 보인다. 반듯하고 당당한 두 어깨는 각이 졌다. 양쪽 어깨를 감싼 통견(通肩)의 법의는 아주 두꺼워서 몸의 굴곡을 전혀 드러내지 않으면서 발등까지 흘러내린다. 몸 가운데로 반복되는 U자형 옷주름은 잘 다듬어져 있으나 도식적인 반면 양쪽 소맷자락은 그런대로 자연스럽다.

아무래도 이 마애불상의 매력이 집중된 곳은 두 손이 아닌가 싶다. 오른손은 어깨 가까이까지 들어올려 엄지와 중지를 맞댄 채 손바닥을 밖으로 향하였고, 손등이 드러난 왼손은 명치 언저리에 얹어 부드럽게 손가락을 구부렸다. 불상의 다른 부분이 크기에 걸맞게 선이 굵게 처리되었다면, 두 손만은 곰살궂다 싶을 만큼 자상하다. 펴지거나 구부러진 손가락들은 너무도 천연스럽고 쳐다보는 사람에게 무엇인가 말을 거는 듯 표정이 풍부하다. 불상 전체가 남성적이라면 손만큼은 여성적이라 할 수 있겠다. 그러나 그다지 어색하지 않고 도리어 드러나지 않게 딱딱한 분위기를 녹여주는 구실을 하고 있다.

중봉 마애불입상은 발랄한 생동감을 주는 불상은 아니다. 오히려 통

경남의 명산 가야산은 수려하고 당당한 산세로 인하여 많은 사람들이 찾을 뿐아니라 등산로 또한 다양하다. 그중 해인사에서 중봉 마애불입상까지만 올라가더라도 큰산을 찾은 감흥을 충분히 즐길 수 있다. 해인사 관광단지→해인사→용탑선원→중봉 마애불입상까지는 약 1시간 30분 걸린다. 중봉 마애불입상에서 가야산 정상(1,430m)까지는 약 1시간 10분 걸리는데, 정상에 서면 멀리 덕유산과 지리산 능선이 아스라이 보인다.

중봉 마애불입상
해인사 뒤로 난 산길을 따라 중봉을 오르면 만나는 전체 높이 7.5m의 듬직하고 위엄 있는 마애불이다.

일신라시대 말기에 나타나는 형식화 경향이 두드러진다. 또, 굳은 얼굴 표정, 각이 진 어깨, 거의 선각에 가깝게 처리된 옷주름 등 고려시대 마애불에서 보이는 요소도 여럿 간직한 불상이다. 그러나 당당한 풍모와 크기를 고려한다면 몸 각 부분의 고른 신체 비례, 세부에 보이는 섬세함과 세련됨 따위로 보아 당대를 대표하는 마애불상으로 꼽아도 손색이 없을 것이다. 한마디로 해인사의 무게가 실린 육중한 거작으로, 보물 제222호이다.

큰절의 잡답을 벗어나 마애불로 가는 길은 여간 즐겁지 않다. 봉우리

로 오르는 마지막 300m를 빼곤 줄곧 계곡의 물소리를 들으며 갈 수 있
는 길이고, 잡목숲 사이사이로 굵고 곧고 길게 자란 소나무, 잣나무를
넉넉히 보며 걸을 수 있는 길이다. 셋이 가면 좋고, 둘이 가면 더욱 좋
고, 혼자 가면 가장 좋은 길이 중봉 마애불로 오르는 산길이다.

청량사

『삼국사기』「열전」(列傳)에 이런 기사가 실려 있다.

　최치원이 당나라에서 고국으로 돌아왔으나 어지러운 세상을 만나……
다시 벼슬에 뜻이 없었다. 이에 산수 사이에서 소요하고 강과 바다에서
노닐었으니, 누대와 정자를 지어 소나무·대나무를 심기도 하고, 글을 읽
고 시를 읊조리며 한 세월을 보냈다. 저 경주의 남산, 강주(지금의 의성)
의 빙산, 합주(지금의 합천)의 청량사, 지리산 쌍계사, 합포현(지금의
마산)의 별서(別墅) 따위가 모두 그가 노닐던 곳이다. ─권46「열전」
제6〈최치원〉조

　또『신증동국여지승람』에도 청량사(淸凉寺)는 "월류봉 아래에 있다.

합천군 가야면 황산리에 있다.
해인사 입구 SK 해인주유소 앞 삼거리에
서 가야·합천으로 난 59번 지방도로를 따
라 4.3km 가면 길 오른쪽으로 공원휴게
소 식당이 나오고, 공원휴게소 식당을 지
나면 바로 청량사 표지판과 함께 청량사
로 가는 길이 나온다. 그 길을 따라
2.8km 가면 청량사에 닿는데 가는 길
이 좁고 가팔라 승용차만 갈 수 있다. 대
형버스는 공원휴게소·식당 앞 한편에
잠시 주차해야 한다. 청량사 주변에는 숙
식할 곳이 없다. 공원휴게소·식당이 있
는 무릉동에서 청량사 입구 매표소에 이
르는 길에는 간간이 민박집과 음식점이 있
다. 대중교통은 해인사와 동일하다. 그
러나 직행버스가 청량사 입구를 지나치는
경우가 있기 때문에 미리 버스기사에게 하
차를 부탁해야 한다.
청량사에서는 가야산 국립공원 입장료만
받는다. 어른 1,600(1,400)·군인과 청
소년 600(500)·어린이 300(250)원,
( )는 30인 이상 단체. 주차료는 받지 않
는다. 해인사 관람 영수증이 있으면 그날
에 한해 입장료는 받지 않는다.

청량사 축대와 월류봉
지금은 옛 자취가 씻은 듯 사라졌지만 옛
축대와 매화산의 그윽한 월류봉은 그대로
남아 있다.

석재
청량사 한켠에 놓여 있는 부재로 그 쓰임새는 정확히 알 수 없으나 건물의 고막이 돌로 쓰였던 것 같다.

일찍이 최치원이 이곳에서 노닐었다(在月留峯下 崔致遠 甞遊于此 — 권30「합천군」〈불우佛宇〉조)"는 구절이 있다.

이로써 보면 청량사는 신라 말기 이전부터 있던 옛 절임을 알 수 있다. 그러나 지금은 옛날의 자취가 씻은 듯이 사라진 새 절이다. 여러 해에 걸친 불사(佛事)로 '깨끗이' 새 단장을 했기 때문이다. 그렇다고 볼 게 없을까 미리 속단하거나 실망할 필요는 없다. 아마 최치원도 머리를 조아렸을 불상과 탑과 석등이 엄연히 제자리를 지키고 있고, 매화산 월류봉의 풍광이 너무도 그윽하니 말이다.

석조여래좌상

불상의 손 모습 가운데 항마촉지인(降魔觸地印)이 있다. 손바닥을 위로 향하게 한 왼손을 가부좌한 발 위에 가볍게 올려놓고 오른손은 손등이 보이도록 무릎 아래로 슬쩍 늘어뜨린 모습을 말한다. 석가모니가 보리수 아래서 깨달음을 얻는 순간을 상징하고 있으며, 따라서 석가여래의 고유한 자세라는 게 기본적인 설명이다. 발생은 그렇더라도 항마촉지인이 석가를 초월하여 깨달음 그 자체를 표상하게 되어 깨달음을 얻은 부처라면 누구나 취할 수 있는 부처의 보편적 자세가 된다는 해석도 있다.

우리나라의 불교미술에 이 항마촉지인이 등장하기 시작하는 것은 7세기 후반 무렵이다. 8세기부터는 그게 널리 유행하게 되고 드디어 석불사(석굴암) 본존상에서 절정을 이룬다. 모범은 수많은 아류를 낳게 마련이다. 8세기 후반부터 9세기에 걸쳐 만들어진 많은 통일신라 좌불상 중에는 종교예술이 도달할 수 있는 극치, 정점을 보여주는 세계적 명품인 이 석불사 본존의 형식을 따른 경우가 많다. 항마촉지인 불상이 하나의 계통을 형성하게 되는 것이다.

그러나 이런 모범의 모방이 그리 성공적이었다고 말하기는 주저스럽다. 이들 통일신라 말기의 항마촉지인 불상에서는 석불사 본존상의 균형잡힌 신체나 조형적인 단순성에서 느껴지는 충만한 정신성과 위엄감이 사라지고 적정한 신체 비례에서 오는 안정감도 줄어든다. 어깨와 무릎의 폭이 좁아져 왜소한 느낌을 주게 되며, 옷주름은 투박해지고 조밀

청량사 석조여래좌상
균형잡힌 신체와 당당한 조형감으로 9세기 석불을 대표하는 수작이다. 불상이 앉은 대좌는 연화대좌가 아닌 사각대좌이나 지금은 불단에 가려 그 모습을 볼 수 없는 것이 아쉽다.

하게 표현되어 불상의 몸매와 유기적인 조화를 이루지 못하는 예를 아주 흔하게 볼 수 있다.

이와 같은 흐름을 완전히 벗어났다고 말하기는 어렵지만 어지간히 석불사 본존불의 당당한 조형감을 닮고 있는 것이 청량사 석조여래좌상이다. 항마촉지인 불상도 세부를 살핀다면 다양한 변화를 보이지만, 정통 계열에 속하는 것들은 몇 가지 공통점이 있다. 첫째 머리카락은 민무늬의 소발보다는 대개 곱슬곱슬 말린 나발(螺髮)로 표현된다는 점, 둘째 법의는 양쪽 어깨를 덮는 통견 형식이 아니라 오른쪽 어깨를 드러내고 왼쪽 어깨에 걸치는 편단우견(扁袒右肩) 형식으로 흔히 나타낸다는 점, 셋째 두 다리 위에 걸쳐진 옷자락이 가운데로 모이며 흘러내려 다리 밑

중대석에 새겨진 보살상
중대석의 보살상들은 찻잔을 들어 부처님께 공양하는 모습을 하고 있는데, 새김이 깊어 입체감이 풍부하고 표정 또한 살아 있다.

대좌 위에서 부채꼴 모습으로 마무리된다는 점 따위가 그것이다. 청량사 불상은 이런 특징들을 모두 간직하고 있다. 그런 면에서 본다면 석불사 본존의 충실한 후계자인 셈이다.

그러나 정수리의 육계가 현저하게 낮아진다든지 어깨에서 가슴으로 흘러내리는 옷자락이나 두 다리 위의 옷주름이 조금 번잡해지는 데서 벌써 석불사 본존상과는 차이를 보이기 시작한다. 그뿐 아니라 이마는 좁고 굳게 다문 입은 작아져 온 얼굴에 충만하던 종교적 이상미는 줄어들고 어떤 강한 의지가 더 크게 드러난다. 더욱 거슬리는 것은 손이다. 땅을 가리키는 오른손은 마치 고무장갑처럼 느껴지는데, 다른 부분을 다듬은 솜씨와 너무 동떨어져 한 장인의 솜씨인지 의아스러울 정도이다.

그럼에도 불구하고 이 불상을 석불사 본존상과 비교할 수 있는 까닭은 무엇일까? 모르긴 해도 그것은 두 어깨 때문일 듯하다. 부드러우면서도 위엄과 당당함을 그대로 간직한 두 어깨는 그밖의 불상에서 쉽게 찾아보기 어려울 듯싶다. 목에서 시작하여 어깨를 지나 팔과 가슴으로 이어지는 부분은 청량사 불상에서 조형적으로 가장 성공한 곳이 아닐까 한다. 요컨대 여러 가지 결함이 눈에 띄지만 청량사 불상은 석불사 본존상 계통을 잇는 많은 불상 가운데 단연 앞자리를 차지할 만한 당당한 불상이다. 높이 2.1m, 무릎 폭 1.33m이며 보물 제265호이다.

불상의 뒤를 받치고 있는 광배는 불상의 크기를 생각한다면 작은 편이다. 두광만 보더라도 불상의 머리로 꽉차 여간 옹색한 게 아니다. 꼭대기에 앉은 화불이 또렷하고, 좌우로 둘씩 아로새겨진 비천은 천의자락이 위로 한껏 부풀어올라 하늘에서 날아내리는 모습이 완연하다.

대좌는 많이 쓰이는 연화좌대가 아닌 사각대좌이다. 2단의 받침이 있는 상대석이나 면마다 보살상이 둘씩 새겨진 중대석, 위로부터 차례로 안상과 연잎과 팔부중상이 새겨진 하대석이 모두 네모꼴을 기본으로 하

청량사를 품고 있는 매화산은 기암괴석과 청아한 소나무숲이 어우러져 있는 매우 아름다운 산이다. 청량사를 찾는다면 반드시 월류봉 너머 매화산 정상(남산 제일봉)까지 오를 일이다. 정상에 서면 해인사 일원이 한눈에 내려다보인다. 무릉동 입구→매표소→청량사→정상(남산 제일봉)→해인사 관광단지로 내려오는 코스가 가장 대표적인데 7.5km로 3시간 30분 정도 걸린다.

여 구성되었다. 특히 중대석의 보살상들은 찻잔을 들어 부처님께 공양하는 따위의 공양보살상들로서, 좌대에 놓이는 무늬의 소재로는 흔치 않기도 하려니와 새김이 깊어 입체감이 풍부하고 세부마다 표정이 살아 있어 작지만 완성도 높은 조각이다.

삼층석탑

통일신라시대 삼층석탑의 요소들을 두루 갖추고 있으면서 곳곳에 특이한 의장이 보태진 재미있는 탑이다.

긴 돌을 다듬어 네모진 틀을 짜듯 기단 주위를 둘렀다. 탑이 들어선 자리를 여느 땅과 분리하고 구별하는 구실을 하는데, 다른 탑에서는 좀체 보기 힘든 모습이다. 버팀기둥은 하층기단에 둘, 상층기단에 하나이다. 전성기 석탑에서 한 시대 정도 뒤진 양식을 반영하고 있다. 하층기단 덮개돌 윗면에 도드라진 굄대가 3단으로 되어 있다. 보통은 2단으로 만드는데 좀 다르게 표현하였다. 그러나 가운데가 크고 두꺼우며 아래와 위는 아주 얇아 시늉만 낸 정도다. 상·하층 기단 덮개돌의 윗면은 기

청량사 삼층석탑과 석등
법당 앞에서 바라본 모습으로 마치 하늘에 떠 있는 듯한 느낌이다.

청량사 삼층석탑
통일신라시대의 일반적인 삼층석탑의
요소를 두루 갖추었으면서도 하층기단의
괴임대가 3단으로 되어 있는 등 곳곳에 특
이한 의장이 보태어진 재미있는 탑이다.

와집의 처마처럼 아주 은은한 곡선을 그리며 귀퉁이로 갈수록 솟아올랐
다. 일반적으로는 평평하게 처리하거나 주변이 점차 낮아지도록 가볍게
경사를 주게 마련이다. 특히 상층기단 덮개돌의 선이 선명하다. 가운데
서는 밋밋하게 흐르다가 네 귀에서 살짝 들고 일어서는 곡선의 태깔이
여간 아니다.

지붕돌과 몸돌의 비례는 썩 좋은 편이 못된다. 지붕돌이 지나치게 넓
은 느낌을 지울 수가 없다. 지붕돌의 처마, 낙수면, 귀마루가 이루는 곡
선에 너무 반전이 심해 네 귀가 위로 반짝 들려보인다. 어딘지 진중하지
못한 모습이다. 그나마 기단이 탑신에 비해 넓었기에 망정이지 하늘로

라도 떠오르지 않았을지.

1958년에 탑을 수리한 바 있다. 그때 2층 지붕돌의 아래와 위에 하나씩 사리를 넣었던 구멍이 있음이 밝혀졌다. 이 또한 이 탑의 특색에 든다.

몇 군데 유다른 의장을 제외하곤 비례라든지 선이라든지에서 오히려 다른 탑에 빠지는 편인데도 보는 맛이 그리 나쁘진 않다. 탑 전체에 곱게 앉은 이끼에 긴 세월의 무게가 실렸기 때문인지, 아니면 구김살없이 시원한 매화산의 경관 덕분인지 종내 모르겠다. 높이 4.85m, 보물 제266호이다.

석등

석탑과 마찬가지로 석등도 우리나라에서 꽃핀 불교예술품이라 할 수 있다. 근대 이전의 석등으로 인도(정확히는 네팔)와 중국에 남아 있는 것은 각각 2점으로 알려지고 있다. 그에 비해 국내에서는 280여 점이 조사되었으며, 그 가운데 90% 이상이 불교 관계 석등이다.* 이 땅에서 꽃핀 불교예술품이라 해도 과히 망발이 아닌 것이다.

우리나라의 석등은 겉모습에 따라 대충 세 가지로 나뉘어진다. 팔각석등, 고복형석등, 이형석등이 그것이다. 팔각석등은 석등을 이루는 각 부분의 평면이 팔각으로 이루어진 것을 말하는데, 석등의 발생기부터 조선시대에 이르기까지 줄곧 만들어진 우리 석등의 주류이자 전형양식이다. 특히 통일신라시대에 선호되었다. 고복형석등은 팔각석등과 기본 구조가 같되 화사석을 받치는 간주석(竿柱石)이 마치 고복(鼓腹), 곧 장구의 몸통처럼 생긴 석등을 말한다. 팔각석등의 뒤를 이어 나타나 통일신라시대와 고려시대에 걸쳐 유행하였다. 대체로 팔각석등에 비해 규모가 크고 장식적이다. 끝으로 이형석등은 특이한 의장, 이를테면 동물상이나 인물상 따위가 간주석의 역할을 대신하고 있는 석등을 가리킨다. 많지는 않지만 어느 시대에나 등장하고 있다.

청량사 석등은 고복형석등이다. 학자에 따라서는 같은 계열의 석등 가운데 가장 시대가 앞선 것으로 보기도 한다. 뿐만 아니라 전체적인 자태나 세부의 표현이 잘 정제되어 그 아름다움 또한 동일계 석등의 앞자리

조사된 석등 가운데 거의 완전한 모습을 갖춘 것은 60여 점 정도이다. 나머지는 부재 중 일부만이 남아 있어 학문적 참고의 대상으로 중요할 따름이다.

청량사 석등
고복형석등 가운데서는 가장 시대가 앞선 것으로 여겨지며, 전체적인 비례와 균형이 완벽에 가까워 매우 아름답다.

청량사 석등
고복형석등 가운데서는 가장 시대가 앞선 것으로 여겨지며, 전체적인 비례와 균형이 완벽에 가까워 매우 아름답다.

를 쉽게 양보하지 않을 것이다.

　제일 아래 세 장의 돌로 네모지게 짠 지대석을 놓고 그 위에 팔각의 하대석을 앉혔으며 다시 그 위로 연꽃잎이 아래를 향한 여덟 모 복련석(伏蓮石)을 올려 석등의 하부를 구성하였다. 하대석에는 면마다 안상을 파고 그 안에 도드라진 무늬를 넣었다. 앞과 뒤에는 구름에 떠받쳐진 향로를 새기고 좌우로는 봉오리가 여럿 달린 꽃송이를 하나씩 수놓았으며 나머지 네 칸에는 사자를 한 마리씩 들어앉혔다. 무늬마다 조신한 솜씨가 담겼다. 복련석에는 귀마다 얇고 큼지막한 연잎을 겹으로 깔았는데, 연잎 끝에는 작은 귀꽃이 돋았다.

복련석 위로는 간주석이 올라서는 간석받침, 석등의 허리가 되는 간주석, 화사석을 떠받치는 상대석을 차례로 포개올렸다. 각 부분이 팔각을 기본으로 함은 물론이다. 안으로 휘어진 굽받침을 가진 간석받침의 윗면에는 24장의 연잎을 자잘하게 새겼고, 예의 장구 몸통을 닮은 간주석에는 중앙에 사방으로 꽃이 수놓인 띠를 두른 다음 그 아래위로 갖은 꽃무늬를 가득 아로새겼으며, 상대석에는 위를 향한 연잎 여덟 장을 깊게 새김질했다. 간석받침이 든든하고 간석 또한 굵기나 길이가 알맞아 안정감이 있다.

석등의 얼굴이랄 수 있는 화사석도 팔각을 유지한다. 네 방향으로 화창을 뚫어 불빛이 비치도록 했고, 남은 네 면에는 사천왕상을 하나씩 돋을새김했다. 사천왕은 모두 바위에 올라선 모습이다. 이른바 암좌(岩座)의 사천왕인데, 자세가 썩 유연한 편은 못된다.

모자처럼 화사석 위를 덮고 있는 지붕돌 또한 팔각임에는 변함없다. 밑면에는 낙숫물이 끊어지도록 턱을 지워 주위로 돌리고 그 안쪽 화사석과 맞물리는 곳에는 받침을 마련하였다. 처마의 아래는 반듯한 직선이고 위는 곡선을 그어 귀퉁이마다 경쾌하게 솟아오른 모양이 여간 산뜻하지 않다. 무겁지도 가볍지도 않아 기능과 아름다움 모두 제구실을 멋지게 해내고 있다. 상륜은 모두 없어진 듯 그 조각으로 보이는 돌이 지붕돌 위에 얹혀 있을 뿐이다.

청량사 석등은 아름답다. 전체적인 비례와 균형에 전혀 빈틈이 없어 완벽에 가깝다. 곳곳에 장식적 요소가 베풀어져 있지만 그게 지나치지 않아 인상은 오히려 깔끔한 쪽이다. 처음 만들 때의 선들이 거의 그대로 살아 있어 명쾌하다. 한마디로 이 석등을 바라보는 맛은 쾌적 그것이다. 가만히 보면 지붕돌의 귀마다 네 개씩, 상대석의 모마다 두 개씩 못구멍이 남아 있다. 작은 풍령(風鈴)들이 그곳에 달려 있었으리라. 이 멋진 석등에 위와 아래로 열여섯 개의 작은 방울이 달려 잘랑거렸을 옛모습을 상상하면 괜시리 가슴이 울렁거린다. 석등 높이 3.4m, 보물 제253호이다.

석등 하대석의 문양
석등 곳곳에 장식적인 문양이 새겨져 있는데 그중 하대석에 새겨진 향로로 구름에 떠받쳐진 모습이다.

월류봉(月留峯), 달이 머무는 봉우리. 퍽 운치 있는 이름이다. 그 옛날 서라벌의 달은 월명(月明)스님의 피리소리에 가던 걸음을 멈추었다지만, 월류봉에는 무슨 일로 달님이 머물렀을까? 틀림없이 이름만큼이나 운치 있는 경치에 이끌려서였으리라. 그만큼 매화산 월류봉의 바위봉우리는 빼어나고 그 아랫자락에 점점이 들어찬 늙은 소나무들은 격조가 있다. 이 솔숲과 바위봉우리의 어울림이 있어 비록 새 절일지라도 청량사는 찾는 발걸음을 재촉케 한다. 그리고 맑은 날이면 먼 비슬산(琵瑟山)이 가깝게 다가오는 툭 트인 시계(視界)는 청량사에 오른 이라면 누구에게나 주어지는 무상의 보너스다.

월광사터 동서삼층석탑

합천군 야로면 월광리에 있다. 청량사에서 다시 무릉동 공원휴게소·식당 앞으로 나와 가야·합천 방면으로 난 59번 지방도로를 따라 1.55km 가면 길 오른쪽에 야천2구 버스정류장이 있는 야천삼거리에 닿고, 야천삼거리에서 오른쪽 가야·합천쪽으로 계속 난 1084번 지방도로를 따라 약 200m 가면 다시 두 갈래로 길이 나뉜다. 이곳에서 왼쪽으로 계속 난 가야면 우회도로를 따라 4.3km 가면 길 왼쪽에는 월광초등학교가 있고, 오른쪽으로는 한성제사(공장)와 함께 마을 길이 나온다. 한성제사 앞으로 난 마을길을 따라 약 400m 가면 길 오른쪽에 월광사터 동서삼층석탑이 서 있다. 승용차는 월광사터까지 갈 수 있으나 대형버스는 월광초등학교 주변에 잠시 주차해야 한다. 월광사터 주변에는 숙식할 곳이 없다. 대중교통을 이용해 월광사터로 가는 방법은, 해인사 시외버스터미널이나 청량사 입구인 무릉동 공원휴게소·식당 앞에서 약 1시간 20분 간격으로 다니는 합천행 직행버스를 이용해 가야로 간 후, 가야에서 다시 야로행 완행버스를 타고 다가 월광초등학교 앞에서 내리면 된다. 가야에서 야로행 완행버스는 하루 13회(가야→

……

벗과 헤어지는 낡은 다리 위 두 그림자 앞뒤로 나뉘어 섰네
경을 보는가, 솔그늘에 높았다 낮아지는 글 읽는 소리
그림처럼 깨끗한 산천을 두고
세월따라 저 나무 늙어가누나
……

送客野橋前後影　念經松榻短長聲
山川地勝如圖畵　樹木年深自老成

여말 삼은의 한 사람으로 꼽히기도 하는 도은 이숭인(陶隱 李崇仁, 1349~1392)은 월광사(月光寺)를 두고 이렇게 노래했다. 노래의 무대 월광사의 내력은 멀리 가야시대까지 거슬러 오른다.

대가야는 562년에 멸망했다. 그때의 소식을 역사는 이렇게 기록하고 있다.

9월, 가야가 반란을 일으켰다. 왕이 이사부(異斯夫)에게 명하여 토벌토록 하고, 사다함(斯多含)을 부장(副將)으로 삼았다. 사다함은 5

천의 기병을 거느리고 먼저 전단문(栴檀門)으로 달려들어가 흰 깃발을 꽂았다. (이를 본) 성안의 사람들이 놀라고 두려워하며 어찌할 바를 몰라 허둥댔다. 이에 이사부가 군사를 이끌고 들어서니 일시에 모두 항복했다. ─『삼국사기』권4「신라본기」제4 진흥왕23년조

한 나라가 망했으니 뒷이야기가 없을 수 없다. 월광태자(月光太子)는 대가야의 마지막 왕 혹은 태자로 전해진다.* 그는 신라에 저항하여 끝까지 싸우다 전사했는데, 최후의 싸움터가 지금의 월광사터이며 그를 기리기 위해 세운 절이 월광사였다는 얘기가 야사로 전해온다. 조선시대의 대표적 인문지리서인 『신증동국여지승람』에는 조금 다른 얘기가 실려 있다. 그 제30권「합천군」〈불우〉조를 보면 월광사는 "야로현 북쪽 5리쯤에 있는데, 세상에 전하기를 가야국의 태자 월광이 창건했다"(在冶爐縣北五里 世傳伽倻太子·月光所創)고 한다.

그가 세웠든 그를 위해 세웠든 월광사란 절은 이 '비운의 태자'와 깊은 관련이 있었던 듯한데, 까마득한 세월 탓인지 지금은 이런 옛 사연이나 도은의 노래와는 전연 동떨어진 분위기의 '새 절'이 그 터를 차지하고 있다. 그나마 다행이라면 통일신라시대의 쌍탑이 옛터를 지키고 있는 것이랄까.

일반적으로 쌍탑이라면 불국사의 석가탑과 다보탑처럼 전혀 양식을 달리 하거나, 아니면 두 탑을 똑같이 만들게 마련이다. 그런데 월광사터의 두 탑은 모두 신라시대 방형 삼층석탑으로 크기나 양식이 같아 조형적으로 여러 공통점을 가지면서도 그만큼 많은 차이점을 동시에 지니고 있다.

특히 기단부가 서로 대조적이다. 공통점은 주로 석재를 짜맞추는 방법에서 나타난다. 지대석과 하층기단 중대석을 같은 돌로 만들면서 여덟 매의 돌로 짜맞춘 점, 하층기단 덮개돌을 네 장의 돌로 덮은 점, 그 윗면의 이중 굄대를 아래는 둥글게, 위는 모나게 깎은 점, 상층기단 면석을 여덟 장의 돌을 조립하여 세운 점, 상층기단 덮개돌을 네 장으로 마무리한 점, 그 아래에 턱을 지워 부연(附椽)을 나타내고 윗면에는 1층 몸돌을 받치는 굄대를 이중으로 마련한 점 따위 등이 같다.

야로 7:10, 8:00, 9:30, 10:00, 12:30, 13:00, 14:00, 14:50, 15:50, 16:40, 17:00, 17:30, 18:15) 다니며, 야로에서 가야행 완행 버스는 하루 16회(야로→가야 7:50, 8:20, 9:20, 10:00, 10:55, 11:45, 12:40, 13:30, 13:55, 14:30, 15:30, 16:10, 16:40, 17:30, 17:55, 18:15) 다니는데, 간혹 운행 시간과 간격이 변하는 경우가 있다. 가야 버스정류장(천일여객) T.055-932-7617

『신증동국여지승람』권29「고령현」건치연혁(建置沿革)조에는 최치원이 지은『석순응전』(釋順應傳)을 인용한 「대가야국 월광태자는 정견모주(正見母主, 대가야의 시조 이진아시왕伊珍阿豉王의 어머니로 가야산신이 되었다는 인물)의 10세손이다. 아버지 이뇌왕(異腦王)이 신라에 구혼하여 이찬(夷粲) 비지배(比枝輩)의 딸을 맞이들여 태자를 낳았다」는 기사가 보인다. 『삼국사기』권4「신라본기」법흥왕9년조에는 「봄 3월 가야국 왕이 사신을 보내 청혼했다. 왕은 이찬(伊飡) 비조부(比助夫)의 누이를 보냈다」는 기사가 있어 이를 뒷받침한다. 일본의 학자 다나카 토시아키(田中俊明)는 월광태자를 대가야의 마지막 왕인 도설지왕(道設智王)으로 조심스럽게 추정하고 있다(田中俊明,「加耶諸國의 王權에 對하는 私見」,『加耶諸國의 王權』, 신서원).

　반면 차이점은 거의 세부 형태에서 드러난다. 서탑은 상·하층 기단 중
대석의 버팀기둥이 각각 둘씩 새겨진 데 비해 동탑은 하나뿐이며, 서탑
은 상·하층 기단 덮개돌 윗면에 물매가 거의 없으나 동탑은 그 물매가 뚜
렷한 점, 서탑은 상층기단 덮개돌의 부연이 여느 석탑과 비슷하게 두꺼
운 데 비해 동탑은 그것을 아주 얇고 깊게 새겼다는 점, 서탑은 상층기
단 덮개돌의 굄대가 아래위 모두 모나지만 동탑은 아래는 둥글고 위는
모나다는 점 등이 서로 대비된다.

　탑신부는 두 탑이 그려내는 분위기만 다를 뿐 조형적인 수법과 세부
는 거의 같다. 두 탑은 모두 몸돌과 지붕돌을 제각기 하나의 돌로 만들
고 있으며, 몸돌에는 면마다 귀기둥을 양쪽으로 새기되 다른 장식은 전
혀 없다. 지붕돌 아래의 처마받침은 각 층마다 다섯씩으로 동일하고, 지
붕돌의 처마선도 똑같이 일직선을 이루고 있다.

　이렇게 두 탑이 쌍탑이면서도 통상적인 예와는 달리 차이를 보인 이
유는 무엇일까? 우리가 알 수 없는 어떤 교리나 사상에 따른 결과일까?
또는 동시에 만들었지만 설계한 사람이나 장인이 달랐기 때문일까? 아
니면 두 탑이 서로 다른 시대에 만들어진 것일까? 정답은 알 수가 없다.
다만 지금으로서는 상당한 시간적 간격을 두고 따로따로 세워진 것이 아
닐까 하고 추측해볼 따름이다.

　양식상으로 보면 서탑이 동탑보다 시대가 앞선다. 서탑은 돌을 짜맞

추는 방식이나 세부 모습이 석가탑과 거의 비슷한 시기에 만들어졌다고 생각되는 탑들, 이를테면 경복궁 안에 있는 갈항사터 삼층석탑, 경남 창녕 술정리 삼층석탑, 경북 청도 봉기동 삼층석탑 등과 아주 흡사하다. 앞에서 살펴본 서탑의 특색들이 그대로 이러한 8세기 석탑들과 일치한다. 그 완성도나 예술적인 아름다움도 이들 8세기 석탑에 맞서지는 못할지라도 그다지 뒤지지는 않을 것이다. 다만 오랫동안 넘어져 나뒹굴던 것을 근년에 다시 세운 탓인지, 지붕돌의 모서리들이 대부분 상해 제 모습을 온전히 보여주지 못할 뿐이다.

동탑은 전형적인 9세기 석탑이다. 비슷한 시기의 석탑 가운데서는 수준급에 든다. 짜임새에 흐트러짐이 없고, 하층기단이 조금 넓기는 하지만 전체적인 비례도 좋은 편이다. 지붕돌의 처마받침이 다소 약해졌으나 그렇게 거슬리는 정도는 아니다. 특히 1층과 2층 지붕돌이 슬쩍 눌러주는 맛을 낸다면, 3층 지붕돌은 참하게 빠진 처마와 귀마루의 곡선 때문인지 가볍게 떠오르는 느낌을 주는 게 이 탑의 매력이다. 여러모로 보아 여간내기가 아님은 틀림없다.

두 탑의 짜임새나 형식을 하나하나 비교하며 감상하는 것도 재미있지만 서로 다른 분위기를 함께 맛보는 것 또한 즐겁다. 두 탑만을 놓고 볼 때, 서탑이 둘째형이라면 동탑은 바로 그 아래 동생이다. 전자가 어딘가 부드럽고 원만하며 단아하다면, 후자는 날씬하고 날렵하고 반듯하다. 앞엣것이 다소 고풍하다면 뒤엣것은 참신하다. 이렇게 서로 다를 뿐 그 우열은 쉽게 가릴 수 없다. '따로 또 같이' 우리 석탑의 맛을 보여주기에 손색이 없는 탑들이라고 말할 수 있을 뿐이다. 높이 각각 5.5m, 두 탑이 함께 보물 제129호이다.

묵와고가

합천군 묘산면 화양리에 있다. 월광사터에서 다시 월광초등학교 앞으로 나와 오른쪽 야로·합천으로 난 1084번 지방도로를 따라 7.2km 가면 길 오른쪽에 검문소가 있는 분기삼거리가 나온다. 분기삼거리에서 오른쪽 묘산·합천으로 난 26번 국도를 따라 3.5km 가면 길 오른쪽으로 화양 버스정류장과 함께 화양리로 난 마을길이 나온다. 화양리 마을길을 따라 900m쯤 가면 길이 두 갈래로 나뉘는데 왼쪽으로 난 18번 군도로를 따라 600m 정도 가면 화양리에 이르고, 이곳에서 다시 오른쪽으로 난 마을길을 따라 20m쯤 마을 안으로 들어서면 묵와고가가 나온다. 묵와고가 앞에는 승용차가 주차할 수 있는 공터가 있다. 화양 버스정류장 앞에서 묘산 쪽으로 1.8km 더 가면 길 오른쪽에 안성 새마을구판장과 함께 화양리로 난 18번 군도로가 나오는데, 대형버스는 새마을구판장 한편에 주차하고 화양리 쪽으로 1km쯤 걸어야 한다. 묵와고가가 있는 화양리에는 숙식할 곳이 없다. 가까운 묘산에는 음식점이 몇 곳 있다. 야로에서 묘산까지는 완행버스가 하루 14회(야로→묘산 8:15, 9:35, 10:10, 10:50, 11:15, 12:40, 13:10, 14:10, 15:10, 16:00, 16:40, 17:20, 17:40, 18:30), 묘

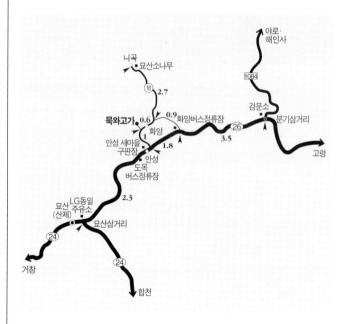

묵와고가(默窩古家) 솟을대문 문설주에는 '독립유공자의 집'이란 작은 명패가 붙어 있다. 1919년 유림에서 일으킨 파리장서사건(巴里長書事件)에 참여했던 만송 윤중수(晩松 尹中洙)의 생가임을 알리는 표지이다. 이 유서 깊은 집이 처음 지어진 것은 조선 중기인 인조 때, 만

산에서 분기·야로까지는 완행버스가 하
루 10회(묘산→분기·야로 7:00,
8:20, 9:00, 9:40, 10:20, 11:20,
13:30, 14:20, 16:20, 17:40) 다니
는데 이들 버스를 타고가다 화양 버스정
류장이나 안성리 도옥 버스정류장에서 내
려 걸어가면 된다.

묵와고가 전경
한때는 담장 안에 여덟 채의 기와집이 있
었지만 지금은 솟을대문채·사랑채·중문
채·안채·사당채만 남았다.

송의 10대조 되는 윤사성(尹思晟)에 의해서라고 전한다. 그 뒤로 후손
들이 대를 이어 세거하며 오늘에 이른다는데, 한창 때는 담장 안에 여덟
채의 기와집이 있었다지만 지금은 솟을대문채, 사랑채, 행랑채, 중문채,
안채, 사당채만 남았다.

가운데 칸이 솟을대문으로 열린 다섯 칸 대문채를 들어서면 사랑마당
이다. 사랑채는 동향받이 ㄱ자집이지만 꺾이는 부분에서 안마당으로 통
하는 작은 샛문을 사이에 두고 ㅡ자형 행랑채와 지붕이 이어져 있다. 따
라서 사랑채와 행랑채는 T자형 평면을 갖는 한 채의 집처럼 보인다.

사랑채는 막돌허튼층쌓기로 모은 이중의 높은 기단 위에 자리잡았다.
앞으로 내민 부분은 네 칸 크기의 내
루(內樓)이다. 내루의 동벽과 북벽은
가운데 문얼굴을 낸 널벽으로 막고 남
쪽은 훤하게 틔웠다. 채광이 불리한 동
향집의 단점을 보완하려는 배려로 보
인다. 동벽의 인방 위로도 칸마다 들
어열개 교창이 두 짝씩 달려 있어 같
은 의도가 엿보인다. 내루의 가장 안
쪽, 툇마루와 만나는 남북의 기둥을 연
결한 구조재가 재미있다. 대들보를 얹

묵와고가 배치평면도

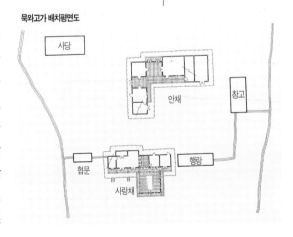

사랑채
높은 기단 위에 자리한 건물로 앞으로 내
민 내루에 서면 환하게 트인 남쪽을 내려
다볼 수 있다.

내루의 천장
내루의 천장을 올려다보면 그 기능을 알
수 없는 무지개 모양의 가구재가 받치고
있는 것을 볼 수 있는데 다른 건물에서는
볼 수 없는 특이한 방식이다.

으면 간단했을 텐데 활처럼 휜 나무 세 토막을 내루의 대들보와 본채의
도리 사이에 건너지른 부재에 얹어서 무지개처럼 두 기둥 사이를 연결
하였다. 우선 보기에 좋고 또 대들보가 낮게 걸려 내리누르는 느낌을 주
는 것보다야 낫겠지만, 단지 그 정도 이유만으로 지붕 하중의 분산에는
오히려 유리하지 못한 이러한 가구법을 군이 택했으리라고는 생각되지
않는다. 사랑채를 포함한 다섯 채의 집 처마가 모두 홑처마라든지, 사
랑채의 정면, 그러니까 내루 부분의 지붕은 합각을 세운 팔작지붕으로
마감하면서 남쪽의 측면은 맞배지붕으로 마무리한 점 등을 보면서 혹시
'가난' 때문이 아닌가 하는 엉뚱한 생각을 해본
다. 아무튼 묵와고가의 얼굴이라 할 사랑채에
서 썩 격조 있는 분위기가 감지되지 않음은 사
실이다.

사랑채에 이어진 행랑채를 끼고 돌면 중문채
이다. 중문채를 안마당에 서서 보면 남향한 3칸
집인데, 가장 오른쪽 칸을 틔워 중문으로 사용

안채
ㄱ자로 이루어진 안채 역시 높은 기단 위
에 자리하고 있는데 부엌이 북쪽에 위치
한다는 점 외에는 그저 그런 평범한 건물
이다.

하고 나머지 두 칸은 곳간으로 쓴다. 그러니까 중문채의 옆면에 중문이
설치되어 있는 셈이다. 뒷벽과 서벽은 허리까지 흙돌담을 두껍게 둘렀다.
곳간의 기능에 맞춘 것이겠다. 지붕은 우진각이다. 중문채는 이렇게 아
주 단순하고 별 치장도 없는 평범한 집이다. 그런데도 단지 옆면에 문이
나 있다는 상식과 다른 사실 하나 때문에 사람을 잠시 어리둥절하게 한다.

안채 역시 막돌로 쌓은 이중기단 위에 높직이 올라앉았다. 좌향은 사
랑채와 마찬가지로 동향이며, 엎어놓은 ㄱ자형 평면이다. 북쪽 끝에 부
엌을 두고 남쪽으로 다락, 방, 대청, 방이 이어지고, 여기서 동쪽으로
꺾이면서 다시 마루와 방과 다락이 줄지어 자리잡은 구조를 보인다. 앉
음새 때문인지 부엌이 북쪽에 위치한다는 점 외에는 눈에 드는 특색이
별로 없다. 북쪽과 동쪽의 양 측면 지붕은 맞배 형태로 마무리하였다.

묵와고가를 보는 심사는 조금 복잡하다. 사랑채고 안채고 간에 반반
한 벽면에는 거의 빈틈없이 '공자님 말씀', 이를테면 '見利思義'(利를
보면 義를 생각하라), '見危授命'(위험을 보거든 목숨을 던지라), '仁
人之安宅'(仁은 사람이 살아가는 편한 집), '義人之正路'(義는 사람
이 가야 할 바른 길) 따위의 글귀가 어지럽다. 그저 한두 폭이면 족할 것
을, 영락한 후손들의 허세를 보는 것 같아 씁쓸하다. 이런 몹쓸 생각도
어쩌면 이 묵은 집 곳곳에 비낀 석양의 짙은 그림자가 안타까운 탓인지
도 모르겠다. 묵와고가는 중요민속자료 제206호이다.

묵와고가가 있는 화양리에서
3.3km 더 가면 나곡마을 입구에 닿는
데 이곳에 천연기념물 제289호로 지정된
묘산소나무가 서 있다. 높이 17.5m로
수령은 400년이 넘었을 것으로 추정되는
데 구불구불하면서도 위풍당당하게 서 있
는 모습이 장관이다.

합천의 명품으로는 전통한과
가 유명하다. 옛부터 내려오던 한과를 요
금 현대인 입맛에 맞게 다시 재연하였는
데 잔치 때나 선물용, 또는 간식용으로 아
주 안성맞춤이다. 외국에서도 그 맛을 인
정받아 수출까지 한다. 묵와고가가 있는
묘산에서 24번 국도를 따라 합천으로 가
다보면 전통한과 공장이 나오는데 이곳에
서 구입할 수 있으며 우편주문도 가능하
다. 합천 전통한과 T.055-933-2064

백암리 석등

합천군 대양면 백암리에 있다. 묵와고가에서 다시 안성리 새마을구판장 앞으로 나와 오른쪽 묘산·거창 방면으로 난 26번 국도를 따라 2.3km 가면 길 오른쪽에 LG동일주유소가 있는 묘산삼거리가 나온다. 묘산삼거리에서 왼쪽 합천으로 난 24번 국도를 따라 15km 가면 금양삼거리에 이르고, 금양삼거리에서 다시 오른쪽으로 난 33번 국도를 따라 3.1km 가면 길 오른쪽에 SK금강주유소가 있는 합천 읍내 금강사거리에 이른다. 금강사거리에서 앞으로 계속 난 33번 국도를 따라 1.2km 가면 길 왼쪽 앞에 오일뱅크 황강주유소가 있는 정양로터리가 나오고, 정양로터리에서 앞으로 계속 난 33번 국도를 따라 삼가·진주 방면으로 4km 가면 대양 면소재지를 앞두고 두 갈래로 길이 나뉜다. 왼쪽 면소재지로 난 길을 따라 900m 가면 길 왼쪽으로 대양파출소와 함께 의령으로 난 1011번 지방도로가 나온다. 대양파출소 앞에서 1011번 지방도로를 따라 6.65km를 가면 길 오른쪽에는 백암 버스정류장이 있고, 왼쪽으로는 백암리 상촌마을로 가는 마을길이 나온다. 상촌마을로 난 마을길을 따라 1.4km 가면 상촌마을회관 앞에 이르고, 마을회관을 지나 400m 더 가면 길 오른쪽 논 한가운데에 느타나무와 회나무가 보이고 그 아래 백암리 석등이 서 있다. 승용차는 백암리 석등 가까이까지 갈 수 있으나 대형버스는 백암 버스정류장 주변에 주차하고 걸어가는 것이 좋다. 백암리 상촌마을 주변에는 숙식할 데가 없다. 묘산에서 합천까지는 직행버스가 약 1시간 20분 간격으로 다니며, 합천에서 백암리로는 봉수행 완행버스가 하루 5회(합천→봉수 10:20, 13:40, 16:10, 18:50, 20:30) 다닌다.

큰길을 벗어나면 마을길은 꼬불거리며 백암리로 빨려든다. 그 길을 거슬러 마을의 끝 집을 지난 다음, 논을 가르며 조금 더 오르면 길 오른편 논 가운데 늙은 느티나무와 회나무를 지붕삼아 친구삼아 백암리 석등이 호젓하다.

우리나라 석등의 전형양식이라 할 팔각석등이다. 아래로는 하대석과 지대석을 잃고 위로는 상륜부가 하나도 남아 있지 않지만 다른 부분은 비교적 깨끗하다. 지금으로선 복련석이 제일 아래 놓여 있는데, 전형적인 팔각평면이 아니라 원형평면이다. 그러나 연잎을 여덟 장 새겨 상례를 완전히 벗어나진 않았다. 연잎마다 다섯 장 꽃잎 속에 꽃술이 동글동글 맺힌 동그란 꽃을 하나씩 앉혔다. 윗면 가운데에는 각이 진 굄대를 2단으로 마련하여 간주석을 받도록 했다.

간주석은 아무 무늬 없는 팔모기둥이다. 현재의 석등 높이가 2.53m인데, 간주석의 길이가 1.11m이니 꽤 길숨해보인다. 어느 석등이나 조형적인 성공 여부는 대개 간주석이 얼마나 다른 부분과 조화를 이루는가에 의해 결정되게 마련이다. 그 점에 있어서 백암리 석등의 간주석은 두께나 길이가 아주 알맞은 경우일 것이다.

팔각 상대석은 밑면에 2단의 각진 받침이 있고 거기서 퍼져오른 연잎 여덟 장이 피어났다. 각각의 연잎 안에는 복련석의 경우와 똑같은 꽃이 하나씩 도드라져 있다. 다르다면 꽃잎이 여섯이라는 것뿐이다. 윗면에는 각을 세운 굄대 하나가 있고 그 안쪽으로 홈을 파서 화사석을 끼워넣을 수 있도록 했다.

여덟 모 진 화사석은 석등의 다른 부분을 고려한다면 좀 가늘지 않나 싶은데 보기에 불편할 정도는 아니다. 사방으로 화창을 내고 그 사이 남은 면에는 사천왕상을 하나씩 나누어 돋을새김했다. 이른바 생령좌(生靈座), 곧 악귀를 밟고 선 모습들이다. 이웃한 청량사 석등의 사천왕상보다는 입체감이나 자세의 자연스러움이 조금 낮지 싶다.

지붕돌 역시 팔각이다. 밑면은 수평을 이루고 있으며 처마선은 아주 가벼운 곡선을 그린다. 멋부리지 않은 처마선에서 오히려 담박하고 수

수한 맛이 난다. 귀마다 귀꽃이 있었으나 모두 떨어져나가고 흔적만 남
았다.

　겨울을 지나고 함초롬히 고개를 숙인 수선화 한 송이, 모진 세파 속
에서도 청초한 맵시를 잘 가꾸어온 중년 여인, 백암리 석등에는 그런 여
운이 있다. 보물 제391호이다.

　석등 옆에는 곳곳에 심한 상처를 입은 석조여래좌상이 하나 있다. 떨
어져나간 머리와 두 조각난 몸통을 이어 붙여놓았으나 얼굴은 전혀 알
아볼 수 없고, 두 무릎과 대좌도 크게 깨져나갔는데 그나마 대좌는 제짝
이 아닌 부재를 얽어놓은 상태다. 이모저모 살피기에 앞서 안쓰러움이

인다.

불상은 자세가 대단히 안정되어 있고 특히 어깨선이 아주 자연스러워 온전하게 남아 있지 못함이 새삼 안타깝다. 대좌의 중대석에는 면마다 보살상 또는 천왕상으로 보이는 입상을 하나씩 돋을새김했는데 마모가 심해 윤곽만이 남은 모습이다. 그런데도 이 작은 조각들은 맵시가 온몸에 찰찰 흘러 보는 눈을 놀라게 한다. 동네 어른의 말을 빌면 뒤쪽이 깨진 이유도 사람들이 좀더 형체가 온전한 조각을 통째로 따갔기 때문이라 하니, 이 일로 미루어보아도 여기 작은 고추들에 담긴 매운 솜씨를 짐작할 일이다. 들여다보고 생각할수록 아쉬움이 크다.

이곳에는 백암사 혹은 대동사라고 불리던 절이 있었다 전한다. 하지만 절터가 정확히 어디인지는 동네사람들도 잘 모른다. 석등과 불상도 여기저기 흩어져 있던 것들을 한데 모아 지금의 상태로 보존하게 되었다고 한다. 이제는 '탑배미', '부도골' 따위의 절과 관련된 이름만 희미하게 남은 들녘에 앉고 서서 상처투성이 불상과 석등은 무심한 세월을 낚고 있다.

백암리 석조여래좌상
크기와 자세가 대단히 안정된 불상이나 마모가 심하여 본 모습을 볼 수 없는 것이 아쉽다. 대좌의 중대석에 새겨진 보살상과 천왕상의 조각 또한 맵시 있는데 이 역시 마모가 심해 안타까움이 더한다.

영암사터

폐사지(廢寺址) — 절은 망하고 터만 남은 곳, 그곳을 우리는 무엇 때문에 찾는가? 남은 것만큼이나 사라진 것과의 대화가 가능하기 때문이다. 비어 있음으로 말미암아 가득 차 있는 까닭이다. 그러나 이따금씩은 단지 그곳의 허허롭고 쓸쓸하고 무상함에 이끌려 우리의 발길이 닿기도 하는 법이다. 삶이 어찌 환희와 충만과 영원만으로 완전할 수 있으랴. 허허로움과 쓸쓸함과 무상함이 오히려 우리의 본래 모습에 더 가깝지 않겠는가. 하여, 가끔씩은 이런 것들에 온전히 자신을 맡긴 채 초라한 제 그림자를 응시하는 것, 이것이 무너진 절터를 서성이는 이유일 때도 있는 것이다.

합천군 가회면 둔내리에 있다. 백암리 석등이 있는 상촌마을에서 다시 대양면 대양파출소 앞 삼거리로 나와 왼쪽 삼가·진주 방면으로 난 33번 국도를 따라 15.1km 가면 삼가교를 건너게 된다. 삼가교를 건너 오른쪽으로 난 60번 지방도로를 따라 가회·대병 방면으로 8.9km 가면 길 오른쪽에 장대 버스정류장이 있는 장대리 삼거리가 나온다. 장대리 삼거리에서 왼쪽 가회로 난 1089번 지방도로를 따라 2.3km 가면 길 왼쪽에는 가회초등학교가 있고, 오른쪽으로는 황매산으로 난 6번 군도로가 나온다. 6번 군도 그러나 영암사터는 우리에게 그런 여백을 허용치 않는다. 비록 아득한 옛날에 절은 없어졌지만 남은 자취만으로도 넘치도록 사랑스러워 우리의 눈과 마음이 바빠지기 때문이다. 옛 절터를 지키고 있는 낱낱의 유물이 탄탄하고 값

지고 보배로워 그들이 자아내는 향기에 취하고, 절터를 품에 안은 황매산(黃梅山, 1,108m) 바위봉우리의 빼어난 모습에 홀려 여념이 생길 수 없는 까닭이다.

"왕은 …… (스님의) 간절한 청을 받아들여 물러나 조용히 살 수 있도록 했다. 이에 영을 내려 가수현 영암사에 머물도록 했다"(王…許從丹請 俾遂幽栖 迺命加壽縣 靈巖寺 居之). 빗돌은 간데없고 탁본첩만이 전하는 적연국사자광지탑비명(寂然國師慈光之塔碑銘)의 한 구절로, 알려진 대로라면 영암사에 대한 유일한 기록이다. 가수현은 삼가현(三嘉縣)의 옛 이름이다. 영암사터가 있는 오늘날의 가회면이 예전에는 거기에 속했다. 이로써 마을주민들의 입으로 전해지던 절 이름은 틀림없음이 분명해졌지만 더 이상의 내력은 안개 속이다. 다만 적연국사가 고려 현종 5년(1014)에 향년 83세를 일기로 영암사에서 입적했다는 비문의 내용이나 절터에서 수습된 갖가지 유물들로 보아, 영암사가 통일신라시대에 세워져 적어도 고려 후기까지는 남아 있었음을 미루어 짐작할 따름이다.

절터가 지금의 모습을 갖추게 된 데는 마을사람들의 수고로움과 애씀이 컸다. 1933년 일본인들이 몰래 가져가려던 쌍사자석등을 지켜낸 것도 마을사람들이었고, 1959년 면사무소에 있던 그 석등을 기어이 찾아

로를 따라 5.75km 가면 길 왼쪽으로 황매휴게산장·식당과 함께 영암사터로 난 마을길이 나온다. 그 길을 따라 약 500m 가면 영암사터에 이른다.

합천 읍내에서 직접 영암사터로 가려면 다음과 같다. 합천 읍내 금강사거리에서 삼가·진주 방면으로 난 33번 국도를 따라 1.2km 가면 길 왼쪽 앞에 오일뱅크 황강주유소가 있는 정양로터리가 나온다. 정양로터리에서 다시 오른쪽으로 난 1026번 지방도로를 따라 21.5km 가면 도현동 삼거리가 나오고, 도현동 삼거리에서 왼쪽 가회로 난 1089번 지방도로를 따라 2.3km 가면 길 오른쪽으로 둔내 버스정류장과 함께 황매산으로 난 6번 군도로가 나온다. 6번 군도로를 따라 5.1km 가면 길 오른쪽에 황매휴게산장·식당이 있고, 영암사터로 가는 마을길이 나온다. 승용차는 영암사터까지 갈 수 있으나 대형버스는 황매휴게산장·식당 앞이나 근처에 있는 황매산 군립공원 주차장에 주차해야 한다. 영암사터 주변에는 황매휴게산장·식당(T.055-931-1367)을 비롯하여 음식점이 몇 곳 있으나 잠잘 곳은 없다.

합천에서 대양·삼가를 거쳐 가회 면소재지인 덕촌리까지 다니는 버스가 하루 5회(합천→삼가→가회 10:10, 12:30, 14:20, 15:40, 18:30) 있다. 삼가에서 가회(영암사터 앞을 지나 덕만마을까지 하루 3회 다니는 버스 포함)로는 하루 11회(삼가→가회 7:50, 8:40(덕만), 9:40, 11:20, 13:10, 14:00(덕만), 15:20, 17:00, 18:10(덕만)) 있다. 합천에서 삼가까지는 직행버스가 약 20분 간격으로 다닌다. 가회에서 영암사터까지 택시를 이용하는 것도 한 방법이다.

삼가 버스정류장 T.055-932-5327
황매산 군립공원은 입장료 및 주차료를 받지 않는다.

황매산 모산재 전경
그리 높지 않은 산이지만 온통 바위로 이루어져 있어 보는 이들이 경탄하는, 꽃과 같은 산이다.

다 애초의 자리에 세운 것도 그들이었다. 뿐만 아니라 주민들은 무너진 채 방치되던 삼층석탑을 바로세웠고, 마을의 고가 두 채를 옮겨 지어 절터를 지켰다. 흙 속에 묻혀 있던 금당터를 땅 위로 드러낸 것 또한 그들이었다. 비록 집 두 채를 옛터 위에 세우는 바람에 절터의 본 모습을 일부 훼손하거나 볼 수 없게 만드는 실수를 범하기도 했지만, 이들의 억척스러움과 끈질김이 아니었다면 영암사터가 오늘의 모습이나마 간직하기는 어려웠을 것이다.

1984년 동아대학교 박물관에 의해서 절터의 일부가 발굴, 조사되었다. 이때의 발굴로 이미 땅 위에 드러나 있던 유물과 유적 말고도 중문터, 회랑터, 회랑에 이어진 건물터, 금당 북쪽의 건물터 따위가 추가로 확인되었다. 회랑이 있었다는 사실은 영암사의 사격(寺格)을 짐작하는 데 도움을 준다. 경복궁 회랑에서 보듯이 왕조시대에서 회랑은 곧 왕권의 상징이었다. 따라서 회랑이 있거나 있었던 절, 예를 들면 불국사나 감은사, 황룡사, 미륵사 등은 왕실과 깊은 관계가 있거나 국가적인 중요성을 갖고 있었다. 회랑의 존재로 보아 영암사 또한 이런 절들에 맞먹거나 버금가는 비중 있는 절이었으리라는 짐작이 가능하다. 그것은 절터에 현존하는 여러 석조물의 수준으로도 능히 뒷받침되는 일이기도 하다. 아무튼 오늘날 우리가 보는 영암사터는 1984년의 발굴조사를 끝내고 정리한 모습이다.

합천에서 영암사터로 가는 길은 두 갈래이다. 하나는 백암리 석등이 있는 대양면을 거쳐 삼가→기회→영암사터로 가는 길이고, 다른 하나는 합천에서 용주→대병→영암사터로 가는 길이다. 다소 돌아가기는 하지만 백암리 석등을 찾아본 후라도 합천으로 나와 용주→대병→영암사터로 가는 길을 권한다. 합천에서 용주까지의 길은 유난히 강모래가 고운 황강과 함께 이어지며, 용주에서 대병, 영암사터까지의 길에서는 수려한 산세를 연이어 만날 수 있다. 또, 봄에는 강가에 벚꽃이, 초여름에는 산자락에 밤꽃이 지천으로 피며, 차량통행이 적어 한적하기도 하다.

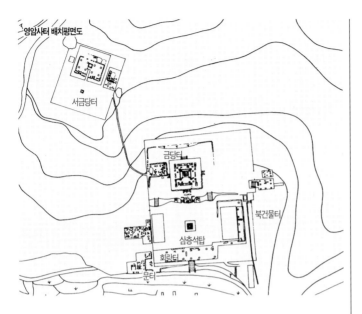

영암사터 배치평면도

서금당터

금당터

북건물터

삼층석탑

회랑터

문터

석축 셋

영암사터에는 석축이 세 군데 남아 있다. 가장 아래 중문터에서 회랑터
로 이어지는 곳에 하나, 금당터 앞의 긴 축대 하나, 그리고 금당터를 옆
과 뒤로 에두르고 있는 낮은 석축 하나. 모두 화강암을 길고 네모나게 다
듬어 쌓았는데, 금당터 앞의 것과 중문터에 남은 것이 볼거리가 된다.

　중문터에 남은 석축은 절터로 들어갈 때 가장 먼저 만나는 유물이다.
절터의 동남쪽 모퉁이에 극히 일부가 남아 있지만 원형을 그려보는 데
는 어려움이 없다. 높은 곳은 11단이 되도록 다듬은 돌로 가지런히 쌓
아올렸는데, 다섯째 단과 아홉째 단에는 일정한 간격으로 쐐기돌을 박
았다. 쐐기돌은 마치 석불사 본존불 머리 위의 무지개천장에 박힌 것들
처럼 석축의 돌들이 밖으로 불거지지 않게 하는 기능과 아울러 무늬의
구실도 했겠다. 지금처럼 귀퉁이에서 꺾여진 석축이 회랑
을 따라 남북으로 길게 이어져 있었을 옛날에는 두 줄로
나란히 박혀 있는 쐐기돌이 있어 단조롭지 않으면서도 정
연한 모습을 뽐냈을 성싶다. 석축에 박혀 있는 쐐기돌은
그 머리만을 밖으로 내밀고 있지만, 지금도 길가에 나뒹
구는 놈이 있으므로 그 생김새와 기능을 쉽게 가늠할 수

중문터의 석축
영암사터 입구 동남쪽 모서리에 일부 남
아 있는 석축인데 다듬은 돌을 가지런히
쌓고 사이사이에 불국사, 석불사에서나
볼 수 있는 쐐기돌을 박았다.

있다.

금당터 앞 석축은 더 볼 만하다. 남북으로 길게 석축을 쌓으면서 그 한가운데를 마치 성벽의 일부를 돌출시켜 내쌓은 치(雉)처럼 앞으로 툭 튀어나오도록 만들었다. 굳이 이렇게 가운데에서 축대를 내쌓은 이유는 오로지 석등을 위한 배려로 보인다. 왜냐하면 이로 말미암아 그 위에 놓인 쌍사자석등은 (금당 앞 마당 전체를 넓히지 않고도) 금당과 알맞은 간격을 유지하는 동시에 훨씬 도드라져보이는 효과를 거두고 있기 때문이다. 참 멋진 발상이 아닐 수 없다.

튀어나온 축대 양옆으로는 금당으로 오르는 돌계단을 붙여놓았는데, 이 계단 또한 걸작이다. 통돌을 밖으로 휘어지게 휘우듬히 깎은 다음, 여섯 단으로 디딤돌을 파낸 좁장한 무지개다리가 2단으로 턱을 지은 받침돌 위로 걸려 있다. 직선 일색인 석축에 곡선을 넣어 변화를 꾀한 생각도 기특하고, 폭이 하도 좁아 디딜 때마다 발뒤꿈치가 허공에 매달리는 디딤돌은 밉살맞을 정도로 귀엽다. 혼자서 겨우 오르내리기에나 알맞은 크기 또한 세심한 계산의 결과로 보인다. 아마도 무지개다리가 이보다 더 컸다면 모양새가 넙데데하여 보기도 싫었겠지만, 무엇보다 지금처럼 도드라진 축대나 그 위에 자리한 석등과 어울리며 연출해내는 군더더기 없는 상승효과는 기대할 수 없었을 것이다. 덜거나 보탤 것 없는 기막힌 석축이요 돌계단이다.

삼층석탑

금당터보다 한 단 낮은 마당에 서 있다. 흔히 보는 대로 이중의 기단과 삼층의 탑신, 그리고 상륜부로 이루어진 삼층석탑이지만, 상륜부는 하

영암사터 삼층석탑
전형적인 통일신라시대의 삼층석탑으로, 석탑을 이루는 각 부분을 간명하게 짜맞춰서 그런지 꽤 단단하고 경쾌하면서 명징한 맛이 난다.

나도 남아 있지 않다.

네 덩어리 돌을 짜맞추어 하층기단을 만들었는데, 지대석·중대석·덮개돌을 하나의 돌에 모두 새겨서 표현한 점이 특이하다. 버팀기둥은 면마다 하나씩 도드라졌다. 상층기단은 귀기둥과 버팀기둥이 하나씩 새겨진 네 매의 판석을 세우고 그 위에 두 장으로 된 덮개돌을 덮어 마무리했다.

탑신부를 구성하는 지붕돌과 몸돌은 저마다 하나의 돌을 이용하여 만들었다. 몸돌에는 면마다 두 개의 귀기둥을 새긴 것 말고는 아무런 장식이 없다. 지붕돌도 처마받침이 넷으로 줄어든 것을 빼면 별다른 특징이 없지만, 귀마루의 선은 그런대로 예쁘게 살아 있다.

기단부를 비롯한 각 부분을 간명하게 짜맞추어 그런지 꽤 단단하고 경쾌하면서 명징한 맛이 나는 탑이다. 두드러진 미덕이 없으면서도 무언가 매력을 풍기는 것은 어쩌면 이 탑의 색깔 때문인지도 모르겠다. 탑을 만든 화강암이 엷은 살색을 띠어, 탑은 흡사 살짝 붉힌 볼처럼 가벼운 온기가 돈다. 높이 3.8m, 보물 제480호로 지정된 통일신라시대의 석탑이다.

쌍사자석등

쌍사자석등은 영암사터의 핵이며 눈이며 꽃이다. 이 석등이 있음으로 해서 영암사터는 영암사터가 된다. 모르긴 해도 절을 지은 이들의 이 석등에 대한 애정과 자부는 여간 아니었을 듯싶다. 탑과 나란히 섰을 때 자칫 왜소해보일 수도 있는 작은 크기를 고려하여 탑보다 한 단 높은 곳에 위치시킨 점이나 오로지 그를 위해 석축을 내쌓으면서까지 석등을 강조한 것에서 그 점을 쉽게 읽을 수 있거니와, 석등 자체도 그에 걸맞는 기발한 품새와 아름다움을 지녔으니 은근한 자랑이 오죽했으랴.

쌍사자석등은 팔각을 기본으로 한 전형적인 통일신라 석등양식에서 간주석만을 두 마리 사자로 환치시킨 형태이다. 다른 부분이야 여느 석등에서도 얼마든지 볼 수 있는 수준이요 솜씨지만, 안정성을 생각한 듯 통돌을 다듬어 복련석 위에 일으켜 세운 사자는 아무 데서나 눈에 띄는 그런 것이 아니다. 도대체 우리나라에는 살지도 않을 뿐더러 네 발로 걸

영암사터를 품고 있는 모산재는 황매산(1,108m)의 한 자락으로, 그 자체가 금강산을 축소한 것처럼 작고 아름답다. 영암사터를 찾는다면 반드시 모산재 정상(767m)까지 오를 일이다. 영암사터→무지개터→모산재 정상(황매산성)→순결바위→영암사터로 돌아오는 코스는 약 3km로 2시간 30분 정도 걸린다. 5월 초순경에 영암사터를 찾는 이라면 모산재에서 황매산 정상으로 난 철쭉능선길을 권한다. 산 능선을 온통 덮고 있는 철쭉으로 인하여 산중화원에 온 느낌이 든다.

어다니는 사자라는 짐승을 일으켜 세워 화사석을 받치게 한 발상부터가
절묘하지 않은가. 게다가 석등의 무게를 온몸으로 지탱하고 있는 두 마
리 사자에서는 팽팽한 긴장감이나 강인함은커녕 어딘지 모를 여유로움
과 장난기조차 느껴지니 이 또한 우리네 천성이 자연스럽게 드러난 것
이라 하겠다. 그렇다고 사실성이 떨어지는 것도 아니다. 알맞게 벌린 두

중흥사터 쌍사자석등
크기와 모양이 영암사터 쌍사자석등과 비
슷하나 조각 수법이 훨씬 사실적이다.

발로 다부지게 버티고 서서 가슴과 두 팔을 맞댄 채 화사석을 떠받치고
있는 사자는 균형과 비례가 아주 정확하다. 등 뒤로 늘어진 갈기, 잘록
한 허리의 묘사도 충실하다. 그러나 역시 석등을 조각한 장인의 의도는
사실의 묘사보다는 해학의 강조에 있다. 통통하게 살이 오른 엉덩이, 복
스럽게 등 뒤로 올라붙은 탐스런 꼬리, 토실토실한 두 다리는 이 사자를
사자이되 귀여운 강아지처럼 보이게 한다. 적절한 압축과 생략과 왜곡
을 통해 '우리의 사자'를 창조하고 있으니, 저 유명한 미륵반가사유상
이 보여주는 이상적 사실미 혹은 사실적 이상미의 아련한 모습이 여기
서도 여지없이 드러나고 있는 것은 아닐지. 이 사자를 보면서 어떤 사람
들은 세세한 부분까지 드러나지 않는, 따라서 조각이 치밀하지 못함을
아쉬워한다. 오랜 세월이 지나는 동안 닳고닳아 그리 보이기도 하겠지
만 애초부터 그랬을 것이다. 그러면 또 어떤가? 지금의 모습으로 표현
할 것은 다 표현하여 부족함이 없으니 그것으로 족하지 않은가. 원래 완
벽에 대한 무관심도 우리 한국미의 한 특질이 아니던가.

우리나라에 현존하는 쌍사자석등이 세 개 있다. 법주사 쌍사자석등(국
보 제5호), 중흥사터 쌍사자석등(국보 제103호), 그리고 영암사터 쌍
사자석등(보물 제353호, 높이 2.31m)이 그것이다. 어느 것이나 뛰어
난 걸작이다. 그 가운데 중흥사터 쌍사자석등이 특히 빼어나다. 오랫동
안 덕수궁과 경복궁 안에 서 있다가 지금은 제 고향에 가까운 국립광주
박물관으로 옮겨진 이 석등을 두고 고고학자이자 미술사가였던 김원룡
선생은 이렇게 평했다.

인도 사성수(四聖獸)의 하나인 사자가 불교 관계 기념물에 나타나는
것은 기원전 3세기까지 올라가며, 인도·중국 할 것 없이 불교미술에 많
이 쓰이고 있지만, 두 마리의 사자를 맞세워 석등의 화사(火舍)를 받들
게 하는 착상은 신라인들의 발명이고 신라 영토 내에서만 행사된 신안
특허이다.

대리석이나 사암에 새긴 날카롭고 괴이한 중국·인도의 사자에 비하
면, 화강암에 새겨진 신라의 사자는 토실토실한 발바리같이 귀엽다. ……
석등 각 부의 완전한 조화, 탁월한 조기(彫技), 모두 빈틈없이 세련된

것이어서 어딘지 모르게 풍기는 동심의 세계 — 이 친밀감과 인간미와 목가적인 낙천, 허식·집착을 잊어버린 천생의 해탈이 고금을 통하는 한국미의 척추인지도 모른다.

그대로 영암사터 쌍사자석등에 대한 감상으로 들어도 전혀 어긋남이 없는 말이겠다. 선생은 그 글의 말미를 이렇게 맺고 있다.

어디 산사의 고요한 뜰에 있으면 얼마나 예쁘련만, 서양인이 지은 석조전(石造殿)의 배경은 도무지 어울리지 않는다. 이 석등이 덕수궁에 온 후로 수많은 사람이 그 옆에 서서 기념사진을 찍는데, 보고 있으면 사자를 껴안기도 하고 교사가 지휘해서 개석(蓋石) 위로 아이들을 올려 세우기도 하는데, 그러다가 신라의 사자에게 물리면 어디서 치료하려는지. — 김원룡, 『한국미의 탐구』

다행히 영암사터 석등은 제 태어난 자리를 지키고 있지만 많은 사람에게 시달리는 것은 매한가지이다. 더구나 일본인이 가져가려는 것을 되찾아 제자리에 세우기까지 몇 차례나 옮겨다니는 와중에 그만 다리가 잘리는 상처를 입었다. 수술을 잘해 지금은 별 표가 나지 않지만 이래저래 마음이 상해 사자가 화가 났을지도 모르는 일이니 찾는 이들은 부디 조심할진저!

금당터
쌍사자석등 뒤로 전개되는 건물터가 금당터이다. 기단과 사방의 계단, 그리고 주춧돌들이 비교적 잘 남아 있다.

기단은 지대석을 돌리고 그 위로 퇴물림하여 커다란 안상(眼象)이 새겨진 면석을 올린 다음, 다시 덮개돌을 면석 밖으로 내물리도록 덮어 마감한 형태이나, 덮개돌은 없어진 부분이 적지 않다. 뒷면을 제외한 동·남·북 삼면의 면석에는 계단을 중심으로 좌우에 한 마리씩 동물을 돋을새김하였다. 사자로 보이는 이 짐승들은 고개를 홱 젖혀 제법 당찬 기세로 뒤를 돌아보기도 하고, 송곳니를 내민 채 눈웃음치며 우리를 마주

금당터
영암사의 중심 구역으로 기단과 사방의 계단, 그리고 주춧돌들이 비교적 잘 남아 있다.

금당터 계단의 소맷돌
금당터 뒷면을 제외한 동·남·북 삼면의 계단에는 소맷돌이 남아 있는데 그중 동쪽 계단의 소맷돌로, 사람 머리에 새의 몸을 한 가릉빈가가 새겨져 있다.

보기도 하며, 두 발에 턱을 고이고 무언가 생각에 잠겨 있기도 한데, 한결같이 숱 많은 갈기와 북실북실한 꼬리를 세우고 네 발과 배를 땅에 댄 채 편안한 자세로 엎디어 있다. 그 표정과 자세 어디에도 사나움이나 공격성은 드러나지 않는다. 그저 점잖고 음전할 뿐이다.

계단은 기단 각 면의 중앙에 연결되어 있다. 뒤편을 뺀 나머지에는 비록 마모가 심하고 부러지긴 했을망정 소맷돌이 남아 있는데 그 조각이 예사롭지 않다. 앞뒤가 맞뚫리도록 새김질한 투각기법도 흔치 않지만, 그렇게 쪼아낸 무늬도 다른 소맷돌에서는 여간해서 보기 힘든 것들이다. 정면 계단 소맷돌에는 난간 기둥을 등에 지고 구름 위를 나는 용이 새겨졌다. 한데 그 모습이 꼭 음관(音管, 또는 音筒)을 등에 지고 범종 꼭대기에 올라앉은 용뉴(龍鈕)를 닮아 퍽 흥미롭다. 양옆 계단에 조각된 것은 가릉빈가(迦陵頻伽, kalavinka)다. 가릉빈가는 사람 머리에 새의 몸으로 한없이 아름다운 소리를 내며 하늘을 난다는 천상의 새이다. 그 새가 지금은 표정도 잃고 목소리도 잊은 채 두 날개를 활짝 펴 소용없는 날갯짓만을 되풀이하고 있다.

영암사가 빛나던 시절, 용이 구름 위를 날고 가릉빈가가 천상의 목소리로 노래하는 계단을 오르면 서 있었을 금당은 어떤 모습이었을까? 주춧돌들은 그 답을 알겠건만 예나 이제나 제자리에 박힌 채 말이 없다. 금당터 주춧돌은 군데군데 신방석과 고막이돌이 박혀 있는 낮은 것과 네모진 주추만이 높게 솟은 것, 두 가지가 남아 있다. 이것은 영암사의 금당이 같은 터에 전혀 다른 크기와 모양으로 두 번 이상 새로 지어졌음을 의미한다. 처음 지어진 금당을 받치던 것들이 좀더 너른 넓이를 차지하며 낮게 박힌 주추들이고, 다시 지은 금당의 주추들은 한층 좁아진 터에 솟아 있는 것들이다. 어느 것이나 정면 3칸 측면 3칸의 정방형에 가까운 건물이었으리라는 점 외에는 더 이상 알 길이 없다.

어떤 이는 영암사 금당이 목탑이거나 아니면 그와 유사한 중층 이상의 건물이 아니었을까 추측하기도 한다. 네 군데 계단이 나 있는 점, 기단과 건물터의 평면이 정방형에 가까운 점, 기둥에 내진주와 외진주가 함께 서 있던 점들이 그 근거가 되겠다. 있을 수 있는 가정이긴 한데, 반드시 그랬는지는 역시 모를 일이다. 한가운데 H자형과 네모진 틀처럼 보이는 것은 불상이 자리했던 지대석이다. 바깥 지대석에는 돌아가며 팔부중상을 수놓았으나 지금은 뒤편에 남은 일부를 확인할 수 있을 따름이다.

왜, 언제쯤 처음 세운 금당은 없어지게 되었는지, 다시 지은 금당은 또 어떤 생김새였으며 무슨 까닭으로 자취를 잃게 되었는지, 이래저래 금당터는 우리의 상상만을 자극하며 비바람에 씻기고 있다.

서금당터와 거북받침 둘

금당터에서 옆으로 난 길을 따라가면 지대석과 하대석만 남은 석등을 앞에 거느린 건물터 하나와 거북받침〔龜趺〕둘이 지키는 빈터가 나온다. 흔히 서금당터라고 말한다. 한 절에 금당이 둘씩이나 있을 수도 없으려니와 양옆으로 탑비가 둘이나 있었던 점으로 미루어보더라도 여기 있던 건물을 금당이라 부르는 것은 온당치 않다. 그저 편의상 그렇게 부를 뿐이다. 건물터에는 정면 양옆으로 나뉘어놓였던 돌계단의 나지막한 소맷

금당터 기단의 조각
금당터 기단에는 사자를 새겨 금당을 지키게 하였는데 그 표정과 자세가 사자이기보다는 귀여운 복슬강아지처럼 보인다.

금당터 팔부중상
금당 한가운데 불상이 자리했던 지대석에는 팔부중상이 새겨져 있는데 그중 가장 온전히 남아 있는 팔부중상의 모습이다.

돌, 정면 3칸 측면 2칸의 크지 않은 집채를 받쳤을 네모진 주춧돌, 불상
이 자리잡았던 지대석, 여기저기 허물어진 기단의 일부가 드러나 있다.

　동향한 건물터의 양옆, 그러니까 남과 북에 하나씩 웅크리고 있는 서
북받침이 구경거리다. 둘 다 지고 있던 비머리〔螭首〕와 몸돌〔碑身〕은
잃어버린 빈 몸인데, 하나는 자세가 좋고 다른 하나는 무늬가 볼 만하다.

　남쪽의 거북받침은 처음부터 새김이 깊지 않았던 듯 거북 등이나 비를
꽂았던 비좌(碑座)의 무늬가 거의 닳아버려 희미하다. 그러나 튼실한 목
을 쭈욱 뽑아 가볍게 하늘을 향한 품은 힘차고, 여의주가 훤히 보이도록
벌린 입에서는 금방이라도 우렁찬 소리가 터져오를 듯하다. 바람결이라
도 가르는지 귀에 덮인 털들은 뒤쪽으로 쏠려 있고, 살짝 옆으로 비튼 네
발은 앞으로 나아가려는 의지가 역연하여 운동감이 느껴진다.

　서로 짝을 맞추려고 했는지 북쪽의 거북받침은 남쪽 것에 비겨 얌전
하고 정적이다. 옆에서 보면 고개도 약간 아래로 향하고 있고, 네 발의
발톱도 순하다. 등도 더 두툼하여 경주라도 할라치면 남쪽 것을 따라잡
기는 아예 힘들 듯하다. 하지만 등줄기가 반듯이 선 등에는 여섯 모 난
귀갑문이 선명한데, 그 위로 구름이 꽃처럼 피어나기도 하고 긴 꼬리를
끌며 흘러가기도 한다. 아마 구름 위에 둥실 떠 있는 거북인가 보다. 비
좌의 양옆에는 지느러미가 요란한 물고기를 두 마리씩 도드라지게 새겼
다. 한쪽은 서로 꼬리를 물고 돌고 있고, 다른 쪽은 입을 벌려 연꽃봉오

서금당터의 돌거북 둘
서금당터 양옆에 있는 돌거북이다. 북쪽
돌거북은 엄전하고 정적인 데 비해 남쪽
돌거북은 입체감이 뚜렷하고 동적이다.

리인지를 차지하려고 다투고 있다. 입체감이 꽤 뚜렷하다. 거북받침 둘
이 함께 보물 제489호로 지정되어 있다.

　이제까지 살펴본 것 말고도 영암사터에는 유적이 더 있다. 삼층석탑
이 들어선 마당 옆으로 집 두 채가 마주 서 있다. 북쪽의 집채 아래는 그
집보다 큰 건물터가 깔려 있고, 남쪽의 집 밑에는 중문터가 잠겨 있다.
이 두 집의 동쪽 끝자락을 잇는 곳은 회랑터가 된다. 금당터 북편에도 구
들이 놓인 집터가 묵은 밭 속에 잠들어 있다. 또 절터에서 서쪽으로 1.5km
쯤 떨어진 산 속에는 상륜부와 몸돌만이 없는 부도의 석재가 흩어져 있
다. 적연국사의 부도로 추정되는 것이다. 그밖에도 절터 주변에는 불상
의 대좌, 석조(石槽) 따위 석물들이 적잖이 박혀 있다. 이들이 제대로
정리된다면 영암사터는 지금보다 훨씬 풍부한 볼거리, 이야깃감을 갖게
될 것이다. 영암사터 전체는 사적 제131호로 지정되어 있다.

코스 3 거창

산 높더니 물 맑아라

거창은 경상남도의 최북단 서부지방, 소백산맥을 경계로 하여 전라북도·경상북도·경상남도의 3도가 만나는 지점에 위치한 내륙산간지방이다. 또 남부지방에서는 유일한 고원인 진안고원에 이어져 있는 산지로서, 해발 1,614m에 이르는 덕유산을 비롯하여 북·동·서 삼면에는 낮아도 1,100m를 넘고 높으면 1,300m 이상 되는 높은 산들이 줄지어 막아서고, 비교적 낮은 곳인 남쪽이라 하더라도 700m를 상회하는 산들로 에워싸인 분지이기도 하다. 높은 산들이 병풍처럼 늘어서다보니 산들이 주름처럼 겹쳐지는 곳에 생겨나는 계곡도 많고 깊다. 그리고 그 골골로 모여드는 물들은 낙동강의 지류가 되는 황강, 남강, 감천, 금강 등의 발원지를 이룬다.

산이 좋고, 그런 산 사이로 굽이굽이 물이 흐르고 있으니 앉을 자리 설 자리 보아가며 누대와 정자가 유난히 많은 곳이 거창이다. 오죽하면 이곳에서 발행되는 지방신문에서 '거창의 누각과 정자'라는 타이틀을 걸고 시리즈물을 연재했으랴. 그 가운데서도 원학계곡 바위 좋고 물 좋고 경치 좋은 곳에 자리한 '국민관광지' 수승대는 거창의 누대와 정자를 대표하기에 손색이 없다. 요수정이라는 정자가 있고, 관수루라는 누각이 있고, 수승대라는 이름이 유래하는 크고 잘생긴 바위가 있고, 구연서원이라는 배움터가 있으니 갖출 건 다 갖춘 셈이라고나 할까. 한여름의 잡답을 피해 수승대에 오르면 그럴 듯한 풍광은 물론 이 고장이 낳은 선비 갈천 임훈·요수 신권·대학자 퇴계 이황 사이에 얽힌 사연을 뒤밟으며 짐짓 옛 선비들의 풍류를 음미할 수 있다.

누대와 정자가 많다는 것은 바로 그 누대와 정자를 무대로 펼쳐지는 풍류 또는 문화가 있었다는 얘기고, 그 풍류 또는 문화를 생산하고 향유하는 계층이 두텁게 형성되었다는 말이 된다. 조선시대에 그런 계층이라면 당연히 양반을 가리키고, 지방이라면 그것은 곧 재지양반층을 일컫는다. 북상면의 임씨 집성촌, 위천면의 강동마을과 거창 신씨들의 집성촌인 황산마을, 마리면의 영승마을 등은 지난날 거창에 세거하던 재지양반층의 체취가 아직도 눅진하게 고여 있는 곳들이다. 이들 마을의 고샅길을 따라 들어가면 향촌 사대부들의 주거 공간을 엿볼 수 있는데, 아마도 동계고택은 거창지방 사대부주택의 가장 세련된 예가 될 것이다. 강동마을의 얼

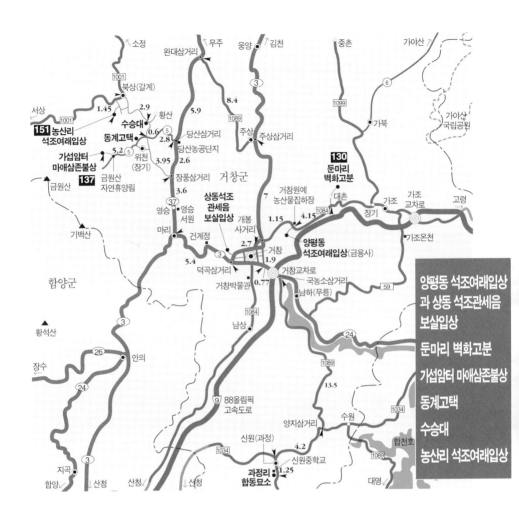

동계고택 사랑채

경상남도 서북부 끝에 자리해 전라북도, 경상북도와 경계를 이루는 거창으로는 88 올림픽고속도로가 군의 동쪽에서 뻗어와 거창읍을 지나 군의 남쪽으로 지나며, 북쪽 김천 방면에서 내려오는 3번 국도와 동쪽 합천 방면에서 이어진 24번 국도가 모두 거창읍을 지나 함양 방면으로 이어진다. 또한 군의 서북쪽으로는 무주 방면에서 내려온 37번 국도가 지나며, 그밖의 여러 지방도로와 군도로가 김천·합천·산청·함양·무주 등지와 연결되어 있어 산간내륙지역이라지만 교통이 그리 불편하지는 않다. 거창 시외버스터미널로는 서울을 비롯하여 부산·대구·광주·김천·전주·남원·진주·합천·고령·산청·함양·김천 등지에서 고속버스와 직행버스가 다닌다. 거창읍과 위천면 일대에는 숙식할 곳이 여럿 있다. 그러나 그외 지역은 숙식할 곳이 드물다. 이 책에서는 88올림픽고속도로 거창교차로를 이용해 거창의 여러 곳을 돌아보는 동선으로 꾸몄다.

산이 좋고, 그런 산 사이로 굽이굽이 물이 흐르고 있으니
앉을 자리 설 자리 보아가며 누대와 정자가 유난히 많은 곳이 거창이다.
그 가운데서도 '국민관광지' 수승대는 거창의 누대와 정자를 대표하기에 손색이 없다.

굴처럼 서 있는 이 옛집은 우리 건축문화의 이중성을 살필 수 있는 의의는 두고라도 소박하면서도 아기자기한 의장 요소들만으로도 관찰의 눈길을 반짝일 만한 곳이다.

　　조선시대 향촌에 사대부들이 있었다면 신라 말 고려 초에는 호족들이 있었다. 그들은 고려를 건국한 주도세력이면서 고려 성립 이후에는 중앙의 문벌귀족으로 편입되거나 향촌에 남아 향리층으로 전락하는 분화의 길을 걸었다. 거창에 그런 지방호족의 것으로 추정되는 무덤이 하나 있다. 둔마리 벽화고분이다. 이 무덤은 국내에서 네번째, 남한에서 처음으로 알려진 고려시대 벽화고분으로서 역사적 가치가 크지만, 벽화에 보이는 '촌스러움'과 아이들의 세계를 연상케 하는 해맑음이 인상적인 유적이기도 하다.

　　대개 어느 곳을 가든지 우리는 그 지방을 대변하는 오래된 절, 이름난 절 하나쯤은 만나게 된다. 그러나 거창에는 그게 없다. 우두산의 고견사, 덕유산 자락의 송계사를 들기도 하지만 사격으로 보나 절의 기품으로 보나 거창을 대표하기에는 아무래도 많이 부족하다. 그러나 과거에도 그렇지는 않았던 듯 꽤 풍부한 불교 관계 유물이 거창에 산재해 있다. 양평동의 석조여래입상, 상동 석조관세음보살입상, 가섭암터 마애삼존불상, 농산리 석조여래입상을 그 예로 들 수 있고, 지금은 서울의 간송미술관에서 소장하고 있는 삼국시대의 금동보살입상(보물 제285호)도 거창에서 출토된 것으로 전한다. 양평동 석조여래입상은 아무리 먹어도 물리지 않는 쌀밥처럼 심심한 대로 오래 바라보아도 괜찮은 불상이고, 상동 석조관세음보살입상은 차라리 너무 못나서 잊혀지지 않는 불상이다. 한편 가섭암터 마애삼존불상이 덕지덕지 않은 촌티(?)로 오히려 우리를 부른다면, 농산리 석조여래입상은 세련된 도시형 미인이 풍기는 매력으로 우리를 유혹한다.

　　큰 산에 등 기대고 산다는 것은 평시라면 퍽 든든하고 푸근하고 자족적일는지 모른다. 그러나 비상한 때에는 자칫 혼란의 소용돌이가 거세게 이는 곳으로 화하기도 하는 곳이 산이기도 하다. 우리 현대사 속의 지리산이 그러했음은 누구나 익히 아는 사실인데, 지리산 끝자락에 매달린 거창에도 한국현대사의 아픈 상처 자국 하나가 깊게 응어리져 있다. 한국전쟁 초기에 일어난 거창양민학살사건의 현장이 바로 신원면이다. 이 '겨울골짜기'에는 아직도 그때 잠들지 못한 원혼들이 메마른 바람으로 떠돌면서 우리들의 닫힌 문을 뒤흔들고 있다.

양평동 석조여래입상과 상동 석조관세음보살입상

양평동 석조여래입상은 거창군 거창읍 양평리에 있다. 88올림픽고속도로 거창교차로에서 거창 읍내로 난 24번 국도를 따라 약 750m 가면 길 오른쪽에 태평검문초소가 있는 삼거리가 나온다. 태평검문초소 앞 삼거리에서 오른쪽으로 난 창동로를 따라 1.9km 가면 개봉사거리가 나온다. 여기서 오른쪽 가조·가야(합천) 방면으로 난 1084번 지방도로를 따라 1.15km 가면 길 왼쪽에는 거창원예농산물 간이집하장이 있고, 오른쪽에는 양평동 석조여래입상 표지판(금용사)과 함께 마을길이 나 있다. 금용사로 난 마을길을 따라 약 30m 가면 다시 두 갈래로 길이 나뉘는데 왼쪽으로 난 길을 따라 350m쯤 가면 양평동 석조여래입상이 서 있는 금용사에 닿는다. 승용차는 금용사까지 갈 수 있으나 대형버스는 거창원예농산물 간이집하장 한편에 잠시 주차해야 한다. 양평동 석조여래입상 주변에는 숙식할 곳이 없다. 가까운 거창 읍내에는 숙식할 곳이 여럿 있다.

거창 읍내 대동시장 앞 대동 버스정류장에서 출발해 양평리를 지나는 가조행 버스가 하루 25회(대동 버스정류장→가조 6:25, 6:45, 7:05, 7:45, 8:05, 8:35, 9:35, 10:35, 11:05, 11:35, 12:05, 12:35, 13:05, 13:35, 14:15, 14:55, 15:35, 16:05, 16:35, 17:05, 17:35, 18:05, 18:35, 19:05, 19:45) 있다. 거창시외버스터미널에서 대동 버스정류장까지는 걸어서 10분 정도 걸린다. 거창 시내 버스터미널(서흥여객) T.055-944-3720

거창군 거창읍 상동에 있는 상동 석조관세음보살입상을 찾아가는 길은 다음과 같다. 양평동 석조여래입상에서 다시 개봉사거리로 나와 앞으로 계속 난 거열로를 따라 2.3km 가면 길 앞 왼쪽에 쌍용정유 서부주유소가 보이고, 오른쪽에는 상동 석조관세음보살입상 표지판과 함께 상동으로 들어가는 마을길이 나온다. 그 길을 따라 약 450m 가면 오른쪽으로 돌아가는 마을길이 나오는데, 그 길을 따라

우리나라 불상들은 몸의 다른 부분에 비해 머리가 조금씩 큰 경우가 아주 많다. 그 이유를 얼른 생각해보면 두 가지쯤이 떠오른다. 모든 불상은 예배하는 사람이 올려다보게 되어 있다. 때문에 정상적인 인체비례를 적용한다면 우리의 착시현상으로 머리가 작아보여 채신없는 모양새가 된다. 뿐더러, 이럴 경우 부처님의 원만한 덕성을 적절히 드러낼 수 없다는 판단이 불상의 머리가 커진 이유의 하나가 될 듯하다. 다음은 조각이라는 조형예술의 특성상 대상물의 정신성, 내면 세계를 집중적으로 드러낼 수 있는 곳은 아무래도 얼굴이 될 수밖에 없기 때문에 그 점을 강조하다보니 머리가 은연중 커진 것이 아닌가 한다. 그러나 이런 점을 감안하더라도 여전히 많은 불상은 지나치게 머리가 큰 것이 사실이다.

양평동 석조여래입상도 여기서 예외가 아니다. 다른 부분은 비교적 좋은 비례를 보이면서 머리만은 역시 직잖이 큰 편이다. 비슷한 생각에서인지 얼굴을 조각하는 데는 퍽 정성을 들인 반면 그밖의 다른 부분은 상대적으로 소홀히 다룬 점이 눈에 드러난다. 솜씨를 기울인 만큼 얼굴 모습은 그런대로 불성(佛性)을 그려내는 데 성공하고 있다. 하지만 이 성공이라는 것도 아주 제한적이어서 사실미와 이상미가 완벽하게 조화를 이루던 통일신라 전성기의 불교조각에 비한다면 그 희미한 그림자에 지나지 않을 정도다.

얼굴이 이렇다보니 그 아래로는 부드러운 맛이나 긴장미가 좀더 떨어진다. 어깨는 좁고, 몸에 바짝 밀착시켜 늘어뜨린 오른팔은 마치 유치원 아이의 차렷 자세처럼 자연스럽지 못하다. 가슴께로 들어올려 엄지와 중지를 맞댄 채 집게손가락으로 무엇을 가리키는 듯한 독특한 수인을 짓고 있는 왼손의 자세도 어딘지 어색하다. 앞면도 새김이 깊은 편은 아니어서 입체감이 부족하나 몸의 뒤쪽은 조각이 더 얕아 조금 보태어 말하면 원기둥처럼 느껴진다.

이것저것 흠을 들추어냈지만 그렇다고 이 석불상이 형편없는 졸작이라는 얘기는 전혀 아니다. 불상 높이 3.7m 전체 높이 4.2m 이상으로 상당히 큰 크기까지 고려하여 점수를 매긴다면 오히려 평균 이상에 들

약200m 가서 왼쪽 마을 안으로 난 길을 따라 50m쯤 가면 미륵당 한편에 석조관세음보살입상이 서 있다.

승용차는 상동마을 안 갈림길 한편에 주차할 수 있으나 대형버스는 쌍용정유 서부주유소 한편에 잠시 주차해야 한다. 상동 석조관세음보살입상 주변에는 숙식할 곳이 없다. 가까운 거창 읍내에는 숙식할 곳이 여럿 있다. 거창 시외버스터미널에서 다소 떨어져 있으므로 택시를 이용하는 것이 좋다.

양평동 석조여래입상
통일신라 후기 불상으로 전체 높이가 4m가 넘는다. 머리 위의 둥근 돌갓은 처음 조성할 때부터 있던 것이 아니라 뒷날 어느 땐가 보태어진 것이다.

것이다. 불상을 바라보면 마음을 강하게 잡아끄는 매력은 없어도 심심하고 무난한 맛에 싫증이 나지 않는다. 썩어도 준치라고 그래도 통일신라, 그것도 8세기 후반에 만들어졌으리라는 추정이 있을 정도이니, 그 앞에 서면 '역시 불상은 불상이로구나' 하는 생각도 들게 마련이다. 양식적으로는 허벅지 위의 옷주름을 여러 개의 긴 타원형으로 표현한 점, 무릎 아래서 끝나는 옷자락을 연꽃잎의 끝처럼 예쁘게 마무리하면서 그 옆으로 구불구불 늘어진 옷주름을 드러나도록 한 점, 그리고 발등까지 깊이 덮인 군의(裙衣)자락에 세로줄을 긋듯 옷주름을 나타낸 점 등이 모두 통일신라시대 불상에서 보이는 형식이다. 보물 제377호로 지정되어 있다.

불상이 서 있는 곳에는 원래 금양사(金陽寺) 혹은 노혜사(老惠寺)라는 절이 있었다고 한다. 절이 없어지면서 남은 유물들도 어지럽게 흩어진 듯하다. 머리 위에는 원반처럼 둥근 '돌갓'이 씌워져 있으나 애초부터 그러한 것이 아니고 뒷날 어느 땐가 보태어진 것이다. 불상 두 발의 길이가 대좌 상면의 폭보다 커서 발가락이 대좌 밖으로 조금 나와 있으니 이 대좌도 제짝인지 의심스럽다. 지금의 대좌는 오히려 그 앞에 놓여 공양물을 올려놓는 데 쓰이는 부재와 짝을 이룬 제3의 불상 좌대가 아니었을까 싶다. 불상을 중심으로 네 귀퉁이에 주춧돌이 하나씩 남아 있는데, 이 또한 본래의 모습인지 알 길이 없다. 만일 처음의 상태대로라면 이 거구의 불상은 실내에 있었다는 얘기가 된다. 그럴 경우 단칸 법당이나 보호각이라면 불상 크기에 비해 집이 너무 옹색해 전혀 어울리지 않는다. 또 합천 영암사 금당터처럼 이중구조를 가진 건물로 보려니 그밖의 근거가 되는 유물이 하나도 남아 있지 않다. 최근에는 비구니 몇이 바로 옆에 있는 민가를 사들여 이 불상에 의지해 살고 있다. 그들에게 물어도 모르겠다는 소리만 되풀이할 뿐이니 궁금증만 더할 따름이다.

양평동 석조여래입상이 거창을 동쪽에서 지켜준다면, 서쪽에서 같은 구실을 하는 것이 상동 석조관세음보살입상이라는 말이 이 고장에 전한다. 아마도 두 불상이 거창읍의 동서에 제가끔 자리잡고 있는 우연에서 생긴 말인 듯하다. 그러나 두 불상을 이렇게 나란히 일컫기에는 그 품격의 차이가 너무나 확연하다.

양평동 석조여래입상으로 가는 길에 있는 개봉사거리에서 3번 국도를 따라 김천 방면으로 3km쯤 가면 갈가오른쪽에 SK 원동주유소와 함께 대전식당(T.055-942-1818)이 나온다. 이 집은 갈비탕이 맛있는 집으로 유명하다.

이 불상은 고려시대인 12세기경에 조성된 것으로 여겨지며 전체 높이가 3m이다. 비록 나라에서는 보물 제378호로 지정하여 그 가치를 인정하고 있지만, 만일 못난 불상 선발대회가 있다면 상동의 관세음보살입상을 제쳐두고 등수 안에 들 수 있는 불상도 그리 많지는 않을 것이다. 얼굴은 길쭉하여 원만한 모습과는 거리가 멀고, 어깨는 네모지게 각이 섰다. 긴 윗몸에 비해 두 다리는 '숏다리'의 전형이며, 그 위로 드러난 옷주름은 완벽한 대칭에 가까워 여간 부자연스러운 게 아니다. 그나마 가슴 앞에 모아 연꽃을 받쳐 든 왼손과 늘어뜨린 채 정병(淨甁)을 잡고 있는 오른손으로 말미암아 관세음보살임을 알 수 있을 뿐, 그게 아니라면 보살상이 아니라 해도 대꾸할 말을 찾기 어려울 것이다. 사정이 이렇다보니 이처럼 못난 불상도 있었던가 싶어 헛웃음이 나

상동 석조관세음보살입상
고려시대인 12세기경에 조성된 것으로 여겨지는 불상이다. 양평동 석조여래입상에 비해 그 품격의 차이가 확연하지만 거창사람들은 양평동 석조여래입상과 함께 거창의 동서를 지켜주는 불상으로 여긴다.

오고, 비례를 따지거나 아름다움을 찾으려고 덤비는 일들이 차라리 부질없어진다. 이런 정도라면 오히려 잘생긴 돌에 절을 하는 것이 낫겠다는 생각도 든다.

그러나 한 생각 바꾸어 바라보면 꼭 그런 것만도 아니다. 우리네 조상들이 언제 잘난 불상 못난 불상 가려가며 절하고 정성을 들였던가, 잘났으면 얼마나 잘났을 것이며 못났다면 또 그게 뭐 그리 대순가. 그저 나의 하소연에 귀기울여주고 소망을 들어주기만 하면 그것으로 족한 것을. 이런 마음으로 이 보살상 앞에서 두 손 모두어 소원을 빌던 할머니, 아낙들이 수도 없이 이어져 왔으리라. 그런 까닭에 세상에는 이런 불상, 저런 보살상이 공평하게 제자리를 차지하며 서 있는 것은 아닐는지. 하여 오늘도 상동의 관세음보살은 못난 모습을 과시하듯 그렇게 서 있다.

둔마리 벽화고분

거창군 남하면 둔마리에 있다. 양평동 석조여래입상이 서 있는 금용사에서 다시 거창원예농산물 간이집하장 앞으로 나와 오른쪽으로 가조·가야(합천) 방면으로 난 1084번 지방도로를 따라 4.15km 가면 길 오른쪽에는 신촌 버스정류장이, 왼쪽에는 신촌과 대촌으로 가는 마을길이 나온다. 마을길을 따라 약 20m 가면 길이 두 갈래로 나뉘는데 오른쪽으로 난 마을길을 따라 500m 가면 대촌마을에 닿는다. 대촌마을 뒤로 난 농로를 따라 약 750m 가면 길 오른쪽에는 벽화고분을 알리는 표지목이 있고, 왼쪽에는 산길이 나 있다. 산길을 따라 200m 가면 둔마리 벽화고분에 닿는다. 승용차는 대촌마을까지 갈 수 있으나 대형버스는 마을 입구 신촌 버스정류장 주변에 잠시 주차해야 한다. 벽화고분이 있는 둔마리 대촌마을에는 숙식할 곳이 없다. 대중교통은 양평동 석조여래입상과 동일하며 둔마리 신촌 버스정류장에서 내려 걸어가면 된다.

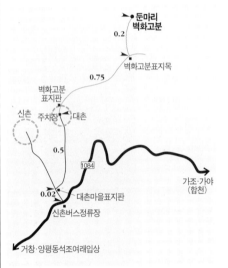

벽화가 그려진 옛 무덤, 하면 누구나 얼른 고구려의 고분들을 떠올릴 것이다. 그만큼 고구려 고분의 벽화들이 세련되고 다채로우며 강렬한 탓도 있지만, 이들을 빼버리면 우리나라에 그림이 그려진 옛 무덤이 아주 드물기 때문이기도 하다. 그 드문 옛 무덤 가운데 하나가 둔마리 벽화고분이다.

이 벽화무덤의 존재는 1971년에야 세상에 알려졌다. 그해 11월, 이미 도굴꾼들의 손길이 한 차례 휩쓸고 간 무덤을 당시 거창읍에 살며 향토 역사유적에 깊은 관심을 기울여온 최남식·김태순 씨가 조사하여 관계 기관에 알렸다. 연락을 받은 서울에서는 고고학자 김원룡, 문화재연구실장 김정기 두 사람이 내려와 현지 조사를 한 뒤 이 무덤이 고려시대의 벽화고분임을 확인했다.

이 무덤은 경주의 신라시대 왕릉이나 요즈음의 무덤들처럼 둥그렇게 봉분을 쌓아올린 것이 아니라, 아래에 다듬은 화강석을 네모지게 두 줄 돌리고 그 위로 붕긋하게 봉분을 올려 겉모습부터 여느 무덤과는 사뭇 다르다. 내부 또한 특이한 모습을 하고 있다. 전체적으로는 가운데의 벽을 공유하는 남북 2.45m 동서 0.9m 높이 0.9m쯤 되는 긴 네모꼴 석곽(石槨) 두 개를 동서로 나란히 배치한 형태이다. 두 석곽은 모두 화강암을 얇게 다듬은 판석을 짜맞추어 벽면과 천장을 꾸몄으며, 두 석곽을 가르는 경계벽의 가운데쯤에는 가로 35cm 세로 40cm 정도의 네모진 창이 뚫려 있다.

그리 크지 않은 이 옛 무덤의 가치는 물론 벽화에 있다. 두 석곽의 네 벽에는 서양의 프레스코 기법과 비슷하게 벽면에 회칠을 한 뒤에 그것이 채 마르기 전에 그림을 그렸는데, 적외선 촬영 결과 처음에는 벽면마다 그림이 있었다고 하나 지금은 동쪽 석곽의 일부에 남아 있는 그림들만을 맨눈으로 확인할 수 있을 뿐이다.

동쪽 벽에는 천녀(天女)들이 그려져 있다. 오른쪽에 세 명, 왼쪽에 두 명이 서로 다른 몸짓으로 하늘을 날며 춤추고 있는 모습이다. 가장 오른쪽에 그려진 천녀가 좀더 또렷이 남아 있다. 엷은 황갈색 치마저고리 차림에 오른손으로는 앞가슴에 바투 매달린 장난감처럼 작은 장구를 두드리면서 왼손은 한껏 치켜들어 장구의 다른 면을 막 내려치려는 자세인데, 살짝 비튼 몸매와 어울려 퍽 동적인 몸짓이다.

서쪽 벽의 네모진 창 옆으로 무덤 안에서 제일 선명한 그림이 남아 있으니, 이를 통하여 그림 솜씨는 물론 그 성격까지도 그런대로 가늠할 수 있다. 내용은 엷은 쪽빛 치마에 연한 황갈색 저고리를 받쳐입은 여인이, 길게 꼬리를 끌며 날고 있는 구름 위에서 한 손으로는 입에 문 젓대를 놀리며 다른 손으로는 과일이 담긴 대접을 받쳐든 모습이다. 한데 한 손만으로 젓대를 부는 모양이 마치 곰방대를 입에 문 듯 어색해보이고, 그 젓대를 어루는 손이나 과일 대접을 받쳐든 손 모두 만세를 부르듯 딱딱하다. 게다가 빠진 데 없는 타원형의 큰 얼굴에 몸에는 살까지 올라, 날렵

벽화고분 서쪽 벽의 주악천녀상

고분 내부에는 회칠한 벽면이 마르기 전
그림을 그렸는데 현재는 일부만 남아 있
다. 그 중 서쪽 벽의 주악천녀의 모습이다.

둔마리 벽화고분에서 다시 개
봉사거리로 나와 앞으로 계속 난 거열로
를 따라 1.2km 가면 법원사거리가 나
온다. 법원사거리에서 왼쪽 군청 방면으
로 난 길을 따라 750m 가면 거창교를 건
너게 되고, 거창교를 건너 남상 방면으로
계속 난 1084번 지방도로를 따라 1km
가면 길 오른쪽에 거창박물관(T.0598-
944-8218)이 나온다. 아침 9시부터 저
녁 5시까지 문을 여는 거창박물관은 1월
1·2일과 매주 월요일과 법정공휴일 다음
날에 휴관한다.
거창박물관 입장료
어른 500(400)·청소년 250 (200)·어
린이 무료, ( )는 30인 이상 단체
승용차는 박물관 안에 주차할 수 있으나
대형버스는 박물관 입구 한편에 잠시 주
차해야 한다. 거창 시외버스터미널에서
다소 떨어져 있으므로 택시를 이용하는 것
이 좋다.

거창양민학살사건 희생자 합
동묘소는 거창군 신원면 과정리에 있다.
88올림픽고속도로 거창교차로에서 합
천으로 난 24번 국도를 따라 약 20m 가
면 나오는 국농소삼거리에서 오른쪽으로
난 1089번 지방도로를 따라 합천댐 방면
으로 13.5km 가면 길 앞에 양지 버스
정류장이 있는 양지삼거리가 나온다. 양
지삼거리에서 오른쪽으로 난 59번 지방
도로를 따라 4.2km 가면 과정삼거리에
닿는다. 과정삼거리에서 왼쪽으로 난
59번 지방도로를 따라 1.2km 가면
길 오른쪽으로 신원중학교가 나오고, 신

한 몸매로 부드럽게 하늘을 나는 상상 속의 천녀와는 꽤 거리가 있을 뿐
더러 저런 맵시로 어떻게 하늘을 날까 걱정스럽기조차 하다. 하지만 맑
고 연한 색채, 어딘지 모르게 소녀다운 얼굴, 솜씨에 연연해하지 않은
듯한 활달한 필치 따위가 꼭 아이들이 그린 그림처럼 자유스럽고 천진
스런 분위기를 풍기기도 한다.

무덤 안의 어느 그림을 보아도 천의를 휘날리며 가볍게 하늘을 나는
불교적 비천들과는 옷맵시, 자세, 얼굴 모습 등이 아주 다르다. 전문가
들은 불교적 발상에 도교적 색채가 짙게 뒤섞인 것이 아닌가 여긴다. 아
무튼 이 벽화들을 보노라면 그 주인공들이 구름 위를 나는 천상의 존재
가 아니라 우리가 어느 길모퉁이에서 쉽게 만날 것 같은 모습들로 느껴
진다. 그만큼 비종교적이고 인간적이며 어찌 보면 현대적이기조차 하다.
말하자면 둔마리 고분의 벽화는 옛 무덤 안에 그려진 사신도(四神圖)
나 십이지신도 따위와는 또 다른 종교화, 곧 세속적인 종교화, 비종교
적인 종교화가 아닐까 싶다.

둔마리의 이 무덤은 개성 수락동 고분, 장단 법당방 고분, 공민왕릉

에 이어 나라 안에서 네번째, 남한에서는 처음으로 세상에 알려진 고려시대 벽화고분이어서 역사자료로서의 가치가 높다. 때문에 국가에서는 1972년 이 무덤을 사적 제239호로 지정함과 아울러 석곽과 봉분을 보수하여 일반인은 무덤 속까지 들여다볼 수 없도록 하였다. 그 대신 거창 읍내에 있는 거창박물관에 실물 크기의 모형을 만들어두었으므로 이를 통해 이제까지 살펴본 무덤 안의 모습들을 그럭저럭 살펴볼 수 있다. 더 관심 있는 이라면 뒷뫼라 불리는 마을에서 쉬엄쉬엄 능선 하나를 넘어, 야산 자락에 고즈넉한 이 무덤을 찾아 긴 잠자리를 후손에게 앗긴 영혼과 마주하는 것도 좋으리라.

원중학교를 지나면 거창양민학살 당시 죽은이들의 합동묘소가 나온다. 주차장은 따로 없으나 길가 한편에 대형버스도 잠시 주차할 수 있다. 신원 면소재지인 과정리에는 음식점이 몇 군데 있으나 잠잘 곳은 없다.
거창 읍내 대동시장 건너편 성은빌딩 앞 버스정류장에서 신원으로 다니는 버스는 하루 15회(성은빌딩 앞 버스정류장→신원 6:25, 6:55, 7:25, 8:05, 9:35, 10:35, 11:35, 12:35, 13:35, 14:35, 15:35, 16:35, 17:35, 18:35, 19:45) 있다. 거창 시외버스터미널에서 성은빌딩 앞 버스정류장까지는 걸어서 10분 정도 걸린다.

거창양민학살사건

한국전쟁이 한창이던 1951년 2월 10일과 11일에 걸쳐, 지리산 일대에서 인민군과 빨치산을 토벌하던 국군 제11사단 9연대가 적과 내통한 '통비분자'라는 혐의로 무고한 민간인을 대량 학살한 사건이 거창양민학살사건이다. 이 사건은 한국전쟁 기간 동안 곳곳에서 벌어진 비슷한 사건들을 상징하면서 아직까지도 올바른 자리매김과 뒤처리가 이루어지지 않아 우리 현대사의 커다란 상처로 남아 있다.

한국전쟁 초기 남한지역을 거의 휩쓸던 인민군은 국군과 유엔군의 인천상륙작전으로 허를 찔려 모든 전선에서 퇴각하지 않을 수 없었다. 그 가운데 진주·마산·창녕 방면으로 진출했던 인민군 제2사단·제6사단 등은 퇴로를 차단당한 채, 1946년 10월의 '대구폭동', 1948년 10월의 여순사건 등의 여파로 형성되어 한국전쟁 전부터 활동하던 남한지역 출신 빨치산과 합세하여 지리산 일대의 산악지대를 거점으로 게릴라전을 전개했다. 그 숫자는 대략 4만 정도로 추산되었다. 이런 상황은 남한 정부와 국군으로 볼 때는 등 뒤에서 칼을 겨누는 것과 다름없는 심각

한 문제였다. 이에 국군은 이들 빨치산 토벌을 전담하는 제11사단(사단장 최덕신 준장)을 창설하여 여기에 대처했는데, 남원에 사령부를 두고 전주에 제13연대, 광주에 제20연대, 그리고 진주에 제9연대를 배치했다. 유엔군(미군)이 38선을 돌파, 북진을 시작하면서 전반적인 전세가 유리하게 전개되던 1950년 10월 초의 일이었다.

그러나 대규모 정규군의 투입에도 불구하고 빨치산 토벌은 쉽지 않았다. 빨치산들은 험준한 산악지대를 근거로 전세에 따라 수시로 기습과 퇴각을 구사하면서, 특히 야간을 이용하여 기습공격을 펼치고는 재빨리 후퇴함으로써 토벌군을 곤경에 빠뜨렸던 것이다. 여기에 정부의 거듭된 실정(失政)과 작전지역 안에서 벌어지는 약탈, 부녀자 폭행, 살상 등 민간인에 대한 국군의 만행 따위가 일대 주민들로 하여금 빨치산 활동을 묵인, 방조, 나아가서는 협조하게 만들어 사태를 더욱 어렵게 했다. 그리하여 산간지역 깊숙이 자리잡은 마을들은 국군과 경찰, 빨치산의 통제력이 동시에 미치는 불안정한 상황에 놓이게 되었다. 따라서 그런 곳의 주민들은 생존을 위해서도 밤에는 빨치산의 눈치를 살피고 낮에는 국군의

비위를 맞추는 데 급급했다. 거창군 신원면도 그러한 지역 가운데 하나였다.

중국군의 한국전쟁 개입은 상황을 한층 복잡하게 만들었다. 1950년 11월부터 중국군의 공세에 밀려 국군과 유엔군이 전선에서 후퇴하기 시작했다. 이런 전황에 호응하여 후방지역의 빨치산들은 아연 활발한 활동을 전개하면서 때로는 적극적인 공세를 펼치니, 이제 전세가 뒤바뀌어 중국군과 인민군, 후방의 빨치산이 협공을 하는 양상이 빚어지게 된 것이다. 한 예로 12월 5일에는 산청군 오부면에 근거를 둔 약 500여 명의 빨치산이 인접 지역에 위치한 신원면으로 넘어와 경찰지서를 습격하는 사건이 벌어졌다. 경찰과 청년의용대 40여 명이 사살되고 10여 명이 간신히 탈출한 이 전투로 말미암아 신원면 일대는 빨치산들의 세력권 안에 들게 되는, 이른바 해방구가 되었다. 이런 상황은 해가 바뀐 1951년 2월 초까지 계속되었다.

1951년 2월 초 마침내 국군의 대대적인 빨치산 소탕작전이 전개되었다. 예상되는 인민군과 중국군의 춘계 대공세에 미리 대비하기 위해서였다. 이 작전에서 지리산 남부지역을 담당한 제9연대(연대장 오익경 대령)는 함양의 제1대대, 하동의 제2대대, 거창의 제3대대가 주둔지를 떠나 빨치산을 토벌하면서 산청으로 집결한다는 방침 아래 합동작전을 펼쳤다. 그런데 이 작전은 기본 방향부터 많은 문제를 안

신원면 전경 한국전쟁 당시 깊은 산골마을이었던 신원 면소재지인 과정리이다. 이곳은 지금도 찾아가려면 여러 시간이 걸리는 오지이다.

고 있었다. 사단장 최덕신은 이 작전을 견벽청야작전이라고 명명했다. '견벽청야(堅壁淸野)'란 『손자병법』에 나오는 말로, 자신의 성은 견고하게 지키되 포기해야 할 곳은 인적·물적 자원을 모두 정리하여 적이 이용할 수 있는 여지를 완전히 없애버리는 전법이다. 일종의 초토화작전인 셈이다. 이에 따라 연대 지휘관회의에서 시달된 작전명령 부록에는 다음과 같은 지침들이 포함되어 있었다.

- 작전지역 안의 인원은 전원 총살하라.
- 공비(빨치산)들의 근거지가 되는 건물은 전부 소각하라.
- 적의 보급품이 될 수 있는 식량과 기타 물자는 안전지역으로 후송하거나 불가능한 경우에는 소각하라.

이러한 명령이 그대로 이행된다면 작전지역 안의 주민들은 생활 터전을 송두리째 잃게 됨은 물론 막대한 인명 피해를 감수할 수밖에 없는 노릇이었다. 매우 불행하게, 그리고 대단히 어리석게도 그 명령은 '차질 없이' 수행되었다.

2월 8일 제3대대(대대장 한동석 소령)는 별 저항 없이 신원면을 수복했다. 국군이 진격한다는 정보를 미리 알고 있던 빨치산들이 사전에 철수했기 때문이다. 별다른 적정(敵情)이 없자 대대장은 신원면소재지인 과정리에 경찰 병력 1개 중대를 주둔시키고 계속 산청 방면으로 진군했다. 그러자 국군과 경찰의 동태를 낱낱이 파악하고 있던 빨치산들이 밤중에 과정리를 기습, 경찰 병력에 막대한 타격을 가하고 물러났다. 이튿날 산청에 집결한 뒤에야 이런 사실을 안 대대장은 연대장한테 심한 질책을 받고 다시 신원면으로 돌아와 주둔했다. 그런데 이날, 곧 2월 9일 밤에 또다시 빨치산의 기습으로 전투가 벌어졌다. 양쪽에서 수십 명씩 사상자를 낼 만큼 치열했

던 전투는 새벽에야 멈췄다.

날이 밝자, 예기치 않게 많은 피해를 입어 격앙된 국군은 대대장의 명령에 따라 '통비분자' 를 색출한다는 명목으로 대현리, 중유리, 과정리, 와룡리에 있던 주민들을 남김없이 과정리의 신원국민학교로 집결시켰다. 그러나 국군 주둔지역에 아직까지 통비분자들이 남아 있을 리 없었다. 그런 사람이라면 이미 빨치산들이 철수할 때 자취를 감추었고, 설령 남아 있다면 그들은 생존을 위해 어쩔 수 없이 협력한 사람들일 터였다. 따라서 신원국민학교에 모여든 500명 이상의 주민들은 노약자, 부녀자, 어린아이들이 대부분이었다.

양민학살의 참극은 이미 주민들을 집결시키는 과정에서 시작되었다. 국군은 와룡리의 주민 100여 명을 집결지도 아닌 탄량골에 몰아넣고 집단 사살했으며, 덕산리 청연마을에서도 70여 명을 학살했다. 목숨을 부지하여 교실에 남은 사람들은 공포와 추위와 굶주림으로 떨며 그 밤을 지새웠다. 날이 새자 군인들은 이들 가운데 군인, 경찰, 공무원 가족 일부를 가려낸 뒤 나머지는 모두 열을 지워 끌고 갔다. 그 행렬은 박산골에서 멈췄다. 마구잡이로 사람들을 골짜기로 밀어넣었다. 그리고 무차별한 사격. 총질을 끝낸 군인들은 산더미를 이룬 시체 위에 나뭇단을 져다가 덮고 휘발유를 뿌린 뒤 불을 질렀다. 박산골은 불바다로 변하고 그 하늘은 검은 연기로 가득 찼다. 1951년 2월 11일, 신원면의 해는 그렇게 저물었다.

사건 발생 후 국군은 이 엄청난 학살을 은폐하려고 현지와 외부와의 왕래를 모두 차단하는 한편 생존 주민들에게는 실상을 발설할 경우 공비로 간주, 총살하겠다고 위협했다. 그러나 이렇게 가공할 사건이 그대로 묻힐 리 없었다. 입에서 입으로 전해지며 정부에 압박을 가하던 사건은 마침내 국회로 비화했다. 현지 조사를 다녀간 거창 출신 국회의원 신중목 씨가 1951년 3월 29일 국회에서 진상을 터뜨린 것이다. 곡절 끝에 정부와 국회의 합동조사단이 꾸려졌고, 이들은 진상 조사를 위해 4월 7일 현지로 향했다. 그러나 합동조사단은, 당시 경남 계엄사령부 민사부장이던 김종원 대령의 지시로 빨치산으로 가장하여 신원면 입구에 매복해 있던 3대대 장병들의 위협사격을 받고 현지에는 발도 들여놓지 못한 채 성과 없이 철수하고 말았다.

그럼에도 불구하고 의혹은 커져갔고 사건은 확대되면서 정부를 궁지에 몰아넣었다. 결국 당시 대통령 이승만은 4월 24일 '거창사건' 에 관해 직접 담화문을 발표하지 않을 수 없었다. 그 내용은 '공비협력자 187명을 군법회의에 넘겨 처형한 사건' 이라는 요지였다. 명백한 허위였고, 거듭되는 얼버무림이었다. 지금까지 알려진 바에 의하면 학살 피해자는 모두 719명이다. 그 가운데 14세 이하의 어린이가 359명으로 절반을 차지하고 있으며, 61세 이상의 노인이 74명(유족회 조사)이다. 성별로는 남자가 313명, 여자가 388명이다. 어떻게 해석해도 이들이 공비협력자라는 주장은 설득력이 없으며, 그나마 숫자는 턱없게 축소된 것이었다.

계속되던 이승만 정권의 사건 은폐 기도는 우습게도 외국 언론에 의해 벽에 부닥치고 만다. 그 무렵 외국 언론들은 이 양민학살사건을 대서특필해댔다. 미국의 신문들은 물론 파키스탄의 신문에까지 관련 기사가 오르내렸다. 어떤 외국 신문에는 5만 명의 양민이 학살되었다는 보도가 실리기도 했다. 현장 취재가 봉쇄되었기 때문이었다. 영국 신문들이 "한국에서 민주주의를 기대하는 것은 쓰레기통에서 장미꽃이 피기를 기다리는 것과 같다"고 논평한 것도 이때였다.

외국, 특히 미국의 태도에 민감할 수밖에 없던 이승만 정권은 결국 사건을 재조사하고 학살 혐의자들을 법의 심판대에 올렸다. 사건 발생 5개월 만의 일이었다. 7월 27일부터 12월 16일까지 고등군법회

의가 대구에서 열렸다. 마지막 선고공판에서 재판
부는 연대장 오익경에게 무기, 대대장 한동석에게
징역 10년, 경남 계엄사 민사부장 김종원에게 징역
3년, 그리고 학살을 지휘한 소위 이종대에게 무죄
를 선고했다. 학살사건의 책임을 연대장 선에서, 조
사단 방해 사건의 책임을 계엄 민사부장 선에서 매
듭짓고 만 것이다. 그나마 이들은 1년 뒤 모두 특사
로 풀려나 오익경과 한동석은 현역으로 복귀했고 김
종원은 경찰 고위간부로 기용되었다. 사건 진상에
대한 아무런 언급도 없고 학살 피해자나 유가족에 어
떠한 조치도 취해지지 않은 채 사건이 이렇게 마감
된 것은 진실에 대한 또 다른 왜곡이고 회피이자 은
폐의 마무리였다.

    이후 오늘에 이르는 49년은 억울한 원혼들과 그
유족들에게는 오욕과 공포와 한의 세월이었다.
1954년에는 3년 동안 방치되던 학살 현장의 유골들
이 주민들에 의해 남, 여, 어린이 셋으로 나뉘어 과
정리 묘소에 합동으로 안치되었고, 1960년에는 합
동 위령비가 건립되었다. 그러나 이렇게 더디게, 그
리고 소박하게 진행되던 원혼들에 대한 위무도 쿠데
타로 들어선 군사정부 아래서 무참히 짓밟히고 만다.
1961년 경남 도지사의 이름으로 묘지 개장 명령이
내려져 합동묘소의 봉분은 파헤쳐지고 비석은 비문
이 훼손된 채 땅 속에 파묻히고 말았던 것이다. 그
리고 유족들은 학살사건에 대해 함구를 강요당함은
물론 모든 사회적 권리와 기회마저 박탈당하고 반공
이데올로기가 기승을 떨던 시절을 숨죽이며 살아야
했다.

    유족들의 각계에 대한 호소에도 불구하고 1967년
합동묘소의 봉분만 복구된 뒤 계속 땅 속에 묻혀 있
던 위령비는 1988년에야 다시 지상으로 올라왔다.
2월 15일 유족 200여 명이 면사무소 앞에서 '희생
자 위령 궐기대회'를 가진 다음 비석을 파낸 것이다.
하지만 이 비는 오늘도 제자리에 똑바로 서지 못하

과정리 합동묘소 1954년 유족과 주민들이 유골들을 남·여·어린이로 나누어
과정리 합동묘소에 안치했으나 아직까지도 학살사건의 진실은 온전히 밝혀지
지 못하고 있다.

고 비스듬히 누워 있다. 마치 온전히 해결되지 못한
거창양민학살사건을 상징이라도 하듯이. 누군가 학
살사건의 진실을 만천하에 드러내고 자신을 일으켜
세워주기를 기다리기라도 하듯이.

해마다 봄은 오지만
거창군 신원면 박산골짜기에는
한 송이 진달래도 피지 못한다.

세월이 흘러도 흙이 될 수 없는
한맺힌 목숨이
세월이 흘러도 물이 될 수 없는
피로 쏟은 눈물이

싯퍼런 청태(靑苔)로 살아 있어
날선 바람 타고
구천을 떠돌기 때문이다.

……

이렇게, 이렇게 1951년의 '겨울골짜기'는 우리
곁에 있다.

가섭암터 마애삼존불상

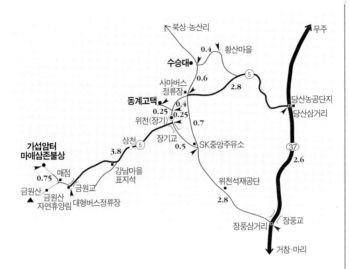

거창군 위천면 상천리에 있다. 둔마리 벽화고분에서 다시 개봉사거리로 나와 앞으로 계속 난 거열로를 따라 2.7km 가 거열교를 건너면 길 앞에 서경병원이 있는 덕곡삼거리(실은 사거리이다)가 나온다. 덕곡삼거리에서 오른쪽 마리·함양으로 난 3번 국도를 따라 5.4km 가면 나오는 마리삼거리에서 오른쪽 무주로 난 37번 국도를 따라 3.6km 가면 길 앞에 장풍교가 있는 장풍삼거리에 이른다. 장풍삼거리에서 왼쪽 위천으로 난 마을길을 따라 2.8km 가면 길 앞에 SK중앙주유소가 있는 삼거리가 나오는데 왼쪽 위천 면소재지인 장기리로 난 길을 따라 약 500m 가면 장기교가 나온다. 장기교를 건너면 바로 왼쪽으로 금원산 자연휴양림 표지판과 함께 금원산 자연휴양림으로 가는 5번 군도로가 나오는데, 이 길을 따라 3.8km 가면 금원산 자연휴양림 매점소에 닿는다. 매점소를 지나 100m쯤 가면 길 오른쪽에 매점이 있고 길이 두 갈래로 갈라진다. 매점 앞 갈림길에서 오른쪽으로 난 길을 따라 400m 정도 가면 승용차가 주차할 수 있는 주차장이 나오고, 주차장 지나 산길을 따라 250m 가면 가섭암터가 나온다. 대형버스는 매점소 지나 왼쪽에 있는 대형주차장에 주차해야 한다. 금원산 자연휴양림이나 가까이 있는 위천 면소재지에서 숙식할 수 있다.

거창 읍내 대동시장 앞 대동 버스정류장에서 위천 면소재지인 장기리를 지나 북상으로 가는 위천·북상행 버스가 약 30분에서 1시간 간격으로 하루 25회 있다. 금원산 자연휴양림에서 약 2km 못미처 있는 상천리까지는 위천·상천행 버스가 하루 4회(대동 버스정류장→위천·상천 6:20, 8:45, 12:00, 18:20) 다닌다. 공휴일은 버스가 없다. 가섭암터까지는 위천에서 택시를 이용하는 것이 좋다.
금원산 자연휴양림(T.055-943-0340)
입장료 및 주차료
어른 1,000(800)·군인과 청소년 600(500)·어린이 300(200)원, ( )는 30인 이상 단체
승용차 3,000·대형버스 5,000원

가섭암터 가는 길은 즐겁다. 잡목이 우거진 숲도 좋지만 어느 계절에나 쉼없이 흘러내리는, 물 속의 잔자갈에 이끼조차 앉지 않을 만큼 맑은 물은 더없이 상쾌하다. 여기에 여울을 건널 때마다 그저 대충 놓인 징검다리를 밟고 지나는 맛이 덤으로 주어진다. 또 바라만 보아도 우리네 조상들이 왜 커다란 바위를 섬겼는지를 절로 깨닫게 해주는 아주 크고 음전하고 잘생긴 바위 ― '문바위'라고 부른다 ― 를 구경하는 즐거움도 저절로 주어진다.

문바위를 돌아들면 이내 가섭암터다. 여기서 관리소 건물을 비껴 층계를 오르다가 절문을 지키는 인왕상처럼 양쪽에 갈라선 늠름한 두 바위 사이를 비집고 돌계단을 오르면 마애불상이 새겨진 바위굴에 이른다.

굴이라고는 하지만 아주 큰 바위들이 겹쳐지면서 저절로 만들어진 열 평 남짓의 공간일 따름이다. 그러다보니 눈비가 내릴라치면 물이라도 스며드는지, 커다란 바위면의 위쪽에 삿갓 모양으로 지붕을 씌우듯 길게 홈을 파서 물기가 흘러내리지 않도록 한 뒤 그 아래쪽에 불상 셋을 나란히 새겼다. 크기는 대좌와 광배를 합쳐 가운데 불상의 높이가 3m 이상, 그 양쪽 옆의 두 보살상이 2m가 살짝 넘을 듯하다. 불상들과 대좌는 얕

문비위
가섭암터로 오르는 길목에서 만나는 커다
란 바위로 문비위라고 불린다.

은 돋을새김으로 새긴 반면 두광만은 테두리만 남긴 채 안쪽을 오목하게 파내었으며, 나머지 불상 주위의 여백 또한 깊게 파내 여느 바위면과 쉽게 구별이 되도록 하였다.

불상이라고는 하지만 세 불상이 닮은꼴로 못난 얼굴들이라 주욱 훑어보면 마치 못난이 삼형제를 보는 듯하다. 납작하게 못생긴 코와 입술이 두툼하여 무뚝뚝한 입은 세 불상이 빼박다시피 비슷하며, 투덕투덕 심술기 가득한 두 볼과 미련스럽게 넓적한 얼굴이 거기서 거기다. 못난 것은 얼굴에서 그치지 않고 그 아래로도 이어진다. 특히 가운데 불상은 어깨는 각이 져 딱딱하고 옷주름은 습관적으로 그은 듯 상투적이며, 정강이가 훤히 드러나도록 짧은 옷자락은 방금 모심기하다 나온 양반처럼 품위 없이 깡뚱하고, 옆으로 일직선이 되도록 벌리고 선 두 발은 부자연스럽기 그지없다.

그래도 기백이 다 빠져버린 채 무표정한 얼굴로 그야말로 우상이 되어 앉아 있는 멍청한 조선시대 불상과는 비교조차 힐 수 없다. 무엇보다 표정을 읽을 수 있어 못났으면 못난 대로 이웃의 얼굴 같아 정감이 가는 까닭이다. 어쩌면 불상의 얼굴에 우련히 떠 있는 '아무렇지도 않고 예쁠 것도 없는' 나 자신의 모습을 본 연민 때문인지도 모르겠다. 또 두 보살이 밟고 서 있는 연꽃은 꽤 사실적인 데다 꽃잎마다 끝이 뾰족하게 살아 있어 생기가 도니, 작지만 이 역시 미덕의 하나다.

비록 잘생긴 불상은 아니지만 눈여겨볼 곳이 없는 것은 아니다. 작은 상처럼 생긴 본존불의 凸형 대좌는 중국의 금동불에서 가끔 보이는 형태이고, 우리나라에서는 고구려 고분벽화에서 이따금 찾아볼 수 있을 뿐 다른 예가 별로 없는 특이한 모습이다. 복숭아처럼 생긴 본존불의 두광은 이른바 보주형(寶珠形) 광배인데, 삼국시대 불상에서 보이는 고풍한 양식이다. 아래로 내려오면서 옆으로 줄줄이 뻗친 양쪽 보살상의 옷자락 모습 또한 중국 북위(北魏)시대 불상의 영향을 받은 삼국시대 불상에서 어렵지 않게 볼 수 있는 오래된 형식이다. 이러한 점들 때문에 이 불상들이 삼국시대의 마애불상이 아닌가 하는 추정도 있었지만 불상의 오른쪽 가까이에 새겨진 글씨가 일부 판독되어 고려시대에 이루어진 것임이 확인되었다. 말하자면 삼국시대 이래의 오랜 전통이 고려시대까지

가섭암터 마애삼존불상
불상 옆에 새겨진 명문으로 미루어 고려
시대 때 조성된 것은 틀림없으나 불상의
형식으로 보면 중국 북위시대의 영향을 받
은 삼국시대의 불상처럼 보인다.

긴 꼬리를 남기고 있는 것이다.

엄지와 검지를 맞댄 본존불의 수인이 이른바 아미타구품인 가운데 중
품상생인(또는 상품중생인)이고, 두 보살이 연꽃을 쥐고 있으며, 옆에
새겨진 글 내용 속에 '念亡母'(돌아가신 어머니를 생각하여)라는 구절
이 있는 점 따위로 미루어 이 불상들을 미타삼존, 곧 아미타불, 관세음
보살, 대세지보살로 짐작한다. 마찬가지로 글 가운데 '天慶元年'(천경
원년)이라는 글귀를 근거로 고려 예종 6년, 즉 1111년에 만들어졌다고
설명하기도 한다. 하지만 그 앞뒤의 내용을 정확히 알 수 없어 반드시 그
렇다고 단정지을 수는 없는 실정이다. 보물 제530호이다.

내려오는 길에 적당한 자리를 찾아 냇물에 두 발을 담가도 좋겠다. 어
느 때나 상관 없겠지만, 특히나 눈 녹은 물이 불어나는 초봄에 비누칠 대
신 매끈한 물만으로 얼굴을 씻은 뒤 양말을 훌훌 벗어버리고 흐르는 물
속에 두 발을 담근다면 우리의 지친 영혼이 화들짝 놀라며 새 기운을 차
리지나 않을지……

혹 여유가 있다면 거창박물
관에 들러보길 권한다. 지금까지 판독된
명문(銘文)의 내용도 볼 수 있고, 동국
대 박물관에서 만든 마애삼존불상의 탁본
이 걸려 있어 바위에 새겨진 모습을 보는
것과는 또 다른 느낌을 주기 때문이다.

동계고택

거창군 위천면 강천리에 있다. 가섭암터가 있는 금원산 자연휴양림에서 다시 장기교 앞 삼거리로 나와 오른쪽으로 난 마을길을 따라 약 250m 가면 길 왼쪽에 강천리 표지석과 함께 마을길이 나 있다. 강천리로 난 마을길을 따라 200m 쯤 가면 나오는 작은 다리를 건넌 후 오른쪽 마을길로 50m 정도 가면 동계고택이 나온다. 승용차는 고택 앞까지 갈 수 있으나 대형버스는 강천리 표지석이 있는 큰 길 한편에 잠시 주차해야 한다. 위천면 일대에는 숙식할 곳이 여럿 있다. 거창 읍내 대동시장 앞 대동 버스정류장에서 위천 면소재지인 장기리를 지나 북상으로 위천·북상행 버스가 약 30분에서 1시간 간격으로 하루 25회이며, 장기리에서 내려 걸어가야 한다.

남방문화와 북방문화가 서로 침투, 공존하면서 발전해온 것이 우리 주거문화 혹은 건축문화의 한 양상이라고 보는 시각이 있다. 이를테면 온돌이라는 북방적 요소와 마루라는 남방적 요소가 동시에 조화롭게 공존하는 것 따위를 한 예로 들 수 있겠다. 물론 이때 남쪽으로 내려갈수록 해양성이 두드러지고 북쪽으로 올라갈수록 대륙성이 커짐은 말할 나위도 없겠다. 동계 정온(桐溪 鄭蘊, 1569~1641) 선생 옛집의 경우, 남방적 요소가 강하면서도 뚜렷한 북방적 요소가 섞여들어 우리 건축문화의 이중성을 보여주는 좋은 예가 된다.

위천 면소재지를 막 벗어나 강천리 강동마을로 접어들면 누구의 눈에나 가장 먼저 들어오는 것이 동계고택(桐溪古宅)이다. 마치 마을을 대표하듯 숲이 울울한 뒷산을 등에 지고 마을 한복판에 산뜻하되 당당히 자리잡고 있기 때문이다. 이제 논들 사이로 널찍이 깔린 아스팔트길을 따라가면 절로 동계고택 대문 앞에 이른다.

동계고택은 문간채, 사랑채, 중문채, 안채, 곳간채, 뜰아래채, 가묘(家廟), 그리고 이들을 둘러싼 담장으로 이루어져 있다.

대문은 웬만한 고가에서 흔히 볼 수 있는 솟을대문이다. 하지만 문 위에 걸린 현판은 아무 데서나 쉽게 볼 수 있는 게 아니다. 선홍색 바탕에 단정한 하얀 글씨로 '文簡公桐溪鄭蘊之門'(문간공동계정온지문)이라 씌어 있다. 정려(旌閭)라고도 부르는 정문(旌門)이다. 왕조시대에 좋은 풍속을 북돋우기 위하여 충신, 효자, 열녀에게 나라에서 내리던 표창의 하나다. 이것은 10년이나 귀양살이를 하면서까지 영창대군의 처형을 반대한 충절과 병자호란 때에는 끝내 화친을 반대하여 절의를 굽히지 않았던 동계 선생을 기려 인조 임금이 내린 정문이다. 말하자면 가문의 영예와 자부가 담긴 현판이겠다.

대문을 들어서면 남향한 사랑채와 그 왼편에 조금 물러선 중문간채가 나란하다. 사랑채가 이 집의 특징을 골고루 보여준다. ㄱ자형 평면에 앞면 6칸, 옆면은 전퇴(前退) 있는 2칸 반이고, ㄱ자로 꺾여나온 내루 부분이 1칸 반 크기이다. 평면상으로 보면 앞뒤 두 줄로 방이 배열되어 있

동계고택 솟을대문
웬만한 고가에서 흔히 볼 수 있는 솟을대문이지만 문 위에 동계 선생을 기려 인조 임금이 내린 정려문이 걸려 있다.

동계고택 전경
강동마을에 들어서면 멀리서도 가장 먼저 눈에 들어오는 고택으로 문간채, 사랑채, 중문채, 안채, 곳간채, 가묘 등이 담장에 둘러싸여 당당하게 자리하고 있다.

다. 바로 두줄박이 겹집이다. 겹집 구조는 특히 겨울철에 보온의 필요가 높은 북방의 주거양식인데 거창지역에서 채택된 점이 주목된다. 아마도 이 지방이 남부이면서도 내륙에 치우친 까닭인 듯하다. 반대로 남방적 요소도 볼 수 있다. 앞에서 보면 화강암을 다듬어 두벌대 기단을 돌린 위에 툇마루를 깔았는데, 상대적으로 기단이 낮은 데 비해 툇마루가 높다. 이처럼 고상성(高床性)이 짙은 구조는 습기가 많은 남방지역에서 흔히 취하는 방식이다. 용마루를 보면 눈썹이 있다. 눈썹이란 용마루가 시작되는 착고와 부고 위에 기와 한 장 너비로 용마루를 따라가며 짧은 기왓골을 낸 것을 말한다. 그 모양이 마치 눈썹 같다 하여 그렇게 부른다. 장식적인 효과와 아울러 비가 많은 곳에서는 용마루에서 흘러내린 빗물에 지붕이 쉬이 상하는 것을 막아주는 실용적인 구실을 하니 역시 남방적 요소라 하겠다.

사랑채 내루 부분에는 원 지붕 아래로 눈썹지붕이 덧대어져 있다. 처음부터 계획했던 것인지 아니면 집을 지은 뒤 처마가 앝아 덧붙인 것인지 모르겠으나 여느 집에서는 좀처럼 보기 어려운 재미있는 부분이다. 내루의

동계고택 배치평면도

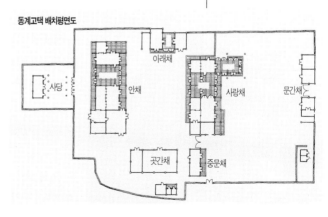

동계고택 사랑채
그리 크지 않은 건물이지만 북방식과 남
방식의 주거양식이 고루 섞여 있다. 용마
루 밑에 짧은 기와골을 덧낸 눈썹이 특이
하다.

사랑채 내루의 눈썹지붕
여느 집에서는 좀처럼 보기 어려운 부분
으로 처음 지을 때부터 계획했던 것인지
집을 지은 뒤 처마가 앝아 덧붙인 것인지
는 알 수 없다.

삼면에는 들어열개 사분합문을 달아 내루 공간을 언제든 쉽게 틔우고 막
을 수 있도록 하였다. 앞면과 안쪽 옆면의 분합문들은 제가끔 아래위로
삼등분하여 가운데는 완자살을 달고 아래와 위는 정자살을 매겨 마치 불
발기창처럼 보이는 것이 눈길을 끈다.

중문을 들어서면 네모진 안마당이다. 안채는 사랑채와 나란한 남향받
이이고, 두 집채 사이에 서향한 뜰아래채와 곳간채가 들어섰다. 정면 4
칸 측면 2칸의 넉넉한 곳간채는, 중방 아래로는 널벽을 두르고 그 위로
는 칸마다 살창을 달아 곳간의 기능성을 충실히 살렸다. 마루와 방으로
구성된 뜰아래채는 외줄박이 4칸집으로, 사
랑채나 안채와는 차등을 두어 부속건물로서
의 성격을 금세 읽을 수 있다.

안채는 규모만 다를 뿐 건축적 특색은 사
랑채와 닮았다. 정면 8칸 측면 3칸 반에 앞
뒤로 퇴가 달린 구조로, 퍽 큰 덩치를 자랑한
다. 사랑채와 마찬가지로 두줄박이 겹집에다
툇마루가 높직하고 용마루에 눈썹이 달려 있

다. 안방문은 두 짝 여닫이와 미닫이를 겹으로 달았는데 숫대살 무늬를
먹인 미닫이는 서로 '짝짝이'이다. 곧 문의 한가운데 작고 긴 네모꼴 틀
을 박고 한쪽은 그대로 창호지를 바른 대신, 다른 쪽은 유리를 끼워 문
을 열지 않고도 밖의 동정을 살필 수 있도록 하였다. 말하자면 한쪽은 눈
곱재기창의 구실을 하는 셈인데, 그로 인해 전체적으로는 대칭이면서 부
분적으로는 비대칭이 되어 기분 좋은 불균형을 이룬다.

안채를 돌아들면 따로 담장을 두른 안에 사당, 곧 가묘가 있다. 딱히
눈에 드는 특색은 없으나 정조 임금이 동계 선생의 지조를 높이 사 손수
지어보냈다는 제문(祭文)과 시가 현판으로 걸려 있어 후손들이 자랑거
리로 여긴다.

세월이 흘러도 푸른 산이 높고 높듯
천하에 떨친 정기 여전히 드높아라.
북으로 떠난 사람 남으로 내려간 이, 그 의로움 매한가지
금석같이 굳은 절개 가실 줄이 있으랴.
日長山色碧嵯峨 種得乾坤正氣多
北去南來同一義 精金堅石不曾磨

시 속의 '북거남래'(北去南來)는 병자호란 때 김상헌과 정온이 화친

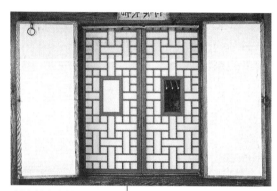

안채의 미닫이, 여닫이 문
미닫이문 한가운데 작고 긴 네모꼴의 틀을 박았는데 한쪽은 그대로 창호지를 바른 대신 다른 한쪽은 유리를 끼워 문을 열지 않고도 밖의 동정을 살필 수 있도록 하였다.

을 강력히 반대하다 한 사람은 볼모가 되어 청나라로 떠난 것과 또 한 사람은 자결하려다 뜻을 이루지 못하고 낙향하여 은둔한 사실을 가리킨다.

동계고택은 집의 규모도 상당한 데다 부재들도 옹색하지 않아 칠칠하면서도 여유롭다. 묵은 재목들에서 번져나는 깊고 부드러운 따뜻함, 구석구석 배인 청결함이 마음을 쓰다듬어준다. 새로 덮은 기와는 고풍을 잃은 대신 새뜻함을 얻었다. 무엇보다도 집을 지키고 있는 종부(宗婦)어른이 푸근하다. 제사받들기와 손님맞이로 평생을 보냈을 칠순의 할머니 종부어른은 오늘도 찾는 이라면 누구에게나 스스럼이 없다. 그러면서 꽃 같은 나이에 경주 최부잣집에서 언니는 하회마을로, 당신은 이곳으로 시집왔다고, 그쪽에 비하면 여기는 양반도 아니라며 겸양해 한다.

이 고가는 사랑채 상량대에 적힌 묵서명(墨書銘)에 의해 순조 20년 (1820)에 세워진 것으로 밝혀졌다. 때문에 조선 후기 사대부주택 연구에 좋은 자료가 된다. 중요민속자료 제205호이다. 아울러, 거창박물관에 가면 동계 선생이 입던 현존하는 우리나라 최고(最古)의 제복(祭服)과 조복(朝服)을 볼 수 있다. 이들은 일괄하여 중요민속자료 제218호로 지정되어 있다.

수승대

거창군 위천면 황산리와 강천리에 걸쳐 있다. 동계고택에서 다시 강천리 표지석이 있는 큰길로 나와 왼쪽으로 약400m 가서 위천교를 건너면 길 왼쪽에 사마 버스정류장이 있는 사거리가 나온다. 사마 버스정류장 앞 사거리에서 왼쪽 북상으로 계속 난 길을 따라 600m 정도 가면 길 왼쪽에는 수승대 국민관광지

어느 고장에나 고달픈 일상을 잠시 잊고 하늘을 바라볼 수 있는 숨구멍 같은 쉼터 하나쯤은 있게 마련이다. 거창사람들에게는 수승대(搜勝臺)가 그러한 곳이다. 품 너른 덕유산(德裕山, 1,614m)이 이룬 맑고 아름다운 골, 하면 누구나 무주의 구천동계곡을 떠올리겠다. 하지만 여기 사람들은 함양의 화림동(花林洞), 용추계곡의 심진동(尋眞洞), 그리고 거창의 원학동(猿鶴洞) 계곡을 그에 버금가는 것으로 친다. 예로부

터 손꼽혀온 이른바 안의삼동(安義三洞)이다. 그 가운데 위천(渭川)이 남실남실 흘러내리는 원학계곡 한 구비에 수승대가 자리잡고 있다. 맑은 물이 있고 조촐한 정자와 누대가 있고 듬직한 바위가 있고 이들이 어우러지며 그려내는 풍광이 자못 명미(明媚)한 경승지가 수승대이다.

햇빛에 바래면 역사가 되고 달빛에 물들면 신화가 된다고 했던가. 그 역사와 신화가 세월에 닳고 여러 입에 씻기면 사화(史話)로 바뀌고 전설로 굳어지는 것이리. 수승대에는 전설처럼, 사화처럼 옛이야기가 주절주절 매달려 있다.

거창지방이 백제의 땅이었을 무렵, 나라가 자꾸 기울던 백제와는 반대로 날로 세력이 강성해져가는 신라로 백제의 사신이 자주 오갔다. 강약이 부동인지라 신라로 간 백제의 사신은 온갖 수모를 겪는 일은 예사요, 아예 돌아오지 못하는 경우도 더러 있었다. 때문에 백제에서는 신라로 가는 사신을 위해 위로의 잔치를 베풀고 근심으로 떠나보내지 않을 수 없었다. 그 잔치를 베풀던 곳이 이곳, 근심(愁)으로 사신을 떠나보냈다(送) 하여 여기를 '수송대'(愁送臺)라 불렀다 한다.

어느 만큼 사실에 바탕을 둔 얘기인지는 알 길이 없다. 아마도 아름다운 경치를 즐기며 '근심을 떨쳐버린다'는 뜻이 '수송대'라는 이름에 담긴 본디의 뜻이었을 것이다. 그 속내에 백제의 옛땅에서 대대로 살아온 민중들이 안타깝고 한스러운 백제의 역사를 슬며시 얹어 입에서 입

가, 오른쪽으로는 황산마을 입구가 나온다. 수승대 국민관광지 앞에서 황산마을까지는 400m 정도 거리이다. 승용차는 황산마을 안까지 갈 수 있으나 대형버스는 수승대 국민관광지 주차장을 이용해야 한다. 수승대 국민관광지 한편에는 수승대모텔(T.055-943-7962)을 비롯하여 야영장, 민박집과 음식점들이 있다. 거창 읍내 대동시장 앞 대동 버스정류장에서 위천과 수승대를 지나 북상으로 다니는 북상행 버스가 약 30분에서 1시간 간격으로 다닌다.

수승대 국민관광지(T.055-943-5383)
입장료 및 주차료
어른 1,000(900)·군인과 청소년 700(600)·어린이 500(400)원, ( )는 30인 이상 단체
승용차 3,000·대형버스 5,000원, 1박 체류시에는 주차료가 두 배이다.

요수정
신권 선생이 수승대 언덕에 지은 아담한 정자이다. 이곳에 앉아 내를 내려다보면 암구대 등 수승대 전체가 내려다보인다.

암구대
수승대 중심에 위치한 커다란 바위로, 옛
부터 이곳을 지키던 거북이 죽어 바위로
변했다는 전설이 있다.

으로 전했던 것이 아닐까 모르겠다. 아무튼 그렇게 불리던 이름이 지금
처럼 바뀐 것은 조선시대다.

　거창 신씨 집안은 이 고장에서 널리 알려진 가문이다. 그들이 자랑스
러워하는 조상 가운데 한 사람으로 신권(愼權, 1501~1573)이 있다.
자(字)는 언중(彦仲), 요수(樂水)가 그의 호(號)이다. 일찍이 벼슬길
을 포기한 그는 이곳에 은거하면서 자연을 가꾸어 심성을 닦고 학문에
힘썼다. 거북을 닮은 냇가의 바위를 '암구대'(岩龜臺)라 이름짓고 그
위에 단(壇)을 쌓아 나무를 심었으며, 아래로 흐르는 물을 막아 보(洑)
를 만들어 '구연'(龜淵)이라 불렀다. 중종 35년(1540)부터는 정사(精
舍)를 짓고 제자를 가르치기 시작했는데, 정사의 이름 또한 '구연재'(龜
淵齋)라 했으며, 아예 동네 이름조차 '구연동'(龜淵洞)으로 부르기 시
작했다. 이태 뒤에는 냇물 건너편 언덕에 아담한 정자를 꾸미고 자신의
호를 따서 '요수정'(樂水亭)이라 편액을 걸었다.

　이렇게 자연에 묻혀 자신만의 세계에 침잠하던 그에게 반가운 소식이

닿았다. 십 리 아래 영송마을(지금의 마리면 영승마을)로부터 이튿날 거유(巨儒) 이황이 예방하겠다는 전갈이었다. 안의삼동을 유람차 왔던 퇴계가 마침 처가가 있는 영송마을에 머물고 있었던 것이다. 아직 골짜기의 잔설이 희끗희끗 남아 있는 1543년 이른 봄날, 정갈히 치운 요수정에 조촐한 주안상을 마련하고 하냥 기다리던 요수를 찾은 것은 그러나 퇴계가 아니라 그가 보낸 시 한 통이었다. 급한 왕명으로 서둘러 발길을 돌리게 되었다는 양해의 말과 함께.

'수승'(搜勝)이라 대 이름 새로 바꾸니	搜勝名新換
봄 맞은 경치는 더욱 좋으리다.	逢春景益佳
먼 숲 꽃망울은 터져오르는데	遠林花欲動
그늘진 골짜기엔 봄눈이 희끗희끗.	陰壑雪猶埋
좋은 경치 좋은 사람 찾지를 못해	未寓搜尋眼
가슴속에 회포만 쌓이는구려.	惟增想像懷
뒷날 한 동이 술을 안고 가	他年一樽酒
큰 붓 잡아 구름 벼랑에 시를 쓰리다.	巨筆寫雲崖

넘치지 않을 만큼 정이 담긴 시였다. 화답이 없을 수 없었다.

자연은 온갖 빛을 더해가는데	林壑皆增采
대의 이름 아름답게 지어주시니	臺名肇錫佳
좋은 날 맞아서 술동이 앞에 두고	勝日樽前値
구름 같은 근심은 붓으로 묻읍시다.	愁雲筆底埋
깊은 마음 귀한 가르침 보배로운데	深荷珍重教
서로 떨어져 그리움만 한스러우니	殊絶恨望懷
속세에 흔들리며 좇지 못하고	行塵遙莫追
홀로 벼랑가 늙은 소나무에 기대봅니다.	獨倚老松崖

옛사람들의 여유로운 만남이 부럽다. 이렇게 두 사람이 주고받은 시로 말미암아 그때부터 이곳을 '수승대'라 부르게 되었다.

이렇게 새 이름을 얻은 암구대, 곧 거북바위에는 두 사람의 뒤를 이어 이곳을 찾았던 선비들이 읊조린 시문이나 이름 남기기 좋아하는 이들이 새긴 성명 석 자가 빈틈없이 가득하다. 그 가운데 퇴계의 시와 나란히 새겨진 글은 역시 거창이 자랑하는 선비 갈천 임훈(葛川 林薰, 1500~1584)의 시다.

강 언덕에 가득한 꽃 술동이에 가득한 술	花滿江皐酒滿樽
소맷자락 이어질 듯 흥에 취한 사람들	遊人連袂曼紛紛
저무는 봄빛 밟고 자네 떠난다니	春將暮處君將去
가는 봄의 아쉬움, 그대 보내는 시름에 비길까.	不獨愁春愁送君

거북바위에는 짤막한 전설도 얽혀 있다. 장마가 심했던 어느 해, 불어난 물을 따라 윗마을 북상의 거북이 떠내려왔다. 이곳을 지키던 거북이 그냥 둘 리 없어 싸움이 붙었는데, 여기 살던 거북이 이겼음은 물론이다. 그때의 거북이 죽어 바위로 변했으니 거북바위가 바로 그것이라한다. 옛날 이곳을 범한 거북을 물리쳤듯 바위가 된 거북은 오늘도 이곳을 지키는 지킴이 구실에 어김이 없다는 얘기다.

시내 건너 바위 언덕에 선 정자가 요수정이다. 요수 선생이 처음 세웠던 정자는 임진왜란 때 불타버렸고, 1805년에 다시 만든 것이 지금의 정자다. 정자의 볼품이야 대단할 게 없지만 옛 주인의 마음이 담긴 주련(柱聯)은 가볍게 음미함 직하다.

숲과 물이 함께라면 늙기도 수월할 터	林泉甘老地
작은 정자 그런대로 맑고 그윽해	小檻卜清幽
골짜기에 내리는 학 신선의 자취	洞鶴留仙跡
시름 달래기엔 거북바위가 안성맞춤	巖龜送客愁
이곳에 노닐며 자신에 만족할 뿐	登臨惟自適
헛된 이름을 좇지 않으리.	聞達不須求
풀 베는 아이, 고기잡는 늙은이 벗삼아	時看漁樵伴
이따금 푸른 물에 발을 담그네.	相尋碧澗頭

요수 선생이 죽은 뒤 그가 제자들을 가르치던 재실은 서원이 되었다. 구연서원(龜淵書院)이다. 그 문루(門樓)인 관수루(觀水樓)가 볼 만하다. 앞면 3칸 옆면 2칸의 이층 누각 겹처마 팔작지붕 건물이다. 왼편으로 덩그렇게 놓인 크고 펑퍼짐한 바위를 적절히 이용하면서 천연스러움을 한껏 살렸다. 덤벙주초 위에 놓인 누하주(樓下柱)는 굽으면 굽은 대로 그저 껍질만 대충 벗긴 나무들을 그대로 썼다. 특히 안쪽 것들이 그렇다. 그리 크지 않은 집인데도 네 귀퉁이마다 추녀를 받치는 활주(活柱)를 세웠다. 왼편의 둘은 바위 위에 맞춤한 구멍을 뚫어 짧은 돌기둥을 박은 뒤 그 위에 올렸고, 다른 둘은 외벌대 기단 위에 길숨한 돌기둥을 마련한 다음 나머지를 나무로 이었다. 조금 되바라진 느낌이 있긴 하나 좌우로 뻗쳐올라간 처마선이 시원스럽고, 무엇보다 듬직한 바위와 어우러진 모습이 천연덕스럽다.

관수루를 찾을 때 반드시 생각해볼 인물이 있다. 공재 윤두서(恭齋 尹斗緒, 1668~1715)와 함께 우리 회화사의 가장 빛나는 한 시기의 실마리를 풀어간 문인화가 관아재 조영석(觀我齋 趙榮祏, 1686~1761)이다. 광해군과 세조, 그리고 숙종의 어진(御眞)을 새로 그릴 때 영조 임금이 그의 그림 솜씨를 높이 사 그때마다 그림 그리기를 명했으나 하찮은 기예로써 임금을 섬기는 것은 사대부가 할 일이 아니라며 끝내 붓

황산마을
마을 뒤편 언덕에서 내려다본 전경으로 거창 신씨들의 씨족마을이다.

잡기를 거부했다는 유명한 일화를 남긴 바로 그 사람이다. 관수루는 조영석이 안음(현재 함양군 안의) 현감으로 있던 1740년에 지은 누각이다. 그때 그는 고을의 수령으로서 누각의 이름을 '관수루' 라 명명함과 동시에 「관수부기」를 시어 일의 내력을 밝혔다. 관수루 다락에 오르면 지금도 그의 글과 시를 볼 수 있다.

수승대에서 찻길을 건너 마을길을 따라가면 황산마을에 이른다. 거창 신씨들의 씨족마을이다. 마을 뒤편의 야트막한 동산에 오르면 마을 전체를 한눈에 조망할 수 있다. 한복판을 흘러내리는 개울이 마을을 둘로 나누고 있는데, 서쪽을 '큰땀' 이라 부르고 건너편을 '동녘' 이라 이른다. 지금은 많이 달라졌지만 큰땀에는 양반네들이 주로 살고 동녘에는 소작인이나 노비들이 살림을 꾸렸었다 한다. 그래 그런지 지금도 큰땀에는 기와집이 꽤 여러 채 남아 있는 반면 동녘에는 초가집이 바뀐 '신식집' 들이 대부분이다.

마을에서 가장 번듯한 집이 솟을대문에 '猿鶴古家' (원학고가)라는 편액을 단 신도성 씨 댁으로, 주인은 요수 선생의 12대손이 된다. 1925년에 지은 집인데 근대적인 합리성과 기능성을 살린 한옥으로 평가받는다. 그밖에도 골목들을 찬찬히 누비고 다니면 '수부귀·다남자·만복래·황금출' 따위 누구나 바라는 소망을 아주 노골적으로 드러낸 글귀를 비롯하여 갖가지 무늬가 놓인 망와를 구경하는 재미가 쏠쏠하다.

농산리 석조여래입상

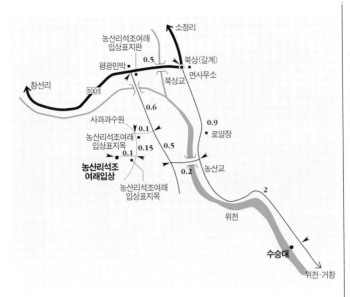

거창군 북상면 농산리에 있다. 수승대 국민관광지 앞에서 북상으로 계속 난 길을 따라 2km 가면 길 왼쪽으로 농산교가 나온다. 농산교로 난 길을 따라 200m 정도 가면 길이 두 갈래로 나뉘는데 이곳에서 오른쪽 북상 방면으로 난 농로를 따라 500m쯤 더 가면 왼쪽으로 비포장농로가 나온다. 비포장농로를 따라 100m쯤 가면 길 왼쪽으로 농산리 석조여래입상을 알리는 표지목이 서 있고 또 다시 길이 두 갈래로 나뉜다. 오른쪽 길은 사과 과수원으로 가는 길이고, 왼쪽 길은 농산리 석조여래입상으로 가는 길인데, 왼쪽 길을 따라 150m쯤 가면 길 오른쪽에 농산리 석조여래입상 표지목과 함께 산길이 나온다. 산길을 따라 100m 정도 가면 농산리 석조여래입상이 나온다. 승용차는 사과 과수원 입구 한편에 주차할 수 있다. 대형버스는 농산교 한편에 주차하고 걸어가는 것이 좋다. 위천에서 북상면으로 가는 도중에는 간간이 숙식할 곳이 나온다. 거창 읍내 대동시장 앞 대동 버스정류장에서 북상 면소재지인 갈계리로는 북상행 버스가 30분에서 1시간 간격으로 하루 25회 다니는데 갈계리에서 내려 걸어가면 된다.

외진 시골길을 가다가 우연히, 정말 우연히 이목구비 반듯하고 몸매 늘 씬한 도시형 미인과 마주친다면 어떨까? 어쩌면 그런 상황과 비슷하게 예기치 않은 곳에서 기분 좋게 만날 수 있는 불상이 농산리 석조여래입상이다. 불상은, 마을사람들이 일러주는 대로 절골을 찾아들면 절의 자취는 흔적도 없는 야산 자락, 아직 덜 자란 소나무들 사이에 한 그루 나무처럼 말없이 서서, 보일락말락 희미한 미소로 차별 없이 사람을 반긴다.

전체가 두 덩어리 돌로 이루어졌다. 불상과 광배가 한 덩어리, 대좌가 또 한 덩어리. 대좌는 평퍼짐한 돌을 다듬지도 않은 채 두 발만 나란히 새기고 그 뒤로 얇고 긴 홈을 파서 불상을 세울 수 있도록 했다. 불상과 광배는 통돌을 깎았으므로 함께 붙어 있으나 불상의 새김이 환조에 가깝도록 높아 얼핏 보면 서로 분리된 것처럼 보인다. 불상의 오른쪽 어깨 뒤로 광배가 깨져나간 것 말고는 크게 손상된 곳이 없다. 그러나 석질이 썩 치밀하지 않은지 풍화가 상당히 진행되어 광배의 불꽃무늬 따위 미세한 부분은 알아보기 어렵다.

농산리 석조여래입상은 그 얼굴이 맑고 복스럽다. 그린 듯 길게 돌아

농산리 석조여래입상
석질이 그리 좋지 않아 풍화가 많이 진행
되었지만 온몸에 양감이 뚜렷하고 균형잡
힌 비례로 조각이 매우 우수한 불상이다.

농산리 석조여래입상이 있는
북상면의 면사무소 앞에서 함양의 서상면
으로 난 1001번 지방도로를 따라 14km
쯤 가면 월성리 황점마을에 닿는다. 이 마
을 앞으로는 황강의 발원지이기도 한 월
성천이 흐르는데, 거창의 소금강이라
불릴 정도로 때묻지 않은 아름다운 계곡
으로 수승대와 함께 찾아볼 만한 곳이다.

간 눈썹 아래 잠긴 두 눈은, "부처님!" 하는 소리에 슬몃 뜬다면 어지간
히 커서 시원스러웠으리라. 흔히 그렇듯 코끝은 떨어져나갔으나 그게 좋
은 인상을 바꿀 정도는 아니어서 다행이다. 가볍게 다문 입은 입술이 아

주 자연스러워 입매가 무척 곱다. 특히 살이 올라 통통한 두 볼을 살짝 파고든 입귀는 볼우물을 판 듯 예쁜데, 여기에 이 불상의 매력인 알듯 말듯한 미소가 가득 맺혔다.

　법의자락 안으로 몸매가 훤히 드러난다. 어깨는 강건하되 부드럽고, 허리가 잘록한 윗몸은 조금 짧은 반면 다리는 미끈하여 젊음이 느껴진다. 두 어깨를 감싼 통견의 법의자락은 가슴에서 여러 개의 U자형 주름을 만들며 흘러내리다가 두 다리 위에서는 길다란 동심타원형 무늬를 그린다. 이런 옷주름은 통일신라시대 불상에서 자주 볼 수 있는 것으로, 유명한 감산사터 석조아미타불입상(국보 제82호, 국립중앙박물관 소재) 계열에 든다. 온몸에 양감이 뚜렷하고 균형잡힌 비례에 형식화되지 않은 법의의 옷주름 따위도 통일신라 후기 조각양식을 반영하고 있다. 불상의 높이는 2.62m이다.

　미장부(美丈夫) —— 안팎으로 젊고 잘생긴 사나이, 이 말이 아주 그럴 듯하게 어울리는 불상이 농산리 석조여래입상이다. 젊은 처자가 이 불상을 보고 설레지 않는다면 자신의 심사가 벌써 후줄근하게 풀려버린 것은 아닌지 한번쯤 의심해봐야 하리라. 비록 조각적 우수함과는 상관없이 경상남도 유형문화재 제36호로 낮은 대접을 받고 있지만 거창지역에서 가장 완성도 높은 불상일 것이다.

농산리 석조여래입상 상호
맑고 복스러운 얼굴에 알듯 말듯한 미소가 가득 맺혔다.

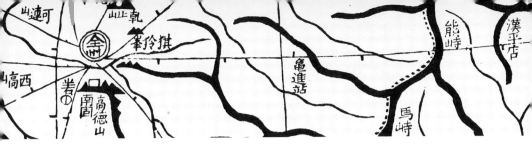

제2부 전주·완주와 진안·장수·무주

온다라를 넘어 백제의 시간으로

전주·완주

진안·장수·무주

2 전주·완주와 진안·장수·무주

사람들은 전주, 하면 무얼 떠올릴까? 전주의 상징 건지산, 시민들의 사랑을 받는 기린봉, 견훤이 쌓았다는 남고산성, 정몽주의 시가 새겨진 만경대, 갑오농민전쟁의 공방전이 벌어졌던 완산칠봉, 임진왜란의 싸움터로서 피로 얼룩진 전마(戰馬)를 씻었다는 세마천(말 씻내), 1380년 이성계가 황산(荒山)에서 왜구를 토벌하고 귀환하다가 연회를 베풀었다는 오목대와 이목대, 전주 이씨 시조의 위판을 모셨다는 조경묘, 풍남동과 교동 일대에 기와집이 즐비하게 늘어선 한옥보존지구 따위를 줄줄이 꿰는 이가 있을 법하다. 그럴 듯한 산수화 한 폭 담긴 합죽선이나 삼태극 선명하게 돌아가는 태극선, 좋은 물에 모시발보다 고운 대발로 떠낸 한지, 명인명창의 요람 대사습놀이, 덕진연못에 장관으로 피어나는 연꽃 등을 연상하는 분도 없잖아 있으리라. 아니면 기린토월(麒麟吐月: 기린봉 위로 떠오르는 달)·한벽청연(寒碧晴煙: 한벽루에서 보는 실안개 드리운 남대천 경치)·남고모종(南固暮鐘: 남고사에서 울려오는 저녁 종소리)…… 하고 전주팔경을 헤아리며, 버들잎을 꿰뚫는다는 상징적 이름을 지닌 천양정(穿楊亭) 활터에서 이따금 정적을 깨트리며 따악, 딱 들려오는 화살이 과녁에 맞는 소리나, 저녁 햇살 받으며 만경강을 거슬러 오르는 돛단배 무리를 그리시는 나이 지긋한 어르신들이 있을지도 모르겠다. 그도저도 아니라면 남대천 맑은 물 밑의 속살 같은 모래 속에서 건져올린 모래무지로 요리한 오모가리탕, 양지머리 푹 고아 만든 육수로 지은 고슬고슬한 밥에 콩나물·쇠고기육회·고추장·참기름을 넣고 철따라 갖가지 양념과 고명을 섞어 놋숟가락으로 썩썩 비빈 다음 황포묵 얹어 내놓는 비빔밥, 새우젓으로 간을 본 콩나물국밥에 곁들여 마시는 뜨끈한 모주 한 사발을 생각하는 사람이 있겠고, 아예 파라시(八月枾)·열무·서초(西草)·애호박……을 꼽아가며 전주십미(全州十味)를 웅얼거리는 사람도 있겠다.

그렇다. 지금은 비록 아예 사라지고 없거나 희미하게 잔영처럼 남은 것도 많지만

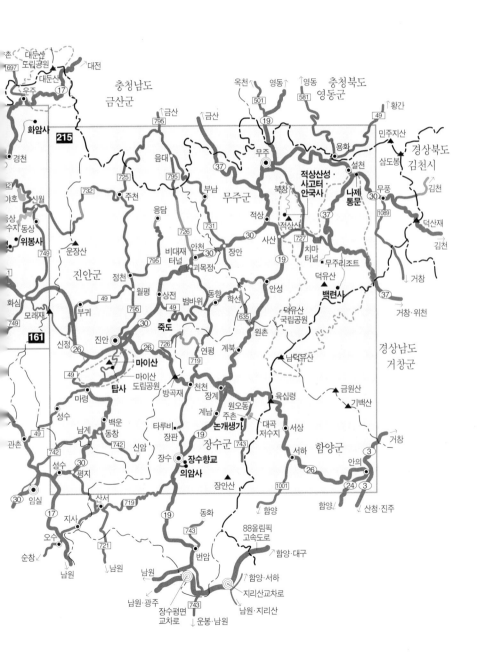

맛깔스런 절집으론 몇 손가락 안에 들 화암사나, 산자락 끝난 벌판에 널찍하고 평평하게 자리잡은
송광사는 절 자체, 혹은 건물 하나하나도 나름대로의 미덕을 보여주면서
아울러 우리를 먼 백제의 시간으로 초대하는 절이다.

이들 모두가 한때는 예향(藝鄕) 전주, 전통과 문화의 도시 전주에 윤기를 돌게 하
던 아름다운 이름들이다. 그리고 그것이 가능했던 것은 전주가 조선왕실의 관향(貫
鄕)으로서, 조선조 오백 년 동안 감영이 자리한 전라도의 수부(首府)로서 행세해
왔다는 사실에서 말미암는다. 그 아니더면 태조의 어진과 그것을 안치하기 위한 경
기전이 굳이 이곳 전주에 있어야 할 이유가 없고, 전주성의 남문에 '풍남문'이란 이
름이 붙었을 리가 없으며, 반쪽만 남은 전주객사가 그처럼 위풍이 당당할 까닭을 찾
기 어려울 것이다. 이렇게 우리가 전주에서 만나는 유형, 무형의 문화유산에는 조
선왕실의 그림자가 짙게 드리워져 있는 것이다.

　전주를 외곽에서 감싸고 있는 완주는 예전 같으면 온전히 전주의 일부여서 따로
이 나누어 부를 일이 없었다. 하지만 지척이 천 리라고, 두 곳에 남은 유물·유적을
놓고 보면 차이가 없는 것도 아니다. 전주가 조선조 오백 년을 지내면서 그 이선의
전통을 깨끗이 벗어버리고 조선의 전주가 되었다면, 완주는 아직도 조선 이전 훨씬
먼 시절의 소식을 면면히 보여주고 있는 것이다. 맛깔스런 절집으론 몇 손가락 안에
들 화암사나, 산자락 끝난 벌판에 널찍하고 평평하게 자리잡은 송광사는 절 자체, 혹
은 건물 하나하나도 나름대로의 미덕을 보여주면서 아울러 우리를 먼 백제의 시간
으로 초대하는 절이다.

　전주·완주를 벗어나 동쪽으로 길을 잡으면 이내 가풀막진 오르막이 시작되고, 한
번 올라선 고갯길은 잠시 낮아지는 듯하다가 다시는 내려갈 줄 모르고 앞으로만 이
어진다. 진안고원이 시작된 것이다. 그 고원의 중심으로 점점 다가서는 진안고을 초
입, 거기서 우리는 말의 귀처럼 두 봉우리를 쫑긋 세운 산 하나를 만난다. 마이산이
다. 전체가 그대로 거대한 역암덩어리인 이 산은 1억 년의 세월이 빚은 자연의 불가
사의이고, 그 안에 숨어 있는 탑사의 돌탑들은 한 인간의 의지가 이룩한 인조의 신
비이다.

　진안을 지난 길은 무주로, 장수로 갈려나간다. 길은 비록 갈려지만 어느 길을 잡
아도 이제는 창자 속같이 이리저리 휘도는 길이 자꾸만 산 속으로 빨려들기는 마찬
가지다. 그래서 그 길이 가닿는 곳이라면 어디를 막론하고 산이 아니면 들어설 수 없
는 삶의 자취들을 만나게 된다. 이를테면 무주의 적상산성과 그 안에 남은 사고터·안

국사도 그렇거니와, 구천동 긴 골짜기의 입새에 있는 나제통문이나 반대로 가장 깊숙한 곳에 자리한 백련사도 그런 범주에 넣을 수 있을 것이다.

그런데 장수는 같은 산악지역이면서도 좀 다른 문화를 보여준다. 한때 이 심심산골의 자제들에게 유교 이념을 심어주기에 여념이 없었을 장수향교 대성전을 보면서 산보다는 도회와의 친연성을 더 많이 느끼게 된다든지, 매운 향기로 꽃다웠던 논개를 기리는 의암사나 논개 생가를 들여다보면서 충절이니 효도 따위 지배층에 의해 사회통제의 수단으로 활용되었던 이념들을 생각하게 되는 것이 비단 혼자만은 아닐 듯하다. 아무튼 무주는 무주대로, 진안은 진안대로, 또 장수는 장수대로 저만이 지닌 속내를 펼쳐보이기는 나라 안 여느 고장과 조금도 다름이 없다.

코스 4 전주·완주

풍패향의 전통, 백제의 정신

전라북도의 한가운데 자리잡고 있는 도청 소재지 전주는 멀리 삼한시대에는 마한 땅이었다. 삼국시대에는 백제땅이 되어 완산이라 불렸으며 신라가 삼국을 통일한 뒤에 비로소 전주라는 이름을 갖게 되었다. 고려시대에는 안남, 전주, 완산 따위로 번갈아 불리다가 조선 태종 3년에 다시 전주로 이름이 굳어져 오늘에 이른다.

역사 속의 전주라면 누구나 얼른 후백제의 도읍지였다는 점과 조선시대에는 왕조를 창업한 이성계의 관향으로서 제주도를 포함한 곡창 호남을 다스리는 전라도의 수부였다는 사실을 떠올릴 것이다. 그런데 이 두 가지 역사적 사실이 우리에게 다가오는 농도는 사뭇 다르다. 전자가 희미한 잔영으로 남았다면 후자는 제법 뚜렷한 실감을 불러일으킨다. 그도 그럴 것이 견훤이 이곳에 도읍한 것은 기간도 짧았고 그때로부터 세월도 많이 흘렀을 뿐 아니라, 무엇보다 그는 패자였던 관계로 남고산성 정도를 빼면 이 중요한 역사를 증명해주는 자취가 남은 게 별반 없어 떠도는 이야기 속에서나 그런 사실을 확인해야 하는 것이다. 반면, 풍패향으로서의 전주, 전라감영이 있던 전주는 우리와 시간이 잇닿아 있기도 하거니와 그 지위를 누린 기간 또한 길어 상대적으로 많은 유형, 무형의 문화유산들이 온존하고 있는 까닭에 좀더 가시적인 모습으로 다가서는 것이다.

전주시의 중심을 이루는 중앙동, 풍남동, 전동 등에는 유서 깊은 문화유산이 적잖다. 전북도청을 가운데 두고 풍남문, 전주객사, 경기전 등이 천천히 걸어서 돌아볼 만한 거리에 띄엄띄엄 자리잡고 있다. 모두가 왕실의 발상지, 호남의 심장부였던 전주를 대변하는 유산들이다. 전주성의 남문이었던 풍남문은 예나 이제나 전주의 얼굴로 손색이 없고, 전주객사는 비록 주관과 동·서 익헌, 그리고 수직사만 남았지만 예전 전라감영 객사의 당당한 모습을 상상하기에 넉넉하며, 경기전과 그 안에 보존된 태조의 어진은 이곳이 조선왕조를 연 이씨들의 근거지였음을 거듭 상기시킨다.

전주를 감싸고 있는 완주 또한 전주와 더불어 같은 역사의 길을 걸어왔다. 따라서 완주는 전주와 따로 떼어서 생각하기 어렵다. 한 예로 완주의 위봉산성은 비상시 이성계의 어진을 봉안하기 위해 만든 성이고 그 안에 있는 위봉사는 한때 위봉

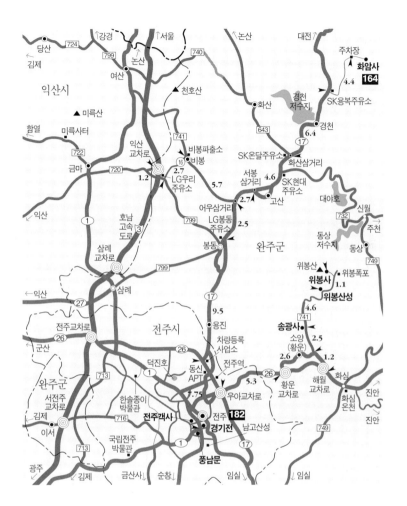

화암사
경기전과 태조 어진
풍남문
전주객사
송광사
위봉산성과 위봉사

전라북도의 중심 도시인 전주와 이를 감싸고 있는 완주의 교통은 매우 편리하다. 호남고속도로가 전주의 서쪽을 지나며 1, 17, 26번 국도가 전주 시가지를 중심으로 방사선으로 뻗어 완주의 여러 곳을 거쳐 익산·금산·진안·임실·김제·군산 등지로 연결된다. 그밖에 여러 지방도로와 시·군도로 또한 국도 못지않게 전주·완주를 감싸고 있는 여러 시·군으로 뻗어 있다.

전주로는 서울을 비롯해 부산·대구·인천·광주·대전·원주·수원·천안·금산·청주·청원·함양·여수·영광·진안·무주·장수·익산·정읍·김제 등 전국 각지에서 고속버스와 시외버스가 다닌다. 전라선의 모든 열차도 전주역을 거쳐간다. 전주와 완주 곳곳에는 숙식할 곳이 많이 있다.

이 책에서는 호남고속도로 익산교차로에서 출발해 완주 화암사를 거쳐 전주 시내의 여러 곳을 돌아본 후 다시 완주 송광사와 위봉사를 찾아가는 동선으로 꾸몄다.

화암사 극락전

전주·완주는 희미한 대로 옛 백제의 잔상이 일렁이는 곳으로,
우리들로 하여금 백제 문화의 실체는 과연 무엇인지를
조용히 자문하게 만드는 곳이라 하겠다.

산성을 지키는 구실을 담당했으니, 완주가 전주의 강력한 자장 속에 수렴되고 있음을 금세 알 수 있다. 그런 가운데서도 고풍한 건축 수법이 돋보이는 위봉사의 보광명전이나 그 안쪽에 후불벽화로 그려진 백의관음보살입상의 맑은 분위기는 조선시대 전주와 완주의 문화가 단일한 빛깔로 채색되지만은 않았음을 보여주는 좋은 본보기가 된다.

그러나 완주든 전주든 시대를 거슬러 오르면 모두 옛 백제의 땅, 때문에 이곳에 전하는 문화유산은 옛 백제지역에 남은 탑들에서 보듯 통일신라, 고려, 조선을 거쳐 오늘에 이르고 있음에도 불구하고 어딘가 백제의 그림자를 숨기고 있는 경우가 허다하다. 완주의 화암사와 송광사의 경우도 그러한 예가 될 것이다. 백세계 사찰의 특징 가운데 하나로 그 평지성을 꼽는데, 비록 조선시대에 창건되었으며 애초의 모습을 대부분 상실하고 있음에도 불구하고 송광사에서 그러한 면모의 일단을 확인할 수 있다. 이 점은 산 속 깊이 자리잡은 화암사도 크게 다르지 않다. 화암사는 전형적인 산지가람의 입지를 지니고 있다. 그러면서도 평지성을 지향하고 있음이 이 절에 들어서면 한눈에 들어온다. 뿐만 아니라 이곳에는 건축 구조에서 백제계 양식으로 분류되는 하앙구조가 국내 유일하게 현전하고 있으니 이래저래 우리를 먼 백제의 시간 속으로 빠져들게 하는 곳이다. 말하자면 전주·완주는 희미한 대로 옛 백제의 잔상이 일렁이는 곳으로, 우리들로 하여금 백제 문화의 실체는 과연 무엇인지를 조용히 자문하게 만드는 곳이라 하겠다.

화암사(花巖寺)

담암 백문절(淡巖 白文節)

첩첩한 뫼 틈서리로 놀란 여울 치달아
몇 리를 찾아드니 갈수록 골은 깊고
소나무 잣나무 하늘에 닿고 댕댕이덩굴 늘어서
이끼 앉은 백 겹 돌층계 발 딛기 어려웨라.
말 내려 걷자 하니 발길이 무거운데
골 위에 걸린 외나무다리는 마른 삭정이
이따금 울리는 종소리 골짜기에 느직하고
구름 끝엔 지붕마루 보일 듯 말 듯
……

亂山罅口驚湍馳　偶尋數里漸幽奇
松檜參天藤蘿垂　百疊蘚磴滑難依
舍馬而徒脚力疲　通蹊略彴枯槎枝
疎鐘一杵出谷遲　雲端有無屋脊微
……

화암사

완주군 경천면 가천리에 있다. 호남고속도로 익산교차로에서 봉동·전주로 난 799번 지방도로를 따라 1.2km 가면 길 왼쪽에 LG우리주유소와 함께 비봉으로 난 16번 군도로가 나온다. 16번 군도로를 따라 2.7km 가면 길 앞에 비봉파출소가 있는 삼거리가 나오고 비봉파출소 앞 삼거리에서 오른쪽으로 난 741번 지방도로를 따라 5.7km 가면 길 왼쪽에 비봉삼거리 버스정류장이 있는 어우삼거리에 닿는다. 어우삼거리에서 왼쪽 운주·대둔산 방면으로 난 17번 국도를 따라 13.7km 가면 길 오른쪽에 SK용복주유소가 있는 사거리에 이르고, SK용복주유소 앞 사거리에서 오른쪽으로 난 마을길을 따라 0.9km 가면 길 오른쪽 앞에 영화산장 표지판이 있는 구재마을 앞 사거리에 닿는다. 구재마을 앞 사거리에서 다시 왼쪽으로 난 마을길을 따라 3.5km 가면 화암사 주차장에 이른다. 화암사 주차장에서 화암사까지는 산길을 따라 약 15분쯤 걸어가야 한다. 화암사 주차장까지는 대형버스도 갈 수 있으나 구재마을에서 화암사 주차장까지 가는 길이 좁으므로 주의해야 한다. 화암사 주변에는 숙식할 곳이 없다.
전주에서 화암사까지 직접 가는 버스는 없다. 고산에서 화암사까지 버스가 하루 4회(고산 버스터미널—화암사 종점 9:15, 10:45, 14:20, 19:40) 다닌다. 고산에서 경천·운행 버스를 타고가다 경천에서 내려 택시를 이용하거나 용복승강장에서 내려 걸어갈 수도 있다. 전주역 앞에서 고산까지는 35-1, 35-2, 300번 시내버스가 약 20분 간격으로 다닌다.

산골의 가을은 왜 이리 고적할까? 앞뒤 울타리에서 부수수 하고 떨잎은 진다. 바로 그것이 귀 밑에서 들리는 듯 나직나직 속삭인다. 더욱 몹쓸 건 물소리, 골을 휘돌아 맑은 샘은 흘러내리고 야릇하게도 음률을 읊는다.

퐁! 퐁! 퐁! 쪼록 퐁!

—김유정의
「산골나그네」에서

누구나 한번쯤 이런 이미지의 고적한 산사를 꿈꾸어보지 않았을까? 세연(世緣)에 달뜬 부화하고 경박한 절이 아니라 외로움이 깊어 무거운 적막감으로 가라앉는 그런 절, 닿는 길조차 희미해 차라리 비현실적인 실루엣으로나 그려지는 그런 절. 모르긴 해도 화암사 정도가 지금까지 남은 옛 절 가운데 그에 가장 근사치로 다가선 절이 아닐는지……

화암사 가는 길은 절 밑 혹은 절 앞이면 악착스레 따라붙게 마련인 식당가, 기념품점 따위 상가는 두고라도 구멍가게 하나 없는 말간 길이다. 논과 밭 사이사이 농가들이 띄엄띄엄 한적하게 섰다. 그 사이를 헤집으며 한 줄기 시멘트 포장도로가 차츰 깊은 산 속으로 빨려든다. 그뿐이다. 그래서 심심하고, 그래서 좋다.

그 심상한 길이 크게 휘어져 가닿는 산 속 빈터. 여기에선 누구라도 무장을 해제해야 한다. 이제부터는 모든 이가 오로지 자신의 두 발에 의지하여 남은 길을 올라야 한다. 주인격인 절의 스님들도 예외일 수 없으며, 좋은 차를 타고온 사람이라도 소용없다. 남녀와 노유도 이 길 앞에서는 동등할 뿐이다. 더 이상은 찻길이 없기 때문이다. 여기서부터 절까지 이어지는 길은 말하자면 '평등의 길'이다.

절은 고산현(高山縣) 북쪽 불명산(佛明山) 속에 있다. 골짜기가 그 윽하고 깊숙하며 봉우리들은 비스듬히 잇닿아 있으니, 사방을 둘러보아 도 길이 없어 사람은 물론 소나 말의 발길도 끊어진 지 오래다. 비록 나 무하는 아이, 사냥하는 사나이라 할지라도 이르기 어렵다. 골짜기 어귀 에 바위벼랑이 있는데 높이가 수십 길에 이른다. 골골의 계곡물이 흘러 내려 여기에 이르면 폭포를 이룬다. 그 바위벼랑의 허리를 감고 가느다 란 길이 나 있으니 폭은 겨우 한 자 남짓이다. 이 벼랑을 부여잡고 올라 야 비로소 절에 닿는다. (절이 들어선) 골짜기는 넉넉하여 만 마리 말을 감출 만하며, 바위는 기이하고 나무는 해묵어 늠름하다. 고요하되 깊은 성처럼 잠겨 있으니 참으로 하늘이 만들고 땅이 감추어둔 복된 곳이다.

화암사 입구
화암사에 이르는 길은 옛길 그대로이다. 오르내리는 사람들은 좁은 바위골짜기와 벼랑을 지나야 절에 닿을 수 있다.

15세기에 씌어진 「화암사중창기」(花巖寺重創記)에 묘사된 길과 절 의 모습이다. 시절이 하 수상하여 요즘에는 산천조차 날로 달라지고 달 로 바뀌는 게 예사지만 화암사 가는 길은 옛모습 그대로다. 오르내리는 사람이 간신히 몸을 비켜설 만큼 점점 좁아드는 바위골짜기, 그 흔한 중 장비조차 접근을 허용치 않는 천혜의 자연조건 때문에 반천년 전 사람 들이 걷던 길을 고스란히 우리가 걸을 수 있는 것이다.

예와 달라진 게 없는 건 아니다. 물이 느는 계절에는 폭포로 변하는 '수십 길 바위벼랑'이 통행에 너무나 힘이 들었던지 1983년에 그 위로 철제 계단을 놓았다. 영혼을 팔아 편리를 산 셈이라고나 할까. 두 발을 재겨디디며 이따금 손까지 동원해야 오를 수 있는 옛길을 택하든 아니 면 차갑고 무표정한 철제 계단을 택하든 그 끝에서 우리는 하나로 만난 다. 그리고 천천히 숨을 고르며 다시 한 구비를 돌면 거기 작은 성(城) 처럼 화암사가 있다.

화암사에는 문이 없다. 옛 절이라면 어느 절에나 있게 마련인 일주문 이 여기에는 없다. 사천왕문, 금강문, 해탈문, 불이문……, 그 어떤 문 도 없다. 이런저런 문을 세울 여백도 마땅치 않았겠지만, 그보다는 진 입 공간이 충분히 드라마틱하여 굳이 문들을 만들어야 할 이유도 없었 으리라. 그래 그런지 당연히 있어야 할 것이 없는데도 하나도 이상치 않 다. 굳이 인공적 장치가 아니라도 우리는 그저 옛길이 인도하는 대로 걸

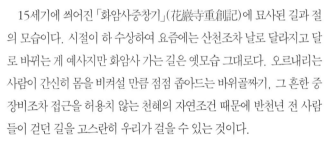

어우삼거리에서 화암사로 가 는 17번 지방도로를 따라 약 4km 가면 길 오른쪽에 SK 현대주유소가 있는 삼기 삼거리에 닿는다. 삼기삼거리에서 오른 쪽 동상으로 난 732번 지방도로를 따라 약 5km 가면 길 오른쪽에 신당교가 나 오고, 신당교를 건너 약 4km 가면 고산 자연휴양림(T.063-263-8680)이 나온 다. 고산자연휴양림은 울창한 숲과 함께 철쭉꽃 등 각종 야생화가 자랑이며 통나 무집 시설도 우수해 이 지역을 찾을 때 묵 어갈 만하다.
또, 화암사가는 길에 나오는 경천저수지 밑에는 경천횟집(T.063-261-8407)이 있는데 경천저수지에서 잡은 각종 민물고 기로 맛있는 매운탕을 끓여낸다.

화암사 전경
우화루와 극락전 등 크고 작은 건물들이
모여 조용하면서도 깊이 있는 공간을 만
들어낸다.

으면서 자연스레 '절로 가는 마음'을 추스를 수 있는 차원 높은 구조가
거기에 숨어 있는 것이다. 과정이 생략된 채 단숨에 중심에 다가서는 그
런 구조이지만, 실은 아무것도 생략된 것이 없는 미묘한 진입부를 화암
사는 보여준다.

문 하나 통과하지 않고 중심까지 육박이 가능하다고 해서 화암사가 녹
록하게 속내를 드러내는 절은 아니다. 도리어 그 반대, 8백여 평 대지
위에 여덟 채의 건물이 머리를 맞대고 옹기종기 모여 있는 작은 절이지
만 단단한 짜임새, 견고한 외양으로 내부를 감춘 채 길손의 발길을 잠시
멈추게 한다.

대체로 절집 누각 건물은 개방적이다. 누각 아래는 기둥만을 세운 다
음 가운데 칸을 안마당으로 오르는 계단과 연계하여 통로로 사용하는 게
보편적이다. 위층의 경우에도 벽체 없이 기둥만을 둘러 내부 공간을 시
원스럽게 틔워둔다. 아니면 벽체를 만들더라도 흙벽에 비해 차단성이 덜
한 널벽을 세우고, 그마저도 널찍한 문얼굴이 대부분을 차지하도록 한
다. 여기에 칸칸이 문을 달되 주로 들어열개를 설치하여 자연과의 소통
을 극대화시킨다. 요컨대 우리네 전통건축의 기본 특성이기도 한 두드

화암사 배치평면도

극락전
철영재
불명암
산신각
적묵당
우화루
명부전
문간채

러진 공간환원성이 절집 누각에서도 어김없이 드러난다.

　　화암사의 경우는 좀 다르다. 산문이 하나도 없는 화암사에서 우리가 가장 먼저 대면하게 되는 건물이 누각인 우화루(雨花樓)이다. '꽃비 흩날리는 누각'이라는 멋진 이름을 가진 이 건물은 보통의 누각처럼 개방성이 두드러지지 않는다. 아래층은 앞쪽에만 한 줄로 기둥을 세웠다. 그리고 중간 또는 뒷줄의 기둥이 서야 할 자리에는 막돌을 차곡차곡 맞물려 축대를 쌓았다. 따라서 누각 아래는 전체가 벽처럼 막혀버린 구조로 산지가람에서 흔히 채택하는 누하진입(樓下進入)은 아예 생각할 수도 없다. 위층도 앞면은 널벽을 시설하고 칸마다 바라지창을 달았지만, 창의 크기가 집의 규모에 비해 작은 편이다. 그나마 창마저 널문이라서 창이 닫힌 상태에서는 오히려 폐쇄적인 느낌이 강하다.

　　우화루 아래서 시작된 축대는 꺾어지고 이어지면서 좌우로 펼쳐진다. 오른쪽 축대는 얼마 안 가 산자락에 파묻히면서 끝이 나고 왼쪽의 그것은 커다란 암반에 이어지면서 다한다. 여기에 왼쪽 축대 위로는 돌각담이 나란히 달리다가 암반 위로 구불구불 이어지면서 절 뒤편까지 계속된다. 그리고 그 돌담 너머로는 건물의 지붕들만이 떠보여 자못 깊이감을 자아낸다.

화암사로 가는 길 입구에 나오는 SK용복주유소 앞에서 금산으로 계속 이어진 17번 국도를 따라 약 20km 가면 대둔산 입구에 닿는다. 대둔산(878m)은 호남의 5대 명산 중 하나로, 그리 높지는 않지만 웅장하면서 수려한 산세를 자랑한다. 특히 낙조대에서 바라보는 일몰은 일품으로 알려져 있다. 주차장→매표소→동심바위→금강 구름다리→약수터→정상까지는 왕복 3시간 정도 걸리며 (낙조대까지는 왕복 4시간) 케이블카를 이용해 올라갈 수도 있다. 대둔산 입구에는 호텔·여관·민박 등 다양한 숙박시설과 음식점이 있다.
대둔산 도립공원 관리사무소 T.063-263-2148
입장료 및 주차료
어른 1,300(1,200)·군인과 청소년 850(500)·어린이 450(300)원, ( )는 30인 이상 단체
승용차 2,000·대형버스 3,000원
케이블카 사용료
어른 5,500(3,000)·어린이 3,500(2,000), ( )는 편도 이용료
전주 시외버스터미널에서 대둔산행 직행 버스가 하루 7회 다닌다.

이렇게 화암사의 외관은 앞, 옆, 뒷면까지 전개되는 돌축대와 돌각담이 절이 올라앉은 거대한 암반과 어우러지며 산성의 축소판을 연상케 하고, 따라서 누각 또한 자체의 비개방성이 더해지면서 마치 성의 문루처럼 보이기조차 한다. 그리고 돌이 주는 단단한 느낌, 돌담 너머로 음영(陰影) 드리운 듯 깊게 잠긴 건물들. 화암사를 '작은 성'에 비유한 소이가 여기에 있다.

'작은 성' 화암사는 안마당으로 들어서는 절차도 다소 특이하다. 누각 아래 길이 없으니 당연히 다른 데로 돌아가야 한다. 우화루 왼쪽으로 돌계단이 놓였고 그 위에 문간채가 있다. 문간채는 민가의 그것과 꼭 닮은 3칸 一자집이다. 3칸 가운데 왼편 두 칸은 방이고 제일 오른쪽 한 칸을 '대문'으로 쓴다. 절집에 문간채가 있는 것도 새롭거니와 하필 가운데 아닌 옆칸을 문으로 활용하는 것도 새삼스럽다. 절집에 흔치 않은 문간채가 들어선 연유가 필시 있으련만 지금으로선 별로 밝혀진 게 없다.

대문은 문턱이 아래로 휘우듬히 휘어졌고 문미(門楣)는 반대로 위로 부드럽게 굽었다. 딱딱하여 눈에 거슬리는 모양새가 아니라 본래 그래야 하는 듯 자연스럽다. 애초부터 수평재를 쓰지 않고 용도에 맞는 나무를 생긴 대로 골라 쓴 결과다. 아마 수평재를 썼다면 드나드는 발길에 닳아 자주 갈아댔을 것이다. 그러지 않고 처음부터 적당한 곡율(曲率)을 가진 나무를 사용함으로써 구조적 안정성과 시각적 안정성을 동시에 얻고 있는 것이다. 작지만 소중한, 지혜의 소산이다.

세로로 긴 몇 짝의 널을 이어붙여 만든 대문에는 '화암사 대문 시주기'라는 제명(題名)과 '차영재, 이길용, 이상호 …… 구범희, 오영선……' 등등 시주자 이름이 삐뚤빼뚤 어줍잖은 한글로 길게 새겨져 있다. 대수롭지 않은 일이지만 '근엄한' 절집에서 순한글로 뭔가를 적었다는 것도 소박하고, 그 많은 이름으로 보아 푼돈들을 시주했을 사람들을 낱낱이 기념해주는 마음이 고맙다. 번듯한 글씨로 거창한 현판에 오른 이름을 보는 때와 달리 잠시나마 따뜻한 시선이 머문다.

대문을 들어서서 지붕을 맞댄 우화루와 적묵당(寂默堂)이 만나는 모퉁이 사이를 빠져나가면 안마당이다. 화암사의 중심 영역으로, 네 귀가 트인 채 반듯하게 네모난 모습이다. 북쪽에 남향하여 본전인 극락전(極

樂殿)이 다소곳이 자리잡았고, 그와 마주하여 우화루가 마루에 깊숙한 그늘을 만들며 섰다. 왼쪽과 오른쪽으로는 승방으로 쓰이는 적묵당과 불명당(佛明堂)이 동서로 마주보고 있으며, 극락전과 불명당 사이로 단칸집인 철영재(啜英齋)가 빼꼼히 보이고, 우화루와 불명당 사이로는 명부전(冥府殿)이 비스듬히 얼굴을 내민다.

화암사 안마당은 작다. 네 채의 건물이 처마가 닿을 듯—우화루와 적묵당은 실제로 지붕 끝이 맞닿아 있다—가깝게 다가서는 바람에 작은 마당이 생겼다. 작아서 갑갑할 듯하지만 별로 그렇지는 않다. 오히려 느낌은 안온하고 아늑한 쪽이다. 아마도 건물의 배치와 높이 때문인 듯싶다.

유심히 살펴보면 안마당을 둘러싼 건물 네 채의 지붕 높이가 미묘하게 변화하고 있다. 지면은 평지에 가깝도록 밋밋하게 높아지며 크기로는 넷 가운데 세번째인데도, 극락전은 용마루가 가장 높아 지표에서 8.7m가 된다. 본전으로서의 위계를 감안하여 높다랗게 지붕을 만들었을 터이다. 다음으로 지붕이 높은 건물이 우화루이다. 극락전과의 차이는 거의 1m에 근사하다. 그 다음은 적묵당으로 우화루와의 편차는 0.8m에 조금 못미친다. 적묵당과 불명당의 차이는 좀더 심한 편으로, 2m 남짓 불명당이 낮다. 말하자면 건물이 사방을 에워싸서 폐쇄적인 구조이긴 하되 각 건물의 높이가 일정하지 않고 높낮이에 변화가 다채로워 단조롭고 지루한 맛을 깨트려주고 있는 것이다.

또 한 가지 사실은 안마당에서 이만한 높이의 건물을 바라볼 때 시각적 안정감이 높다는 점이다. 우화루 기단에서 극락전 용마루를 바라다보는 앙각(仰角)이 16.5도, 거꾸로 극락전 기단에서 우화루 용마루를 쳐다보는 앙각이 13도. 보통 피사체가 중심시선에서 상하좌우로 15도를 벗어나지 않아야 우리의 안구(眼球)가 무리 없이 움직인다고 할 때, 화암사 안마당은 그런 조건을 어느 정도 충족하는 구조 속에 있는 것이다.

공간의 폐쇄 정도는 구조물의 높이와 더불어 그 공간을 둘러싸는 방식에 좌우되며, 이때 일반적으로 모서리 부분을 막는 것이 변 쪽을 차단하는 것보다 폐쇄감이 훨씬 크다고 한다. 다행히 화암사는 네 건물이 만나는 모서리마다 적절한 트임을 보인다. 이 또한 우리가 좁은 화암사 안마당에서 답답함보다는 안정감, 편안함, 아늑함, 안온함을 느끼는 이유 인지도 모르겠다. 또 바로 이런 공간이야말로 이곳을 무대로 생활하는 수행자에게는 소망스러운 구조가 아니겠는가.

한편 이 작은 공간에서 폐쇄성에서 오는 답답함보다 오히려 차단성의 부족으로 안정감이 흩어지지 않을까 하는 염려가 들기도 한다. 동쪽의 요사(寮舍) 불명당 때문이다. 불명당은 3칸짜리 홑집이다. 별 특징도 없거니와 안마당을 둘러싼 다른 건물들에 비해 유난히 작고 낮다. 그래서 지붕 위와 옆으로 너무 많은 배경을 노출시키게 되고, 그것이 안마당에서 느껴지는 안정감을 다소 흐트러뜨리는 역할을 하지 않나 싶다. 전하는 말에 따르면 본래 이 자리에는 정면 5칸 측면 3칸의 조사전(祖師殿)이 있었다고 한다. 그 정도 규모라면 극락전에서 우화루로 연결되는 안마당의 동편을 꽉 메울 정도의 건물이었다고 생각된다. 모르긴 해도 그만한 조사전이 있었던 때라면 화암사 안마당의 안정성이 지금보다 더욱 뛰어나지 않았을까.

적묵당은 두 날개채를 가진 ㄷ자 평면의 승방이다. 별다른 건축적 특징은 없지만 기능성은 퍽 뛰어난 편이다. 안마당 쪽으로는 길게 툇마루를 달아 생활에 편리하도록 하였다. 몸채와 두 날개채가 교차하면서 자연스레 만들어진 뒷마당은 적묵당에서 생활하는 사람들의 사생활을 유지하는 공간이 된다. 억지를 부리지 않아도 저절로 거기 사는 사람들의 일상을 보호해주는 구실을 톡톡히 해내고 있다. 옛 절집이라면 으레 있게 마련이던 이런 공간들이 대부분 사라져버린 지금, 화암사 적묵당에서 우리는 생활과 밀착된 공간의 고전적인 모습을 확인할 수 있다.

생활 공간이라 접근이 조심스럽지만 적묵당의 뒤편은 절로 미소가 나올 만큼 아기자기하다. 마당 서편으로는 펑퍼짐하게 자연암반이 퍼져 있는데 그 위에 장독대도 있고 산신각도 있다. 다시 그 뒤로는 돌각담이 나지막이 감돌아나간다. 모두 절 크기에 걸맞게 작고 아담하고 야트

산신각
화암사 산신각은 여느 절과는 달리 스님들의 생활 공간인 후원의 장독대 한편에 자리한 것이 특이하다.

막하다.

장독대는 바닥이 온통 바위이니 대를 쌓고말고 할 것도 없이 암반 그
대로이다. 그 위에 크고 작은 단지, 항아리, 독 따위가 여남은 개 되는
대로 놓였다. 소박하고 정겨운 모습이다. 장독대 옆에는 단칸 맞배집 산
신각이 얹히듯 되똑하게 올라앉았다. 울퉁불퉁한 바위면에 맞추어 길이
가 제각각인 네 기둥을 세우고 사면을 널벽으로 둘러막았다. 격식은 모
두 갖추느라고 양쪽 박공면에는 풍판까지 달았지만 워낙 집이 작아 꼭
장난감만 같다. 흔히 산신각이라면 법당 뒤편 한구석에 있는 듯 마는 듯
자리하게 마련인데 화암사에서는 그것을 후원으로 끌어들였다. 장독대
에서 그러하듯 정한수라도 한 사발 떠놓고 소원을 빌면 될 만한 곳에 위
치하였다. 우리네 조상들의 민간신앙이 불교 속에 유입된 모습의 하나
가 산신각인데, 화암사 산신각은 그게 다시 민간 속으로 환원되는 모습
을 보여주는 것은 아닌지 모르겠다. 비바람에 몹시 상해 벽체, 풍판, 기
와 등 많은 부분을 새로 갈아서 옛맛은 덜하지만, 뒷마당의 정점에 해당
하는 참한 위치와 그 절묘한 크기 때문에 여전히 사랑스럽게 눈에 드는
게 화암사 산신각이다.

담 밖, 절의 서편은 암반이 넓게 자리한 얕은 골짜기이고 여기에 가
느다란 물줄기가 흐른다. 1997년까지만 해도 작은 바위웅덩이 다섯 개
가 이 실 같은 물줄기의 흐름을 이리저리 바꾸고 있었다. 분명히 사람이
손을 보태서 이루어진 것이련만 손댄 흔적을 전혀 감지하기 어려운, 탄
성이 절로 나올 만큼 기막히게 예쁘고 곰살궂은 웅덩이들이었다. 맑은
물줄기는 차례로 웅덩이를 채우고 넘치며 흘러내리다가 마지막에는 작
은 폭포를 만나 구슬처럼 제 몸을 부수고 있었다. 위 웅덩이에 세수하고
아래 웅덩이에 두 발을 담그거나, 속이 후련하도록 잔빨래를 헹구어대
거나, 아니면 한번쯤 유상곡수(流觴曲水)를 흉내내기에 더없이 맞춤
한 웅덩이들이었다.

지금은 이들이 모두 없다. 물길은 크게 입을 벌린 함석관으로 바뀌었
다. 맑은 물 대신 벌건 녹물이 지저분하게 바위를 뒤덮고 있다. 웅덩이
들은 두꺼운 시멘트층에 묻혀버렸다. 누군가 주차장을 만들면서 이들을
모두 덮어버린 것이다. 주차장이 있으니 거기에 이르는 길이 없을 수 없

화암사 중창비
받침대를 포함해도 1.7m가 안되는 작은
대리석 비이지만 15세기 이전 화암사의
역사를 알 수 있는 유일한 자료이다.

다. 큰 산 하나를 에돌아 뒤편으로 절까지 닿는 길을 내었다. 정말 이래도 되는 건지 모르겠다. 소매 속에 든 보배를 애써 던져버리는 이런 짓이 차라리 측은하다.

골짜기는 언덕으로 이어진다. 그 언덕을 오르면 화암사의 내력이 적힌 화암사 중창비(花嚴寺重創碑)가 서 있다. 몸돌의 높이 1.3m, 받침을 포함해도 1.7m가 채 안되는 작은 대리석 비이다. 비갓 없이 비머리를 둥글게 다듬었다. 비문은 정통 신유(正統 辛酉, 1441)년에 지었지만, 비가 세워진 것은 그로부터 130여 년이 지난 융경(隆慶) 6년(1572)이다. 아마도 문서 형태로 보존해오던 중창기를 어떤 계기로 이때 비석에 새긴 듯하다. 글을 지은 이는 형조(刑曹)의 도관정랑(都官正郎)이라는 벼슬을 지낸 사람이라는 것까지만 알 수 있을 뿐 이름은 판독이 되지 않으며, 글씨 쓴 이는 누구인지 아예 밝히지도 않았다. 중창비는 15세기 이전 화암사의 역사를 알 수 있는 거의 유일한 자료에 해당한다. 중창비의 내용, 극락전과 우화루를 보수할 때 발견한 상량문(上樑文)·묵서명(墨書銘), 그밖의 몇 가지 기록을 뒤지면 화암사의 옛 자취를 대충 되밟을 수 있다.

화암사가 처음 창건된 것은 삼국시대 말기쯤인 듯하다.

예전 신라의 원효, 의상 두 조사(祖師)가 중국과 인도를 유력(遊歷)하다 도를 이루고 돌아와 이곳에 석장(錫杖)을 걸고 절을 지어 머물렀다. 절의 주존불인 수월관음상(水月觀音像)은 의상스님이 도솔천(兜率天)에 노닐다가 친히 관세음보살의 진신(眞身)을 보고 만든 것으로, 등신대의 원불(願佛)이다. 절의 동쪽 산마루에 대(臺)가 있으니 그 이름을 원효대(元曉臺)라 하고, 절의 남쪽 고개에 암자가 있어 그 이름을 의상암(義相庵)이라 하는데, 모두가 두 분 조사가 수행하던 곳이다.

중창비의 한 구절이다. 원효스님이 중국에 갔다거나 의상스님이 인도까지 다녀왔다는 내용 등은 사실(史實)과 다르다. 그러나 나머지 내용은 믿을 만하다고 여겨진다. 적어도 조선 전기까지는 의상스님 때 만들었다고 전해지는 관음상이 남아 있던 것이 틀림없는 듯하고, 의상암

은 15세기에는 물론 한국전쟁 와중에서 없어지기 전까지는 엄연히 존재
했다 한다.* 그러므로 화암사가 원효와 의상 스님 무렵에 개산되었거나
그 이전부터 이미 존립했다고 보아도 무리가 없겠다.

도리어 이 경우 문제가 되는 것은 신라에 의한 통일 전이라면 이곳이
백제 영토였을 텐데 어떻게 신라계 사찰이 들어설 수 있겠는가 하는 점
이다. 혹시 백제 영토 안에 거점을 확보하려는 신라 측의 정치·군사적
인 목적으로 경영된 절은 아니었을까 하는 추측도 해볼 수 있겠다. 그러
나 그보다는 의상이나 원효 이전에 이미 백제인들에 의해 세워진 절이
신라세력이 밀려들면서 주도권이 바뀐 것으로 봄이 어떨가 한다. 뒤의
극락전 설명에 나오듯이 현재의 절 모습에서 유추할 수 있는 백제적 전
통도 이를 뒷받침하는 하나의 예가 되겠다.

이렇게 창건은 되었지만 화암사가 거창한 절로 이름을 떨친 적은 별
로 없었지 싶다. 무엇보다 큰 절이 들어설 수 없는 지형적 요인이 크게
작용했을 것이다. 그렇지만 세속과 절연된 산사다운 품, 들목에 전개되
는 오밀조밀한 가경(佳景) 때문에 심심찮게 사람들의 입초시에 오르내
리기는 했던 모양이다. 고려 후기의 문신이요 학자였던 백문절(白文節,
?~1282)은 화암사를 읊은 7언 40구의 긴 한시(漢詩)를 남기고 있다.
그 시에 "계곡에 가로 걸린 작은 정자엔 온 벽에 하나 가득 시가 걸리고"
(跨溪小亭滿壁詩) 하는 구절이 있다. 이로 미루어본다면 그가 생존했
던 때 이전에도 많은 시인가객들이 여기를 찾았음을 알 수 있다.

그 뒤 어느 때부터인가 절이 차츰 퇴락했는지 대덕연간(大德年間, 1297
~1307)에 달생(達生)이라는 인물이 화주가 되어 절을 중창한다. 그
리고 120여 년 뒤, 아주 기이하게도 이름이 같은 성달생(成達生,
1376~1444)에 의해 화암사는 대대적인 중창을 보게 된다. 그는 2품
벼슬인 지중추원사(知中樞院事)를 지낸 무신으로, 원찰(願刹)을 삼
을 목적으로 시주를 자청하여 1425년에 불사를 일으킨다. 1429년에는
딸을 직접 절에 보내 일의 추이를 살피게끔 하였다. 그때 예전 중창주와
자신의 이름이 같다는 사실을 알고 "내가 오늘날 장상(將相)의 지위에
오르고 부귀를 누림이 전생에 착한 공덕의 씨를 심은 까닭이 아니겠는
가!" 하면서 더 많은 재물을 보시하여 꾸준히 일을 진행시킨다. 그리하

1917년에 만들어져 의상암에 걸려 있던
지장탱(地藏幀)이 고산면 읍내리 백
운사(白雲寺)에서 발견된 바 있다.

여 역사(役事)는 1440년에야 끝을 보게 된다. 이때의 중창은 긴 기간 만큼 절의 면모를 일신하는 대규모였던 것 같다. 불전(佛殿)은 극히 장 려하였으며, 그밖에 선승당(選僧堂), 조성전(祖聖殿), 여러 요사는 물론 부엌, 수각, 측간까지 이전보다 크고 넓게 고쳤다 한다. 오늘날 우리가 보는 화암사의 골격이 이 무렵에 갖추어진 듯하다.

임진왜란은 산중의 작은 절에도 어김없이 깊은 상처를 안겼다. 1597 년, 왜병의 침입으로 극락전과 우화루를 비롯한 여러 건물이 불에 타는 재난을 당했다. 극락전은 1605년부터 그 이듬해까지, 우화루는 1611 년에 예전의 모습대로 복구되었다. 그리고 예닐곱 차례의 중건(重建)·중수(重修)를 거치면서 화암사는 오늘에 이른다. 절 모습처럼 화려한 각광을 받은 적도 없지만 그렇다고 조촐한 매무새를 아주 잃어버린 때도 없는 잔잔한 자취이다.

중창비를 뒤로 하고 서편 산등성이로 오르면 그대로 널찍한 바윗등이다. 여기에 앉아 님쪽을 향하면 중중한 산이 눈에 가득 담긴다. 동에서 서로, 서에서 동으로 뻗으면서 골짜기와 능선이 겹겹이 포개진다. 한 겹씩 멀어질수록 산은 평면에 가까워지면서 윤곽선만을 남기고, 그 빛깔은 갈수록 아련히 깊어간다. 글쎄, 수묵화에서 이런 빛깔과 모습을 그려낼 수 있을까? 화암사가 우리에게 선사하는 조용한 경치이다.

극락전

보물 제663호인 화암사 극락전은 정면 3칸 측면 3칸의 다포계 맞배지붕 건물이다. 절 크기에 어울리는 작은 법당이지만 우리 건축사에서 차지하는 비중은 매우 큰 전통 건조물이다.

기록들을 종합해볼 때 이 전각은 고려 후기인 1297년~1307년 사이에 중창되었으며, 성달생에 의해 절이 면모를 새롭게 한 1425년부터 1440년 무렵에 또 한 차례 중창이 있었으리라 추정된다. 1981년 문화재관리국(현 문화재청)의 주도로 화암사에 대한 실측조사와 보수공사가 이루어진 바 있는데, 그때 우화루와 극락전에서 상량문과 묵서명이 각각 발견되었다. 이들을 통해서 극락전이 정유재란 때 불탔으며 그것을 전쟁이 끝난 직후인 1605년 중건했고, 뒤이어 1714년 또다시 중수했음

우화루 처마밑에서 바라본 모습이다. 극락전은 정면 3칸 측면 3칸의 다포계 맞배지붕의 작은 법당이지만 구조나 양식으로는 우리 건축사에서 큰 비중을 차지하는 건물이다.

을 알 수 있다. 따라서 현재의 모습이 1605년 당시의 모습과 기본적으로는 같다고 보아도 좋겠다. 그렇다고 그 이전의 구조나 양식이 지금과 크게 달랐던 것 같지는 않다. 보수나 중창이 있을 때마다 앞서의 모습을 충실히 재현 또는 답습하면서 당대의 양식을 부분적으로 가미하는 방식으로 일이 이루어졌음을 각종 기록에서 확인할 수 있기 때문이다. 이런 까닭으로 이 작은 건물에는 멀리로는 백제시대부터 고려와 조선시대의 건축양식이 두루 혼재한다고 알려져 있다.

이른바 백제계 양식의 대표적인 예로 하앙구조(下昂構造)를 꼽을 수 있다. 하앙이란 기둥 위에 중첩된 공포와 서까래 사이에 끼워진 긴 막대기 모양의 부재를 가리킨다. 이 하앙의 끝부분 위에 도리를 걸고 서까래를 얹으면 밖으로 돌출한 하앙의 길이만큼 처마를 길게 뺄 수 있다. 실용과 장식에 대단히 유용한 구조재라 하겠다. 이를 백제계 양식으로 보는 이유의 하나는 하앙에 의해 만들어진 깊은 처마가 강수량이 많은 평야지대, 곧 백제지역에 적합한 기능성을 갖기 때문이다. 또 백제의 장인들에 의해 이룩된 일본 호류지(法隆寺)의 금당(金堂)과 오층목탑에 하앙이 유력한 물증으로 남아 있는 까닭이다.

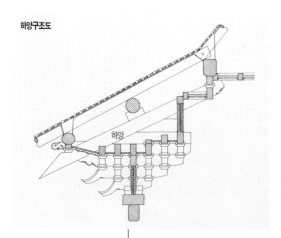

하앙구조도

하앙

이와 같이 일본은 물론 중국의 전통건축에서도 하앙구조는 흔히 쓰였던 형식이고 그 실례도 적잖이 남아 있다. 하지만 우리나라에서는 그동안 그 존재가 확인되지 않았고, 단지 목조건축의 모습을 그대로 본떠 만든 백제시대 금동탑(국립부여박물관 소장) 정도에서 그런 공포구성을 유추할 수 있을 뿐이었다. 이를 빌미로 일본학자들은 하앙구조가 한반도를 거치지 않고 중국에서 일본으로 직

수입되었다는 주장을 펴기도 했다. 그러다가 1976년 화암사 극락전의 하앙구조가 학계에 보고되었다. 국내에서는 영영 볼 수 없으리라 체념하다시피 했었는데 놀랍게도 만인의 눈앞에 하앙을 가진 건물이 자태를 드러낸 것이다. 일본 측으로서는 충격이었고, 우리에게는 더없이 반가운 발견이었다. 심지어는 '해방 이후 건조물 문화재계 최대의 발견'이라는 찬사까지 나왔으며, 화암사 극락전은 단숨에 국내외 전문가들의 관심의 표적이 되었다. 이후 현재까지 더 이상 비슷한 사례가 보고된 바 없다. 지금으로선 이 법당이 하앙을 가진 국내 유일의 건물인 셈이다.

그러면 어떻게 해서 오직 이 건물만 천 년 세월을 거슬러 백제계 구조법을 지켜올 수 있었을까? 그것은 앞서 말했다시피 여러 차례에 걸친 중창에도 불구하고 이전 시대의 형식을 고집스럽게 변화시키지 않은 덕분이다. 말하자면 이 지역 기능인 집단의 보수적 전통이 천 년 전의 소중한 유산을 오늘에 대물림한 계기가 된 것이다. 그렇다고 지금의 극락전 하앙이 바로 백제시대의 하앙과 일치한다고는 생각되지 않는다. 기본은 유지하되 시대에 따른 양식상의 변화조차 없지는 않은 것이다.

하앙은 극락전의 앞면과 뒷면에서 볼 수 있는데, 앞과 뒤의 그것이 사뭇 다르다. 한마디로 앞면은 장식적이고 뒷면은 구조적이다. 앞면 공포의 형상은 일반 다포계 건물과 같되 살미첨차의 머리를 경사지게 하여 그 위에 하앙을 받았다. 그리고 하앙의 부리 위에는 소로를 얹어 외목도리를 걸쳤으며, 다시 그 위로 용머리를 조각한 부재가 고개를 내밀고 있

극락전 처마밑의 하앙
화암사 극락전은 현존하는 우리나라 건축
물 가운데 유일하게 하앙구조를 지닌 건
물이다. 극락전 앞면의 하앙이 한 마리의
용으로 형상화한 화려한 기법인 데 비해
뒷면은 아무런 장식 없이 간결한 구조로
되어 있다.

다. 하앙의 부리를 자세히 보면 용의 발 모습임을 알 수 있는데, 끝부분
은 화염이 이는 여의주를 발톱으로 움켜쥔 모습을 투각으로 표현하였다.
하앙 전체를 한 마리 용으로 형상화한 화려한 기법이다. 구조재를 구조
재이면서 동시에 장식재로 활용하였다고 하겠다. 반면 뒷면의 하앙은 훨
씬 원형적이다. 위치와 짜임은 앞면과 같지만 도리 위에 용머리도 없고
하앙의 부리 또한 아무런 장식 없이 길게 삼각형을 이루며 날카롭게 잘
리고 있다. 앞면의 그것보다 구조와 기능에 훨씬 충실한 형태다. 전문
가들은 이 뒷면의 하앙 형태를 임란 이전의 양식, 앞면의 것을 임란 이
후의 양식으로 본다. 이렇듯 멀리 백제에 뿌리를 둔 하앙구조가 시대에
따라 변주를 하고 있는 것이다.

앞에서 극락전을 다포계 건축이라고 말했지만, 실은 그것이 전형적인
다포계 양식이라고는 말할 수 없다. 주심포계의 요소가 강하게 잔존하
고 있기 때문이다. 예컨대 지붕만 해도 주심포 양식과 짝을 이루는 맞배
지붕이며, 주심포계와 다포계의 변별점이라 할 주간포(柱間包) 역시
정면의 어간(御間)에 두 틀이 놓이고 그밖의 다른 칸에는 한 틀씩 놓여
과도적인 양상을 보인다. 주심포 양식 또한 그 연원을 백제시대에 두고
있지만, 현존하는 고려 건축물에서 보듯이 그것은 고려시대에 크게 유
행한 건축양식이다. 여기에 고려 말에 도입되어 각광받던 다포계의 공
포양식이 오버랩되어 일종의 절충양식이 이루어지는데, 우리는 그 실례
를 극락전에서 보는 셈이다. 뿐만 아니라 이 전각의 공포에서는 조선시
대의 특징도 읽을 수 있다. 첨차와 직교하면서 정면으로 뻗친 부재, 즉
초제공(初齊工)과 이제공(二齊工)은 끝이 위로 솟은 앙서형(仰舌形)

극락전 내부의 닫집
내외7출목으로 이루어진 화려한 닫집
내부에는 여의주를 문 우람한 비룡이 꿈
틀거리고 있으며 주변에는 봉황과 동자상
이 조각되어 있다.

으로, 길이가 비교적 짧고 몸통이 두꺼우
며 내리뻗은 품이 사뭇 힘차서 상당히 강
건한 기품이 서려 있다. 조선 중기 이전으
로 시대가 올라가는 형태이다. 공포를
받치고 있는 주두(柱頭)도 눈여겨볼 필요
가 있다. 기둥 위의 주두는 일반적인 모양
이지만 정면 주간포 밑의 주두는 생김새가
연잎을 닮은 흔치 않은 모양새다. 옛 백제
지역에서 이따금 볼 수 있는 현상으로, 비
슷한 예가 부안의 개암사(開巖寺) 대웅보전에 남아 있다. 백제시대의
공예적 전통이 조선시대의 장식 취미와 결합한 결과로 해석된다. 극락
전은 공포 하나에도 이렇게 다양한 시대가 투영되어 함께 숨쉬고 있다.

극락전은 단청도 주목에 값한다. 예의 묵서명에 의해 1714년에 단청
했음이 밝혀졌다. 만일 지금의 단청이 당시의 것이 그대로 전해지는 것
이라면 우리가 볼 수 있는 단청 가운데 퍽 시대가 올라가는 데 속한다.
세월이 오래 흐르다보니 그 상태는 안팎이 상당히 다르다. 안쪽은 비교
적 보존 상태가 양호하여 무늬와 채색을 거의 온전히 식별할 수 있음에
비해 바깥쪽은 박락(剝落)도 많고 퇴색도 심한 편이다. 공교롭게도 오
히려 이렇게 낡은 단청이 마음을 편하게 해준다. 호남지방 특유의 유순
하며 명랑한 색조와 색감이 잘 표현된 단청, 전체의 분위기가 중간 색조
의 은은한 멋을 풍기면서도 격조 높은 작품이라는 평가가 있다.

특히 두드러지는 부분은 출목과 출목 사이의 빈 공간을 판자로 메운
순각판(巡閣板)에 그려진 비천상들이다. 이미 풍화가 심하여 알아보기
조차 힘든 것이 많지만, 그런대로 윤곽과 색채가 선명한 것들을 보면 천
의자락 나부끼며 하늘을 나는 천녀의 모습이 또렷하다. 얼굴은 복스럽
고, 색조는 부드러우며, 필선은 자유분방하다. 숙달된 장인의 솜씨가 엿
보인다. 어쩌면 극락전 단청의 백미가 여기에 있는지도 모르겠다.

극락전은 편액 또한 재미있다. '極·樂·殿'—이렇게 한 글자씩을 작
은 판자에 써서 정면 어간 포벽 위에 나누어 붙였다. 그 이유를 어떤 이
는 "화려한 포작과 하앙의 장식성을 편액이 가리지 않도록 배려한 결과"

라고 풀이하고, 다른 이는 주심포와 주간포의 첨차 길이가 달라서 생겨
난 포벽의 불균형을 가리기 위해서라고 설명하기도 한다. 그야 어쨌든
유쾌한 파격이자 예외임에는 변함이 없다.

이제까지 보았듯 화암사 극락전은 긴 시대, 너른 폭을 한몸에 지닌 흥
미로운 건물이다. 우리로 하여금 공부하게 만들고, 호기심을 유발하고,
아름다움과 재미를 주는, 작지만 당찬 건축이다. 한마디로 천 년 뒤에
보는 백제 건축의 잔영, 단일 건물에 녹아 있는 건축의 시대사이다.

우화루

보물 제662호로 지정된 화암사 우화루는 정면 3칸 측면 3칸의 다포계
맞배지붕 건물로서, 극락전과 일직선을 이루며 안마당 남쪽에 버티어 서
서 화암사의 외곽을 구성하는 누각이다. 누하주가 높직하고 2층 또한 훤
칠한 데다 칸실조차 넓어 3칸집이지만 당당한 외양이다. 누각이라고는
해도 온전한 의미의 누각과는 어지간히 달라서, 앞에서 보면 2층이지만
뒤, 곧 안마당에서 보면 그대로 단층이다. 이미 말한 대로 앞면의 아래

우화루
화암사에 들어서면 처음 대하는 건물로 마
치 굳건한 성문을 대하는 느낌을 준다.

우화루 내부
화암사 안마당에서 들여다본 우화루 내부
의 모습이다. 화암사 우화루는 2층 누대
건물이지만 안마당에서는 단층처럼 보인
다.

층은 앞줄에 기둥을 나란히 세우고 안쪽은 축대를 쌓아 마감했는데, 어간 가운데 기둥 하나를 덧대어 누마루를 받침으로써 마치 4칸처럼 보인다. 위층은 칸마다 널벽을 치고 가운데 문얼굴을 내어 바라지창을 달았다. 안마당 쪽의 벽은 기둥 외에는 벽체나 창호를 두지 않고 툭 틔워 완전히 개방했고, 양쪽의 측면은 흙벽으로 막았다.

공포는 내외2출목으로 짜올리되 정면과 후면의 어간에 주간포 2조, 협칸에 1조, 그리고 양 측면에는 공포를 두지 않았다. 밖으로 내민 초제공, 이제공은 앙서형 쇠서이고, 삼제공은 초각(草刻)한 운공형(雲栱形)으로 일반적인 형태의 수서형 쇠서와는 다르다. 공포의 배치 방식이나 제공의 생김새와 강건한 기풍이 극락전의 것과 흡사하다. 이 점은 두 건물의 역사가 그리 다르지 않다는 증거의 하나이다. 단청은 풍화가 심해 안팎이 모두 색채나 기법을 운위하기 곤란할 정도로 희미하다. 내부 좌우 측벽 협칸 상단에 고색이 깃든 벽화가 남아 있기는 하나 이 역시 손상이 심한 상태라 무어라 말하기 어렵다.

우화루는 고려 때 창건되어 정유재란 당시 왜병들에 의해 불타기까지 극락전과 동일한 내력을 밟아온 듯하다. 그 뒤로는 1611년의 중창을 필두로 1629년, 1666년, 1711년, 그리고 1806년에 한 차례씩 손을 보았다. 1981년도에 마지막 보수공사가 있었고, 이때 발견된 상량문에 의해 밝혀진 사실들이다. 따라서 현재의 우화루는 1611년에 이루어진 골격을 대체로 유지하고 있다고 판단된다.

우화루는 집의 외형이나 가구, 공포 등의 세부 수법에서 개성을 찾기보다는 공간의 특성과 의미를 짚어볼 필요가 있다. 우화루의 마루바닥과 안마당의 지면은 거의 레벨이 같다. 이 말은 건축적으로 우화루 내부가 안마당의 연장, 혹은 안마당이 우화루의 지속이라는 뜻이 된다. 달리 표현하면 우화루는 지붕 없은 안마당이고, 안마당은 지붕 없는 우화루라고 할 수 있다. 이런 관계는 비단 우화루와 안마당에서만 그치는 것이 아니라 극락전과 적묵당, 불명당에까지 확장된다. 결국 안마당을 중심으로 둘러선 네 건물은 상호 소통하는 구조를 가짐으로써 지붕의 유무에 상관 없이 단일한 공간을 지향하고 있는 것이다.

둘 또는 그 이상의 공간이 단일한 공간으로 인식된다는 것은 그만큼 독립된 공간들 사이에 수직적 위계가 뚜렷하지 않거나 존재하지 않는다는 뜻이다. 요컨

화암사 목어
우화루 한켠에 걸려 있는 투박한 조각의 목어이다. 단청도 벗겨지고 먼지도 많이 쌓여 있지만 정감 있다.

대 안마당과 우화루에서 극명하게 볼 수 있듯이 화암사의 전각들은 수직적 위계가 아닌 수평성으로 서로 만나고 있다 하겠다. 수평성, 바꿔 말해 평지성이 백제계 건축의 큰 특징 가운데 하나라고 할 때, 우리는 지형상 평지와는 거리가 먼 화암사에서 백제계 건축의 면면한 전통을 새삼 확인할 수 있는 것이다.

우화루는 화암사에 남은 백제계 건축 요소의 인식을 환기시키는 촉매이자 세월을 거슬러 오르는 시간의 계단이다.

경기전과 태조 어진

임금의 초상화를 어진(御眞)이라 한다. 어용(御容), 수용(晬容), 어영(御影), 진용(眞容) 따위 말들도 같은 뜻으로 쓰였다. 어진은 멀리로는 삼국시대부터 고려를 거쳐 조선에 이르기까지 면면히 제작되었다. 어진 제작은 소박하게는 조상에 대한 보은과 추모의 정에서 우러난 것이었겠지만 왕조시대였던 만큼 단순히 그런 정도에서 그치지 않고 조종(祖宗) 및 국가를 상징하는 의미가 담겨 그 제작은 국가적인 주요 행사가 되었다. 그래서 대신급의 당상관이 책임자〔都提調〕가 되는 임시 관청—어진도사도감御眞圖寫都監 또는 어진모사도감御眞模寫都監—이 설치되고 당대 최고의 화원들을 선발하여 주관화사(主管畵師), 동참화원(同參畵員), 수종화원(隨從畵員)이라는 이름 아래 전신(傳神)의 막중한 소임을 맡겼다. 이렇게 완성한 어진은 매우 소중히 다루어 진전(眞殿)이라는 별도의 건물에 봉안하고 관리하였다.

전주시 완산구 풍남동3가에 있다. 화암사에서 다시 SK용복주유소 앞 사거리로 나와 왼쪽 전주로 난 17번 국도를 따라 16.2km 가면 길 오른쪽에 LG봉동주유소가 있는 삼거리가 나온다. LG봉동주유소 앞 삼거리에서 왼쪽으로 계속 이어지는 17번 국도(봉동 우회도로)를 따라 7.7km 가면 용진 면사무소 앞 삼거리에 이른다. 용진 면사무소 앞 삼거리에서 오른쪽 제2소양교로 난 17번 국도를 따라 1.8km 가면 (동산 과선교를 넘는다) 길 왼쪽에 차량등록사업소가 있는 삼거리가 다시 나온다. 차량등록사업소 앞 삼거리에서 왼쪽 전주역 방면으로 난 17번 국도를 따라 1.5km 가면 길 오른쪽에 동신아파트가 있는 사거리가 나온다. 동신아파트 앞 사거리에서 다시 오른쪽 전주 시내로 난 17번 국도를 따라

1.2km 가면 백제광장 사거리가 나오고, 백제광장 사거리에서 앞으로 계속 난 17번 국도를 따라 1.1km 가면 안골광장 사거리에 닿는다. 안골광장 사거리에서 오른쪽 전주 시내로 난 길을 따라 1.7km 가면 진북광장 오거리에 이르고, 진북광장 오거리에서 왼쪽 순창 방면으로 난 27번 국도를 따라 1.8km 가면 풍남문광장 사거리가 나온다. 풍남문광장 사거리에서 왼쪽 오목대로 난 길을 따라 50m 가면 길 왼쪽에 경기전이, 오른쪽에는 전동성당이 나온다.

경기전 입구에는 공영주차장이 있다(시간당 주차료 승용차 1,200·대형버스 2,000원, 이후 10분마다 승용차 200·대형버스 30분마다 1,000원씩 추가). 전주 시내 곳곳에서 경기전으로 다니는 시내버스가 많이 있다. 전동·평화동행 버스를 타고가다 풍남문광장 사거리에서 내리면 된다. 전주 시내에는 숙식할 곳이 다양하게 있다.

경기전 관리사무소 T.063-284-2337

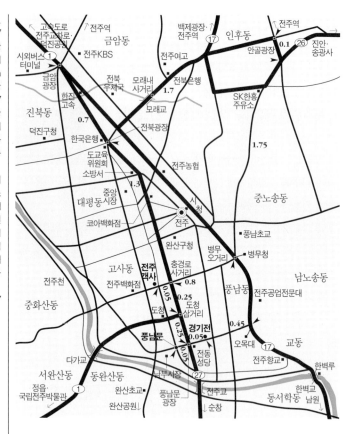

　　역대 왕들의 어진이 이러하였으니 한 왕조의 창업자인 태조라면 더 이를 나위가 없는 노릇이었다. 조선 태조의 경우 15세기 후반까지만 해도 26폭의 어진이 전해지고 나라 안 곳곳에 진전이 마련되어 있었으니 경주의 집경전(集慶殿), 평양의 영숭전(永崇殿), 그리고 전주의 경기전(慶基殿) 등이 그 예가 되겠다.

　　경기전이 처음 세워진 것은 태종 10년(1410)이었으며, 애초에는 이름도 어용전(御容殿)이었다. 이태 뒤 이름을 진전으로 고쳤고, 다시 세종 24년(1442)에는 경기전이라는 이름으로 바꾸어 왕조가 끝날 때까지 사용하였다. 임진왜란 때는 병화를 만나 건물이 모두 불타버렸으니, 현재의 경기전은 전쟁이 끝난 뒤 광해군 6년(1614)에 중건한 것이다.

　　전주시의 중심을 형성하는 풍남동에 중앙공원이 있다. 수만 평에 달

경기전 입구
경기전은 전주시민들의 휴식처인 중앙공원 안에 있어서 언제나 많은 사람들이 찾는다.

하는 녹지 공간으로서 전주시민들의 좋은 휴식처이다. 그러나 전주사람들은 여기를 중앙공원이라고 부르는 경우가 별로 없다. 그냥 경기전이라고 부른다. 경기전이 공원의 상당 부분을 차지하며 일곽을 형성하고 있을 뿐더러 공원을 대표할 만한 상징성을 지닌 때문일 것이다. 그 중앙공원의 정문을 들어서면 정면에 경기전 일원이 눈에 잡힌다. 양쪽에 날개처럼 담장을 거느린 외삼문 안쪽으로 내삼문, 정전이 보인다. 여기에 내삼문과 정전을 연결하는 낭무(廊廡)와 담장이 장방형으로 이어져 경기전을 구성하고 있다. 정전은 다시 본전, 그 가운데에서 앞으로 달아낸 헌(軒), 본전 양 측면에서 낭무로 이어진 익랑(翼廊)으로 구분된다.

외삼문과 내삼문은 모두 다포계 맞배지붕 건물이다. 보통 서원이나 향교에서 볼 수 있는 삼문보다 크기와 높이도 클 뿐더러 포작도 더 화려한 편이다. 왕실건축으로서의 권위가 그렇게 표현되었다. 본전 또한 남향한 다포계 맞배지붕 건물이다. 장대석을 다듬어 쌓은 두벌대 기단 위에 정면 3칸 측면 3칸으로 세웠다. 본전에서 특이한 점은 앞으로 달아낸 헌의 존재이다. 본전의 정면 가운데 본전 기단보다 조금 낮은 두벌대 장대석 기단을 모두고 그 위에 본전 어간과 폭이 같도록 네 개의 기둥을 세운 다음 벽체 없이 박공지붕을 얹었다. 때문에 본전의 전체적인 모양은 왕릉에서 볼 수 있는 정자각(丁字閣)과 흡사하다. 본전 양옆으로 이어진 2칸의 익랑과 거기서 직각으로 꺾여 뻗은 4칸의 낭무는 회랑처럼 바깥벽에만 벽체를 하고 안쪽은 틔워두었다.

 경기전 입구 길 건너에는 사적 제288호로 지정된 전동성당이 있다. 비잔틴 양식과 로마네스크 양식을 절충하여 지은 전동성당은 한국에서 가장 아름다운 성당으로 손꼽힌다.
경기전 입구에서 앞으로 계속 이어진 길을 따라가면 오목대에 닿는다. 이곳은 그 옛날 배나무와 오동나무가 울창해서 오목대라 이름지어졌는데, 고려 말 이성계가 황산대첩 이후 돌아가는 도중에 잔치를 벌였던 곳이기도 하다. 이곳에 올라 전주 시내를 바라보면 고색 창연한 한옥 지붕들이 바둑판처럼 내려다보인다.
오목대 주변 풍남문과 교동 일대는 한옥 보존지구로 지정되어 있어서 일대를 걸어서 돌아보면 고풍스런 옛 도시의 향기를 느낄 수 있다.

경기전 정전
내삼문에서 바라본 정전 모습이다. 그리
큰 규모는 아니지만 중앙으로는 전돌 복
도가 나 있고 건물들이 좌우 대칭을 이루
고 있어 권위와 엄숙성이 돋보인다.

　경기전 건축에서 가장 두드러지는 점은 강력한 중심축의 형성과 철저
한 대칭성의 고수이다. 주요 건물이 모두 일직선상에 위치하여 공원 안
으로 발을 들여놓으면 열려 있는 외삼문, 내삼문을 통해 가장 깊숙한 정
전까지 곧장 들여다보인다. 게다가 공원 정문에서 정전까지 전돌을 깐
복도가 한가운데로 곧게 이어져 중심축을 강조하고 있다. 또한 이 중심
축을 분리선으로 삼아 좌우를 나누어보면 경기전의 모든 건물이, 심지
어 담장까지도 한치의 어긋남 없이 대칭을 이루고 있음을 알 수 있다. 건
축에서 중심축과 대칭은 흔히 권위와 질서, 위계, 엄숙성 따위를 유도
하는 기법으로 구사되는 경우가 많다. 권위건축에서 중심축을 설정하고
건물을 대칭적으로 배치할 때는 더욱 그러하다. 그다지 규모가 크다고
할 수 없는 경기전이 이런 장치를 통하여 왕실건축으로서의 권위와 엄
숙성을 확보하고 있는 것이다.
　그밖에도 이에 버금가는 수법은 많다. 우선 본전을 정자각 형태로 꾸
며 여타 건축과 구별을 분명히 한 점이 그런 수법이고, 기단을 잘 다듬
은 두벌대 화강암으로 마감한 것도 그 예에 든다. 본전 지붕의 용마루와
내림마루는 여느 건물처럼 적새를 쌓아 만든 것이 아니라 생석회를 두

껍게 쌓아올린 양성마루인데, 궁궐건축에서 보듯 이 또한 왕실건축의 전
용 기법이다.

회랑이 왕실과 관계 깊은 시설임은 현존하는 조선시대 궁궐은 물론 삼
국 이래의 절터, 궁궐터를 통해서 거듭 확인되는 바인데, 경기전의 익
랑과 낭무는 회랑이라 불러도 무방할 만큼 그것과 혹사(酷似)하다. 경
기전은 본전을 비롯한 일체 부속건물이 하나같이 맞배지붕을 이고 있다.
이 맞배지붕이 우리 고전건축에서 엄숙하고 장엄한 분위기 연출이 필요
한 건물에 종종 사용되어왔음은 두루 아는 바와 같다. 복도도 마찬가지
다. 길게 이어져 본전에 닿아 있는 복도를 걸으며 누가 감히 마음을 가
다듬고 매무새를 살피지 않을 수 있으랴. 중심에 펼쳐진 긴 직선 자체가
이미 긴장과 경건을 불러일으키는 장치인 것이다. 줄여 말하자면 경기
전은 크지 않은 규모와 단순소박한 품새 속에서도 권위건축이 갖추어야
할 분위기 창출을 위한 갖가지 건축적 배려가 베풀어졌고, 나름대로 그
런 의도가 성공적으로 구현된 건축이라 하겠다. 사적 제339호이다.

경기전의 본전 안에 보물 제931호로 지정된 태조 이성계의 어진이 봉
안되어 있다. 조선왕조 전 시대를 통해 역대 왕들의 어진은 상당수 제작
되었으며 그 제작 과정이나 봉안체제에 관한 세부적인 기록은 온전히 전
해지지만, 막상 현존하는 유품은 아주 드물어 겨우 네 폭에 지나지 않는
다. 영조·철종·익종 그리고 여기 경기전의 태조 어진이 그것이다.

애초에 경기전에 안치되었던 어진이 지금까지 전해지지는 않는다. 임
진왜란이 일어나자 이곳에 보존하고 있던 어진은 선조가 피난하던 의주
의 행재소(行在所)로 옮겨져 병화를 면했다. 그것이 그 뒤 얼마나 오랫
동안 전해졌는지 분명치 않다. 다만 고종 9년(1872) 당시 경기전에서
받들던 어진이 오래되어 낡고 해짐에 따라 새로 제작하면서 초상화에서
는 당대 가장 뛰어났던 박기준, 조중묵, 백은배 등으로 하여금 영희전
(永禧殿)에 있던 태조 어진을 범본(範本)으로 하여 모사케 한 것이 지
금의 어진이다. 어진 제작 방법에는 도사(圖寫), 추사(追寫), 모사(模
寫)의 3가지가 있다. 도사는 군왕이 생존해 있을 때 직접 어전에서 사
생하여 완성하는 방법이다. 추사란 왕이 살아 있을 때 그리지 못하고 승
하한 뒤 생전 모습을 추상하여 제작하는 것을 말하며, 모사는 이미 완성

전주는 다른 설명이 필요 없을
정도로 전국에서 으뜸으로 치는 예향이자
맛의 고장이다. 이 지역 어느 음식점에 들
어가더라도 푸짐하고 정갈한 음식을 맛볼
수 있다. 특히 한정식, 전주비빔밥, 콩
나물국밥 등이 전주의 향토음식을 대표한
다. 한정식은 전라회관(T.063-228-
3033), 백번집(T.063-284-7311)
이, 전주비빔밥은 한국집(T.063-284-
0086), 한국관(T.063-272-9229)
이, 콩나물국밥은 한일관(T. 063-
284-3349), 삼백집(T.063-284-
2227) 등이 유명하다. 한벽루 근처에 있
는 남양집(T.063-284-1912)의 민
물고기 매운탕인 오모가리탕도 전주의 별
미로 널리 알려져 있다.
전주는 음식 못지않게 향토술로도 유명한
데, 막걸리에 각종 약재를 넣고 끓여 만
든 모주는 위에 소개한 집에서 모두 맛볼
수 있다. 전통소주에 계피·생강·배·꿀
등을 넣어 만든 전주 이강주는 이들 음식
점뿐만 아니라 전주 시내 큰 가게나 기념
품 판매코너에서 쉽게 구할 수 있다. 전
주 이강주 판매처 T.063-212-5765

태조 어진
그동안 내려오던 어진이 낡고 해짐에 따라 고종 9년에 다시 그린 이모본이지만 원본을 충실히 모사했다. 몇 점 남아 있지 않은 조선시대 어진이기 때문에 초상화 연구에 귀중한 자료가 된다.

되어 있던 어진을 모본으로 하여 옮겨 그리는 경우를 일컫는다. 경기전의 어진은 따라서 모사의 방법으로 이룩된 이모본(移模本)이다.

이렇게 하여 경기전에 갈무리된 태조 어진은 불과 십수년 뒤 한 차례 곤욕을 치른다. 1894년 갑오농민전쟁 때 농민군이 전주성을 점령하자 '피신'치 않을 수 없었던 것이다. 그때 판관 민영승은 태조 어진을 이안(移安)한다는 핑계로 어진을 가지고 성을 넘어 도망하여 위봉산성에 몸을 숨겼다. 구차한 피난이었다. 하여간 그 덕택에 어진은 무사할 수 있었다.

어진은 양 어깨와 앞가슴에 황룡을 수놓은 청포(靑袍) 차림에 익선관(翼蟬冠)을 쓰고 용상에 정좌한 정면교의좌상(正面交椅坐像)이다. 곤룡포의 너른 품새에 비해 얼굴이 작은 편이다. 입과 눈 또한 작고 수염도 성글지만 눈동자는 또렷하고 입매무새가 단단하여 매우 야무진 인상이긴 하나 우리가 흔히 머릿속에 그리는 난세를 헤쳐간 풍운아나 호걸의 모습과는 거리가 있다. 청포의 짙은 남색과 용무늬의 금빛, 그리고 옷자락 사이로 언뜻언뜻 드러나는 붉은빛이 화려하고 고귀한 느낌을 주면서 동시에 엄숙하고 위엄에 찬 분위기를 자아낸다.

양식적으로는 관모와 얼굴 부위에서 가볍게나마 음영법이 보이는 등 이모 당시의 화풍이 발견되기도 하지만, 더 많은 부분에서 조선 초기의 특징이 반영되어 있다고 평가한다. 특히 선묘 위주로 처리된 옷주름과 각이 진 윤곽선, 옷자락의 양쪽 틈새로 보이는 안감의 표현기법을 비롯하여 무릎 위로 높게 깔린 무늬 있는 돗자리라든가 용상의 형태 묘사 등이 원본에 충실한 이모 상태를 말해준다는 설명이다. 따라서 이 태조 어진은 비록 이모본이기는 하지만, 몇 점 남아 있지 않은 조선시대 어진의 하나라는 의의를 지니고 있으며 그와 함께 조선 초기 초상화 연구에도 귀중한 자료가 된다.

경기전에는 예전에 사고(史庫)도 설치된 적이 있었다. 이른바 조선 전기 4대 사고의 하나인 전주사고(全州史庫)가 그것이다. 아마도 이곳이 조선 왕실의 본관지이며 또 태조의 어진이 봉안된 탓에 사고가 마련되었던 듯하다. 하지만 처음부터 사고가 완비된 형태로 출발하지는 못했다. 세종 27년(1445) 처음 전주에 왕조실록을 안치할 때는 성안의 승의사(僧義寺)라는 절에 두었다가 세조 10년(1464) 가을에는 객사 안의 진남루로 옮겨 보관했다. 그때 세조는 전라도에 명하여 실록각(實錄閣)을 짓도록 하였으나 흉년이 겹쳐 공사를 시작하지 못하고 말았다. 성종 3년(1472) 봄 세조·예종 양조의 실록이 완성되자 성종은 양성지(梁誠之)를 봉안사(奉安使)로 임명하여 이를 전주사고에 보관케 하였는데, 이때 그는 관찰사 김지경(金之慶)과 함께 경기전 동편에 터를 잡고 인근의 선군(船軍) 300여 명을 역군(役軍)으로 동원하여 일을 시작한 뒤 이듬해인 1473년 5월 완공을 보았다. 이렇게 실록각이 건립되자 그해 6월 진남루에 있던 실록을 모두 이곳으로 옮겨왔다.

실록각
옛 전주사고터 자리에 다시 복원한 2층 다락집 건물이다. 비록 옛맛은 없지만 서책을 보존하기에 알맞은 구조를 음미할 수 있다.

그 뒤 120여 년간 잘 보존되던 실록들은 임진왜란이 일어나자 정읍 내장산 은봉암과 비래암, 영변 묘향산 보현사 등지를 전전하며 난을 피한 다음, 왜란이 끝나고나서 다시 영변의 객사와 강화도로 차례로 옮겨졌다. 이후 어렵게 병화를 면한 전주사고본 실록과 이를 바탕으로 재인쇄된 4질을 합한 5질의 실록을 보존하기 위하여 다섯 곳의 사고가 정비되지만 전주사고는 끝내 계승, 복구되지 못하고 말았다. 현재 옛 사고터가 경기전 오른쪽 담장 밖에 남아 있고 그 한켠에 복원된 실록각이 서 있다. 건물은 2층의 다락집인데, 서책을 보존하기 알맞은 옛 실록각의 구조를 음미할 수 있고 실록각의 역사를 반추하는 빌미를 제공할 뿐 옛맛은 없다.

사고터를 에워싼 사고석 담장의 동편에 난 일각문을 나와 공원 뒤편을 바라보면 멀찍이 흙돌담 너머로 몇 채의 골기와집이 보인다. 전라북도 유형문화재 제16호로 지정된 조경묘(肇慶廟)이다. 이곳은 조선 왕실 전주 이씨의 시조인 신라 사공(司空) 이한(李翰)의 위판(位板)을 안치한 사묘(祠廟)이다. 영조 47년(1771) 전국 유생의 상소에 의하여 창건되어 경기전의 예에 따라 제사를 받들던 곳이다. 외삼문, 내삼문, 본전을 비롯한 몇몇 부속건물로 구성되어 있으나 출입이 금지되어 있어 돌담장 위로 발돋움하며 넘겨다볼 수 있을 뿐 자세한 구조나 형태를 살피기는 어렵다. 또 굳이 안으로 들어가고 싶은 생각이 일지도 않는다. 긴 흙돌담의 붉은 황토색, 윗부분만 드러난 하얀 회벽과 강회로 마무리한 처마끝의 가지런한 하얀 선, 담장의 지붕을 포함하여 군집한 건물 지붕들의 차분한 암회색과 그들이 그리는 높고 낮은 변화, 그리고 이 모든 요소가 서로 어우러지며 보여주는 대조와 조화는 차라리 먼 발치에서 볼 때나 눈과 마음에 안길 듯하기 때문이다.

공원의 남동쪽 담장 부근에는 예종의 태실 및 태실비가 얌전한 자태로 자리잡고 있다. 태실은 사각의 두툼한 하대석 위에 항아리 모양의 몸돌을 놓고 그 위에 평면 팔각의 살찐 지붕돌을 얹은 모습이다. 주위로는 여덟 개의 각기둥을 모지게 세우고, 그 사이마다 아래위로 연잎을 돋을 새김한 동자주를 놓고 그 위에 팔모의 난간석을 연결하여 장식과 보호를 겸한 난간을 둘렀다. 작고 아담한 크기에 형태조차 조선 초기 고승들

의 부도와 흡사하다. 태실 옆에 있는 태
실비는 목과 다리를 한껏 웅크린 화강암
거북받침 위에 통돌 하나로 이수와 몸돌
을 깎은 대리석 비를 올려놓은 모습이다.
무른 대리석이라 그런지 이수의 용조각
이 자못 정교하고 세련되었다. 몸돌 앞
면에는 "睿宗大王胎室"(예종대왕태
실)이란 여섯 글자를 세로로 새겨 태실

예종대왕 태실 및 태실비
조선 초기 고승들의 부도와 그 모습이 흡
사한 예종의 태실 및 태실비는 원래 완주
태봉산에 있었는데 1970년 지금의 자리
로 옮겨왔다.

의 주인공을 밝혔고, 뒷면에는 비를 세운 때를 적었다. 그에 따르면 이
태실과 비는 1578년에 건립되었음을 알 수 있다. 또 뒷면에는 이때로
부터 156년이 지난 1794년 '개석'(改石)했다는 내용이 덧붙여져 있는
데, 과연 돌을 교체했다는 사실이 태실비를 가리키는지 아니면 태실을
말하는지는 분명치 않다. 이 태실과 태실비는 원래 완주군 구이면 덕천
리 태봉산에 있던 것을 1970년 지금의 자리로 옮겨온 것으로, 전라북
도 민속자료 제26호이다.

경기전을 한바퀴 돌아나온 사람이라면 이제 공원 정문 앞마당, 인파
속에서도 아무 주의를 끌지 못하고 서 있는 하마비에 주목해도 좋다. 전
체적인 형태는 지대석 위에 쭈그려 앉은 두 마리 사자가 받침돌을 등 위
에 받치고 있고, 받침돌의 윗면에 홈을 파서 위를 공글린 장방형 빗돌을
꽂은 모양새다. 사자와 받침대, 빗돌을 모두 대리석으로 다듬었다. 정
성은 물론 하마비 하나 세우는 데도 적잖은 재력을 기울였음을 알 수 있

하마비
경기전 입구에 있는 대리석 하마비로 보
기 드물게 두 마리의 사자가 비를 받치고
있다.

다. 뿐만 아니라 이렇게 두 마리 사자가 떠받치고 있는 하마비는 좀처럼
보기 드문 일이니, 상당한 격식을 차린 것도 미루어 짐작할 수 있다. 비
의 앞면에는 "여기에 이르렀거든 누구든 말에서 내리라. 잡인은 들어오
지 말라"(至此皆下馬 雜人毋得入)는 글귀가 두 줄로 새겨져 있으며,
뒷면에는 1614년에 세웠다는 내용의 글이 한 줄로 씌어 있다. 또 오른
쪽 옆면에는 1856년 중각(重刻)했다는 말이 있는데, 무엇을 다시 새겼
다는 뜻인지 석연찮다. 아무튼 돌사자가 삽살강아지처럼 귀여운 구석이
있는 이 유물은 나름대로 격조를 갖춘 보기 드문 하마비이다.

경기전, 이른봄에는 매화나무가 향기를 쏟아 차운 공기를 마구 휘젓고, 여름에는 늙은 느티나무가 큰 그늘을 드리우며, 가을에는 수북이 쌓인 낙엽이 바람이 불 때마다 이리 몰리고 저리 흩어지는 곳이다. 추위가 채 풀리지 않은 첫봄부터 몇 장 남은 나뭇잎 달랑거리는 마지막 가을까지 기념사진을 찍는 예복 차림 신혼부부들의 들뜨고 어설프지만 행복한 포즈를 쉽게 만날 수 있는 곳, 나무 그늘에서 땀을 들이거나 한담을 나누거나 따뜻한 양지 쪽에서 해바라기 하는 노친네들을 철따라 볼 수 있는 곳, 어느 때나 무리지어 깔깔거리는 학생들의 높은 웃음소리를 들을 수 있는 곳, 그곳이 경기전이다. 그 옛날 평범한 장삼이사라면 이른바 '잡인'으로 취급되어 감히 범접도 할 수 없었을 이곳이, 지금은 시민공원의 일부로써 예전의 위엄을 거두고 이렇게 만인의 쉼터가 되었다. 세월이 흐르고 시대가 바뀐 것이다. 하여 전주시의 숨구멍 같은 경기전은 철따라 모습을 바꾸며 시민의 벗으로서의 구실을 톡톡히 하고 있는 것이다.

풍남문

전주시 완산구 전동2가에 있다. 경기전에서 다시 풍남문광장 앞 사거리로 나와 앞으로 계속 난 길을 따라 50m 가면 풍남문 앞에 이른다. 주차장은 따로 없다. 경기전 앞 공영주차장에 주차하고 걸어가는 것이 편리하다. 숙식과 교통은 경기전과 동일하다.

중국 최초의 통일국가 진(秦)은 불과 2대를 넘기지 못하고 멸망하였다. 진 말기의 혼란을 수습하고 중국 천하를 재통일한 인물이 한고조 유방(劉邦)이다. 그는 시골 소읍 풍패(豊沛, 지금의 강소성 패현) 출신이었다. 전주는 조선을 건국한 태조 이성계의 관향(貫鄕)이다. 그래서 유방의 고향 풍패에 빗대어 지난날 전주를 흔히 '풍패향(豊沛鄕)', '풍패지향(豊沛之鄕)'이라고 부르기도 했다. 풍남문(豊南門)이란 이름에는 풍패향 전주의 남문이라는 뜻이 담겨 있다. 곧 전주성의 남문이 풍남문(보물 제308호)이다.

조선왕조가 서자 전주는 풍패지향으로 중시되어 태조 원년(1392) 완산유수부(完山留守府)로 승격되면서 호남지역을 관할하는 전라도의 수부(首府)가 되었다. 이에 따라 조선 초에 관찰사 최유경(崔有慶)의 주도로 전주성이 축성된 바 있다. 이때 쌓은 성이 오랜 시일이 지남에 따라 심하게 훼손되어, 영조9년(1733) 관찰사로 부임한 조현명(趙顯命)

풍남문
오백 년간 호남 수부의 성곽으로 군림하
던 전주성이 순종 원년 도시계획의 일환
으로 모두 헐리면서 유일하게 남은 성문
이다.

이 대대적인 개축을 시도하게 된다. 당시 그는 전주를 호남의 수도(首都)이자 호서(湖西) 출입의 인후(咽喉)로 생각하고 있었고, 따라서 전주는 비상시에 반드시 사수하여야 할 전략적 요충으로 보았다. 이런 판단을 배경으로 국가 유사시 전투성으로 이용하고자 옛성을 헐어버리고 견고한 석성을 새로 쌓아 완공을 보았다. 영조 10년(1734) 8월의 일이었다.

성의 동서남북 네 곳에 문루가 세워졌음은 물론이다. 그 가운데 남문은 안팎으로 홍예(虹霓)를 틀어올리고 그 위에 2층 문루를 올린 모습이었다. 이름은 명견루(明見樓), 풍남문의 전신이 된다. 하지만 이 건물은 얼마 지나지 않은 영조 43년(1767)년 공공건물 백여 채, 일반 민가 수천 채를 태워버린 대화재로 말미암아 불타버리고 만다. 이것이 다시 복구된 것이 이듬해 영조 44년(1768), 관찰사 홍낙인(洪樂仁)에 의해서였다. 문루를 옛모습대로 회복한 홍낙인은 전주가 "왕실이 발원한 곳이자 옛부터 풍패라고 일컬어 온 연고로"(璿潢發源之地 古有豐沛之稱故) 명견루를 풍남문이라 고쳐 부른다. 우리가 부르는 명칭이 여기서 비롯된다.

부침을 거듭하면서도 오백 년간 호남 수부의 성곽으로 군림하던 전주성은 순종 원년(1907) 도시계획의 일환으로 성곽과 성문이 모두 철거되는 비운을 맞는다. 불행 중 다행으로 그 와중에도 풍남문만은 화를 면하고 잔존하게 되었다. 그러나 그 뒤 세월과 더불어 종각과 포루(砲樓) 등 부속시설이 차례로 헐리거나 지면이 묻히는 등 옛모습을 크게 잃었다. 이것을 1978년부터 3년에 걸친 보수공사로 복원한 것이 지금의 풍남문이다.

복원된 풍남문은 남쪽 앞면을 U자형으로 두르고 있는 옹성(甕城), 좌우에 날개처럼 덧댄 종각과 포루, 그리고 이들이 모이는 자리에 우뚝 솟은 문루로 이루어져 있다. 문루는 중앙에 홍예문(虹霓門)을 낸 높직한 화강암 기단부 위에 중층 누각을 올려 세운 형식으로, 누각의 1층은 정면 3칸 측면 3칸, 2층은 정면 3칸 측면 1칸의 겹처마 팔작지붕 건축이다. 1층 누각 주위로는 벽돌로 마무리한 성가퀴[女墻]를 둘렀으며, 그 양쪽 옆면에 일각문인 협문(夾門)을 두어서 아래쪽으로 이어진 계단과 연결되도록 하였다.

1층은 주심포계 공포를 짜올렸다. 어간 기둥 위에 용머리를 초각한 초공(初栱)이 외부로 뻗었으며, 귀공포의 귀한대에도 용머리가 조각되어 있다. 창방 위에는 칸마다 귀면, 꽃이 꽂힌 꽃병, 코끼리, 사자 등 여러 가지 무늬가 새겨진 화반이 놓여 이채롭다. 내부에는 앞뒤 두 줄로 각각 4개씩 내진기둥을 세웠는데, 이것이 그대로 연장되어 위층의 기둥이 된다. 이러한 수법은 다른 문루건축에서 볼 수 없는 특이한 방식이다. 아래층 한켠에 놓인 목조계단을 통해 위층으로 오를 수 있다.

2층은 기둥 사이를 널벽으로 막고, 그것을 다시 칸을 질러 나눈 다음 칸마다 열쇠구멍처럼 총안(銃眼)을 내었다. 성문으로서의 기능을 상기시키는 장치다. 천장은 서까래가 훤히 드러나는 연등천장으로 처리하였다. 2층 남면과 북면 어간 상단에 각각 '南門', '湖南第一城'이라고 씌어진 편액과 현판이 걸려 있는데, 편액은 1842년에 부임한 감사 서기순(徐箕淳)이 쓴 것이라 전한다.

풍남문은 우리 근대사의 굵은 매듭, 갑오농민전쟁의 현장이기도 하다. 1894년 1월 고부 관아의 점령을 시발로 봉기한 농민군은 4월 7일 황토

현에서 관군을 격파하고 다시 4월 23일 장성 황룡촌 전투에서 승리한 뒤 곧바로 갈재를 넘어 정읍, 태인, 금구를 거쳐 26일에는 전주성의 턱밑인 삼천(三川)에 이르렀다. 여기서 전주성까지는 불과 4km, 용머리고개를 넘으면 코앞이 전주였다. 이튿날 용머리고개에 올라 전주성을 굽어본 농민군은 성난 파도처럼 전주성을 덮쳤다. 이에 전(前) 감사 김문현은 네 곳의 성문을 닫고 서문 밖 민가 수천 채를 불태워 농민군의 공격을 차단하도록 명령했다. 그러나 한낮이 되자 서문이 저절로 열리면서 농민군은 남문과 서문을 통하여 물밀듯이 성안으로 밀려들었다. 그러자 감영군은 겨우 포 한 발을 응사하고는 패주하고 말았다. 당시의 상황을 오지영(吳知泳)의 『동학사』(東學史)는 이렇게 기록하고 있다.

명견루 내부
풍남문의 2층 문루인 명견루 내부 모습으로 널문으로 모두 막혀 있지만 들어올리면 사방으로 모두 트여 바깥을 내려다볼 수 있다.

이때는 4월 27일 전주 서문 밖 장날이라 무장, 영광 등지로부터 사잇길로 사방으로 흩어져오던 동학군들은 장꾼들과 함께 싸이어 미리 약속이 정하여 있던 이날에 수천 명의 사람들은 이미 다 시장 속에 들어왔다. 때가 오시(午時)쯤 되자 장터 건너편 용머리고개에서 일성(一聲)의 대포소리가 터져나오며 수천 방의 총소리가 일시에 장판을 뒤엎었다. 별안간 난포(亂砲) 소리에 놀란 장꾼들은 정신을 잃어버리고 뒤죽박죽이 되어 헤어져 달아난다. 서문으로 남문으로 물밀듯이 들어가는 바람에 동학군들은 장꾼과 같이 섞여 문 안으로 들어서며 일변(一邊) 고함을 지르며 일변 총질을 하였다. 서문에서 파수 보던 병정들은 어찌된 까닭을 몰라 엎어지며 자빠지며 도망질을 치고 말았다. 삽시간에 성안에도 모두 동학군의 소리오, 성밖에도 또한 동학군의 소리다. 이때 전대장(전봉준)은 완완(緩緩)히 대군을 거느리고 서문으로 들어와 좌(座)를 선화당(宣化堂)에 정하니 어시호(於是乎) 전주성은 이미 함락이 되었다.

호남의 심장부이자 최대의 관문이던 전주성은 이렇게 농민군의 수중에 들어갔다. 갑오농민전쟁 전 과정 가운데 최대의 승리였다. 이후 농민군은 5월 7일 유명한 전주화약(全州和約)이 맺어질 때까지 풍남문과 마주보는 완산 칠봉에 주둔한 경군(京軍)과 대치하며 공방을 거듭했다.

그날 성안으로 밀려들던 농민군의 함성과 환희, 숨가쁘게 전개되던 관군과의 공방전, 그 거친 숨결과 비탄을 모두 지켜보았을 풍남문은 예나 이제나 말이 없다. 다만 주위로 형성된 남문시장 골목골목에서 이루어지는 농민군 후예들의 고단하고 신산스런, 잘해야 대수로울 것 없는 삶을 물끄러미 응시하고 있을 뿐이다.

전주객사

'客舍靑靑柳色新'(객사청청유색신)이란 남의 나라 시구가 오래도록 우리네 입에 오르내린 데서 알 수 있듯이, '객사' 하면 외로운 서정이 흐르고, 만나고 헤어짐이 이루어지며, 때로는 가연(佳緣)이 맺어지기도 하는 낭만적인 장소를 연상하게 된다. 그 말만으로도 길손의 가슴속에 따뜻한 등불이 켜지는 공간이 예전의 객사였는지도 모른다.

그러나 우리 전통건축에서 말하는 객사란 이렇게 여염의 누구라도 나그네가 되어 묵을 수 있는 그런 곳이 아니라 좀더 딱딱하고 '근엄한' 곳이다. 여기서의 그것은 객관(客館)이라고도 불리던, 고려·조선 시대에 각 고을에 설치하였던 관사(館舍)를 일컫는다. 고려조까지만 해도 외국 사신이 내왕할 때 묵거나 연회를 갖는 것이 객사의 주된 기능이었다. 조선에 들어와서는 그 기능이 차츰 넓어져 사신의 영접은 물론 임금을 상징하는 전패(殿牌)를 안치하고 매달 초하루와 보름에 대소 관리들이 국왕에 대한 예(禮)를 행하는 장소였고, 나라에 경사나 국상(國喪)이 있을 때는 관민이 모여 의식을 거행하는 곳이었으며, 새로 도임한 관리가 가장 먼저 배례(拜禮)하는 데가 여기였고, 왕명을 받은 신하가 머물면서 교지(敎旨)를 전하던 자리 또한 객사였다.

객사는 보통 몇 채의 건물로 구성되었다. 객사의 중심건물이 되는 주관(主館)을 중심으로 그 좌우에 두 날개처럼 익실(翼室)을 두고, 앞쪽으로는 중문, 외문이 들어선다. 그밖에 옆면으로 회랑 비슷한 낭무를 덧대거나 관리를 위한 수직사(守直舍) 따위가 부속되기도 한다. 이때 주

전주시 완산구 중앙동에 있다. 풍남문에서 다시 풍남문광장 앞 사거리로 나와 왼쪽 전주 시내로 난 27번 국도를 따라 약 500m 가면 충경로 사거리에 닿는다. 충경로 사거리에서 왼쪽으로 난 시도로를 따라 약 50m 가면 길 오른쪽에 있다. 주차장은 따로 없다. 경기전 앞 공영주차장에서 주차하고 걸어가는 것이 편리하다. 숙식과 교통은 경기전과 동일하며 충경로 사거리에서 내린다.

한솔종이박물관(T.063-210-8000)은 전주시 덕진구 팔복동에 있다. 충경로 사거리에서 왼쪽 호남고속도로 전주교차로로 난 1번 국도를 따라 약 6km 가면 철길을 앞두고 길 왼쪽에 한솔제지 표지판과 함께 팔복동 장비공단으로 들어가는 길이 나온다. 장비공단으로 난 길을 따라 약 1km 가면 한솔제지가 나오고 한솔제지 안에 한솔종이박물관이 있다. 전주 시내 진북광장 오거리 등 팔달로 변에서 한솔제지로는 약 10분 간격으로 장비공단행 71, 80, 85-1, 89번 시내버스가 다닌다. 한솔종이박물관은 관람료와 주차료를 받지 않는다. 오전 9시부터 오후 5시까지 문을 열며 매주 월요일과 공휴일은 휴관한다. 20인 이상 단체관람은 미리 예약해야 한다.

전주객사
여느 객사와 다름없이 주관과 좌우 익헌
으로 구성되어 있지만 기둥이 훤칠하고 칸
과 칸 사이 또한 넓어 권위와 당당함을 자
랑한다.

관 바닥에는 전돌이나 돌을 깔고, 익실에는 온돌을 놓는 것이 흔한 형태
였다.

객사는 그 기능상 중앙에서 파견한 관료가 주재하는 곳이면 거의 빠
짐없이 지어져 전국적으로 상당수에 달했을 것이다. 그러나 오늘날 남
아 있는 것은 아주 적고, 그나마 본래의 모습을 제대로 지닌 안변객사,
성천객사 등은 북한에 위치하여 가볼 수 없는 실정이다. 2000년 현재
지방유형문화재로 지정된 객사로는 부산의 다대포, 전북의 흥덕·순창,
경북 안동의 선성현, 경남의 장목진 객사 등을 비롯하여 여럿이 있으며,
보물로 지정된 것으로는 전주객사(보물 제583호)와 여수 진남관(보물
제324호)이 있다. 객사의 부속건물로서는 강릉객사의 정문이던 강릉 객
사문(국보 제51호), 밀양객사에 딸린 누각이었던 영남루(보물 제147
호) 정도가 두루 알려진 것이라 하겠다.

전주객사가 언제쯤 창건되었는지는 분명치 않다. 다만 성종 2년(1471)
전주부윤이던 조근(趙瑾), 판관 김신(金信)이 주동하여 전주사고(全
州史庫)를 창건하고 남은 재목으로 서익헌을 동익헌과 같은 규모로 고
쳤다는 기록이 있는 것으로 보아 그보다 앞서 이미 객사가 있었음을 알
수 있다. 옛날에는 주관과 양 익헌은 물론 매월당(梅月堂), 청연당(淸
燕堂) 등 부속건물이 들어서고 뒤뜰에는 진남루(鎭南樓)라는 누각이
있었으며 삼문(三門) 형식의 정문이 있었다고 하지만, 지금은 주관과

경기전, 풍남문, 전주객사가
있는 전주 시내 풍남문광장 앞 사거리에
서 1번 국도를 따라 호남고속도로 전주교
차로 방면으로 2.5km쯤 가다보면 길오
른쪽에 덕진공원 입구가 나오고, 조금만
들어서면 덕진공원에 닿는다. 고려 때부
터 조성된 덕진공원의 연못은 약 3만 평
이 넘는데 해마다 여름이면 연못 절반을
덮는 연꽃밭이 장관이라 여름철에 꼭 들
러볼 만하다.
입장료는 무료이며, 차는 공원 후문에 있
는 주차장을 무료로 이용할 수 있다.
덕진공원 관리사무소 T.063-281-
2436

전주객사 앞에서 다시 충경로 사거리로 나와 오른쪽 순창·경기전 쪽으로 약 250m쯤 가면 도청삼거리가 나온다. 도청삼거리에 오른쪽 정읍·김제 방면으로 난 1번 국도를 따라 5.5km쯤 가면 길 오른쪽에 국립전주박물관(T.063-223-5651)이 있다. 전주 시내 곳곳에 국립전주박물관으로 다니는 버스가 많이 있다. 28, 50, 51, 61, 333번 등 통계청행 시내버스를 타고가다 박물관 앞에서 내린다.
국립전주박물관 입장료
19~64세 1,000·7~18세 500원이며 6세 이하와 65세 이상은 무료, 주차료도 무료이다.
관람시간
9:00~18:00(매표마감 17:00)
토·일, 공휴일은 1시간씩 연장된다.

전주객사 편액
주관 한가운데 걸려 있는 매우 큰 편액으로, 풍패지관이라고 거침없이 씌어 있는 글씨의 한 글자 높이만도 1m가 넘는다.

서익헌, 1999년 말 다시 복원한 동익헌, 그리고 수직사만 보일 뿐이다.

주관은 정면 3칸 측면 4칸의 겹처마 맞배지붕 단층건물이다. 주관에서 가장 먼저 눈에 띄는 것은 편액이다. '豊沛之館(풍패지관)이라고 쓴 글씨가 보통 큰 게 아니어서 한 글자의 키가 1m를 넘으니, 옆으로는 칸살 하나를 다 차지하고 위로는 창방에서 서까래 끝동까지를 가득 메웠다. 담긴 뜻은 이미 풍남문에서 보았듯이 '풍패향 전주의 객관'이 되겠다. 편액이 이 정도니 집 또한 거기에 걸맞게 높직하고 큼지막하다.

장대석으로 두른 외벌대 기단이 야트막하다. 그 위에 덤벙주초를 놓고 두리기둥을 세웠는데, 기둥이 훤칠하게 길 뿐더러 칸살 또한 아주 넓어 비록 3칸집이지만 풍패향의 객사답게 당당함을 자랑한다. 기둥 위로는 창방을 건너지르고 주심(柱心)에만 공포를 짜올렸다. 주심포집이다. 주두 위에 짜맞춘 공포는 도리 방향으로는 주심도리를 받는 첨차와 외목도리를 받는 행공첨차에 모두 소첨차와 대첨차를 겹쳐 올렸으며, 보 방향으로는 쇠서가 날카로운 살미첨차를 3단으로 두었다. 첨차 아랫부분이 모두 굴곡이 많게 조각되어 꽤나 장식적인 모습이다. 주심포 양식의 말기적인 수법으로 보인다. 정면에는 칸마다 사분합문을 달았으며, 그 위로는 흡사 홍살문처럼 살대를 촘촘히 꽂아 독특한 모양새를 보인다. 분합문은 띠살문인데, 기둥이 높다보니 문짝 또한 길쭉하여 시원스러우면서도 은근한 권위가 느껴진다.

서익헌은 정면 5칸 측면 3칸의 주심포 건물이다. 지붕은 독특하여 주관과 맞닿은 동쪽은 맞배, 반대쪽 서편은 팔작지붕이다. 두 건물을 바짝 붙여 지을 때 생기는 필연적인 결과인 동시에 동익헌도 같은 구조로 되어 있어 주관과 연결된 전체가 팔작지붕의 장중한 단일건물로 인식되는 효과가 있다. 부분부분을 구성하는 수법은 대개 주관과 흡사하다. 하지만 공포의 짜임은 약간 달라서 주두 위의 첨차나 행공첨차 모두 첨차를 하나씩만 쓰고 있으며, 살미첨차 역시 2단으로 정리하여 주관보다 격을 낮추고 있다. 평면은 중앙의 3칸에 넓은 대청이 있고, 그 양쪽에 정면 1칸 측면 2칸의 방을 배치한 다음 앞쪽으로는 전체에 툇마루를 깐 형식이다. 가운데 대청을 툇마루보다 한 단 높게 만든 것이 눈에 띈다.

서익헌의 앞쪽에 있는 수직사는 정면 3칸 측면 1칸 반의 단층 맞배지붕 건물이다. 평면은 동쪽 2칸이 온돌방, 서쪽 1칸이 마루이며, 앞쪽의 반 칸은 툇마루를 낸 구조이다. 측면에서 보면 도리가 다섯 줄 걸린 5량가(五樑架)임을 알 수 있다. 도리는 단면이 네모진 납도리를 사용하고 있으며, 이 납도리를 받치는 부재로 장여만을 썼을 뿐 다른 어떠한 부재도 첨가하지 않은 이른바 민도리집이다. 박공판은 폭이 좁아 서까래를 채 가리지 못하고 있으며, 종보나 들보는 휘어지고 비틀린 나무를 그대로 사용하고 있다. 게다가 필요최소한의 부재를 사용하여 집을 얽고 있음이 한눈에 드러난다. 어찌 보면 너무 궁색스럽지만 달리 생각하면 천연덕스럽다. 그래 그런지 수직사의 옆면을 바라보고 있으면 눈도 마음도 긴장이 풀리고 편안해진다.

송광사

'송광사' 하면 누구나 얼른 전남 순천에 있는 조계산 송광사를 떠올릴 것이다. 그러나 지금 우리가 찾아가고 있는 곳은 전북 완주군의 종남산(終南山) 송광사이다. 물론 두 절은 전혀 별개의 사찰이다. 하지만 아무 인연이 없는 것은 아니다. 한글은 물론 한자로도 '松廣寺'라고 같게 표기하고 있으니 필시 무슨 연유가 있으리라는 짐작쯤은 아무라도 해봄직하다. 송광사의 역사를 기록한 「송광사개창비」(松廣寺開創碑)에는 이런 내용이 있다.

옛날 고려의 보조국사가 전주의 종남산을 지나다가 한 신령스런 샘물을 마시고는 기이하게 여기어 장차 절을 경영하고자 했다. 마침내 사방에 돌을 쌓아 메워두고 승평부(昇平府, 지금의 순천시)의 조계산 골짜기로 옮겨가 송광사를 짓고 머물렀다. 뒷날 의발(衣鉢)을 전하면서 그 문도들에게 이르길 "종남산의 돌을 메워둔 곳은 후일 반드시 덕이 높은 스님이 도량을 열어 길이 번창하는 터전이 되리라" 했다. 그런데 수백 년이 지나도록 도량이 열리지 못했으니 실로 기다리는 바가 있기 때문이었으리라. 응호, 승명, 운정, 덕림, 득순, 홍신 스님 등이 서로 마음

완주군 소양면 대흥리에 있다. 전주객사 앞에서 다시 충경로 사거리로 나와 왼쪽 전주 시내로 난 1번 국도를 따라 1.3km 가면 진북광장 오거리가 나온다. 진북광장 오거리에서 다시 오른쪽 모래내·전주역 방면으로 난 길을 따라 1.7km 가면 안골광장 사거리가 나오고, 안골광장 사거리에서 앞으로 계속 난 길을 따라 1.2km 가면 우아교차로로 나온다. 우아교차로에서 앞으로 계속 난 26번 국도를 따라 진안 방면으로 5.3km 가면 황운교차로에 닿는다. 황운교차로에서 오른쪽으로 난 길을 따라 2.6km 가면 마수교를 앞두고 길 왼쪽에 송광사·위봉사 표지판과 함께 741번 지방도로가 나온다. 741번 지방도로를 따라 2.5km 가면 길 오른쪽 앞에 한미당슈퍼가 있는 사거리가 나온다. 한미당슈퍼 앞 사거리에서 왼쪽으로 난 길을 따라 작은 다리를 건너면 송광사에 닿는다. 대형버스는 한미당슈퍼 앞 사거리 100m 정도 못미처 왼쪽으로 난 다리를 건너면 송광사 앞까지 갈 수 있다. 송광사 주차장은 대형버스도 여러 대 주차할 수 있다. 송광사 주변에는 숙식할 곳은 있으나 그리 마땅치 않다.

으로 맹세하되 보조스님의 뜻을 이루고자 하여 정성을 다해 모연(募緣)하니 뭇 사람들이 그림자 좇듯 하였다. 이에 천계(天啓) 임술년(1622) 터를 보고 방위를 가려 땅을 고르고 풀과 나무를 베어내며 산과 바위를 깎아 가람(伽藍)을 이룩하였다.

결국 보조스님과 인연이 닿아 있어 그 뜻을 받들다보니 절 이름까지도 같게 되었다는 얘기다. 아울러 우리는 이 비문 내용을 통해서 송광사가 조선 후기에 창건되었음도 알 수 있다. 비의 이름 자체가 '개창비'인데다 그것을 건립한 해도 창건불사가 마무리된 1636년이니 이 사실에 착오가 있을 리는 별로 없어 보인다. 한데 절에 전해오는 이야기는 전혀 엉뚱하다. 통일신라 경문왕 7년(867) 가지산문의 제3조 보조 체징(普照 體澄, 804~880)선사가 송광사를 창건했다는 얘기다. 심지어 어떤 기록에는 체징스님의 할아버지뻘 되는 가지산문 개창자 도의선사를 창건주로 꼽고 있기도 하다. 그러나 이런 통일신라시대 창건설은 아무런 문헌적 근거를 지니고 있지 않으며, 그를 뒷받침하는 유물이나 유적 또한 현재로선 전혀 알려진 바 없다. 아마 체징스님과 지눌스님의 호가 같고, 여기에 자기 절의 역사를 가능한 한 올려보려는 생각이 더해져 이와 같은 주장이 제기된 것이 아닌가 한다.

송광사는 종남산 아래 널찍하게 펼쳐진 수만 평 대지 위에 터를 잡고 있다. 이른바 평지사찰이다. 평지사찰로서의 특징은 이곳을 찾는 사람들이 일주문 앞에 서기만 해도 금세 눈에 들어온다. 일주문, 금강문, 천왕문, 대웅전의 중심축이 일직선상에 있어 이들 각 건물의 문들이 틀을 만들며 점차 작아지다가 열어놓은 대웅전 어간문 안의 어둠 속으로 수렴된다(다만 현재는 1998년 완공한 대웅전 앞 석탑이 대웅전 어간 일부를 가리고 있다). 엄정성을 읽을 수 있는 정연한 구조이다. 산지사찰과는 판이하게 다른 진입방식이요, 가람배치이다. 당연히 평지라는 지형적 특성이 십분 고려된 것이겠지만, 옛 백제지역 사찰들이 보여주는 평지성의 면면한 전통을 여기서도 새삼 확인할 수 있다.

그러나 여기서 끝이다. 천왕문을 넘어서는 순간 어딘가 휑뎅그렁한 분위기가 우리를 덮친다. 날이 선 엄정성이 절 전체로 파급, 확장되는 모

송광사 일주문
절로 들어서면서 제일 먼저 만나는 건물
로 기둥이나 여러 부재들이 유난히 가늘
어 섬약해보이는데, 그 때문에 포작에 받
쳐진 지붕이 하늘에 떠 있는 듯한 묘한 느
낌을 준다.

습을 더 이상 찾아볼 수 없다. 대웅전의 앞뒤로 흩어져 있는 전각들—
십자각, 지장전, 관음전, 첨성각, 오백나한전, 약사전, 삼성각 등—
은 너른 대지 위에 띄엄띄엄 떨어져 있다. 말 그대로 '흩어져' 있는 모
양새이고, 하나의 점 혹은 파편으로 존재할 뿐이다. 그저 낱낱의 건물
이 고립분산적으로 독립해 있을 뿐 건물들 상호간에 어떠한 유기적 연
관성도 발견하기 어렵다. 건축이 생활을 담는 그릇일진대 과연 이런 건
축 구조와 수행공동체를 지향하는 불가의 생활방식이 무리 없이 조화를
이룰 수 있을지 적이 의심스럽다.

　송광사 건축의 이러한 분산성은 또 다른 문제를 낳고 있다. 조선 후
기에 창건된 탓인지 유감스럽게도 송광사의 건물들을 하나하나 뜯어보
면 십자각을 제외하곤 사람의 눈과 마음을 강하게 비끄러맬 만한 것이
없다. 말하자면 어느 건물도 이렇다 할 구조의 미 또는 공예적 장식미를
보여주지 못하는 셈이다. 이럴 경우 그 약점을 보완, 수정하여 강점으
로 환치시키는 방법으로 생각해볼 수 있는 것이 집합성이다. 별볼일 없
는 것들이 기능적으로 결합될 때 생겨나는 힘, 그것은 이를테면 군집의

　송광사 입구 피수교에서 송
광사에 이르는 2.5km 구간에는 길 양
옆으로 해묵은 벚나무가 우거져 있다. 이
길은 봄에는 만개한 벚꽃들로 온통 흰 터
널이 되며, 가을에는 붉은 벚나무 단풍 터
널이 되어 장관을 이룬다.

미, 집체의 미, 그리고 조화의 미일 텐데, 송광사 건축은 애석하게도 이런 미덕을 전혀 살리지 못하고 있다. 반대로 산지가람이라면 덜 드러났을 고립성, 분산성이라는 구조적 결함이 평지라는 지형적 특성 때문에 훨씬 강하게 노출되어 그 황량함이 두드러진다.

그러면 송광사의 가람배치가 창건 때부터 지금과 같았을까? 그랬을 것 같지는 않다. 적어도 일주문에서 대웅전으로 이어지는 중심축을 설정하고 그 선 위에 가지런하게 건물들을 배치한 점으로 본다면 그밖의 건물들도 어떤 원칙과 조형 원리에 입각해서 위치가 정해졌을 법하다. 물론 추론에 지나지 않는 것이긴 하지만 그래야 합리적이지 않겠는가. 아무튼 지금의 송광사는 건물군이 보여주는 짜임새에서 많은 허점을 드러내고 있음에 틀림없고, 최근에는 이런 바람직스럽지 못한 현상이 가속화되는 느낌이다. 예를 들면 창암 이삼만이 글씨를 쓴 편액이 인상적이던 명부전을 헐고 지장전으로 이름을 바꾸어 더 크게 새로 지으면서 집을 오른쪽 뒤편으로 훨씬 물려 앉히는 바람에 다른 건물과의 연계성을 더 떨어뜨린 점이라든지, 건축적 고려 없이 마당 가운데 세우면서 중심축을 벗어난 석탑이라든지, 국적 불명의 쌍석등을 난립시키는 따위가 모두 그런 경우이다. 요즘 사람들의 즉흥성과 안목 없음을 탓할밖에 별도리가 없으니 한심스러울 따름이다.

대개 이상과 같은 점을 미리 염두에 두고 송광사를 돌아본다면 공연한 실망을 덜 수 있음은 물론 소소한 재미와 소득이 없지는 않을 터이다.

절로 들어서면서 제일 먼저 만나는 건물, 일주문은 다포계 맞배지붕 양식이다. 조선시대 다포계 건물의 경우 대체로 시대가 내려올수록 공포의 생김새가 나약해지는 경향이 있다. 송광사 일주문은 그 정도가 조금 심하여 공포뿐만 아니라 서까래와 덧서까래, 창방 뺄목 대신 고개를 내민 용머리, 문의 앞뒤로 덧댄 보조기둥 따위들이 모두 유난히 가늘어 일주문의 인상을 섬약하게 만드는 요인이 된다. 이런 섬약함 때문인지 일주문의 또 다른 인상은 일종의 가벼움이다. 어딘가 모르게 진득하게 땅에 몸 붙이고 있는 자세가 아니라 쉽게 하늘로 날아오를 듯하다. 그래서 어떤 순간에는 기둥이 의식되지 않고 포작에 받쳐진 지붕만이 허공에 떠 있는 것 같은 묘한 착각을 일으키곤 한다. 전라북도 유형문화재 제

4호이다.

　금강문을 지나 사천왕문 안으로 들어서면 여느 절집처럼 사천왕이 지
키고 있다. 여기 사천왕은 흙으로 빚어 만든 소조(塑造)이다. 흔히 이
곳 사천왕상을 소개하면서 뛰어난 사실성과 세부 묘사의 성실성을 언급
하지만, 글쎄 그게 다른 천왕상들과 뚜렷이 드러날 만큼 차이가 큰지는
모르겠다. 흙을 이겨서 4m가 넘는 신상을 조성하면서 이 정도 성실성
을 보여준다는 점은 평가할 수 있겠지만 그 이상도 이하도 아닌 듯하다.
오히려 이 사천왕상에 주목하는 이유는 제작연대가 분명하다는 점 때문
이라 해야 솔직하리라. 오른손으로는 당(幢)을 잡고 왼손 위에는 보탑
(寶塔)을 올려놓은 서방 광목천왕(廣目天王)이 쓰고 있는 보관의 뒷
면 끝자락에 "順治己丑六年七月日畢"(순치기축육년칠월일필)이라는
먹글씨가 남아 있어 1649년에 이들 사천왕상이 만들어졌음을 알 수 있
다. 이로써 조선시대 소조 사천왕상의 기준작을 얻게 된 셈이고, 이 점
이 송광사 사천왕상이 갖는 의의라 하겠다. 1997년 보물 제1255호로
지정되었다.

　천왕문을 넘어서면 중정이고 그 너머 정면으로 대웅전이 우람하다. 대
웅전은 송광사의 주불전으로 정면 5칸 측면 3칸의 겹처마 팔작지붕 다
포계 건물이다. 절이 창건될 무렵 처음 지어졌고, 1857년 중건되었다.
꽤 큰 건물이다. 외관에 걸맞게 기둥이 튼실하고 훤칠하다. 그런데 어

송광사 대웅전
정면 5칸 측면 3칸의 겹처마 팔작지붕 다
포계 건물로 규모가 매우 크고 튼실하다.

찐지 처마가 깊지 않아 집 전체의 조화가 썩 훌륭한 편은 아니다. 제대
로 조화가 맞았더라면 장중한 맛을 한껏 드러냈으련만 도리어 점잖은 도
포 차림에 양태 좁은 갓을 쓴 것마냥 어딘지 어색하다. 처음 세울 때는
2층이었으나 중건하면서 단층으로 고쳐 지었다고 하는데, 그런 연유로
건물 각 부분의 비례가 적정치 않은 것인지 모르겠다. 기둥머리에는 창
방과 평방을 물리고 그 위로 공포를 올려 다포집 전형의 모습을 보이는
데, 이 집의 특색은 그 아래에 있다. 즉 정면의 창방과 상방 사이 공간
을 벽면으로 처리하고 각각의 칸을 균등하게 셋으로 나눈 다음 칸칸이
벽화를 채운 것은 일반적인 방식이 아니다. 보통은 여기에 빗살무늬 교
창을 둔다.

안으로 들어가 보면 천장의 꾸밈새가 다채롭다. 천장은 가운데 3칸은
우물반자를 치고 나머지 외진부는 경사진 빗천장을 꾸몄다. 불상 위 천
장에는 간단한 운궁형 보개를 씌웠으며, 우물천장에는 칸마다 돌출된 용,
하늘을 나는 동자, 반자틀에 붙인 갖은 물고기·게·거북 혹은 자라 따위
바다짐승 등 온갖 조각으로 장식되어 있다. 개중에는 꼬리에 꼬리를 물
고 어디론가 바삐 줄지어 가는 자라, 새끼를 등에 업고 네 활개를 젓는

거북도 눈에 띈다. 빗천장에는 악기를 연주하거나 춤추는 모습의 비천
도 20여 장면이 천장화(天障畵)로 그려져 있다. 19세기 중건 당시에
완성된 것들로 생각되는데, 비교적 색채도 선명하고 활달한 동세가 구
김살없이 표현되어 눈을 즐겁게 한다.

  법당의 주인공은 아무래도 불상이 되겠다. 중앙에 석가, 동쪽에 약사,
서쪽에 아미타여래가 삼존불로 모셔져 있는데, 흙으로 만든 이 불상들
은 각각의 높이가 5.5, 5.2, 5.2m나 되는 거대한 크기를 자랑한다. 소
조상으로는 국내에서 가장 큰 것으로 알려진 이분들은 그 크기가 어찌
나 대단한지 법당 안이 그들먹하다. 때문에 불상과 천장 사이의 공간은
여유롭지 못하고, 수미단과 앞면 기둥열의 간격이 좁아 예배 공간은 옹
색하며, 수미단조차 3단이 아닌 2단으로 낮추어 만드는 편법을 구사하
고 있다. 공간 활용이 이렇게 비합리적임을 무릅써가며 이만큼 불상을
크게 만들어야 하는 이유가 따로 있는지 의아스럽다. 혹 법당이 2층이
었을 때에는 그런대로 집과 어울렸을까? 모를 일이다.

  근년 도난사건이 빌미가 되어 삼존불의 복장유물(腹藏遺物)이 수습
되었다. 특히 주목되는 것은 세 불상에 똑같은 내용으로 납입된 「불상
조성기」(佛像造成記)이다. 그 가운데 "이 불상을 만드는 공덕으로 주
상전하는 목숨이 만세토록 이어지고 왕비전하도 목숨을 그와 같이 누리
시며, 세자저하의 목숨은 천년토록 다함없고 속히 본국으로 돌아오시며,
봉림대군께서는 복과 수명이 늘어나고 또한 환국하시기를 …… 원하옵

송광사 소조삼존불
각각의 높이가 5m가 넘는 우리나라에서
가장 큰 소조삼존불이다. 나라에 변고가
생기면 불상에서 땀이 흐른다고 전한다.

니다"(以此造像功德奉爲 主上殿下壽萬歲 王妃殿下壽齊年 世子邸
下壽千秋 速還本國 鳳林大君增福壽 亦爲還國 … 之願) 하는 내용
이 담겨 있다. 이로써 우리는 임금과 왕비의 만수무강을 빌고 병자호란
으로 청나라에 볼모로 잡혀간 소현세자와 봉림대군의 조속한 환국을 기
원함도 이들 불상 제작 배경의 하나였음을 알 수 있다. 우리 역사의 서
글픈 장면 하나가 일견 세상과 무관한 듯한 불상에조차 화인(火印)처
럼 남은 것이다. 또 조성기 첫머리에 불상을 만든 때를 밝히면서 '崇禎
十四年'과 '崇德六年'(1641)이라고 명(明)과 청(淸)의 연호를 나란
히 기록하고 있음도 눈에 띤다. 이 사실을 통해 우리는 동아시아 질서가
재편되는 혼란기에 명, 청 양국의 눈치를 살펴야 했던 약소국 조선의 딱
한 처지도 손금보듯 읽어낼 수 있다. 대웅전 삼존불은 우리 역사의 한 페
이지를 가감없이 고스란히 간직한 불상이라 하겠다.

대웅전 수미단 위에는 전패(殿牌) 또는 원패(願牌)라고 불리는, 조
각이 아름다운 목패(木牌) 세 개가 서 있다. 왕, 왕비, 왕세자의 만수
무강을 비는 축원패이다. 셋 모두 크기가 2m가 넘어 전패치고는 가장
큰 편에 속한다. 화염을 날리며 구름 속에서 꿈틀대는 용무늬가 복잡하
게 전체를 뒤덮고 있는 앞면은 뛰어난 조각 솜씨를 보인다. 뒷면에는 인
조 때 만들었다는 것과 정조 때인 1792년 수리하였다는 사실을 알려주
는 먹글씨가 남아 있다. 크기로나 새긴 솜씨로나 또 만들어진 연대가 드
러난 점으로나 눈여겨봄직한 유물이다.

그동안 전라북도 유형문화재 제70호로 지정되어 있던 대웅전은
1996년 보물 제1243호로 등급이 승격되었고, 삼존불상과 그 복장유물
은 1997년 보물 제1274호로 새롭게 지정되었다.

절 건물 가운데 범종, 목어, 운판, 법고의 네 가지 법구(法具), 곧 사
물(四物)이 비치된 곳이 범종각 혹은 범종루이다. 엄격히 구분한다면
종각은 단층, 종루는 누각 형태의 2층을 가리킨다. 송광사에는 대웅전
의 남서쪽, 현재는 요사채로 쓰이는 관음전의 비스듬한 앞쪽에 범종루
가 있다. 우리 전통건축에서는 아주 드문 십자형 평면을 채택하여, 누
마루를 경계로 아래위 동일선상에 12개씩의 누하주와 누상주를 세우고,
그 위에 다포계 팔작지붕을 교차시켜 짜올린 대단히 독특한 외관을 뽐

송광사 범종루
우리나라 건축물 중에서는 보기 드물게 십
자형 평면을 가진 건물로 부재를 하나하
나 살펴보면 매우 섬약하나 수많은 기둥
과 처마밑의 빼곡한 공포로 인하여 현란
하고 화사한 느낌을 준다.

내는 건물이다.

　바닥이 지면과 별 차이가 없는 누각 아래층은 주춧돌과 기둥을 제외
하면 거칠 것 없이 열린 구조이고, 그 서북쪽 귀가 만나는 곳에 누마루
로 오르는 계단이 걸렸다. 사물이 걸려 있는 누각은 면마다 돌아가며 간
결한 계자난간을 돌렸다. 누마루의 중심을 이루는 4개의 기둥에는 기둥
을 휘감고 솟아오르는 용을 그려넣어 돋보이게 장식을 하였다. 기둥 위
로는 창방을 건너질렀는데, 대들보 없는 이 건물에서 그 구실을 겸하고
있다. 평방 위로 짜올린 공포는 가냘프게 휘어올라간 앙서형의 살미, 두
께가 얄팍한 첨차 등 하나하나 뜯어보면 매우 섬약하다. 또 서까래와 덧
서까래도 가늘고 길어 연약해보인다. 그러나 이들이 어울려 빚어내는 울
림은 전혀 다르다. 기둥 사이의 간격이 2.5m, 따라서 한 면의 길이가
7.5m에 지나지 않는 작은 규모의 집에 귀공포가 여덟 군데나 놓이고 기
둥 사이마다 주간포를 짜올렸으니 처마밑은 공포로 빼곡하여 섬세하고
현란하며 화사하다. 공포를 구성하는 낱낱 부재가 가볍다보니 그것들이
모여서 이루는 느낌도 가뿐하고, 산뜻하고, 날렵하다. 마치 범상한 목
소리를 가진 한 사람 한 사람이 모여 고된 훈련 끝에 부르는 화려한 합
창 같고, 보잘것없는 풀꽃들이 가득 모여 이룬 커다란 군락 같다. 밀집

송광사 개창비
창건불사가 마무리된 1636년에 세워진
비로 불교사 연구의 귀중한 자료이다.

한 공포들이 보여주는 아름다움의 한 본보기를 여기서 만날 수 있다.

종루는 1857년 대웅전을 중건할 때 함께 중창된 것으로 전해온다. 종전에는 전라북도 유형문화재 제3호로 지정되어 있었으나, 1996년 '완주 송광사 종루'라는 이름으로 보물 제1244호로 승격되었다. 십자형 평면으로 말미암아 십자각이라는 이름으로도 불린다.

대웅전을 옆으로 비껴 절의 동북쪽 귀퉁이로 빠져나가면 절의 내력이 적힌 '송광사개창비'를 만날 수 있고, 거기서 내쳐 걸으면 긴 돌각담에 둘러싸인 이 절의 부도밭이 나온다. 송광사개창비는 절의 창건불사가 마무리된 1636년 세워졌다. 거북받침, 몸돌, 지붕돌로 이루어졌는데 거북받침은 화강암, 몸돌과 지붕돌은 대리석 통돌이다. 비머리의 앞면에는 '全州府松廣寺開創之碑'(전주부송광사개창지비), 뒷면에는 '賜號禪宗大伽藍寺'(사호선종대가람사)라고 전서(篆書)로 제액(題額)하였고, 그 아래로 앞뒷면에 글씨가 빽빽하다. 글을 짓고 전서를 쓴 사람은 선조의 부마였던 동양위 신익성(東陽尉 申翊聖, 1588~1644)이고, 글씨는 선조의 여덟째아들 의창군 광(義昌君 珖)이 썼다. 이미 대웅전 삼존불의 조성 경위에서 우리는 송광사와 왕실 사이에 어떤 관련이 있음을 짐작한 바 있지만, 국가에서 '선종대가람'이란 이름을 내리고 왕실과 가까운 사람들이 비의 제작에 참여하고 있는 사실에서 그런 점을 거듭 확인하게 된다.

비문의 내용은 크게 세 부분으로 나눌 수 있다. 첫째가 고려 보조스님으로부터 시작되는 사찰 건립의 배경과 과정, 둘째는 벽암 각성(碧巖 覺性, 1575~1660) 스님이 창건에 깊이 관여한 사실과 그분의 면모 및 고려 말의 태고 보우(太古 普愚)스님으로부터 스님에게까지 이어지는 법맥(法脈)의 상세한 계통, 그리고 셋째는 벽암스님의 문도, 창건에 동참한 시주자와 기술자, 비석 제작에 참여한 장인의 명단이 그것이다. 특히 벽암스님의 존재가 주목된다. 그는 조선 중기의 고승으로, 임진왜란 때에는 해전에 참여하기도 하였으며 1624년 남한산성을 쌓을 때는 팔도도총섭(八道都摠攝)에 임명되어 승군을 이끌면서 3년 만에 공사를 마무리한 승병장이기도 하다. 스님은 송광사 역사에서도 빼놓을 수 없는 인물로서, 무주 적상산성에서 사고(史庫)를 지키던 중 대중들의 요청이 계기가 되어 대웅전 삼존불의 조성을 비롯한 갖가지 송광사 불사에 참여한다. 그의 지위나 직책으로 보아 송광사와 왕실을 연결하는 매개자였으며 불사의 주도자 또는 후견인이었으리라 짐작된다. 또 비문 속의 스님에게까지 이어지는 전법(傳法)의 계보는 불교사 연구의 귀중한 자료이기도 하다.

돌각담이 정겨운 부도밭은 너무 넓은 탓인지 아늑한 맛은 없다. 뒷줄에 열둘, 가운데 둘, 그리고 앞줄에 둘 해서 모두 열여섯 기의 부도와 두 개의 비가 세 줄로 나란히 서 있다. 부도들은 모두 석종형으로 별다른 특징은 없고, 다만 대리석으로 만들어진 것이 여러 점 눈에 띈다. 푸근한 맛은 없지만 세월을 벗하며 서 있는 부도들이 맑은 바람 속에서 해바라기하기에는 부족함이 없을 듯하다.

송광사는 진입부의 정연함과 중심부의 산만함이 기묘한 대비를 이루는 사찰이다. 진입부에서 가졌던 기대와 긴장이 중심부에서 여지없이 풀려버리는 그런 곳이다. 건물과 건물이 짜임새 있게 맞물려 돌아가야 거기에 생활이 있고 아름다움이 있음을 교훈적으로 보여주는 절이다. 설사 여러 점의 유물이나 유적이 가치 있고 볼 만하더라도 그것이 유기적으로 통합되어 있지 못하면 그 상승효과를 기대할 수 없음을 실감할 수 있는 곳이 송광사이다.

위봉산성과 위봉사

산성은 전란시 지리적으로 유리한 위치를 선점하여 외적을 효과적으로 방어하거나 백성들을 피난시키기 위하여 쌓는다. 아주 드물긴 하지만 이러한 상식과 감각으로는 좀체 납득하기 어려운 이유로 산성을 만드는 경우도 있다. 위봉산성이 그 예에 든다. 위봉산성은 조선 태조의 어진을 봉안하기 위해서 축성한 산성이다. 겨우 그림 한 폭 때문에 수많은 사람의 노력과 경제력을 쏟아붓고 갖은 악조건을 무릅써가며 커다란 산성을 쌓다니, 우리의 가치관으로는 선뜻 이해하기 힘든 대목이지만 사실(史實)이 그러하다. 왕조시대에는 태조 어진이 갖는 비중과 의미가 우리가

완주군 소양면 대흥리에 있다. 송광사에서 다시 한미당슈퍼 앞 사거리로 나와 왼쪽으로 계속 난 741번 지방도로를 따라 4.6km 가면 위봉산성이 나온다. 위봉산성을 지나 약 0.9km 더 가면 길 왼쪽에 폭포가든과 함께 위봉사로 난 마을길이 나온다. 마을길을 따라 200m 정도 가면 위봉사에 이른다.

위봉산성에는 따로 주차장이 없으나 길 한편에 대형버스도 잠시 주차할 수 있다. 위봉사 주차장은 대형버스도 여러 대 주차할 수 있다. 위봉사 주변에는 숙식할 곳

이 그리 마땅치 않다. 위봉사에서 그리 멀지 않은 화심온천 주변의 숙식시설을 이용하는 것이 좋다(송광사 참조). 전주 시내 모래내 사거리에서 위봉산성과 위봉사로는 106, 106-1번 시내버스가 약 1시간 간격으로 다닌다.

위봉산성
한때 대단한 규모와 시설을 자랑하였으나 지금은 성안의 시설들은 모두 없어지고 성벽마저 허물어져 쓸쓸한 자취만 남기고 있다.

위봉사 입구 폭포가든에서 앞으로 계속 이어진 길을 따라 1km쯤가면 길가 오른쪽 절벽에 위봉폭포가 보인다. 완산8경 가운데 하나인 위봉폭포는 그 높이가 약 60m에 이르는데, 특히 여름철에 큰비가 내리고 나면 이단으로 쏟아지는 물줄기가 장쾌하기 그지없다. 따로 주차장은 없으나 길가 한편에 잠시 주차할 수 있다.

생각하는 것보다 훨씬 무거웠던 모양이다.

위봉산성은 숙종 원년(1675)에 처음 만들었다. 『문헌비고』(文獻備考)에는 "전주읍의 동쪽 40리에 있다. 돌로 쌓았으며 둘레가 5,097파(把)이고 성가퀴, 곧 여장이 2,437개이다. 안에는 우물 45곳, 물을 가두는 방죽 9곳, 염산(鹽山) 1곳이 있다. 숙종 원년에 쌓았다"는 글이 실려 있어 성의 위치, 축조 방법, 규모와 시설, 축성 시기 등을 간략히 밝히고 있다. 또 전주의 읍지인 『완산지』(完山誌)에는 "숙종 을묘년 부윤을 겸직하고 있던 권대재(權大載)가 장계(狀啓)로 아뢰어 성을 쌓고 행궁(行宮)을 건립했으며 또 진전(眞殿)을 옮겼다"고 밝혀 위봉산성의 용도를 짐작케 하고 있다. 나아가 『여지지』(輿地誌)의 「위봉진사례」(威鳳鎭事例)에 의하면 행궁은 6칸이었으며, 여기에 더하여 정자각 2칸, 좌익랑 5칸, 우익랑 5칸, 내삼문과 외삼문 각 3칸이 갖추어져 있었다고 한다. 그밖에 각기 6칸짜리 진장비우헌(鎭將備虞軒)과 연무정(鍊武亭) 등의 건물이 산성 안에 있던 것은 물론, 성의 동·남·북에 문을 두었고 전주를 비롯한 인근 아홉 개 군과 현의 무기를 넣어둔 군기고(軍器庫)와 군량미를 비축한 군향창(軍餉倉)이 성안에 제가끔 자리잡고 있었다.

이렇게 만들어진 위봉산성이 '제구실'을 한 적이 있다. 1894년 갑오농민전쟁 때이다. 그때 전주의 경기전에 있던 태조의 어진을 판관 민영

승이 가지고 몸을 숨긴 곳이 여기 위봉산성이
었음은 '경기전' 편에서 밝힌 대로다. 만일의
사태에 어진을 봉안하기 위한 목적에서 성을
쌓았는데 하필이면 그 만일의 사태가 제 나라
백성들의 참고 참았던 분노의 폭발이었더란 말
인가. 당시의 왕실로 보아서야 산성이 제구실
을 톡톡히 한 셈이겠으나, 오늘 우리의 눈으로
본다면 백성들의 품 속에서 안전을 구해야 하
련만 도리어 그들의 뭇매를 피해 기껏 돌덩이
로 쌓은 성에 의지해 연명해야 했던 지배층의
쓸쓸한 뒷모습이 어처구니없을 따름이다.

위봉산성 서문터
위봉산성에서 유일하게 남아 있는 성문으
로 여느 산성의 그것과 별반 다르지 않다.

　　지금은 성안에 있던 시설들도, 성에 담긴 사연도 모두 한 줌 흙과 한
줄기 바람으로 돌아가고 오직 서문터에 홍예문만이 남아 있다. 안팎 두
가닥으로 틀어올린 홍예는 딱히 두드러지거나 못난 점 없이 여느 산성
의 그것과 별반 다르지 않다. 이 홍예에서 시작된 성벽은 굼실굼실 한 줄
기가 뒷산 숲을 헤치며 등성이를 기어오르고, 다른 한쪽은 찻길을 건너
풀더미와 나무들 사이로 무너진 자취가 꼬리를 감추고 있다.

　　『대동지지』(大東地志)에 예전 위봉산성 안에는 열네 곳의 절이 있었
다는 기록이 있다. 그러나 이들은 오래 전 모두 스러지고 지금은 단지 위
봉사(威鳳寺)만이 남아 있다. 산성이 건재했을 때에는 성을 지키는 역
할도 담당했던 위봉사는 오히려 성보다 그 역사가 훨씬 거슬러 오른다.
일설에는 위봉사를 백제 무왕 5년(604) 서암대사(瑞巖大師) 혹은 서
응대사(瑞應大師)가 창건했다는 말이 있으나 이를 뒷받침할 만한 물증
이나 문헌이 남아 있지 않다. 좀더 믿을 만한 사실은 고려 말부터 나타
난다. 1868년 포련화상(布蓮和尙)이 쓴 「위봉사극락전중수기」(威鳳
寺極樂殿重修記)에 따르면, 신라 말기 최용각이라는 사람이 산천을 주
유하다가 이곳에 이르러 옛 절터를 찾아 절을 지은 바 있고, 그 뒤 공민
왕의 왕사였던 보제존자(普濟尊者), 곧 나옹스님이 1359년 가람을 이
룩하였는데 건물이 모두 스물여덟 동, 암자가 십여 군데였다고 한다. 조
선시대 말기에도 대규모 불사가 한 차례 있었던 듯하다. 위 중수기에는

위봉사

위봉산성 안에 있던 열네 곳의 절 가운데 유일하게 남은 곳이다. 전하는 역사는 백제시대까지 거슬러 올라가지만 근래 이루어진 큰 불사로 인해 오랜 고찰이라는 옛 맛은 잃었다.

나옹스님의 유적(遺跡)을 찾아 이곳에 왔던 포련스님이 화주가 되어 60여 칸을 중수했다는 내용도 담겨 있다. 아마도 이때의 중수는 사세를 탄탄하게 했던 듯, 대략 반세기 뒤인 일제강점기엔 조선총독부가 실시한 본말사법에 의해 위봉사는 전북 일원의 46개 사찰을 관할하는 본사가 된다. 그러나 이러한 성세도 잠깐, 1970년대에는 무너지기 직전의 건물 두세 채만 남는 지경까지 이르렀다가 1990년대 이후 몇몇 건물을 다시 세워 오늘에 이른다.

1990년대에 진행된 불사는 그다지 높은 점수를 받기 어려울 듯싶다. 다른 것은 접어두더라도 왜 앞마당이 이리 넓어야 하는지 이해할 수가 없다. 스님네들이 매일 공을 차는 것도 아닐진대. 사정이 이쯤 되면 우리의 눈은 자연히 세월을 이기고 살아남은 한두 건물에 쏠릴 수밖에 없다.

보광명전(普光明殿)은 위봉사의 주불전이다. 1977년 보물 제608호로 지정되었다. 정면 3칸 측면 3칸의 겹처마 팔작지붕 다포계 건물이다. 언제 처음 만들어졌는지 알 수 없지만 적어도 17세기 이전에 세워진 것으로 추정된다. 보광명전의 암막새 가운데 '康熙十二年 癸丑 五月 日(강희십이년계축오월일)……' 운운하는 글자가 새겨진 것이 있었다.

강희 12년은 1673년에 해당한다. 만일 이것이 예전에도 지금의 법당에
사용된 것이라면 보광명전은 늦어도 1673년에는 존재했다고 볼 수 있
다. 건물을 찬찬히 살펴보아도 조선 중기 이전으로 소급되는 건축 수법
과 의장이 여러 곳에서 감지된다.

기둥은 배흘림기둥과 민흘림기둥이 뒤섞여 있는데, 기둥의 굵기가 적
당하여 안정감이 느껴진다. 귀기둥에는 우리네 건축의 특색이자 고급한
건축 수법인 안쏠림과 귀솟음이 모두 적용되고 있어 시대가 올라감을 읽
을 수 있다. 공포는 안팎이 3출목으로 같아, 안쪽이 바깥쪽보다 출목수
가 하나 더 많은 일반적 수법과 다른 모습을 보인다. 공포에서는 살미첨
차가 주목에 값한다. 특히 세 줄로 나란히 뻗은 쇠서는 내리뻗는 각도나,
굵직하여 중후하면서 강경한 맛을 풍기는 점 등이 조선 초기 공포의 여
운을 간직하고 있다. 이웃한 화암사 극락전이나 우화루의 쇠서와 닮은
느낌도 든다. 귀공포의 정리 역시 놀랍도록 간결하여 조선 중기 이후의
번잡한 구성과는 판이하게 다른 모습을 보인다.

내부의 측면에서 휘어져 올라와 대들보에 걸린 충량(衝樑)은 중기 이
후처럼 그 끝을 용머리로 다듬지 않고 민듯하게 잘라 중대공과 맞닿게
하였다. 역시 조선 초기의 유풍이다. 단청, 벽화, 별기화(別伎畵) 등
또한 고색이 완연하다. 우선 색조가 차분하고 아늑하여 고풍스럽다. 천
장의 우물반자틀이 교차되는 부분의 단청, 곧 종다라니의 가운데는 연

꽃을 그리고 꽃술로는 구리로 만든 반구형 장식물을 박았다. 꽃술이 돋아나 보이도록 하던 신라 이래의 수법인데, 조선 중기 이후 건물에서는 좀체 보기 힘들다. 벽화와 별기화로는 나한상, 석가설법도, 주악비천상 따위가 다양하게 펼쳐진다. 특히 주악비천상에서 격조 있는 색감과 고식의 화풍이 느껴진다.

그러나 보광명전 벽화의 압권은 아무래도 후불벽의 뒷면을 꽉채운 백의관음보살입상이다. 후불벽 상단까지 차지하도록 큰 벽화라서 제대로 살피자면 꽤 먼 거리가 필요하다. 하지만 현재로선 후불벽과 건물 뒷벽 사이에 생긴 좁은 통로에서 비스듬히 올려다볼 도리밖에 없고, 게다가 그곳이 늘 어둠침침해서 그림을 골고루 뜯어보는 일은 아예 단념해야 한다. 그런 가운데도 견실한 화풍을 엿볼 수 있고, 먹선과 옷자락의 엷은 흰빛, 두광과 오른쪽 팔 아래로 늘어진 옷자락의 흰빛 도는 하늘색의 가볍고 맑은 대비가 상큼하다. 여기에 보관과 영락, 소매 끝에 붉은색이 액센트처럼 강조되었으며, 두 손과 얼굴과 가슴의 살빛은 은은한 온기를 머금었다. 퍽 크면서도 엷은 톤의 색채를 능숙하게 구사하여 깨끗하고 순결한 분위기를 자아내는 그림이다.

보물로 지정될 당시 워낙 건물 곳곳이 낡아 1979년에 수리를 하였다. 그때 천장과 공포의 부재를 군데군데 새로 갈았으며, 그 뒤에도 외부의 단청을 완전히 새로 올리고 지붕의 기와마저 남김없이 갈아 덮었다. 때문에 예스런 분위기가 많이 손상되었다. 어쩔 수 없는 일이기는 해도 좀더 세심한 배려가 있었으면 더 나아질 수 있었을 텐데 하는 아쉬움이 적지 않다.

보광명전 왼편의 건물이 관음전이다. 평면이 매우 드문 工자형이다. 그에 따라 지붕도 여섯 군데나 박공면이 생겨나 재미있는 구성을 보인다. 법당을 바라보는 쪽에 편액이 하나 걸려 있다. 보통 글씨만 있는 것과 달리 가운데 '威鳳寺'라 횡서하고 그 양옆으로 대나무와 난초를 한 폭씩 친 편액이다. 일제강점기 각기 글씨와 그림으로 꽤나 이름을 날리던 해강 김규진(海岡 金奎鎭, 1868~1933)과 죽농 서동균(竹農 徐東均, 1902~1978)은 서로 짝을 이루어 팔도를 돌며 그림과 글씨가 함께 하는 편액을 31본산에 모두 남겼다고 전해진다. 이것이 그 가운데 하나인 모양이다. 글씨나 그림은 모르겠으되, 괴짜들이 사라져 맹탕 같은 요즈음엔 차라리 그 치기만만한 호기가 그립고 즐겁다. 관음전은 평면이나 지붕, 혹은 벽면을 따라 다기롭게 변화하는 창호의 모양새 등이 재미있는 건물이며, 보광명전에 버금가는 오랜 역사를 간직한 집이다. 하지만 이 또한 머리에서 발끝까지 너무 말끔히 보수를 한 탓에 고즈넉한 맛을 몽땅 잃어버린 채, '립스틱 짙게 바르고' 외출한 촌색시마냥 생뚱스런 낯빛으로 어설피 서 있다. 전라북도 유형문화재 제69호이다.

위봉사는 오랜 세월에 닦인 고상한 품위가 없다. 보광명전이 볼 만하지만 그것으로 나머지 졸렬함을 가리기에는 역부족이다. 어쩌면 20세기 후반을 앞만 보며 달려온 우리들의 뒷모습 같은 절이 위봉사인지도 모른다.

코스 5 진안·장수·무주

이 땅 조선 여인의 매운 마음자리 하나

전라북도 사람들은 '전라북도의 지붕'이라고 불리는 동북쪽의 산간지방을 흔히 '무진장'이라 부른다. 무주군과 진안군과 장수군의 머릿글자를 따서 지은 이름이다. 지형·지리적으로 공통점이 많고, 그에 따른 생활과 문화에 별반 차이가 없기 때문에 이렇게 한 묶음으로 묶어 부르는 것이겠다. 이들을 한데 묶어주는 가장 강한 끈은 아무래도 지형적인 요소가 되겠다. 여기 '무진장' 지역은 소백산맥의 줄기에 둘러싸인 고원지대다. 이를테면 장수군은 땅의 평균 높이가 430m에 이르고, 진안군의 경우 전체 면적의 80%쯤이 산지로서 땅 넓이는 전라북도에서 완주군 다음으로 넓지만 경작지 비율은 15%에 지나지 않아 거꾸로 꼴찌에서 두번째에 지나지 않는다. 그리고 도내에서 경작지 비율이 가장 낮은 곳이 바로 무주이니 이곳들을 '전라북도의 지붕'이라 부르는 까닭을 수긍할 만하다.

사정이 이렇다보니 여기 사람들의 삶이란 게 자연히 산에 기대어 이루어질 수밖에 없고, 삶의 자취인 문화 또한 산의 문화가 되는 것은 당연한 노릇이겠다. 그 가운데서도 무주는 소백산맥이 남으로 달리다가 우뚝 멈추어서 이루어놓은 큰 산, 덕유산(1,614m)이 있어 이래저래 그 삶과 문화가 산과는 떼려야 뗄 수 없는 처지이다. 예컨대 덕유산 언저리에서 볼 수 있는 귀틀집과 초가집을 절충한 형태의 말집은 이곳에서만 볼 수 있는 독특한 주거양식이다.

이 덕유산 줄기가 북쪽으로 잦아들면서 이룬 골짜기가 구천동계곡이다. 무주, 하면 금세 따라붙는 구천동 바로 그곳이다. 장장 70리에 뻗친 구천동계곡은 무려 33경을 꼽을 만치 경치가 아름답고 골이 깊다. 그 골이 시작되는 곳에 절이 있으니 백련사다. 비록 절은 덕유산의 너른 품에 어울리지 않게 대단할 게 없지만, 그곳을 거쳐간 인물들의 발자취는 그리 녹록한 게 아니다. 까닭에 구천동 33경을 차례로 헤아리며 그들의 삶을 곰곰이 곱씹어보기에는 그다지 모자람이 없는 곳이 백련사다.

무주군의 동쪽은 경상북도 김천시, 경상남도 거창군과 경계를 이루고 있다. 소백산맥이 그 사이에 가로놓인 탓이다. 그것이 지금은 이렇게 경상도와 전라도를 나누는 도계에 지나지 않지만 예전 삼국시대에는 바로 신라와 백제의 국경이었다. 덤덤히 서 있는 나제통문은 천 년도 더 지난 그때, 백제와 신라 사람들이 오가던 일

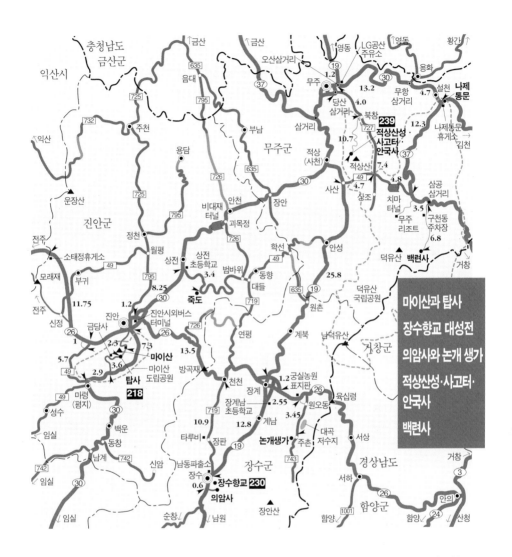

충청남도
금산군

익산시

↑금산 ↑금산 LG공산 ↑영동 황간→
635   635   오산삼거리 주유소 용화
음대 37   무주 19 30 4.7 설천 나제
732   1.2   통문
익산   당산 13.2 무항 나제통문
              삼거리 4.0 삼거리 12.3 휴게소
725 795 부남 삼거리   김천
              239 727 적상산성
용담   삼거리 북창 사고터
          635 적상 10.7 안국사 37
운장산   (사천) 적상산성 사고터
          726 장안 적상산 안국사 7.4 49 4.8 삼공
진안군   안천   사산 4.7 상조 삼거리
          비대재 괴목정 30   치마 3.5
전주 소태정휴게소 터널   학선 49 상조 터널 구천동
          726   49   무주 주차장
모래재 49 정천 월평 상전 범바위 동향 안성   리조트 6.8
부귀 795 8.25 상전 3.4 대들   덕유산 백련사 거창
11.75 1.2 초등학교   719 25.8 국립공원
전주 진안 죽도 30   635 19
신정 26 금당사 진안시외버스 연평 원촌 남덕유산   거창군
  1 터미널 726   계북 덕유산
5.7 2.3 7.3   연평 궁실농원 육십령 국립공원
49 마이산 13.5   1.2 표지판 26
2.9 3.6 마이산 방곡재 천천 장계 2.55 원오동
탑사 도립공원   719 장계남 계남 3.45 대곡 서상
218 마령 30 초등학교 12.8   주촌 저수지
49 (평지)   10.9 타루비 장판 논개생가 거창 경상남도
성수 30 백운   장수군 19 743 3
임실 동창 742 신암 남동파출소 장수 장수향교 230 서하 함양군 24
742 남계 30 장수   의암사 서하 1001 안의
임실 임실 순창 남원 장안산 함양 함양 산청

마이산과 탑사
장수향교 대성전
의암사와 논개 생가
적상산성·사고터·
안국사
백련사

전라북도 서쪽 산악지대에 위치한 진안·장수·무주로는 전주에서 뻗어온 26번 국도가 진안을 거쳐 장수·함양으로 이어지고, 임실에서 올라온 30번 국도는 진안을 거쳐 무주·김천으로 이어지며, 영동에서 내려오는 19번 국도는 무주를 거쳐 장수·남원으로 이어지는 등 다양한 국도가 서로 교차하지만 고속도로가 직접 연결되지 않고 철도도 지나지 않아 아직까지도 교통이 그리 편리하지 않은 지역이다.

진안으로는 서울·부산·대구·대전·전주·무주·장수 등지에서 시외버스가 다니며 장수로는 서울·대전·광주·남원·전주·진안·무주 등지에서 시외버스가 다닌다. 장수의 교통요지 장계로는 대구·부산·진주 등지에서도 시외버스가 다닌다. 무주로는 서울·대구·대전·광주·청주·옥천·영동·금산·남원·거창·전주·장수·진안 등지에서 시외버스가 다닌다. 진안읍과 장수읍·무주읍 그리고 마이산 도립공원 주변과 덕유산 국립공원 주변에는 숙식할 곳이 여러 군데 있다. 그러나 그밖에는 숙식할 곳이 드물다.

이 책에서는 진안 마이산에서 장수를 거쳐 무주의 여러 곳을 돌아보는 동선으로 꾸몄다. 경남이나 경북지역에서 찾아가는 사람들은 이 책의 역순으로 돌아보아도 무방하다.

> 전라북도 사람들은 '전라북도의 지붕'이라고 불리는 동북쪽의 산간지방을
> 흔히 '무진장'이라 부른다. 이들을 한데 묶어주는 가장 강한 끈은
> 아무래도 지형적인 요소가 되겠다.

을 우리에게 상기시킨다. 아울러 나제통문은 구천동의 제1경으로 꼽히니, 거슬러 오르는 쪽에서 보면 구천동의 시작이기도 하다.

덕유산에서 서북쪽으로 가지를 친 산줄기에 적상산이 솟았다. 예로부터 천험의 요새로 알려진 이 산에 우리네 조상들은 산성을 쌓아 환란에 대비했고, 임란 후에는 그런 험준한 지세를 활용하여 왕조실록을 보관하고 그를 지키기 위하여 수호사찰을 두기도 했다. 적상산성, 사고터, 안국사가 그러한 역사의 자취이고 증거들이다.

무주에 덕유산이 있다면 진안에는 마이산이 있다. 마이산은 작은 우리 국토가 얼마나 아기자기하고 다양한지를 보여주는 훌륭한 자연유산이면서 거기에 사람의 숨결과 손길이 닿아 이루어진 문화유산이기도 하다. 이 마이산의 속살 깊숙이 자리한 탑사는 금세기에 이루어진 불가사의이자 우리가 잃어버린 신화를 찾아가는 작은 이정표이다.

들사람에게는 들의 문화가 있고 산사람에게는 산의 문화가 있다. 하지만 때로는 그 반대 현상을 볼 수도 있다. 더 우세한 문화가 물처럼 낮은 곳으로 흘러들거나, 아니면 펌프로 지하의 물을 퍼올리듯이 강제력에 의해 침투되는 경우도 있기 때문이다. 장수에 남은 장수향교나 의암사, 논개 생가 등은 어찌 보면 산에 남은 들의 문화라고 할 수 있다. 우리는 이들을 통해 들의 문화의 일종이자 조선 사회의 통치 원리인 유교 이념이 얼마나 강력하게 산의 구석구석, 사람의 마음마음까지 침투했었던가를 확인할 수 있으며, 유교 윤리는 과연 당대인에게 무엇이었으며 우리에겐 어떤 의미를 갖는지를 곰곰이 반추해볼 수 있다.

마이산(馬耳山)

매계 조위(梅溪 曹偉)

우뚝 쌍으로 솟은 마이산의 두 봉우리
구름 끝에 높이 걸린 푸른 연꽃 두 송이
어찌하면 하늘 오를 날개를 얻어
봉우리에 날아올라 한바탕 마음을 씻어내볼까.

突兀雙尖馬耳峯 雲端擎出碧芙蓉
何當揷得冲天翼 飛上峯頭一盪胸

마이산과 탑사

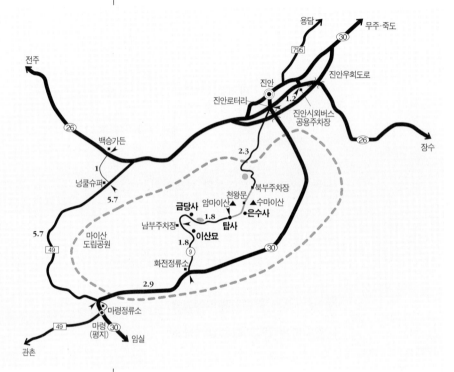

진안군 마령면 동촌리에 있다. 전주에서 26번 국도를 따라 진안으로 가다보면 완주와 진안의 경계를 이루는 고갯마루 오른쪽에 소태정휴게소가 나온다. 소태정휴게소에서 앞으로 계속 난 26번 국도를 따라 11.75km 가면 길 왼쪽에 백승가든이 있고, 오른쪽으로는 마령으로 가는 마을길이 나온다. 마을길을 따라 1km 가면 길 오른쪽에 넝쿨슈퍼가 있는 삼거리가 나오고 넝쿨슈퍼 앞 삼거리에서 오른쪽으로 계속 난 49번 지방도로를 따라 5.7km 가면 길 오른쪽 앞에 마령 버스정류소가 있는 사거리가 나온다. 마령 버스정류소 앞 사거리에서 다시 왼쪽으로 난 30번 국도를 따라 2.9km 가면 길 왼쪽에 화전 버스정류소와 함께 탑사로 가는 9번 군도로가 나온다. 9번 군도로를

마이산

흔히 제 고장의 운치 있는 풍광을 관동팔경, 단양팔경 하듯이 그 고장 이름을 붙여 무슨무슨 팔경하는 것을 본다. 조선시대 문학과 그림의 소재로 많이 등장하던 중국의 소상팔경(瀟湘八景)을 본뜬 것이 아닌가 짐작할 뿐, 굳이 여덟 가지로 짝맞추어 부르는 이유도 모르겠거니와 어디에서 연유한 것인지도 아리송하다. 때로는 좀 억지스런 구석이 없잖아 있지만, 이른바 팔경이라는 것들이 남들이야 알아주든 말든 그 고장 사람들이 가장 사랑하고 자랑스러워하는 풍치임에는 틀림없겠다.

진안사람들 또한 '월랑팔경'(越浪八景)이라 하여 이 고장의 아름다운 경치 여덟을 꼽는다. 월랑은 멀리 백제시대에 쓰이던 월량(月良)이란 말에서 유래한 진안의 옛 이름이다. 그 가운데 첫째로 드는 것이 '마

이귀운'(馬耳歸雲), 마이산에 구름 걷히는 모습이다. 부연하자면 아침 나절의 짙은 안개나 여름날 비구름에 가리웠던 마이산이 그 구름이나 안개가 풀리면서 본디 제 모습을 드러내는 광경을 일컫는다. 아닌게 아니라 수묵화 속에서나 있을 법한 검푸른 두 바위봉우리가 시시각각 선명한 스카이라인을 그리며 하늘을 향해 오연히 솟아오르는 모습은 어디에 내놓아도 빠지지 않는 신비롭고 신선한 장면이리라.

비단 구름 흩어지는 때뿐 아니라 마이산은 생김새만으로도 사람들에게 강한 인상을 오래 남겼던 듯 옛사람들이 남긴 시가 적잖다. 당대 사림의 영수이던 점필재 김종직(佔畢齋 金宗直, 1431~1492), 성종 때의 문신으로 문명을 날렸던 매계 조위(梅溪 曹偉, 1454~1503), 중종 때 영의정을 지낸 만보당 김수동(晩保堂 金壽童, 1457~1512) 등의 시가 『신증동국여지승람』에 실려 있다. 이로 보아 그 뒤로도 마이산을 읊은 시객(詩客)들이 드물지 않았으리라 짐작할 수 있다.

가을 하늘에 어리는 늠름히 빼어난 태깔	稜稜秀色映秋昊
비에 씻기고 서리에 닳아도 만고에 새로워	雨洗霜磨萬古新
평생에 보지 못한 광경 두 눈에 가득	入眼平生未曾見
그림 그려 자랑해볼까, 북에 사는 사람들에게.	畵圖誇與北來人

조위의 시이다. 이만하면 진안사람들이 자기 고장의 아름다운 경치 가운데 첫번째로 '마이귀운'을 꼽는 것을 수긍할 만하지 않은가. 아울러 그들의 마이산에 대한 애정과 자랑을 읽을 수 있지 않은가.

이제는 진안의 상징으로 굳어진 마이산은 그 명성만큼이나 이름도 갖가지다. 신라시대에 부르던 이름은 서다산(西多山). 아마도 '서다', '솟다'라는 말의 한자음 표기가 아니었을까. 고려시대에도 역시 '솟아나다', '솟아오르다'는 뜻이 담긴 용출봉(湧出峰)으로 불렸다. 조선시대가 되면서 이제까지와는 전혀 맥을 달리하는 이름이 생기게 된다.

'정재'(呈才)는 조선시대 궁중에서 경사스런 잔치 때 추던 춤이다. 그 가운데 '몽금척'(夢金尺)이란 게 있다. 태조가 아직 왕위에 오르기 전인 잠저(潛邸) 시절에 한 꿈을 꾸었다. 신선이 그에게 금자[金尺]를

따라 1.8km 가면 나오는 마이산 남부주차장을 지나 약 500m 더 가면 길 왼쪽에 금당사가 나온다. 금당사를 지나 1.3km 더 가면 탑사에 닿는다. 진안읍 시외버스터미널에서 탑사가 있는 마이산 남부주차장으로는 탑사행 버스가 하루 4회(진안→탑사 9:50, 12:50, 13:40, 16:40) 다닌다. 남부주차장 주변에는 음식점과 민박집이 있다. 마이산 입장료 및 주차료 어른 2,000(1,700)·군인과 청소년 1,500(1,100)·어린이 900(600)원, ( )는 30인 이상 단체 승용차 2,000·대형버스 3,000원 마이산으로 가는 또 다른 길은 다음과 같다. 진안 읍내 진안로터리에서 마이산으로 난 9번 군도로를 따라 2.3km 가면 마이산 북부주차장에 닿는다. 진안읍 시외버스터미널에서 마이산 북부주차장으로는 마이산행 버스가 하루 17회(진안→마이산 7:30, 8:30, 9:00, 9:30, 10:10, 11:00, 11:30, 12:00, 12:30, 13:20, 14:30, 15:00, 15:30, 16:00, 17:00, 17:30, 18:00) 다닌다. 북부주차장에서는 승용차 2,000·대형버스 3,000원의 주차료를 받는다. 마이산 북부주차장 주변에는 마이산모텔(T.063-432-4201)과 한국관(T.063-433-0644) 등 여관과 음식점이 여럿 있다. 마이산 북부주차장에서 천황문을 거쳐 탑사까지는 걸어서 약 40분 걸린다. 마이산 관리사무소 T.063-433-3313

마이산 암수 두 봉우리 중 수마이봉은 경사가 아주 급하여 등산이 불가능하다. 암마이봉은 정상까지 오를 수 있다. 그러나 암마이봉도 경사가 급하고 밧줄을 잡고 올라야 하는 구간이 있어 되도록이면 등산화나 운동화를 신고 오르는 것이 안전하고 편하다. 수마이봉 중턱에는 화엄굴이 있는데 이곳에서 솟는 약수의 맛이 일품이다.

마이산 전경
멀리서 보면 그 모양이 말의 귀와 같다 하여 마이산이란 이름을 얻었는데 특이한 산세로 인해 진안뿐만 아니라 전국에서 사람들이 찾아온다.

일설에는 오행(五行)으로 따져 이성계의 성씨는 목(木)에 해당하고 마이산은 그와 상극인 금(金)에 속하므로 금을 묶어두기 위해 속금산이라 했다 한다.

주면서 "이것을 가지고 국가를 바르게 다스리시오" 하는 내용이었다. 정도전(鄭道傳)이 그 꿈을 소재로 태조의 공덕을 칭송하기 위해 악장(樂章)을 하나 만들었는데, 그게 바로 「몽금척」이고, 같은 이름의 정재 '몽금척'은 그걸 춤으로 꾸민 것이다.

조선왕조 500년 동안 줄곧 궁중에서 연행되던 '몽금척'의 무대가 마이산이라고 전한다. 고려 우왕 6년(1380), 이성계는 전라도 운봉의 황산싸움에서 왜구를 크게 무찌르고 개선장군이 되어 귀경길에 올랐다. 마이산 아래를 지나던 그는 크게 놀랐다. 꿈에 신선에게서 금자를 받던 곳과 마이산의 모습이 너무나 꼭 같았기 때문이었고, 게다가 그 산 모양이라는 것이 금자를 묶은 모습 바로 그것이었던 까닭이다. 그래서 붙여진 산 이름이 속금산(束金山)이다. 신선이 내려준 금자[金]를 묶은[束] 모양이라는 뜻이다.* 야사로 전해오는 얘기이니 어디까지 믿어야 할지 모르겠으나 아무튼 이리하여 마이산은 이름 하나를 더 늘리게 된다.

마이산이 지금의 이름을 얻게 된 것은 조선 태종 때이다. 『신증동국여지승람』에 의하면 태종이 남행(南幸)하여 이 산 아래를 지나다가 관리를 보내 제사를 지내고 모양이 말의 귀와 같다 하여 마이산이란 이름을 내렸다는 것이다. 이렇게 하여 마이산은 가장 형상에 걸맞는 이름을 얻은 셈이지만, 요즘도 사람에 따라 또는 보는 장소에 따라 그 품이 다른 때문인지 돛대봉, 용각봉(龍角峰), 문필봉(文筆峰) 따위로도 불린다. 돛을 활짝 펼치고 높이 솟은 쌍돛대처럼 보이는 것이 돛대봉으로 부르는 이유겠고, 두 봉우리가 용의 뿔처럼 보이는 사람들이 지어낸 이름이 용각봉일 것이며, 붓끝에 먹물 한 점을 꼭 찍은 모습을 연상한다면 그 이름은 당연히 문필봉이 되리라.

실제로 마이산은 주위를 일주하는 찻길을 따라가면서 보면 무슨무슨 이름보다 더 다양한 자태로 눈에 들어온다. 그런 중에 마이산이 가장 마이산답게 보이는 것은 역시 이름마따나 말이 두 귀를 쫑긋 세운 듯한 모습이다. 거대한 바위덩어리가 불쑥 솟아 말의 귀를 닮은 것이 볼수록 신기하다. 그러나 그 모습을 말의 귀로만 여기기에는 산의 자태가 너무 부드럽고 연미(妍美)하다. 그것이 거칠고 딱딱한 바위가 그려내는 선임을 감안한다면 더욱 그러하여 차라리 수풀 속에 몸을 반쯤 감춘 한 마리 나비의 날개, 아니면 이제 막 벙그는 꽃봉오리의 두 장 꽃잎에 비기는 것이 그 연려한 태깔을 담아내기에 더 알맞을지도 모르겠다. 진안읍에서 13번 군도로를 따라 마이산으로 다가서다보면 산의 턱밑에 저수지가 하나 있다. 사양지이다. 여기에 거꾸로 비친 마이산의 모습은 수면 위를 나는 호접(胡蝶), 한 마리 나비 그대로다.

멀리서 보면 이렇게 미태(美態)가 두드러지는 마이산이지만 가까이 다가서면 느낌이 완연히 다르다. 지상으로 드러난 것만도 수백 미터가 넘는 산 전체가 단 하나의 바위 ─ 역암(礫岩)덩어리이니 그 괴량감은 그야말로 압도적이다. 역암은 자갈이 진흙이나 모래에 섞여 굳어진 퇴적암이다. 그러니 산 전체에 박혀 있는 자갈 ─ 말이 자갈이지 큰 것은 직경이 1m가 넘는 바위가 수두룩하다 ─ 로 말미암은 질감은 또 어떤가. 한마디로 그것은 거친 호흡, 아아(峨峨)하게 허공으로 뻗쳐오르는 거대한 힘의 덩어리다.

또 하나 전혀 예상치 않았던 감정의 고양은 마이산의 남쪽 사면에서만 볼 수 있는 타포니(taffoni)로 말미암는다. 타포니는 역암에서 자갈 사이를 메우고 있는 물질인 메트릭스(metrix)가 자갈보다 빨리 풍화되는 차별침식으로 역(礫), 즉 자갈이 빠져나가면서 생기는 구멍이다.

마이산의 타포니
역암에서 자갈을 메우고 있던 진흙이나 모래가 빠져나가면서 생긴 구멍으로, 멀리서 보면 달의 표면을 쳐다보는 것처럼 낯설고 이색적이다.

마이산 역암층
마이산은 자갈이 진흙이나 모래에 섞여 굳어진 퇴적암으로 이루어졌는데, 큰 것 중에는 1m가 넘는 바위가 수두룩하다.

이 타포니들이 먼 데서는 그저 마마자국처럼 얼금얼금 얽어보이는 정도지만 산 밑에서 치어다보면 웬만한 웅덩이 크기의 타원형으로 움푹움푹 파여 있다. 마이산에 나타나는 타포니는 그 규모가 세계에서 가장 큰 편에 든다. 때문에 사진으로나 보던 달의 표면에 내려선 것이 아닌가 하는 착각이 언뜻 일 만큼 낯설고 이색적이다.

이처럼 그다지 넓지 않은 우리 국토가 그리 단순치 않음을 적나라하게 보여주는 마이산의 나이는 대충 1억 년을 헤아린다. 앞에서 살펴보았듯이 마이산은 산 하나가 온통 역암덩어리인데, 지하에 잠긴 부분까지 합하면 그 두께가 무려 1,500m에 이르는 엄청난 규모이다. 여기 마이산에서 시작된 역암층은 멀리 임실읍까지 광범위하게 분포한다. 지질학에서는 이를 '마이산역암층' 이라 부른다. 문제는 역암이 퇴적암의 일종이라는 사실이다. 퇴적암의 형성은 당연히 주변 지역보다 낮은 지대의 존재가 전제되어야 한다. 따라서 마이산은 까마득한 옛적 어느 땐가는 호수 또는 선상지(扇狀地) 같은 저지대였으며, 그곳에 상상조차 하기 힘든 두꺼운 역암층의 퇴적이 있었다는 결론에 이른다. 학계에서는 그 시기를 1억 년 전을 앞뒤로 한 중생대 백악기로 본다. 그런데 이렇게 퇴적 환경의 형성 시기를 보는 견해는 일치하지만, 그 퇴적 환경의 형성 배경이나 저지대였던 역암층이 오늘날 우리가 보듯 주변 지역보다 높은 마이산으로 솟은 과정에 대해서는 서로 다른 시각으로 설명한다.

우선 퇴적 환경의 형성을 두고 한쪽에서는 화강편마암층이 백악기 말 화강암류의 분출에 따라 융기한 뒤 낮은 지역으로 침식을 거듭하여 역암층을 형성했다고 주장한다. 반면 다른 쪽에서는 단층운동으로 지반이 움푹 꺼져내리면서 만들어진 호수에 주변의 화강편마암, 편마암, 규암 따위가 퇴적되면서 진화한 것이 진안분지이며, 마이산은 그 진안분지의 일부라는 논지를 편다. 또 전자는 "본래는 상대적으로 높았던 화강편마암층이 침식에 약하여 높이 350m 내외의 진안고원이 되고, 상대적으로 낮았던 마이산 역암 지역이 침식에 강하여 더 높게 잔존하여 기복(起伏)의 역전(逆轉)"으로 마이산이 이루어졌다고 본다. 이와 달리 후자는 지각의 확장에 따른 침강, 압축에 따른 융기가 되풀이되는 단층운동을 최소 8회 이상 거쳐 현재의 진안분지가 만들어졌는데, 압축 단층운동으로 융기한 상태에서 지각변동을 마감한 진안분지는 주변 지역보다 400m 이상 솟아오르게 되었으며, 특히 상대적으로 횡압을 더 받은 분지의 가장자리는 높은 산들을 이루었고 마이산 또한 그 가운데 하나라고 말한다.

전문가가 아닌 바에야 뉘라서 어느 쪽이 옳고 그른지를 쉬이 가리랴. 하니 그 시비는 일단 제쳐두자. 다만 우리가 바라보는 마이산에 억겁의 무게가 실렸음은 거듭 상기해도 좋으리라. 아주 긴 호흡으로 살아가는 자연이 우리에게 들려주는 얘기에 한번쯤 귀기울여도 좋으리라. 그리하여 장구한 세월이 쌓인 정말 큰 자연 앞에 조금은 겸손한 자세로 서봄이 어떨는지.

마이산 두 봉우리는 씻은 듯이 끼끗한 모습으로, 세속을 벗어난 초연한 자태로 오늘도 어제처럼 그렇게 서 있다.

탑사

마이산의 동쪽 봉우리를 수마이봉(667m), 서쪽 봉우리를 암마이봉(673m)이라 부른다. 탑사는 암마이봉의 수직벽이 까마득히 올려다보이는 골짜기에 터잡고 있다. 다른 절에선 탑이 기껏해야 하나 아니면 둘인데 여기엔 그저 '널린' 게 탑이다. 처음 만든 108기에서 많이 줄기는 했지만 지금 남아 있는 것만도 물경 80기에 이른다. 그야말로 탑이 흔전만전이니 탑절, 곧 탑사라는 이름을 두고 따로 절 이름을 어찌 붙이랴.

다만 여기의 탑들은 화강암을 잘 깎아 만든 삼층석탑, 오층석탑처럼 우리가 흔히 보는 것들과는 전혀 다르다. 거칠게 표현한다면 서낭당의 돌무더기가 정제된 모습이라고나 할까. 주변에 굴러다니는 크고 작은 돌들을 차곡차곡 쟁여서 원뿔 모양이나 외줄기로 쌓아올린 돌탑들이다. 이를 굳이 이름붙여 두 가지로 나누자면 원뿔탑과 외줄탑이 되겠다. 외줄탑은 자잘한 돌들로 틈새를 메워가면서 두툼넓적한 돌들을 외줄로 포개올린 것으로, 높이는 우리네 가슴께에 이르는 정도부터 3m가 넘는 것까지 다양하다. 대여섯 무더기의 원뿔탑을 제외하곤 탑사에 그들먹한 탑들이 모두 외줄탑에 든다. 원뿔탑은 단단히 아귀를 맞춰가며 그만그만한 돌을 모두어 길숨한 고깔을 만든 뒤, 그 꼭대기에 마치 석탑의 상륜

마이산 입구 화전 버스정류소에서부터 탑사에 이르는 3.6km 구간에는 벚나무 가로수가 줄지어 서 있어 해마다 4월경이면 벚꽃터널을 이룬다. 진안군에서는 이때에 맞추어 벚꽃축제를 여는데 찾는 사람이 많아 혼잡하다. 또 마이산 남부주차장에서 탑사까지는 승용차 통행 금지 구역이다. 주차장 앞에 자전거를 대여해주는 곳이 있는데, 자전거를 타고 마이산과 탑사를 찾는 것도 색다른 즐거움을 선사한다.

탑사 전경
이갑룡 처사가 30년을 하루같이 돌을 날라 모두 108기의 돌탑을 쌓았다. 지금은 일부 허물어졌지만 아직도 80여 기의 탑이 남아 있다.

석회와 세사(細沙), 황토를 함께 반죽한 것

부처럼 다시 외줄탑을 올려 마무리한 것이다. 몸피도 어지간하고 높이도 10여 m, 때로는 20여 m에 가까워 숫자는 적지만 이곳 탑들을 대표한다 하겠다.

이 많은 돌탑을 누가, 언제, 무슨 까닭으로 쌓았을까? 돌탑 사이로 구불구불 이어진 길을 따라 돌다보면 문득 그런 의문이 인다. 쌓기는 또 어떻게 쌓았으며, 어째서 삼물(三物)*이나 시멘트 한 줌 넣지 않았건만 거듭되는 비바람에도 무너지지 않고 견딜까 사뭇 의아스럽다.

본명 이경의(李敬議), 자(字) 갑룡(甲龍), 호(號) 석정(石亭). 1860년 전북 임실에서 태어나 백수(白壽)를 누리고 1957년 마이산 연록(連麓)에 묻힌 사람. 탑사의 돌탑들을 혼자 이룩한 주인공의 이력이다. 본명보다는 '이갑룡 처사'로 흔히 불리는 그는 생전의 숱한 일화들로 마이산 부근의 사람들에겐 전설적인 인물로 기억되고 있다. 그는 스물다섯 살 되던 해에 유불선(儒佛仙) 삼교(三敎)에 바탕을 둔 용화세계(龍

일월탑
탑사의 가장 높은 곳에 자리한 가장 크고 중심되는 탑이다.

華世界)의 실현을 꿈꾸며 이곳에 들어왔다고 한다. 그리곤 사람들의 죄를 빌고 창생(蒼生)을 구할 목적으로 30년을 하루같이 낮에는 돌을 나르고 밤에는 기도하는 마음으로 탑을 쌓았다. 그렇게 해서 이룩된 탑이 108개, 이른바 백팔번뇌(百八煩惱)에서 벗어나고자 하는 염원이 그 안에 담겨 있다고 한다.

어떻게 탑들을 만들었을까에 생각이 미치면 다소 난감해진다. 외줄탑도 이미 키가 넘어버리면 한 켜 한 켜 균형을 잡아가며 세우기가 여간 힘들지 않아 보인다. 하물며 잔돌을 모아 10m가 넘는 원뿔을 모두고 다시 그 위에 우리 키에 가까운 외줄탑을 올리는 일은 결코 만만한 노릇이 아니었으리라. 그런데 전하는 말에 따르면, 설사 비계(飛階)를 매더라도 별로 가능해보이지 않는 이 작업을 아무런 도구나 보조물 없이 오로지 맨손만으로 끝마쳤다니 누가 쉽게 믿겠는가? 당시에도 비슷한 생각이 들었는지 몇몇 사람이 탑 쌓는 것을 몰래 구경하려고 숨어들었단다. 헌데 자정이 되자 자신도 모르게 잠이 들어버리고 눈을 떴을 때는 이미 그날 분량의 돌이 더 얹혀 있었다고 한다. 물론 탑 주위는 두 손 이외의 다른 물건을 사용한 아무런 흔적도 없이. 선뜻 믿기지 않는 얘기이다.

이와 흡사하게 이갑룡 옹의 기이하고 믿기 어려운 행적을 전하는 이야기가 많이 떠돈다. 이를테면 그가 탑을 쌓을 때 우리나라 곳곳의 명산에서 돌을 날라다 탑을 쌓았는데 그때 축지법을 써서 다녔다거나, 한번

진안 읍내에 있는 진안관(T.063-433-2629)은 진안의 명물인 애저찜으로 유명하다. 애저찜이란 새끼돼지를 찜으로 쪄낸 것을 말한다. 마이산 북부주차장 가는 길에 나오는 금복회관(T.063-432-0651)도 역시 애저찜으로 이름난 곳이다. 두 곳 모두 연중무휴이며 넓은 주차장을 갖추고 있다.

외줄탑
탑사의 대부분을 이루는 탑이다. 단순한 형식이지만 비바람에도 무너지지 않는 신비를 감추고 있다.

죽도는 전북 진안군 상전면 수동리 내송부락에 있다. 마이산 탑사에서 다시 화전 버스정류소 앞으로 나와 왼쪽 진안으로 난 30번 국도를 따라 7.3km 가면 진안로터리에 닿는다. 진안로터리에서 오른쪽으로 계속 난 30번 국도를 따라 1.2km 가면 길 오른쪽에 진안 시외버스터미널이 있는 삼거리가 나온다. 진안시외버스터미널 앞 삼거리에서 왼쪽 무주로 계속 이어지는 30번 국도를 따라 8.25km 가면 길 왼쪽에 상전초등학교가 있는 삼거리가 나온다. 상전초등학교 앞 삼거리에서 오른쪽 동향으로 난 49번 지방도로를 따라 3.4km 가면 죽도에 닿는다. 주차장은 따로 없으나 유원지 주변에 대형버스도 잠시 주차할 수 있다. 진

은 전주에서 그를 본 사람이 버스를 타고 진안으로 왔더니 걸어온 그가 먼저 도착해 있더라든지, 거의 수직에 가까운 수마이봉을 단지 나막신만 신고 아침저녁으로 오르내렸다든지, 언젠가는 명주 18필을 써서 서로 외면한 자세로 서 있는 마이산 두 봉우리를 연결시켰다는 따위가 그런 예들이다. 이러니 적수공권(赤手空拳)만으로 탑을 완성했다는 말을 몰밀어 무시해버릴 수만도 없는 형편이다. 아무튼 탑들을 쳐다볼수록 축조 방법이 궁금해진다.

그 많은 탑들이 지금까지 처음 모습대로 전해내려오는 것도 신기하기는 마찬가지다. 힘들이지 않고 밀기만 해도 금세 우르르 무너져내릴 탑들이 어떻게 철철이 비바람 몰아치는 골짜기에서 백 년 가까운 세월에도 처음처럼 꼿꼿이 서 있을 수 있는지 정말 알 수 없는 일이다. 공식화된 설명대로라면 음양의 조화를 맞춰 쌓아서 그렇다고 한다. "도가 정미로우면 석불도 저절로 신령스러워진다"(道精石佛自神靈)고, 과연 그러한지도 모를 일이다. 하지만 "공든 탑이 무너지랴"는 속담마따나 30년 세월 동안 쏟은 정성의 공덕으로 무너지지 않는다는 설득이 차라리 낫지 않을는지…… . 하긴 요즈음도 겨울철이면 기도하기 위해 탑 주위로 떠놓은 정한수가 얼면서 비스듬히 하늘을 향하는 역고드름이 맺힌다니, 온 마이산 골짜기에 무언가 범상치 않은 기운이 가득한 건 아닌지 모르겠다. 한마디로 탑사의 역사는 우리 시대의 수수께끼라 하겠다.

무리지어 하늘로 솟고 있는 탑사의 돌탑들을 일별하면 의식 밑바닥에 잠재해 있던 원시의 감정이 꿈틀거린다. 알 수 없는 신비감에 가볍게 젖어들면서 어딘가 모르게 숨어 있는 주술적, 원시적 분위기에 가벼운 긴장이 인다. 확실히 그것은 여느 석탑을 볼 때와는 전혀 다른 느낌이다. 거기에는 일생을 쏟아부은 한 기인(奇人)의 체취가 있다. 모양도 자세도 크기도 서로 다른 탑들이 '무질서하게' 골짜기 하나를 가득 메우면서 보여주는 집체의 미, 민중적 정서가 있다. 어떤 미술가의 작품보다도 뛰어난, 의도하지 않고 이루어진 진정한 설치미술이다. 20세기 벽두(劈頭)에 이 땅에서 이루어진 작은 불가사의이다.

마이산은 도립공원이자 명승 제12호이며, 탑사의 돌탑들은 전라북도 기념물 제35호이다. 마이산은 1억 년의 신비가 숨쉬는 장엄한 자연의

탑이다. 그 아래 돌탑들은 한 인간의 일생이 담긴 의지의 깃대이다. 그리하여 마이산 답사는 전설과 신화가 죽은 시대에 그 신화와 전설을 찾아가는 순례의 길이 된다.

안읍진안 시외버스터미널에 죽도로 가는 내송행 버스가 하루 5회(진안→내송 8:10, 9:20, 12:40, 15:30, 18:00) 다닌다. 죽도 유원지 주변에는 민박집과 음식점이 여럿 있다.

정여립, 기축옥사 그리고 죽도

정여립(鄭汝立, 1546~1589). 그는 누구인가? 이른바 '정여립의 난—정여립 모반사건'의 주모자이자 이 사건의 뒷갈망을 위해 이어진 기축옥사(己丑獄事)의 피바람을 불러일으킨 장본인. 그리하여 남도 사림의 씨를 말리고 호남을 반역향으로 낙인찍게 만들어 조선 중기 이후 호남 사람들의 정치·사회적 활로를 막아버린 인물, 이것이 조선 중기의 사상가 정여립에 대한 근대 이전의 평가다. 과연 그러한가?

정여립은 동래 정씨(東萊鄭氏)의 후손으로 전주 남문 밖에서 태어났다. 아버지 희증(希曾)이 첨정(僉正) 벼슬에 올라 사대부 반열에 들게 되었다. 어려서부터 살빛이 검붉고 기골이 장대하여 힘이 세었다. 자라면서 체격도 늠름한 장부가 되었으며 통솔력이 있고 두뇌가 명석하여 경사(經史)와 제자백가에 통달하였다. 명종 22년(1567) 진사가 되었고, 선조 3년(1570)에 대과에 급제하였다.

율곡(栗谷)을 존경하여 그의 문하에 드나들었고, 율곡 또한 그의 학문과 인물됨을 사랑하였다. 우계 성혼(牛溪 成渾) 역시 그의 재주를 아껴 칭찬해 마지않았다. 이들 두 사람의 각별한 후원과 촉망으로 일세의 이목을 끌었다. 말하자면 서인의 선두주자로서 두각을 나타낸 것이었다. 선조 16년(1583) 예조좌랑에 올랐고, 이듬해엔 홍문관 수찬에 제수되었다. 이로써 출세가도가 활짝 열린 셈인데, 어떤 이유에서인지 그는 관직을 버리고 낙향하고 만다. 그리고 선조 18년(1585) 좌의정 노수신(盧守愼)

의 천거로 다시 홍문관 수찬이 되어 벼슬길에 올랐을 때는 동인에 가담하여 서인이었던 박순(朴淳), 성혼, 한 해 앞서 타계한 율곡 등을 공공연히 공격했다. 이 때문에 서인들의 원망과 노여움이 그에게 집중되었을 뿐 아니라 선조의 미움마저 사게 되었다. 당을 바꾸고 스승을 배반했다는 세간의 비난과 선조의 불신은 동인 핵심 인물의 하나였던 그가 동인이 집권한 조정에 더 이상 머물 수 없는 상황을 야기했다. 마침내 사직을 청한 정여립은 고향으로 돌아와 다시는 출사(出仕)하지 않았다.

비록 한양을 떠났지만 그는 여전히 집권당의 실력자였고, 세간의 비난 따위에 위축될 만큼 소심한 인물도 아니어서 자신의 생각에 따라 소신껏 행동했다. 고향에 돌아온 그는 진안의 죽도(竹島)에 서실을 지어놓고 신분의 상하귀천에 얽매이지 않고 누구나 참여할 수 있는 대동계(大同契)를 조직하여 매달 보름마다 모여서 향사례(鄉射禮)를 행한다는 명목으로 학문과 무예를 연마시켰다. 이 모임의 성격과 목적이 무엇이었는지는 분명치 않지만 단순한 '계'의 성격을 넘어선 집회요 조직이었던 것은 평소 그의 사상과 행동으로 대충 짐작할 수 있다. 그는 평소 천하공물설(天下公物說)을 내세워 천하는 공물인데 어찌 일정한 주인이 있겠느냐고 주장했으며, 충신은 두 임금을 섬기지 않으며 열녀는 두 남편을 섬기지 않는다는 유교 윤리를 뒤집어 '인민에 해되는 임금은 죽여도 가하고, 인의가 부족한 지아비는 버려도 된다' 하여 하사비군론(何事非君論)을 펴기도 했다. 왕조시대에 그 바탕을 전면 부정하는 참으로

죽도 전경 금강 상류 두 물줄기가 만나는 곳에 자리해 마치 섬처럼 보인다. 먼 옛일은 잊혀진 채 지금은 이 고장 사람들의 여름 휴식처로 많은 사람들이 찾는다.

혁명적인 사상이었다.

　결국 그의 이러한 과격성과 급속한 대동계의 확산은 정권에서 소외되어 있던 서인들에게 맞춤한 공격거리를 제공했고, 급기야는 모반사건으로 확대되어 그를 죽음의 길로 몰아넣고 쟁쟁한 동인계열 인사들을 비롯한 호남 사람을 쑥밭으로 만들었다. 기축년, 즉 1589년 황해도에서 현직에 있던 관찰사와 몇몇 군수의 이름으로 역모의 고변(告變)이 있었다. 내용은 대동계원들이 한강의 결빙기를 틈타 황해도와 호남에서 동시에 입경하여 대장 신립(申砬)과 병조판서를 살해하고 병권을 장악하기로 하였다는 것이었다. 조정에서는 즉각 군사를 풀어 대동계의 지도자 정여립을 추적했고, 제자로부터 사건의 추이를 전해들은 정여립은 아들과 함께 죽도로 피신했다가 그곳에서 사망했다. 공식 역사는 그의 죽음을 '자결'로 기록하고 있지만, 그를 체포하러 왔던 관군에 의해 살해되었다는 주장이 사건 직후부터 줄곧 제기되어왔다.

　아무튼 그의 '자살'로 역모사건은 사실로 굳어졌다. 그리하여 이 사건의 조사와 처리가 정국의 핵심으로 대두되었고, 서인이었던 송강 정철(松江 鄭澈)이 위관(委官)에 임명되어 그 책임을 담당했다. 사건의 처리는 가혹하게 진행되었다. 설사 사건과 아무 관련이 없을지라도 정여립과 한두 번 편지를 주고받은 사람들까지 사건에 연루되어 무참히 투옥되고 처형당했다. 동인의 거두 동암 이발(東岩 李潑)과 그의 형제들, 남명 조식의 고족(高足)으로 뛰어난 학식을 지녔던 최영경(崔永慶), 호남 사람의 중망을 한몸에 모았던 곤재 정개청(困齋 鄭介淸), 동인으로 대신의 지위에 있으면서 사건 초기 위관을 맡았던 정언신(鄭彦信) 등이 죽임을 당했으며 동강 김우옹(東岡 金宇顒), 아계 이산해(鵝溪 李山海), 내암 정인홍(來菴 鄭仁弘), 서애 유성룡(西厓 柳成龍) 등 이름만 대면 누구나 알 만한 인물들도 유배의 길에 올랐다. 사건은 이 정도에서 끝나지 않고 이후 3년여에 걸쳐 점차 확대되면서 정여립과 친교가 있었거나 동인이라는 이유로 무려 1천여 명에 이르는 선비들이 처형되는 대옥사로 발전하였다. 이른바 기축옥사의 전말이다.

　기축옥사의 결과는 황폐했다. 이로써 몇몇 가문

은 아예 문을 닫다시피 했으며 호남 사람은 철저히 결딴이 났다. 동시에 호남지방은 반역향으로 지목되어 중앙 정계에서 소외되었으며, 이후 오랫동안 이 고장 출신들은 정치·사회적 냉대와 차별을 감내하며 울분을 삼켜야 했다. 또한 정국이 뒤바뀔 때마다 기축옥사 문제는 중요한 현안으로 떠올라 오래도록 당쟁 전개의 핵심 쟁점이 되었다. 심지어 사건과 관련하여 대립하는 입장에 섰던 당사자의 후손들은 세상이 수십 번 바뀐 오늘날까지도 서로 혼인조차 하지 않고 있으니 그 답답함을 더 말해 무엇하랴.

과연 정여립이 반란을 도모했는지의 여부는 분명치 않다. 그의 혁명적 사상과 행동이 역모사건의 빌미를 제공한 측면이 있기는 하지만, 최근의 연구 결과는 정여립 모반사건이 조작이라는 데 거의 일치하고 있다. 요컨대 기축옥사는 율곡의 죽음을 계기로 동인들의 손으로 넘어간 정국의 주도권을 일거에 만회하기 위해 서인 측에서 변절한 정여립의 의심스런 사상과 행동을 꼬투리삼아 일으킨 혐의가 짙은 대재난이었다. 그렇다면 다시, 정여립은 어떤 인물인가? 우리는 그를 어떻게 이해해야 하는가? 시인 고은 선생은 그의 노작(勞作) 『만인보』(萬人譜)에서 정여립을 이렇게 평가했다.

일자 한자 늘어놓겠습니다 무식이 배짱입니다 / 성리학 주리노선은 천지 음양 귀천 상하의 계급노선입니다 / 그런데 좌파 주기철학은 일체 만물의 평등노선입니다 / 바로 이 화담 율곡 주기론을 이어 정여립은 / 그것을 더 발전시켜 허균의 자유주의와는 또 달리 / 앞장 선 천하 평등노선을 강화합니다 / 주자는 다 익은 감이고 율곡은 반쯤 익은 감이고 / 또 누구는 숫제 땡감이라고 원조와 은사 할 것 없이 / 그리고 선배 따위 닥치는 대로 평가합니다 / 그는 동인계열입니다 정철과 대결하다가 / 그놈의 늪 같은 권세 때려치우고 낙향해버립니다 / 천하는 공공한

물건이지 어디 정한 주인이 있는가 / 어허 위태위태한지고 이 말은 곧 존왕주의 주자학을 / 마구 거역함이 아닌가 될 말인가 / 어디 그뿐인가 / 인민에 해되는 임금은 살함도 가하고 / 인의 부족한 사대부 거함도 가하다 / 이런 칼 휘둘러치듯 하는 우렁찬 말 듣고 / 오종종한 재상 도학자들 한꺼번에 크게 감동키도 했습니다 / 그는 대동계 세워 양반 양민 상민 사천 노비 할 것 없이 / 상놈이 양반더러 / 먹쇠가 마님더러 야 자 해도 되는 / 대동계 세워 / 문무쌍전의 공부시키니 / 때마침 왜구 침노하는 갯가 나가서 다 격퇴했습니다 / 임진왜란은 이미 그때부터입니다 그 이전 신라 고려 때부터입니다 / 호남 전역해서 전역 / 대동계 식구 늘어나서 임진왜란 전 백성이 모여들었습니다 / 한데 이 민족자결 세력 늘어나자 / 조정의 정철은 대동계 일당과 선비 1천여 명을 검거합니다 / 천하 대역죄 먹여 홍살문턱 닳았습니다 / 정여립은 막판에 진안 죽도에서 / 아들하고 자결한 것이 아니라 / 서인 관헌 암살패에 의해 처참하게 죽은 것입니다

3백 년 뒤에나 5백 년 뒤에나 그 이름이 알려질 뿐이라고 / 이것이 전 민족의 항성을 묻고 변설만 키우는 짓거리라고 / 한탄하는 단재의 말마따나

금강 상류의 두 물줄기가 만나는 곳에 이루어진 내륙의 섬 죽도. 물 있고 경치 좋아 가까운 고장 사람들에게는 여름 한철 부담 없는 휴식처가 되는 곳이지만, 여기 얽힌 사연을 아는 이들에게는 무심한 마음으로 밟을 수 없는 땅이다. 갈증보다 심한 목마름으로 어두운 시대를 살아갔던 한 사내의 좌절된 꿈이 묻힌 곳이 여기가 아닐는지. 혹은, 미완의 혁명이 전설이 되고, 일화가 되고, 야담이 되어 이따금 풍편에나 떠도는 곳이 죽도가 아닐는지…….

장수향교 대성전

장수군 장수읍 장수리에 있다. 마이산 탑사에서 다시 화전 버스정류소 앞으로 나와 왼쪽 진안으로 난 30번 국도를 따라 7.3km 가면 진안로터리에 닿는다. 진안로터리에서 오른쪽으로 계속 난 30번 국도를 따라 1.2km 가면 길 오른쪽에 진안 시외버스터미널이 있는 삼거리가 나온다. 진안 시외버스터미널 앞 삼거리에서 오른쪽 장수·장계로 난 26번 국도를 따라 13.5km 가면 천천읍 삼거리가 나온다. 천천면 삼거리에서 오른쪽 장수로 이어지는 719번 지방도로를 따라 10.9km 가면 길 오른쪽에 남동파출소가 있는 사거리가 나온다. 남동파출소 앞 사거리에서 앞으로 계속 난 19번 국도를 따라 400m 가면 장수교 앞 사거리가 나온다. 장수교 앞 사거리에서 왼쪽 교촌리로 난 마을길을 따라 300m 가면 다시 교촌교 앞 사거리가 나오는데 여기서 왼쪽으로 난 마을길을 따라 50m 가면 길 왼쪽으로는 교촌중앙슈퍼, 오른쪽으로는 장수향교가 나온다. 승용차는 향교 앞까지 갈 수 있으나 대형버스는 향교로 가는 도중에 나오는 군청 주차장을 이용하는 것이 좋다.

장수 읍내에는 흥부식당(T.063-351-2517)을 비롯하여 숙식할 곳이 여럿 있다. 진안 시외버스터미널에서 장수로는 직행버스가 약 30분 간격으로 다닌다. 장수향교는 장수 공용터미널에서 걸어갈 만한 거리에 있다.

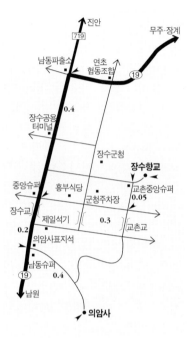

장수향교는 조선 태종 7년(1407)에 장수읍 선창리에 창건되었다가, 숙종 12년(1686)년 지금의 자리로 옮겨 지었다. 임진왜란 때는 향교의 노복(奴僕), 곧 원노(院奴)였던 정경손(丁敬孫)이 이곳에 침입한 왜군에게 "만약 향교에 들어오려거든 먼저 내 목을 베고 들어오라"고 하여 그 기개에 탄복한 왜군들이 그냥 물러나는 바람에 병화(兵火)를 면하였다는 내력을 간직한 곳이기도 하다.

건물은 기본적으로 강당인 명륜당(明倫堂)이 앞에 있고 문묘(文廟)인 대성전(大成殿)이 뒤에 있는 이른바 전학후묘(前學後廟)의 배치를 보인다. 하지만 보통 명륜당

장수향교 입구
임진왜란 때에도 피해를 입지 않은 오래된 향교이다. 그동안 여러 차례 고치고 바꾸어 기본적인 향교 건물의 정연한 배치와는 많이 다르다.

앞쪽 좌우로 배치되는 동재(東齋)와 서재(西齋)가 특이하게 그 뒤쪽에 자리잡고 있는가 하면, 동서 양재의 북쪽으로 여느 향교에서는 보기 어려운 사마재(司馬齋)·양사재(養士齋) 따위가 부가되어 있으며, 대성전 앞에 으레 들어서게 마련인 동무(東廡)와 서무(西廡)는 아예 있지도 않아 일반적인 예와 다른 점도 많다.

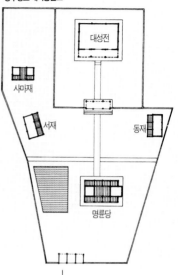

장수향교 배치평면도

전하는 말대로 임진란의 피해를 입지 않았다면 아무리 여러 차례 고치고 바꾸었다 하더라도 어딘가 모르게 고격이 풍기련만 그런 느낌이 전혀 없다. 그렇다고 정연한 건물 구성과 배치를 보이는 것도 아니다. 다만 우리가 볼 수 있는 건 조선 후기 그저 그런 건물들의 어수선한 집합이다. 관리도 썩 잘 되는 것 같지는 않아 향교로서의 체면치레를 하기에 바쁘다. 이런 정도라면 군이 답사객이 발품을 팔아야 할 까닭이 없겠으나, 그런 중에 수수하면서 요모조모 뜯어볼 만한 점이 적잖은 대성전이 있으니 그냥 지나치기도 서운한 노릇이다.

보물 제272호로 지정되어 있는 장수향교 대성전은 조선 후기의 양식적 특성이 두드러지는 정면 3칸 측면 3칸의 주심포 맞배지붕 건물이다. 측면 3칸 가운데 앞쪽 1칸은 퇴칸으로 비워두었다. 이 퇴칸은 일종의 전이공간(轉移空間)으로서 일상의 영역과 성역을 구분 혹은 매개하는 구실을 하며, 기능적으로는 건물에 깊이감을 자아내어 묘우(廟宇)인 대성전의 권위와 가라앉은 분위기를 유도한다. 또 주심포 양식이라고는 해도 기둥은 민흘림에다 공포를 구성하는 첨차, 소로, 살미첨차들이 모두 다포계 형태를 취하고 있어 고전적인 주심포 양식과는 많은 차이를 드러내고 있다. 특히 주두 밑에서 기둥머리에 맞짜인 헛첨차나 초제공의 살미첨차는 끝이 위로 솟구친 앙서형인데, 끝부분보다 뿌리 부분이 훨씬 가늘어 매우 나약한 인상을 지울 길 없으며, 그 위에 연꽃을 새김질해 얹은 것도 의례적인 장식일 뿐 참신한 맛이 없다. 모두 조선 후기, 거기서도 시대가 한참 내려서는 시기의 양식이다.

칸마다 기둥머리를 서로 연결하는 평방 위에는 화반이 두 개씩 놓여

장수의 대표적인 특산물로 곱돌그릇이 있다. 곱돌그릇에 지은 밥이나 음식은 잘 식지 않아 언제나 따뜻하게 먹을 수 있기 때문에 갈수록 인기를 얻고 있다. 장수향교 근처에 있는 장수곱돌석기 직판장(T.063-351-1820)을 찾아가면 좀더 저렴한 가격으로 구입할 수 있다.

주심도리의 하중을 받는 장여를 받치고 있다. 그 화반이 꽃술을 물고 피어난 꽃 모양이다. 그저 꽃잎 네 장을 되는 대로 새김질한 간결한 것이지만 오히려 그 때문에 검박하고 수수한 느낌을 자아낸다. 앞뒤의 귀기둥 네 곳에는 이곳 대성전에서만 볼 수 있는 특이한 부재가 덧붙어 있다. 귀기둥의 중간에 하늘을 향해 팔을 반쯤 벌리듯 가볍게 S곡선을 그리는 부재가 덧대어져 있는데, 그 끝부분을 창방 뺄목에 결구하면서 동시에 귀공포의 첨차를 받치도록 고안되었다. 얼른 보아서는 귀기둥 밖으로 내민 창방 뺄목이나 공포의 부재들이 처지는 것을 막아주는 구실을 하는 것으로 보이지만 구조적으로 반드시 필요한 요소인지는 모르겠다. 어쨌든 여기 대성전에서나 구경할 수 있는 별스런 장치이다.

우리 전통건축에서 앞면의 처마와 뒷면의 그것이 서로 다른 경우가 종종 있다. 장수향교 대성전도 그러하여 앞면은 단면이 둥근 서까래와 네모진 덧서까래가 갖추어진 겹처마인 반면 뒷면은 서까래만 한 줄로 놓인 홑처마이다. 대개 이렇게 앞뒤 처마의 격식을 달리하는 것은 주로 경제적인 이유 때문일 텐데, 성공적인 경우라면 변화의 묘미를 보여주지만 그렇지 못하면 자칫 궁색함을 드러내기 쉽다. 이곳 대성전의 홑처마에도 어딘가 모르게 궁끼가 흐른다고 느끼는 것은 건물의 다른 부분에서 받은 말기적인 인상, 혹은 향교 전체에 비낀 퇴락의 그림자가 연장된 까닭은 아닌가 모르겠다.

정면의 벽면 구성은 질서와 변화를 동시에 추구하고 있다. 중심선을

설정하고 보면 좌우가 딱 들어맞는 대칭을 이루면서도 가운데의 어간과 좌우 양쪽 협칸의 벽면이 서로 다른 모양새를 하고 있다. 어간은 세로로 사등분하여 가운데는 두짝 밖여닫이 띠살문을 달고, 좌우로는 중방과 띠장을 지른 다음 그렇게 해서 생겨난 칸칸에 널을 메움으로써 일종의 널벽을 이루었다. 양쪽 협칸 또한 세로로 사등분하여 가장 안쪽은 어간처럼 널벽을 치고 다음 칸에는 외짝 밖여닫이 띠살문을 달았으며, 나머지 부분은 중방으로 상하를 구분한 뒤에 위에는 정자살 창문을 두고 아래는 십자로 구분된 칸마다 널을 대어 널벽으로 꾸몄다. 그리고 띠살문의 궁판마다 삼태극무늬를 집어넣어 모양을 내었다. 이리하여 대성전의 앞면은 문과 창과 널벽이 어울려 규율성과 통일성 속에서도 단조로움을 벗어난 변화의 맛을 보여준다.

장수향교 대성전은 조선조 말기의 양식적 특성이 두드러지는 건물이다. 임진왜란의 전화(戰禍)를 면했음에도 불구하고 여러 차례에 걸친 중건과 중수를 거듭한 까닭으로 풀이된다. 우리는 이 건물에서 어떤 아름다움이나 가치를 찾기에 앞서 한없이 외지고 궁벽했을 이곳에서조차 선현을 받드는 제의가 행해지고 교육이 이루어졌다는 사실이 갖는 의미를 먼저 곰곰이 되작여보아야 하지 않을까 싶다.

의암사와 논개 생가

일찍이 수주 변영로(樹州 卞榮魯, 1898~1961) 선생이 "거룩한 憤怒는 / 宗敎보다도 깊고 / 불붙는 情熱은 / 사랑보다도 强하다 / 아 강낭콩꽃보다도 더 푸른 / 그 물결 위에 / 양귀비꽃보다도 더 붉은 / 그 마

의암사는 장수군 장수읍 두산리에 있다. 장수향교에서 다시 장수교 앞 사거리로 나와 왼쪽 남원으로 난 19번 국

도로를 따라 약 200m 가면 길 왼쪽으로 의암사 표지석과 함께 마을길이 나왔다. 마을길을 따라 약 400m 가면 의암사 주차장이 나온다. 의암사는 입장료와 주차료를 받지 않는다. 대중교통과 숙식은 장수향교와 동일하다(의암사 관리사무소 T.063-351-4837).

장수군 계내면 대곡리에 있는 논개 생가는 의암사에서 다시 의암사 표지석이 있는 입구로 나와 오른쪽으로 난 19번 국도를 따라가야 한다. 19번 국도를 따라 600m 정도 가면 길 앞 왼쪽에 남동파출소가 있는 사거리가 나온다. 남동파출소 앞 사거리에서 오른쪽 무주·장계로 계속 이어지는 19번 국도를 따라 11.7km 가면 길 오른쪽으로 장계남초등학교가 있는 삼거리가 나온다. 장계남초등학교 앞 삼거리에서 오른쪽으로 난 장계 우회도로를 따라 600m 가서 오른쪽 함양으로 난 26번 국도를 따라 3.05km 가면 길 왼쪽에는 궁실농원 표지판이 있고, 오른쪽에는 주논개 생가 표지판과 함께 원오동으로 난 마을길이 나온다. 원오동 마을길을 따라 1km 가면 원오동 사거리가 나오는데 여기에서 오른쪽으로 계속 이어지는 743번 지방도로를 따라 2.45km 가면 길 오른쪽에 논개 생가와 주차장이 나온다. 논개 생가 약 250m 못미처 길 왼쪽에 있는 주차장 아래가 본래 생가가 있던 터이다.

논개 생가 주변에는 작은 매점과 화장실만 있을 뿐 숙식할 곳은 없다. 가까운 장계에는 몇 군데 숙식할 곳이 있다. 장계 시외버스터미널에서 논개 생가 앞을 지나 대곡리로 가는 대곡행 버스가 하루 4회(장계→대곡 9:00, 13:00, 16:00, 19:00) 다닌다. 장수 시외버스터미널에서 장계로는 약 20분 간격으로 버스가 다닌다.

논개 생가 관리사무소 T.063-352-2550

음 흘러라 / / 아리땁던 그 蛾眉 / 높게 흔들리우며 / 그 석류 속 같은 입술 / 죽음을 입맞추었네"라고 그 의열(義烈)을 노래했던 논개(論介), 임진왜란이 일어난 이듬해인 1593년 6월 29일 진주성이 함락되자 왜장을 끌어안고 촉석루(矗石樓) 아래 푸른 남강에 몸을 던져 순국했다는 이 여인을 모를 사람이 뉘 있으랴.

하면, 우리는 어떤 마음가짐으로 그녀를 기억하는 걸까? 존경인가, 경외인가, 동정인가, 아니면 시린 안쓰러움인가? 보는 이에 따라 조금씩 다르겠지만 이 모든 감정이 뒤섞인 약간은 착잡한 심사가 논개를 생각하는 우리의 마음이 아닐까. 특히 우리가 애잔한 동정심, 아린 안쓰러움 없이 그녀를 바라보지 못하는 까닭은 무엇 때문인가?

임진왜란이라는 미증유의 대참화를 초래한 일차적 책임은 누구에게 귀속되는 걸까? 당연히 사대부계층이다. 그들은 국가를 지배하는 핵심 계층이었기 때문이다. 그러면 그 국가 존망의 전쟁을 극복할 임무를 가장 무겁게 져야 할 사람은 누구였을까? 이 또한 분명히 사대부계층이었다. 국가로부터 모든 면에서 가장 많은 혜택을 누려온 계급이었던 탓이다. 그런데도 그들은 엄청난 재난 앞에 무능하고 무책임했으며 부도덕하기까지 했다. 극히 일부를 제외하곤 대부분의 사대부들이 그들이 가진 특권과 부를 이용하여 전쟁의 제2선으로 물러나 자신의 안위를 지키기에 급급하였던 것이다. 반면 보호받아야 할 죄없는 백성들은 전쟁의 소용돌이에 내던져져 거기서 발생할 수 있는 온갖 참혹함을 맨몸으로 감내해야 했다. 의병이라는 이름으로 끝내 전쟁을 승리로 마감하는 데 커다란 역할을 한 것 또한 그들이었다. 전쟁이 끝난 뒤에도 사정은 달라지지 않아 사대부들은 양지를 차지했고 일반 백성들은 예나 다름없이 음지에서 그늘져야 했다. 전쟁에 공로가 있던 사대부들에게는 직급이 주어지고 사당이 세워지며 꽃다운 이름이 역사에 남았지만, 같은 일을 한 평민들은 예와 다름없이 밭갈고 씨뿌려야 했으며 하잘것없는 이름조차 잊혀진 채 구천을 원혼으로 떠돌아야 했다. 서글픈 역사요 역설이었다.

진주성 싸움의 경우도 이런 일반적 상황과 조금도 다르지 않았다. 성이 함락될 때 순국한 창의사(倡義使: 의병장) 김천일(金千鎰), 경상

우병사 최경회(崔慶會)를 비롯한 사대부 출신 여러 장수들은 창렬사(彰烈祠)에 그 위패가 모셔지고 여러모로 국가적인 은전(恩典)을 입었다. 마땅한 일이었다. 그렇다면 진주성 싸움에서 이들과 함께 희생된 6만여 성민(城民)들은? 그 무게가 이들과 전혀 다를 수 없는 목숨을 들여 성을 지킨 무수한 백성들은 보잘것없는 이름조차 전하지 못한 채 생령으로 하늘가를 맴돌 뿐이다.

이 언저리에 우리의 논개가 자리한다. 그녀는 연약한 여성이었다. 그리고 비천한 관기(官妓)였다. 말하자면 국가의 은혜를 입기는커녕 '구름낀 볕뉘' 조차 쪼인 적이 없는 낮은 신분의, 여염의 필부보다 못한 아녀자였다. 그런 그녀가 적장을 쓸어안고 갸륵한 죽음을 한 것이다. 수주 선생의 표현대로 그것은 "거룩한 분노"였고 "양귀비꽃보다 붉은 마음"이었다. 그런데도 그녀의 죽음은 전쟁이 끝난 직후 국가로부터 정당한 평가를 받지 못했다. 백수십 년이 지난 뒤에야 비로소 국가 공인의 절차를 밟을 수 있었을 따름이다. 그러므로 어떤 백성의 죽음보다도 극적이었던 그녀의 죽음 속에는 6만 성민의 죽음이 담겨 있다. 그녀의 죽음은 진주성 싸움에서 이름 없이 숨겨간 모든 백성들의 죽음을 대변하고 상징하는 그런 죽음이었던 것이다. 따라서 그녀을 향한 우리의 애틋한 마음, 서늘한 감동, 저미는 안타까움은 잡풀처럼 하찮게 살다간 무수한 민초들에 대한 뜨거운 연민인지도 모른다.

논개 생가
논개가 나고 자랐다는 주촌마을이 1987
년 저수지가 생기는 바람에 물에 잠기게
되자 마을 뒷산인 이곳에 생가를 복원하
였다.

애당초 논개의 죽음은 현장을 목격한 사람들의 입을 빌어 백성들 사이에서만 구전되었을 뿐 조정 쪽에서는 어떠한 관심도 반응도 보이지 않았다. 이를테면 임진란 동안에 드러난 충신·효자·열녀들의 행적을 뽑아 수록한 『동국신속삼강행실도』(東國新續三綱行實圖, 1617년 간행)에는 그녀의 순국 사실이 올라 있지 않다. 관기를 정열(貞烈)로 표창함이 불가하다는 주장 때문이었다. 말하자면 사대부들의 편견과 멸시로 말미암은 고의적인 누락이었던 셈이다.

논개의 죽음에 가장 먼저 주목한 이는 조선 중기 설화문학의 대가 유몽인(柳夢寅, 1559~1624)이었다. 그는 설화집 『어우야담』(於于野談)에서 「창기」(娼妓)편이 아닌 「효열」(孝烈)편에 논개 이야기를 실어 논개의 순국 사실을 처음으로 문자화했다. 전쟁이 끝난 지 30년 가까운 세월이 흐른 1620년경의 일이었다.

비슷한 무렵에 그녀에 관한 사실(事實)을 사실(史實)로 확인한 일이 하나 더 있었다. 그녀가 죽음을 택한 바위에 '義巖'(의암)이라는 글자가 새겨진 것이 바로 이 즈음의 일이었다. 글씨를 쓴 사람은 함경도의 의병장이던 정문부(鄭文孚)의 둘째아들 정대륭(鄭大隆)이라고 전한다. 문장과 글씨에 두루 뛰어났던 그는 아버지의 유언에 따라 32세 되던 1625년 진주로 이사하여 살았다. 과연 이 글씨를 정대륭이 썼는지 확인할 길이 없지만 그때쯤 새겨진 것만은 분명하다. 왜냐하면 조선 후기의 문신이었던 오두인(吳斗寅, 1624~1689)이 논개가 남강에 뛰어든 바위에 새겨진 '義巖'이란 두 글자를 보고 촉석루에서 「의암기」(義巖記)를 지은 해가 1651년이기 때문이다.

이렇게 논개의 의거는 엄연한 역사적 사실로 굳어졌지만 그것이 국가에 의해 공식화되기까지는 한참 더 세월이 흘러야 했다. 조정의 처사에 아랑곳없이 진주성민들은 해마다 성이 함락된 날이면 남강변에 제단을 차려 그녀의 의로운 혼을 위로하는 한편, 국가적인 행사가 치러질 수 있도록 조정에 표창과 포상을 요구했다. 1721년 진주성민들의 요청을 받은 경상우병사 최진한(崔鎭漢)은 그녀의 의열에 대한 포상을 비변사(備邊司)에 건의했고, 이것이 조정에 의해 받아들여짐으로써 마침내 논개의 순국 사실은 국가에 의해 공식화되었다. 그리고 그로부터 20여 년 뒤인 1740년 경상우병사 남덕하(南德夏)의 노력으로 의암 부근에 논개의 의열을 기리는 사당 의기사(義妓祠)가 세워지고, 매년 국고의 지원을 받아 그녀에 대한 추모제가 성대히 치러짐으로써 국가의 공식적인 포상 절차가 마무리되었다.

그러면 의기 논개는 어떤 이력을 가진 여인인가? 적어도 18세기까지는 그녀의 집안이나 성장 배경 따위에 대해 알려진 바가 전혀 없었고 다만 그녀의 죽음과 이름만이 전해질 따름이었다. 그러던 것이 19세기 들면서 그녀의 출생, 가문, 성장 과정 등에 대한 다양한 의견들이 제시되었다. 그녀의 고향은 전라도 장수이며, 양반가문 출신이고, 성은 주(朱)씨이며, 최경회 혹은 무장으로서 역시 진주성 싸움에서 전사한 황진(黃進)의 부실(副室) 또는 애인이었다는 것이 여러 주장들의 요지였다. 엄밀히 따져보면 꼭 믿을 만한 근거가 뚜렷한 것도 아니지만 군이 믿지 않아야 할 증거도 없는 견해들이다. 아무튼 이런 내용이 담긴 19세기의 기록에 의거해 1846년 장수현에서는 논개가 나고 자란 것을 기념하는 '촉석의기논개생장향수명비'(矗石義妓論介生長鄕竪名碑)를 세워 그녀를 현창하기 시작했고, 적어도 장수사람들에겐 그것이 불변의 사실로 굳어진 지 오래다. 오늘날 장수사람들은 논개를 '논개님'이라고 깍듯이 존칭을 붙여 부르고 장수삼절(長水三節)의 한 사람으로 꼽으면서 그녀가 이 고장 인물임을 자랑스러워한다. 그리고 그들은 그 내용이 사실임을 조금치도 의심하지 않으면서 '논개 얘기'를 줄줄이 풀어놓는다. 그 얘기인즉 이러하다.

지금의 장수군 계내면 대곡리 주촌마을에서 태어난 논개가 열네 살 나던 해인 1587년, 아버지 주달문이 병으로 죽자 논개 모녀는 생계가 막막해졌다. 이때 천하 건달인 숙부가 논 세 마지기, 돈 삼백 냥, 당백포(唐白布) 세 필에 논개를 이웃 마을에 살고 있던 지방 토호 김풍헌에게 팔아넘기고 행방을 감추었다. 이 사실을 안 논개 모녀가 육십령 고개 넘어 외가인 안의의 봉정마을로 피신하자, 김풍헌이 당시 장수현감이던 최경회에게 소장(訴狀)을 내 두 모녀는 장수관아로 잡혀와 현감의 심문을 받게 되었다.

논개 모녀로부터 사건의 전말을 들은 최경회는 이들을 무죄 방면한다. 이것이 인연이 되어 붙일 데 없던 두 모녀는 최경회의 부인 나주 김씨의 배려로 관아에 머물며 현감과 병약한 김씨의 시중을 들게 된다. 평소 논개의 재색과 부덕에 탄복한 현감의 부인 김씨는 남편에게 그녀를 소실로 맞이할 것을 권유한 뒤 지병의 악화로 숨을 거둔다. 이리하여 논개는 열여덟 살 되던 해인 1591년 봄, 최경회와 부부의 연을 맺게 되었다. 그 뒤 논개는 남편의 임지를 따라 무장으로, 다시 장수로 옮겨다니다가 1593년 경상우도 병마절도사로 승진하여 진주성으로 향하는 남편과 함께 길을 나섰다가 마침내 진주성 함락과 함께 불귀의 혼이 되고 말았다.

이상이 장수사람들이 말하는 논개의 짧았던 일생이다. 그 내용을 꼼꼼히 따져보면 역사적 사실과 어긋나는 점, 진위를 증명하기 어려운 사실 등이 보인다. 그렇더라도 그것이 논개가 장수 출신임을 부정하는 결정적 증거로는 되지 못하니, 이 고장 사람들이 논개를 기리는 일에 무슨 잘못이 있으랴.

의암사(義巖祠)와 논개 생가는 바로 장수사람들이 논개를 추모하는 마음을 담아 세운 기념물이다. 논개의 사당 의암사는 1954년 세워졌다. 여기에 예의 수명비, 친일 경력이 있는 이당 김은호(以堂 金殷鎬)가 그렸다 하여 이런저런 말밥에 오르내리는 논개 영정, 그리고 독립운동가로서 한때 이승만 정권 아래서 부통령을 지내기도 했던 함태영(咸台永)이 쓴 편액 따위가 있지만 그리 대수로울 건 없다. 그녀가 나고 자랐다는 주촌마을에 생가가 복원된 것은 1987년, 그나마 저수지를 막는 바람에 마을이 물밑에 잠기게 되어 뒷산 기슭에 자리를 마련한 것이 현재의 논개 생가다. 이곳도 초가집 두 채가 덩그랄 뿐, 썩 볼품이 있지는 않다. 그렇거나 말거나 의암사와 논개 생가는 우리가 매섭고 아리따웠던 조선 여인 논개를 만나는 장소로는 부족함이 없으니 그걸로 제구실은 그럭저럭 하고 있는 셈이 아닌가 모르겠다.

대곡리 논개 生家로 가는 길에 있는 원오동 마을에는 궁실농원가든(T.063-352-0256)이 있다. 이 집은 직접 사육한 흑염소로 만든 흑염소 숯불구이가 맛있기로 유명하다. 여름철에는 대나무통 속에 오곡과 밤, 대추를 넣어 만든 오곡대롱밥을 파는데 다른 곳에서는 맛보기 힘든 별미이다.

적상산성·사고터·안국사

적상산성

적 상 산 (赤裳山, 1,029m)은 무주읍에서 남쪽으로 10km쯤 떨어져 솟은 산이다. 북쪽의 향로봉과 남쪽의 기봉이 주봉을 이루고, 산의 동쪽에는 분지가 발달되어 있다. 이 분지로는 사방에서 물이 흘러드는데 수원이 마르지 않고 고지대임에도 물이 아주 풍부하다. 산을 이루는 암석은 퇴적암으로, 적색역암·적색셰일·응회암 등이다. 이 특

유의 적색 계통 퇴적암이 산의 중턱에 400m 안팎의 폭으로 절벽을 이루며 띠처럼 둘러져 있다. 그 모습이 마치 붉은 치마를 두른 듯하다 하여 적상산 또는 상산(裳山), 상성산(裳城山) 따위로 불려왔다. 특히 단풍이 물드는 가을이면 이름과 모습이 서로 근사함을 실감할 수 있다.

이처럼 산정이 평탄하고 물이 풍부하며 산의 허리가 깎아지른 절벽이라 적상산은 천혜의 요새라 할 만하다. 때문에 예로부터 이곳에서 백성들이 난을 피하거나 여기에 산성을 수축하자는 논의가 빈번했던 듯하다. 그 사정을 『신증동국여지승람』은 이렇게 전한다.

옛날 거란병과 왜구들이 침입하여 약탈을 일삼을 때 근방 수십 군의 백성들이 모두 여기에 의지하여 (목숨을) 보전하였다. 고려의 도통사

무주군 적상면 북창리에 있다. 논개 생가에서 주논개 생가 표지판이 있는 원오동 입구로 나와 왼쪽 장계로 난 26번 국도를 따라 2.55km 가면 장계 입구에서 길이 갈린다. 장계 입구 갈림길에서 오른쪽으로 난 우회도로를 따라 1.2km 가면 다시 사거리가 나오는데 이곳에서 오른쪽 무주로 난 19번 국도를 따라 25.8km 가면 길 오른쪽으로 리베라여관이 있는 사산리 삼거리가 나온다. 사산리 삼거리에서 오른쪽 무주 구천동으로 난 49번 지방도로를 따라 4.7km 가면 길 앞 오른쪽으로 연옥슈퍼가 있는 하조사거리가 나온다. 하조사거리에서 왼쪽 무주읍으로 난 727번 지방도로를 따라 7.4km 가면 길 오른쪽에는 성모텔이, 왼쪽에는 산성교가 나온다. 산성교를 건너 앞으로 계속 난 길을 따라 8km 가면 적상터널을 지나 적상산성 안으로 들어서게 되고, 앞으로 계속 난 길을 따라 1.8km 가면 갈림길이 나오면서 길 오른쪽으로 사고터가 나온다. 사고터 앞 갈림길에서 왼쪽으로 난 길을 따라 1.3km 가면 덕유산 일대를 바라보는 전망대가 나오고 오른쪽으로 난 길을 따라 0.9km 가면 안국사에 닿는다. 승용차는 안국사까지 갈 수 있으나 대형버스는 사고터 근처에 있는 주차장에 주차하는 것이 좋다. 안국사 주변에는 숙식할 곳이 없다. 가까운 무주읍에는 무주관광호텔(T.063-324-6000)을 비롯하여 숙식할 곳이 여럿 있다.

장수나 장계에서 안국사로 직접 가는 버스는 없다. 무주읍으로 가서 다시 버스를 갈아타야 한다. 장수·장계에서 무주로는 시외버스가 약 20분 간격으로 다닌다. 무주읍 공용버스터미널에서 안국사 입구인 북창리를 지나는 괴목·상조행 버스가 하루 8회(무주→괴목·상조 8:00, 10:00, 12:20, 13:50, 15:00, 17:10, 18:20, 19:00) 있다. 북창리에서 안국사까지는 걸어가야 한다. 무주읍에서 안국사까지 택시를 이용하는 것도 한 방법이다.

안국사 입구 적상매표소

(안국사 관람료 포함)
어른 3,200(3,000)·군인과 청소년 1,200 (1,000)·어린이 600(500)원, ( )는 30인 이상 단체. 주차료는 소형차 4,000원 대형차 6,000원이다.
국립공원관리공단 적상매표소 T.063-322-4174

적상산
산 중턱에 적색 계통의 퇴적암이 절벽을 이루며 띠처럼 둘러져 있는데 그 모습이 마치 붉은 치마를 두른 듯하다 하여 적상산이라는 이름을 얻었다.

최영(崔瑩)은 산성을 쌓고 창고를 지어 만일에 대비하자고 건의한 바 있으며, 우리 세종 임금 때에는 체찰사 최윤덕(崔潤德)이 이곳을 지난 적이 있는데 마침 (산이) 안개와 구름에 가리워 미처 돌아보지 못하고는 성을 축조하고 창고를 설치하기에 적합치 않다고 생각하여 마침내 일이 이루어지지 않았다.

위 기록으로는 성을 쌓자는 최영의 건의가 받아들여졌는지 아닌지가 분명하지 않다. 그러나 여러 연구자들은 이때 최영의 주청(奏請)에 의해 적상산에 산성을 만든 것으로 생각하고 있으며, 사람에 따라서는 그 해가 1374년이라고 밝히고 있기까지 하다. 이렇게 고려 말 적상산의 산정을 에워싸듯 축조한 산성이 적상산성이다.

적상산 자체가 이미 워낙 지리적 이점이 뛰어난 까닭에 적상산성이 들어서자 요충으로서의 가치가 매우 높게 평가되었다. 이를테면 앞에 든 『신증동국여지승람』에서는 "옛날 사람들이 험준함을 이용하여 성을 만드니 겨우 두 줄기 길로 오를 수 있을 따름이요, 그 안은 평탄하고 너르며 냇물이 사방에서 솟으니 참으로 하늘이 만든 요새이다"(昔人因險爲城 僅有二路可上 其中平坦寬廣 川水四出 誠天作之險)라고 보았으며, 또 1627년 비변사에서는 "적상산성의 형세는 나라 안에서 으뜸이 오니 성을 수리하고 곡식을 저장하여 반드시 지켜야 할 곳으로 삼는다

면 족히 삼남(三南)의 안전을 보장할 곳 가운데 하나가 될 것입니다"(赤裳山城 形勢甲於國中 修城積穀 以爲必守之地 則足成三南一保障地──『인조실록』 5년 정묘조)라고 왕에게 보고하고 있기도 하다.

이토록 적상산성은 군사적 요충으로서의 장점을 두루 구비하고 있었지만 실제 그 쓰임은 군사적 목적과는 좀 달랐다. 주로 역대의 실록과 왕실의 족보인 선원록(璿源錄)을 안전하게 보전하는 역할이 이 산성에 주어졌던 것이다. 그리하여 1612년 산성 안에 실록을 보관하기 위한 실록전(實錄殿)이 세워짐을 시작으로 선원각(璿源閣), 군기고(軍器庫) 따위가 차례로 들어섬으로써 적상산사고(赤裳山史庫)의 기틀이 잡혔으며, 1643년에는 사고 수호의 임무를 띤 호국사(護國寺)가 창건되어 산성의 특수한 용도가 한층 뚜렷해졌다.

예전 산성의 규모가 어느 정도였는지는 명확치 않다. 규모를 전하는 기록마다 수치가 서로 다르기 때문인데, 대체로 두 가지로 압축된다. 하나는 성의 둘레가 16,920척(尺)이라는 자료이고, 다른 하나는 4,928보(步)라는 기록이다. 오늘날의 단위로 계산하면 대략 전자가 5,000m, 후자가 8,000m쯤에 가깝다. 차이가 상당히 큰 편이다. 1979년 한국전력에서 이곳에 양수발전소를 건립하기 위하여 문화재 현황을 조사한 바 있는데, 그때의 실측치는 8,143m였다. 하지만 어느 경우에나 성벽의 높이는 7척으로 동일하게 서술하고 있다. 7척이라면 겨우 2m 남짓,

무주 읍사무소 근처에 있는 금강식당(T.063-322-0979)에서 맛볼 수 있는 어죽은 무주뿐 아니라 전국에 널리 알려진 무주의 향토음식이다. 어죽이란 민물고기를 삶은 후 뼈를 발라내고 여기에 쌀을 넣고 죽을 끓인 다음 다시 갖은 양념에 수제비를 넣어 만든 음식으로, 담백하고 소화가 잘된다. 무주사람들은 여름철 별미로 즐겨 먹는다. 금강식당은 연중무휴이며 넓은 주차장을 갖추고 있다.

두께를 제쳐둔다면 웬만한 사대부집 담장만도 못한 높이이니 성벽으로서의 구실이 의심스럽다. 그러나 오늘날까지 남아 있는 성벽에 올라보면 성벽 밖의 지형이 워낙 험준하여 그만한 높이로도 성벽의 기능을 너끈히 감당할 수 있었겠다고 머리를 끄덕이게 된다. 이 산성에는 동서남북의 네 곳에 문이 있었으며, 특히 북문과 서문에는 2층 3칸의 문루까지 솟았었다고 하지만 지금은 겨우 북문터와 서문터만이 그 희미한 그림자로 남아 있을 뿐이다.

적상산성은 조선의 멸망과 더불어 제구실을 잃고 스러져 이따금 산새나 넘나들 따름이었다. 하니 사람이 이곳을 오르라치면 외줄기 조도(鳥道)에 의지하는 수밖에 없는 것이 얼마 전까지의 실정이었다. "물거리들이 담장 안에 가득 쌓여 있는 10여 집 앞을 지나니 이내 길은 오르막이다. …… 바위와 절벽과 나무에 취해 한 시간 반쯤 오르니 성벽이 나온다. …… 바위틈도 지나고 벼랑도 기다시피 올라간다. 성을 지나니 길은 눈 속에 묻혀 보이지 않는다." 1980년대 중반 이곳을 올랐던 신경림 시인의 증언이다. 그러나 그도 이제 옛말이 된 지 오래다. 조선왕조가 종말을 고할 때까지만 해도 국가의 귀중한 사료를 보전하던 이곳이 오늘날에는 세계에서 두번째로 손꼽히는 양수발전소 건설의 적지로 알려져 1989년부터 댐 공사가 진행되었고, 그것이 1995년 마무리됨에 따라 적상산 산정에는 커다란 인공호수가 생겨났으며 정상 부근까지 잘 닦인 아스팔트 도로가 깔렸기 때문이다. 비록 이렇게 자동차로 단숨에 산성을 넘나들 수 있게끔 달라졌지만, 그래도 옛 성벽에 올라 발 아래로 아스라이 잦아드는 뭇 봉우리들을 바라보는, 시리도록 시원하고 두 가슴 팽창할 듯 호쾌한 눈맛이야 예나 지금이나 다를 바 없을 듯하다. 적상산성은 사적 제146호이다.

사고터

조선시대 사고제도는 임진왜란을 경계로 서로 다른 양상을 보인다. 왜란 전까지는 4사고제도였으나 임란 직후부터 5사고체제로 변화하였다. 임란 전에는 읍성 안에 위치하던 외사고들이 임란 후 모두 깊은 산중으로 자리를 옮겼다. 전쟁의 후유증이랄 수도 있겠지만, 병화(兵禍)에 노출되었을 때의 문제점을 시정, 보완하는 것이기도 했다.

5사고체제는 내사고인 춘추관사고와 외사고로서 강화(정족산)·묘향산·태백산·오대산 사고로 첫출발하였다. 그러나 묘향산사고는 이내 폐지되고 만다. 비등하는 후금(後金)의 위협에 그대로 노출될 수밖에 없는 지리적 위치와 부실한 관리 탓이었다. 여기에 대신할 새로운 사고터로 떠오른 곳이 바로 적상산성이었다. 이에 광해군 2년(1610), 조정에서는 사관(史官)을 적상산으로 보내 지세를 살피고 산성을 수리하게 한 다음, 1612년에는 산성 안에 실록들을 수장할 실록전을 지었다. 이어서 1618년부터는 여기에 실록을 안치하기 시작하여 1633년까지 묘향산사고의 실록을 모두 옮겨왔다. 또 1641년에는 선원각을 세우고 선원록을 봉안함으로써 적상산사고는 명실상부한 5사고의 하나로서 자리잡게 된다.

사고가 설치되자 사고의 수호와 산성 수비를 강화하기 위하여 승병을 모집하고 수호사찰(守護寺刹)을 건립하는 등 방안이 강구되었다. 설치 직후에는 덕웅(德雄) 스님이 승병을 모집하여 산성을 수축하는 한편 번을 나누어 사고를 수호하였다. 정묘호란 때는 사고를 지킬 사람이 없어 상훈(尙訓) 스님이 사고의 서적을 산성 밖의 석굴로 옮겨 보관하였다가 전쟁이 끝난 뒤 사고에 다시 안치한 일도 있었다. 이와 같이 사고의 수호가 어려워지자 1643년 산성 안에 호국사를 창건하여 승병을 양성하고 산성과 사고를 지키는 임무를 맡겼다.

적상산사고에는 11칸의 실록전과 6칸의 선원각을 중심으로 승장청, 군기고, 화약고, 수사당, 문루 따위의 부속건물이 있었다고 한다. 세월이 흐르면서 수시로 이 건물들을 고치거나 다시 짓기도 했으련만 그에 대한 기록은 없다. 다만 구한말에 이르러 사고가 퇴락하자 고종 9년(1872) 실록전과 선원각을 개수(改修)하였으며, 1902년에는 사고의 대대적인 개수공사가 있었다는 기록이 전할 뿐이다.

1910년 일제가 조선을 강제로 병탄하자 사고와 그 안에 보전되어오던 실록들도 서러운 꼴을 당해야만 했다. 실록들은 저들의 편의대로 이리저리 옮겨지고 사고는 돌보는 이 없이 버려지게 되었던 것이다. 적상산사고의 실록들 또한 구황실문고(舊皇室文庫)로 편입되어 창경궁의 장서각(藏書閣)으로 옮겨졌다. 사고의 건물들은 언제 어떤 연유로 없어졌는지도 모르는 채 단 한 채도 남아 있지 않고 빈터로 방치되어 있었는데 1999년 9월 일부를 복원하였다. 그리고 당시의 선원각은 사고터에서 가까운 안국사(安國寺) 경내로 옮겨져 천불전(千佛殿)으로 사용되고 있다. 애초의 쓰임새는 잃었으나마 잔존하고 있으니 이걸 다행으로 여겨야 할지 어떨지 모르겠다.

안국사

옛날 적상산성에는 여러 절이 있었다. 산성 안에 산성사(山城寺)·보경사(寶鏡寺)·상원사(上元寺)·중원사(中元寺)·호국사·안국사 등이, 산성 밖에 고경사(高境寺)·삼일암(三日庵) 따위의 절이 있었다고 옛 기록은 전한다. 그러나 지금은 이들이 모두 흔적조차 찾기 어렵고 오로지 안국사 하나만이 명맥을 잇고 있다.

무주읍지인 『적성지』(赤城誌)에 실린 「적상산안국사기」(赤裳山安國寺記)에 의하면 안국사는 고려 충렬왕 3년(1277) 월인(月印)스님이 창건했으며, 조선 초기 태조 이성계의 명을 받은 무학대사가 고쳐 지은 적이 있다고 한다. 임진왜란이 끝나고 적상산에 사고가 들어선 다음부터 안국사는 호국사와 더불어 사고를 지키는 수호사찰이 되어 조선왕조가 끝나는 날까지 그 임무를 감당했다. 1910년 사고에 보존되었던 서적들이 모두 서울로 옮겨진 뒤로는 사고와 더불어 절도 차츰 퇴락의 길을 걸었다. 낡은 대로 다소곳한 모습으로 숨어 있던 안국사가 커다란 변화를 겪은 건 불과 10여 년 전이다. 1989년 적상산에 양수발전소 건설이 시작되면서 수몰지구 안에 들게 된 안국사는 어쩔 수 없이 이전하지 않으면 안되었던 것이다. 그래서 옮겨온 곳이 본래의 절터에서 남쪽으로 1km 떨어진, 지금 절이 들어선 자리이다. 원래 이 자리는 호국사의 옛터이다. 수호사찰로서의 임무를 끝내고 힘들게 목숨을 이어오던 호국사는 1949년 추석날 일어난 화재로 말미암아 터만 남긴 채 지상에서 사라져버렸다. 바로 그 터에 오늘날의 안국사가 옮겨온 것이다.

긴 계단을 올라 청하루(淸霞樓)를 지나면 예닐곱 채의 골기와집이 듬성듬성 자리잡고 있다. 일별하면 어쩐지 몸에 맞지 않는 새옷처럼 건물

안국사 전경
적상산에 양수발전소를 짓는 바람에 그터
를 내주고 옛 호국사터로 옮겨온 절이다.
절에서 남쪽을 바라보면 덕유산 일대가 한
눈에 내다보인다.

들이 터와 어울려들지 못하고 있다는 느낌이 든다. 모두 새로 짓거나 옮겨오면서 옛맛을 잃어버린 탓이리라. 하지만 한 건물, 천불전만은 눈여겨볼 만하다. 사고의 선원각을 옮겨온 것이 바로 이 집인데, 옆면과 뒷면에 두른 널벽, 앞뒤로 붙인 여러 개의 교창, 마루로 위층과 아래층이 분리된 중층구조 등에서 사고 건물의 잔영을 살필 수 있다. 한 가지 더 보탠다면 절 뒤편 언덕쯤에서 바라보는 조망 또한 나무랄 데 없다. 그밖에 절로 오르는 비탈이 시작되는 곳에 늘어선 4기의 석종형 부도, 인조 23년(1645)에 세운 호국사비(전라북도 유형문화재 제85호), 1788년 주조된 동종 따위에 잠시 눈길을 주어도 좋으리라.

　정작 안국사의 보배는 우리의 눈길이 닿지 않는 곳에 숨어 있다. 극락전에 보관되어 있는 안국사 괘불(掛佛)이 그것으로, 특별한 행사 때에나 밖에 내걸리니 평소에는 좀체 보기 어렵다.

　길이 10.75m 폭 7.01m에 이르는 안국사 괘불은 한가운데 화면이 꽉차도록 석가여래를 입상으로 그리고, 다보여래·문수보살·보현보살과 아미타불·관세음보살·대세지보살을 양쪽 가장자리 위쪽의 왼쪽과 오른쪽에 나누어 그린 대형 걸개그림이다. 워낙 주존불인 석가여래가 크게

안국사 괘불
가뭄이 들었을 때 내다걸고 기우제를 지
내면 반드시 비가 온다는 영험이 깃들인
불화이다.

그려져 형식상으로는 칠존도이지만 언뜻 보면 독존도(獨尊圖)처럼 보인다. 가슴을 드러낸 채 양쪽 어깨를 감싼 통견의 법의를 입고 선 석가여래는 오른팔은 길게 늘어뜨리고 법의를 걸친 왼팔은 손바닥이 하늘을 향하도록 들어 가볍게 가슴에 댄 모습이다. 양쪽 가장자리의 여섯 불보살은 구름에 둘러싸여 중앙의 주존을 향하여 합장하고 선 자세이다. 주존불 두광의 좌우에는 구름을 탄 천녀가 몸을 기울이며 내려오는 모습이 사선으로 그려져 있다. 직립한 일곱의 불보살이 자아내는 정적인 분위기에 이 작은 비천상 둘의 움직임이 끼어듦으로써 숨통이 트이고 생기가 감돈다.

그림의 중심이 되는 본존불은 얼굴이 크고 어깨는 지나치게 넓은 데다 각이 져 있다. 또 늘어뜨린 팔은 너무 길고 몸통과 다리는 짧아 그다지 신체 비례가 좋은 편이 못된다. 그러나 이런 단점들은 채색과 문양으로 착실히 보완되고 있다. 채색은 녹색과 주홍색을 중심으로 하면서도 회색, 황색, 분홍 등 중간 색조를 적절히 구사하여 화면 전체에 들뜨지 않는 은은한 분위기를 만들고 있다. 특히 양쪽 가장자리에서 뭉게뭉게 피어오르는 구름은 극채색의 그림에서 중간색의 활용이 얼마나 중요하고 효과적인지를 새삼 확인시켜준다. 또 연꽃, 모란, 갖가지 꽃무늬, 그리고 도안화된 여러 문양이 본존의 법의를 비롯하여 화면 요소요소에 배열되어 화사하면서도 천박하지 않은 느낌을 불러일으킨다.

안국사 괘불이 제작된 해는 1728년 아니면 1741년으로 추정된다. 왜냐하면 화기(畵記)에 나오는 '□□六年'이 옹정(雍正) 6년(1728) 혹은 건륭(乾隆) 6년(1741) 가운데 하나인 까닭이다. 특히 우리가 이 그림에 관심을 갖는 이유는 그림을 그린 사람 때문이다. 화원(畵圓)은 의겸(義兼)을 비롯한 여섯 명의 스님이다. 화원의 첫 자리에 이름이 오른 의겸스님은 18세기 중반에 활약한 금어(金魚)로, 의겸화파(義兼畵派)라 불러도 무방할 만큼 불화의 세계에서 일대 세력을 형성하여 일세를 풍미한 조선 후기의 대표적 화승(畫僧)이었다.

안국사 괘불은 가뭄이 들었을 때 내다걸고 기우제를 지내면 반드시 비가 온다고 하여 영험이 있는 것으로도 널리 알려져 있다. 실제로 이 괘불의 뒷면에는 기우축원문(祈雨祝願文) 등의 축원문과 송덕문(頌德文) 수십 장이 현재도 붙어 있어 그 말이 허랑한 공치사가 아님을 실감할 수 있다. 글쎄, 가뭄이 심한 어느 날 안국사에 괘불이 걸린다는 말을 듣고 달려가면 그 영험하단 소문을 눈으로 확인할 수 있을지 어떨지는 모르겠으되, 전설적인 화승 의겸의 솜씨, 그의 정신과 대면할 수 있음은 분명한 일이겠다. 보물 제 1267호이다.

화승 의겸

의겸스님은 조선 후기를 대표하는 화승이다. 주로 호남과 서부 경남 일대를 중심으로 활약하였지만 그의 활동 반경은 전국에 걸쳤다. 많은 제자를 배출하여 의겸화파 혹은 의겸화단이라 부를 만한 큰 세력을 형성하여 활발한 활동을 벌였다. 그의 화맥(畫脈)을 이은 화승들이 조선 후기 불교화단을 이끌었을 만큼 지대한 영향을 끼친 당대 최고의 금어(金魚)가 의겸스님이었다. 현존하는 제일의 단청장(丹靑匠) 만봉(萬峰)스님 또한 의겸스님의 화맥을 이어받고 있으니 그의 영향이 얼마나 멀고 깊은지를 짐작할 수 있다.

그러나 의겸스님의 출생지, 생몰연대, 승려 또는 금어로서의 수행이나 수련 과정 등을 알려주는 자료가 거의 없어 그의 자세한 생애는 안개 속처럼 흐릿하다. 다만 남겨진 작품을 통해서 추정해보면 17세기 말에 태어나 숙종대부터 영조대에 이르기까지 약 50년 동안 작품 활동을 했음을 알 수 있다.

그의 독특한 화풍으로 그린 불화는 안국사·청곡사·운흥사·개암사의 괘불 4점을 포함하여 흥국사 영산회상도(靈山會上圖) 등 이제까지 밝혀진 것만도 25점에 이르고 있다. 그의 생애, 그림, 화맥의 형성과 전개 등이 본격적으로 연구되어야 하지만 아직은 관심 있는 사람의 눈길, 손길이 미치지 않고 있는 실정이다.

사고

조선시대의 역사를 편년체로 기록한《조선왕조실록》에 대해서는 모르는 사람이 거의 없다. 그러나 그 실록이 우리에게까지 전해져 살아 숨쉬도록 보존해온

사고(史庫)가 어디에 설치되어 어떻게 운영되었는지를 상세히 알고 있는 사람은 그다지 많지 않다.

실록을 보관하는 사고는 이미 고려시대부터 설치, 운영되었다. 그 운영 방식은 필요할 때마다 국사(國史)를 열람하기 쉽게끔 궁궐 안에 내사고(內史

庫)를 두고, 내사고에 보관되어 있는 국사의 인멸에 대비하여 외사고(外史庫)를 지방에 두는 이원체제였다. 고려시대의 외사고로는 충주에 설치했던 충주사고가 있었다.

조선왕조가 성립한 초기에도 사고제도는 고려의 그것을 그대로 이어받았다. 개국 초 고려의 궁궐인 개성의 수창궁(壽昌宮)에 마련했던 내사고는 수창궁의 화재, 한양으로의 천도(遷都) 등에 따라 궁궐안의 이곳저곳으로 옮겨다니다가 세종 22년(1440) 경복궁 안에 세운 춘추관에 정착하였다. 반면 외사고는 한동안 충주사고를 예전대로 이용하였다.

이렇게 조선은 개국 초부터 내·외사고를 운영하였지만 처음부터 부본(副本)을 만들어 실록을 두 곳에 봉안한 것은 아니었고, 세종대에 이르도록 태조·정종·태종의 실록을 한 부만 만들어 외사고인 충주사고에 보관하였다. 건국 과정이나 개국 초기 잦았던 정변과 관련된 미묘한 사안들을 공개하지 않으려는 의도가 그 주된 이유였다. 그러나 실록이 충주사고에만 보관되어 있는 현실은 여러 가지로 문제가 있었다. 우선 한 부만 보관되어 있으므로 망실(亡失)의 위험에 대비할 수 없는 난점이 있는 데다, 시간이 흐를수록 국가의 통치상 국사를 참고할 필요성이 증대되었던 것이다. 이에 세종 21년(1439), 경상도 성주와 전라도 전주에 새로 사고가 설치되었고, 6년 뒤에는 한양의 춘추관사고를 포함하여 전주·성주사고에 태조·정종·태종 실록 한 부씩이 각각 봉안되었다. 이리하여 내사고로서의 춘추관사고, 그리고 외사고로서 충주사고를 비롯한 전주·성주 사고의 4사고체제가 갖추어지게 되었으며, 임진왜란이 일어날 때까지는 이러한 틀 속에서 사고제도가 운영되었다.

세종대의 외사고 확충은 이전의 사고체제에서 한 걸음 나아간 것이긴 해도 완벽한 것은 아니었다. 충주사고는 물론 전주·성주 사고 모두 사람의 왕래가 잦은 읍성 안에 있었던 관계로 화재나 병화, 그밖의 예기치 않은 재난에 취약한 한계를 지니고 있었기 때문이다. 그 한 예가 중종 33년(1538) 11월에 발생한 성주사고 화재사건이다. 이때의 사고로 성주사고에 보관중이던 실록이 모두 불타버렸다. 그나마 다행이라면 사고 직후 춘추관사고의 실록으로 불타버린 실록을 복구할 수 있었던 것이었겠으나, 그로부터 머지않은 뒷날 거의 모든 사고가 한꺼번에 재난을 당하는 사태가 일어났다. 선조 25년(1592)에 터진 임진왜란이 그것이다.

이해 4월 27일 성주가 함락되고 그 다음날은 충주가, 그리고 5월 2일에는 한양이 왜적의 수중에 떨어지면서 성주·충주·춘추관 사고가 차례로 불타버리고 말아 그 안에 안치했던 실록을 비롯한 모든 사료가 잿더미로 변하고 말았다. 이제 유일하게 남게 된 전주사고 또한 6월로 접어들면서 왜적이 전주로 접근함에 따라 소실될 위험에 직면하게 되었다. 상황이 위급해지자 전주사고에 있던 역대 실록들은 안전한 장소를 찾아 이리저리 전전하게 되었다. 처음에는 가까운 내장산의 은봉암과 비래암으로 차례로 옮겨졌다가, 이윽고 정읍을 거쳐 1592년 8월에는 당시 행재소가 있던 황해도의 해주로 옮겨졌다. 그 뒤로도 전주사고의 실록들은 그때그때의 상황에 따라 강화도로, 영변으로, 마지막에는 묘향산 보현사로 옮겨다니다가 종전을 맞아 간신히 살아남게 된다.

임진왜란이 끝나자 소실된 실록의 복구와 안전한 실록의 보존이 당면한 문제로 대두되었다. 이에 전주사고본을 저본으로 하여 선조 36년(1603)년 7월부터 실록의 인쇄를 시작하여 2년 9개월 만인 선조 39년 4월에는 3부의 실록이 완성되었다. 결국 저본인 전주사고본과 초고본 1부를 합쳐 모두 5부의 왕조실록이 만들어진 것이다.

한편 이렇게 실록의 인쇄작업이 마무리됨에 따라 이들을 더욱 효과적으로 보관할 장소를 선정하는 일이 논의되었고, 특히 외사고는 병화를 피할 수 있는 외지고 험한 곳이 우선적인 선택 조건으로 고려되었다. 그 결과 내사고인 춘추관을 비롯하여 외사고로 강화도·묘향산·태백산·오대산이 그 적지로 채택되었으며, 이들 네 곳에 새로이 사고를 지어 실록을 안치하게 되었다. 이때 원본인 전주사고본은 강화사고에 두고, 초고본은 오대산사고에 봉안하였으며, 새로 인쇄한 3부는 각각 묘향산·태백산·춘추관에 안치하였다. 이것이 조선 후기 5사고체제의 출발인데, 이후 이 틀은 조선왕조가 몰락할 때까지 그 골격을 유지하게 된다. 하지만 각 사고가 겪은 역사의 부침에 따라 사고는 물론 그곳에 보관되었던 실록들도 서로 다른 길을 걸으며 운명을 달리하게 된다.

내사고인 춘추관은 일찍부터 수난을 겪었다. 인조 2년(1624) 이괄(李适)의 난 때 불에 탔으며, 그로부터 불과 3년 뒤인 1627년에 일어난 정묘호란 때에는 보관중이던 실록 일부가 강화도로 옮겨졌다. 그리고 1636년에 발생한 병자호란 때 잔존했던 실록들이 또다시 옮겨지다가 마침내 모두 흩어져버리고 말았다.

강화사고는 원래 강화부 안에 있다가 선조 39년(1606) 마니산으로 옮겨졌다. 병자호란으로 강화도가 함락되었을 때 보관중이던 실록 47책이 불타버렸고, 또 효종 4년(1653)에는 사고에 실화사건이 일어나 실록 두 권과 그밖의 많은 책이 소진되었다. 이에 따라 현종 원년(1660) 사고를 새로 짓고 남은 실록을 옮겨 보관하였는데, 이것이 바로 정족산사고이다. 이어 4년 뒤인 1664년부터는 소실된 실록을 보충하는 작업을 시작하여 숙종 4년(1678)에 이르러서는 온전한 실록이 다시 갖추어졌다.

묘향산사고는 한반도의 북방에 위치한 탓에 후금의 위협에 노출되어 있을 뿐만 아니라 관리의 소홀로 소장도서의 망실과 분실이 잦아 다른 적당한 곳으로 옮기자는 논의가 거듭되었다. 새로운 사고지

로 떠오른 곳은 무주의 적상산이었다. 여기에 광해군 4년(1612) 실록전을 짓고 2년 뒤에는 사고를 설치하였다. 뒤이어 1618년부터는 묘향산사고의 실록들이 봉안되기 시작하여 인조 11년(1633)에야 그 작업은 마무리되었다. 여기에 더하여 1641년에는 선원각이 건립되고 『선원록』이 안치됨으로써 적상산사고는 온전히 묘향산사고를 대신하여 5대사고의 하나로 자리잡게 되었다.

태백산사고는 임란 후 새로 인쇄한 실록을 보관할 곳을 물색하던 중, 선조 38년(1605) 경상감사 유영순(柳永詢)의 추천에 따라 공사에 착수, 이듬해 4월에 완성을 보았다. 그리고 같은 해에 실록 한 질이 봉안됨으로써 사고의 역할을 시작했다. 그러나 얼마 지나지 않은 인조 12년(1634)에 사고터로서의 적부에 대한 논란이 일게 되었으며, 언젠가 분명치는 않지만 그곳에서 1리쯤 떨어진 현재의 사고터로 옮겨지게 되었다.

오대산사고는 마땅한 장소를 찾지 못해 1605년 상원사를 임시 사고로 선정하였다가, 이듬해 월정사 북쪽 10리쯤 떨어진 곳에 사각(史閣)을 마련했다. 여기에는 앞에서 밝힌 대로 임란 후 실록을 재인쇄할 때의 초고본, 즉 교정본이 소장되었다.

이와 같이 조선 후기 5대사고는 시기와 상황에 따라 얼마간의 차이는 있었지만 대체로 조선 말기까지 한 나라의 역사를 보존하는 기능과 임무를 제대로 수행해왔다. 그러다가 일제강점기가 시작되면서 그 역할에 결정적 변화를 맞게 된다. 일제는 제국주의 침략의 일환으로 한국사를 연구한다는 미명 아래 여러 사고에 보존되어왔던 《조선왕조실록》을 그들의 필요에 따라 이리저리 옮겨버리고, 사고는 다 쓴 휴지조각처럼 내팽개쳐버렸던 것이다.

그리하여 정족산과 태백산 사고의 실록은 종친부(宗親府) 자리에 들어선 총독부 학무과 분실로 옮겨졌다가 1930년 경성제국대학 규장각(奎章閣) 도

서로 편입되었다. 광복 뒤 이들 실록 가운데 태백산 사고본은 부산의 정부기록물보존소에, 정족산사고본은 서울대학교 규장각에 이치(移置)되어 보존되고 있다. 적상산사고의 실록은 구황실문고로 편입되어 창경궁의 장서각으로 이안(移安)되었다. 그동안 이 실록은 한국전쟁 중 부산에서 분실된 것으로 알려져 왔으나 최근 북한에 있는 것으로 확인되었다. 오대산사고의 실록은 1911년 조선총독부 취조국에서 강제로 접수하였으며, 그것이 1913년 일본의 동경제국대학 부속도서관에 기증되었다가 1923년의 관동대지진 때 불타버리고 말았다. 단지 그때 대출되어 참화 속에서 살아남은 45책 가운데 27책이 1932년 경성제국대학으로 이관되어 현재 서울대학교에 소장되어 있을 따름이다.

실록을 보관하였던 사고는 더욱 비참한 지경으로 떨어졌다. 실록이 빠져나가면서 모든 사고는 일제의 의도적인 외면으로, 또 광복 뒤에는 우리의 무관심으로 방치되다가 하나둘 언제 사라지는 줄도 모른 채 사위어갔다. 특히 한국전쟁 때까지도 건재했던 오대산사고는 1·4후퇴 무렵 국군이 작전상의 이유로 깨끗이 태워버리고 말았으니 더 이를 말이 무에 있으랴. 그리하여 지금은 겨우 옛 사고터나 더듬고 있는 게 우리의 실정이요 수준이니 남을 탓하기도 무안한 노릇이다.

사고의 건축양식은 일정하지 않았으나 대체로 중심건물로는 2층 구조의 목조기와집 두 동이 앞뒤로 늘어섰다. 하나는 실록을 보관하는 사각이고 다른 하나는 왕실의 족보를 소장하는 선원보각(璿源寶閣)이다. 그밖의 부속건물로는 소장된 서적들을 널어 말리는 포쇄청(曝曬廳), 사고를 지키는 승병들이 머무는 승사(僧舍), 승병의 지휘관이 거처하는 승장청(僧將廳), 무기를 넣어두는 군기고, 사고 관리 책임자인 참봉(參奉)이 거처하는 건물 따위가 부가되었다. 이 가운데 사각과 선원보각의 경우 두 건

물 사이는 물론 주위로 반드시 담장을 둘렀다. 그 이유는 담장이 외부 침입에 대한 방어벽임과 동시에 화재를 예방하는 방화벽의 구실을 했기 때문이다. 그리고 실록을 포함하여 사고 안에 소장된 모든 서적은 방습효과를 고려해 2층 다락에 납입하여 보관하였다.

사고의 수직(守直)에 있어서는 조선 전기의 경우 충주사고에 수호관(守護官) 5인, 별색호장(別色戶長) 1인, 기관(記官) 1인, 고직(庫直) 1인이 있었다. 그러나 임진왜란 후에는 외사고들이 산중에 설치되어 사찰과 승려들을 사고 수호에 정역(定役)시키는 조처가 시행되었다. 보통 사고 관리의 행정적 책임은 종9품의 참봉 두 사람이 교대로 맡았으나, 사고를 지키는 책임은 예조에서 임명하는 실록수호총섭(實錄守護總攝)에게 있었다. 이 직책은 승직(僧職)으로 해당 사고의 수호사찰 주지가 임명되는 게 관례였다. 정족산사고는 전등사(傳燈寺), 적상산사고는 안국사(安國寺), 태백산사고는 각화사(覺華寺), 그리고 오대산사고는 월정사(月精寺)가 각각 그 수호사찰이었다. 실록수호총섭 아래 실질적으로 사고를 지키는 승병들과 군인들이 있었는데, 그 숫자는 각 사고나 시기에 따라 일정치 않았다. 예를 들면 정족산사고에는 승병 50명, 적상산사고에는 승병 20명 내외가 배속되어 있었던 데 비해, 오대산사고에는 수호군 50명과 승병 20명이 수호를 담당했다.

또 사고는 아무 때나 누구라도 열 수 있는 것은 아니었다. 사관(史官)의 입회 아래 포쇄(曝曬: 서적을 햇볕에 말려 좀이나 습기의 피해를 막는 일)하거나 고출(考出: 국가 통치상 실록을 참고할 일이 생겨 꺼내보는 일)할 때, 그리고 사고를 고치거나 수리할 때에 한해서 개고(開庫)하였다. 이렇게 사고를 열었을 경우에도 반드시 점검을 실시하고, 언제 누가 어떤 이유로 실록을 꺼냈다 넣었으며 그때의 보존 상태는 어떠하였는가를 기록으로 남겼다. 이것

을 형지안(形止案) 또는 형지기(形止記)라고 불렀다. 포쇄는 3년마다 하는 것이 원칙이었다. 이 제도는 세종 때 정해졌다. 그러나 형편에 따라 2년, 5년 혹은 10년에 한 번씩 포쇄하기도 했으며, 시대에 따른 변화도 있어 줄곧 일정했던 것은 아니다.

실록이 새로 만들어져 사고에 처음 수장할 때는 정해진 의식을 치렀다. 이것을 '봉안'(奉安)이라 하여 특히 중시하였는데, 한 예로 춘추관사고의 봉안 의식을 간단히 살펴보면 다음과 같다.

봉안하는 날 실록청(實錄廳)의 총재관·당상·도청·낭청 및 춘추관 당상은 실록청에 모여 완성된 실록은 가마 안에, 초초(初草)·중초(中草) 등은 가자(架子) 위에 싣고 인정문(仁政門)까지 행렬하여 간다. 인정문에 도착하면 인정정 월대(月臺) 위에 실록을 실은 가마를 놓고, 총재관 이하 관원들이 춘추관 동쪽 정원에 나아가 정렬한 뒤 사초(史草)에 4번 절한다. 의식이 끝나면 실록이 담긴 상자를 춘추관의 대청 위에 올려놓고 춘추관의 관원이 상자를 열어 봉안한 다음 봉인(封印)한다.

한 나라의 역사를 고스란히 담고 있는 실록은 수많은 사람의 노력과 갖은 우여곡절 끝에 우리의 손에 넘겨졌고, 그것들을 갈무리했던 사고들은 빈터가 되어 우리 앞에 남았다. 자, 이제 무엇을 어떻게 할 것인가? 이것 또한 우리의 몫으로 남은 과제다.

백련사

명산(名山)에는 명찰(名刹)이 있다. 오대산 월정사, 속리산 법주사, 가야산 해인사, 지리산 화엄사······. 그렇다면 덕유산은? 얼른 떠오르는 절이 없다. 덕유산이 어떤 산인가? 이름 그대로 넉넉하고 덕스런 자태로 백두대간 굵은 산줄기를 떠받치고 있는 큰 산 아닌가. 그런데도 그 산에 걸맞는 규모 있고 역사 오랜 절이 없다. 지금만이 아니라 예전에도 그랬다. 그 대신 작은 암자가 많았고, 마치 적막하고 어둔 밤길을 밝히는 호롱불처럼 그 작은 암자들에 점점이 박혀 빛나는 수행으로 불교사의 한 때를 수놓은 스님네가 많았다. 그러므로 큰 절이 없을 뿐 훌륭한 수행자가 깃들이기로는 결코 다른 명산대찰에 뒤지지 않았다.

조선시대 불교의 최고봉으로 서산대사 휴정(休靜)을 꼽는 데 이의를 달 사람은 거의 없을 것이다. 고려 말부터 서산스님으로 이어지는 법맥(法脈)은 이렇다. 태고 보우(太古 普愚) → 환암 혼수(幻菴 混修) → 귀곡 각운(龜谷 覺雲) → 벽계 정심(碧溪 淨心) → 벽송 지엄(碧松 智嚴) → 부용 영관(芙蓉 靈觀) → 청허 휴정(淸虛 休靜). 말하자

무주군 설천면 삼공리에 있다. 안국사에서 다시 북창리 산성교 앞 삼거리로 나와 상조·적상으로 난 727번 지방도를 따라 7.4km 가면 길 앞 왼쪽에 연옥슈퍼가 있는 하조사거리가 나온다. 하조사거리에서 왼쪽 무주 구천동으로 난 49번 지방도로를 따라 4.8km 가면 길이 두 갈래로 갈라지는데 여기서 왼쪽 길을 따라 3.5km 가면 길 왼쪽으로 유림회관이 있는 삼공삼거리가 나온다. 삼공삼거리에서 오른쪽으로 난 길을 따라 600m 가면 나오는 구천동 주차장을 지나 900m 더 가면 구천동 매표소가 나온다. 매표소를 지나 5.3km 가면 백련사에 닿는다. 구천동 매표소에서 백련사까지는 걸어가야 하는데 왕복 3시간 정도 걸린다. 안국사에서 구천동까지 다니는 대중교통은 없다. 안국사에서 무주읍으로 가서 다시 버스를 갈아타야 한다.
무주읍 공용버스터미널에서 구천동으로 다니는 버스는 약 20분 간격으로 있다. 구천동 주변에는 숙식할 곳이 많다.

무주 구천동 입장료와 주차료
어른 2,600(2,400)·군인과 청소년
1,200(1,000)·어린이 600(500)원.
( )는 30인 이상 단체
승용차 4,000·대형버스 6,000원
덕유산 국립공원 관리사무소 T.063-
322-3174

백련사 전경
신라 흥덕왕 5년 무염국사가 창건했다는
말이 전해지지만 그외 따로 전하는 역사
는 없다. 그나마 한국전쟁 때 불타버려 몇
몇 부도를 빼고는 옛 자취가 아무것도 남
아 있지 않다.

면 조선 초기 선종사(禪宗史)의 꽃들이요 별들이자 불교라는 긴 동아
줄이 끊어지지 않고 한 줄로 엮이게끔 묶어 세운 단단한 매듭들이다. 이
들 가운데 서산대사를 있게 한 스승 부용 영관(1485~1571)은 13세에
집을 나와 덕유산으로 출가했으며, 9년 동안이나 산 밖을 나가지 않은
채 용맹정진한 바 있다.

영관선사 문하에서 두 명의 걸출한 제자가 나왔으니 한 분이 서산대
사요 다른 한 분이 부휴 선수(浮休 善修, 1543~1615)대사이다. 두
분은 당대 불교를 이끌어간 쌍벽이었을 뿐만 아니라 오늘날 한국 불교
를 대표하는 조계종 승려들의 법통(法統)을 거슬러 올라가면 예외 없
이 모두 이 두 분에게 닿게 되니 그 무게를 이르지 않아도 짐작할 것이
다. 바로 그 부휴선사가 임진왜란 때 이곳 덕유산에 머물고 있었으며, 그
뒤에도 구천동에 다시 들어와 수행과 교화에 진력하였다.

이들 영관, 청허·부휴를 잇는 많은 고승들 또한 덕유산의 너른 품에
의지하여 한 시대를 풍미했다. 서산대사의 4대 제자 가운데 한 사람인
정관 일선(靜觀 一禪, 1533~1608), 정관의 제자로 시문에 매우 능
해 이수광, 이안눌 등 당대 명사들과 교류가 잦았던 운곡 충휘(雲谷 沖
徽, ?~1613), 역시 정관의 상족(上足)으로 평생 후학 지도에 전념한
임성 충언(任性 沖彦, 1567~1638), 유·불·도 3교에 능통하여 많은
사람을 지도했던 송파 각민(松坡 覺敏, 1596~1659)스님이 덕유산

과 깊은 인연을 맺었다. 부휴대사의 고족으로 스승과 더불어 대불(大佛)과 소불(小佛)로 병칭되기도 했으며 팔도도총섭의 직책을 띠고 남한산성 축성을 지휘하기도 했던 벽암 각성대사가 덕유산을 거쳐갔으며, 벽암대사와 동문으로 진정한 은자의 삶을 추구했던 고한 희언(孤閑 熙彦, 1561~1647)선사가 이곳으로 부휴선사를 찾아 법을 물었고, 성삼문의 후예로서 벽암대사의 뒤를 이어 당대 불교계를 주름잡던 취미 수초(翠微 守初, 1590~1668)선사와 '불법홍통종사'(佛法弘通宗師)로 추앙받았던 그의 고족 백암 성총(栢庵 性聰, 1631~1700)대사도 한때 여기에서 가르침을 편 바 있다. 그밖에도 모운 진언(慕雲 震言, 1622~1703), 무경 자수(無竟 子秀, 1769~1837), 호의 시오(縞衣 始悟, 1778~1868), 용암 혜언(龍巖 慧彦, 1783~1841) 등 무거운 이름을 울리던 출가수행자들이 덕유산에서 그들 생애의 한시절을 보냈다. 말하자면 덕유산은 불교가 조선 초기의 단조로움을 벗어나 다채롭게 가지를 벋던 시기에 갖가지 꽃을 피워올린 꽃밭이었다 하겠다.

그 꽃밭의 한 모퉁이를 차지했던 곳이 지금 우리가 찾아가는 백련사(白蓮寺)다. 덕유산의 절들이 으레 그렇듯이 백련사도 그리 큰 절은 아니었던 듯하다. 어느 땐가 '백련암'으로도 불렸다는 데서 그런 사정을 짐작할 수 있다. 신라 흥덕왕 5년(830) 성주산문(聖住山門)의 개산조 무염국사(無染國師)가 창건했다는 말이 전해지지만 역사 기록에서 그 증거를 찾기는 매우 어려운 실정이고, 근대 이전의 역사로서 뚜렷이 전하는 바도 없다. 그나마 옛 자취는 한국전쟁 통에 온 절이 불타버리는 바람에 몇몇 부도를 빼곤 아무것도 남아 있지 않다. 지금 우리가 볼 수 있는 것은 1960년대 이후 재건한 모습일 따름이다. 따라서 우리가 백련사에서 찾아야 할 것은 절이 주는 아름다움이 아니라 굽이굽이 이어지는 구천동계곡의 자연과, 군데군데 서 있는 부도를 통해 엿볼 수 있는 여기서 살다간 옛 스님들의 흔적 정도가 된다.

33경을 품에 안고 25km나 이어지는 구천동의 끝에 백련사가 있다. 그래서 찾아가는 길이 가깝지 않다. 매표소를 지나서도 시오리를 걸어야 겨우 백련사의 일주문에 닿는다. 하지만 먼 길이 힘들거나 지루하지는 않다. 길 한켠으로 구천동계곡이 새록새록 낯선 모습을 펼치니, 계

설천면 소천리에 있는 나제통문에서 시작되는 구천동 33경은 덕유산 정상(향적봉, 1,614m)까지 무려 30km 정도에 걸쳐 있다. 제1경인 나제통문에서 백련사 입구의 삼공리까지는 제14경인 수경대(외구천동)가 있어 차를 타고 돌아볼 수 있다. 덕유산 산행이 시작되는 15경 월하탄에서부터 33경인 덕유산 정상(내구천동)까지는 걸어서 돌아볼 만하다. 백련사(32경) 계단 뒤로 난 산길을 따라 2.5km, 약 1시간 30분쯤 오르면 덕유산 정상에 닿는다. 덕유산은 관광지로 개발되면서 정상 부근까지 스키장이 들어서는 등 천연의 모습을 많이 잃었지만, 그래도 정상에 서면 사방이 탁 트여 동으로는 가야산이, 남으로는 지리산이, 북으로는 속리산이 아스라이 보인다. 백련사에서 덕유산 정상까지는 간혹 경사가 급하며, 물이 없으니 미리 준비하는 것이 좋다.

나제통문에서 김천으로 난 30번 국도를 따라 8km 가면 전라·경상·충청 삼도가 경계를 이루는 무풍에 닿는다. 3·8일자로 장이 서는 무풍은 삼도의 사람들이 모여들어 화합의 장을 이루는 보기 드문 곳이다. 무풍장은, 예전보다는 많이 줄었지만, 아직도 시골장의 모습을 엿볼 수 있다. 이곳에서는 무풍의 특산물인 질 좋은 호두를 값싸게 구입할 수 있다.

곡에 무수히 박힌 바위와 그 사이를 흘러내리는 물, 온갖 나무와 풀과 짐승들, 그리고 숲 사이를 자유롭게 돌아다니는 바람 따위를 벗삼아 두런두런 얘기를 주고받으며 갈 수 있는 길이기 때문이다.

일주문은 공포가 대단하다. 외4출목 내5출목으로 짜인 공포가 빼곡하니 처마밑을 채우고 있다. 덕택에 어찌 보면 기둥은 눈에 들어오지 않고 지붕만이 허공에 떠 있는 것처럼 보이기도 한다. 기형적인 가분수 집이면서도 아주 눈에 설지는 않게끔 불안정한 균형을 이루고 있다. 1968년에 지은 건물이다. 그때 세운 것인데 이만한 솜씨를 보임이 놀랍다. 모두 새 건물이 들어선 백련사에서 잠시나마 눈길을 줄 만한 유일한 건물이 일주문이지 싶다.

일주문을 들어서자마자 오른쪽 옆에는 석종형 부도 다섯 기가 나란하다. 그중 가운데 있는 것이 매월당 설흔(梅月堂 雪昕) 스님의 부도이다. 부도의 몸돌에 '梅月堂雪昕之塔'이라고 음각한 명문이 보인다. 흔히 이것을 매월당 김시습의 부도로 오인하고 있는 경우가 많다. 호가 같은 데서 오는 혼동이다. 그의 행적과 생애는 그다지 알려진 바 없다. 다만 1772년에 만들어진 적상산 안국사 극락전 후불탱화의 화기에 증명(證明)으로 그 이름이 올라 있는 점으로 보아 이쪽 지방에서 이름이 널리 알려졌던 스님으로 추측된다. 1784년에 세워졌으며, 전라북도 유형문화재 제43호로 지정되어 있다.

천왕문으로 오르는 계단이 시작되는 길 왼편에 석종형 부도가 또 하나 있다. 정관당 일선대사가 그 주인이다. 서산대사는 많은 눈밝은 제자들을 길러냈다. 그 가운데 특히 뛰어나 독립된 하나의 문파를 이룬 제자가 넷 있었다. 사명 유정(四溟 惟政), 편양 언기(鞭羊 彦機), 소요 태능(逍遙 太能), 그리고 정관 일선 스님이 그들이다. 임진왜란 때 의승군(義僧軍)으로 전쟁에 참여하는 것은 승려의 본분이 아니라 하여 사명대사에게 빨리 관복을 벗고 승려의 본분을 다하라고 충고했던 사람이 정관대사이다. 그는 젊은 시절부터 덕유산에 머물렀고, 죽음조차 이곳에서 맞이했다. 덕유산 너머 거창의 선비 임훈(林薰)은 그의 「덕유산향적봉기」(德裕山香積峰記)에서 자신이 1552년 덕유산의 최고봉인 향적봉에 오를 때 그곳의 탁곡암(卓谷庵)에 일선스님이 있었다고 증언

정관당 부도
서산대사의 제자로 젊은 때부터 덕유산에 머물며 속세를 등진 채 수행했던 정관스님의 부도이다.

하고 있다. 부도는 그가 입적한 이듬해 세워졌다. 석종형 부도라고는 하나 몸돌은 길숨한 원통형에 가깝고, 다만 윗부분을 꽃봉오리처럼 공글렸을 따름이다. 대좌에만 연꽃무늬가 소략하게 놓였을 뿐 몸돌에는 아무

장식이 없고 지붕돌도 없다. 그 이름이 일세를 흔들던 스님의 부도치고는 초라하다 싶을 만치 간결하다. 오히려 이런 모습 속에서 사명대사에게조차 어서 산으로 돌아오라고 말하던 스님의 수행에 초연했던 자세를 되새길 수 있을 듯하다. 전라북도 유형문화재 제102호이다.

대웅전을 바라보며 오른쪽으로 난 등산로를 따라 오르다보면 절 뒷산 언덕에 또 다른 부도가 하나 더 있다. '백련사 계단'(白蓮寺戒壇)이라는 공식 명칭으로 전라북도 기념물 제42호로 지정되어 있긴 하나 무엇을 근거로 '계단'이라 부르는지는 명확치 않다. 통도사 금강계단이나 금산사 방등계단은 나름대로 뚜렷한 역사적 근거를 가지고 있으며 형태도 일반 부도와는 격이 다르다. 하지만 '백련사 계단'은 석종형 부도의 일반형일 뿐이고, 다르다면 크기가 좀 크다는 정도. 아무래도 조선시대 언젠가 세워진 어느 스님의 부도라고 생각된다. 아무튼 높이 약 2m, 둘레 약 4m에 이르는 우람하고 듬직한 자태가 믿음직하다. 누구든지 관세음보살을 부르며 이 부도의 주변을 일곱 번 이상 돌면 소원이 이루어진다는 말이 전하고 있어 적잖은 사람들이 이곳을 찾기도 한다.

백련사에는 빼어난 건물이 있는 것도 우수한 석조물이 전해지는 것도 아니다. 그렇다고 그밖의 유다른 볼거리가 있지도 않다. 하니 백련사 가는 길은 골골이 펼쳐지는 구천동계곡의 경치를 즐기며 걷는 산책의 길, 덕유산의 너른 품에서 은자처럼 살다간 수행자들이 걸었던 옛길을 되밟아가는 사색의 길로 삼으면 그것으로 족하다 하겠다.

나제통문 앞에서 무주로 난 30번 국도를 따라 4.7km 가면 청량리 삼거리에 닿는다. 이곳 청량리 앞으로 흐르는 남대천은 천연기념물 제322호로 지정된 반딧불이 서식지이다. 남대천에는 우리나라에서 가장 많은 반딧불이 서식하고 있는데 한여름에 이곳을 찾아가면 밤하늘을 아름답게 수놓는 반딧불을 볼 수 있다. 또, 청량리 삼거리 남대천 건너에는 반딧불이자연학교(T.063-324-1518)가 있는데 이곳에서 반딧불이의 생태를 배울 수 있다.

나제통문은 무주군 설천면 소천리에 있다. 무주 구천동 입구 삼공삼거리에서 무주읍으로 난 37번 국도를 따라 15.8km 가면 나제통문 입구 삼거리가 나온다. 나제통문 입구 삼거리에서 오른쪽 김천으로 난 30번 국도를 따라 약 50m 더 가 설천교를 건너면 나제통문이다. 나제통문 입구에 있는 나제통문 휴게소 주차장에는 대형버스도 여러 대 주차할 수 있다. 나제통문 주변에는 숙식할 곳이 몇 군데 있다.
무주읍 공용버스터미널에서 구천동을 오는 버스는 약 20분 간격으로 다니는데 나제통문 입구에서 내린다.

나제통문

나제통문(羅濟通門)에 관한 오해 두 가지—. 첫째, 신라와 백제가 서로 넘나들던 곳이니 삼국시대까지 거슬러 오르지는 못할망정 아무리 내려잡아도 20세기 전에 이미 있었으리라는 지레짐작. 둘째, 마찬가지로 백제와 신라가 영토를 맞대었던 곳이니 당연히 지금은 전라도와 경상도가 이곳을 경계로 하여 나뉘리라는 생각. 그런 오해를 부를 만한 사연이야 충분하지만 물론 두 가지 모두 사실이 아니다.

나제통문은 높이 5~6m, 너비 4~5m, 길이 30~40m쯤 되는, 바위투성이 벼랑을 인위적으로 뚫어 만든 굴문이다. 글자 그대로 신라(羅)와 백제〔濟〕가 서로 통하는 문이라는 뜻을 지닌 이 문은 신라가 삼국을 통일한 뒤로는 경상도와 전라도를 가르는 경계였다. 그렇지만 지금은 전라도 땅이 되어 무주군 설천면 소천리가 정확한 현주소이며, 경상도 땅으로 접어들려면 여기서 30번 국도를 타고 15km 이상 동진하여 백두대간에 가로놓인 덕산재를 넘어서야 하니, 말하자면 전라도 땅의 한참 안쪽에 자리잡고 있는 것이다. 그렇다고는 해도 백제와 신라, 경상도와 전라도를 구분짓던 그 오랜 내력이 하루아침에 연기처럼 사라질 일도 아니어서, 지금도 이 굴문 하나를 사이에 둔 두 마을인 동쪽 무풍 방면의 이남(伊南)과 서쪽 무주 방면의 새말〔新村〕은 같은 소천리에 속해 있으면서도 말이 다르고 풍속이 판이하고 서로 통혼(通婚)도 하지 않는다 하니 그저 신기하달밖에 없는 노릇이다. 또 오늘도 여전히 무주군에서 경상북도 김천시와 경상남도 거창군으로 향하거나, 반대로 그쪽에서 무주로 들어설 때 반드시 이 문을 지나지 않으면 안되니, 전라도와 경상도의 상징적 경계로서는 모자람이 없는 셈이다.

아무튼 이곳이 옛날 신라와 백제의 접경지역이었음은 틀림없는 사실이다. 그래 그런지 이 어름에 떠

나제통문 일제강점기에 무주와 김천을 잇는 신작로를 닦을 때 뚫은 바위터널이나 사람들은 옛 신라와 백제를 잇던 통로로 기억하고 있다.

도는 얘기들은 걸핏하면 백제와 신라를 들먹인다. 통문에서 가까운 야산에는 약 300여 기의 옛 무덤이 흩어져 있는데, 신라와 백제 사이에 벌어진 전투에서 전사한 장병들의 무덤이라는 말이 전해온다. 또 파리소(沼)라는 연못은 두 나라가 싸울 때 시체가 산처럼 쌓이고 파리 또한 그만큼 모여들었다고 하여 붙여진 이름이라 한다. 더 그럴 듯한 이야기도 있다. 통문은 삼국의 통일전쟁 무렵 신라의 김유신 장군이 드나들어 '통일문'이라고도 부른다는 거며, 부근 무산성(茂山城)터 가까이에 있는 사선암(四仙巖)이란 크고 평평한 바위에는 바둑판이 새겨져 있는데 여기에서 김유신 등 4명의 화랑들이 바둑을 두며 놀았더라는 따위다. 모두 확인할 수 없는 야화(野話)요 전설들이긴 하나 아예 제겨두기에는 섭섭한 구석이 없지 않다. 이곳을 무대로 한 실제의 역사가 얼마든지 빌미를 제공할 만하기 때문에 그러하다.

신라가 가야제국을 병합하여 소백산맥을 경계로 백제와 국경을 맞대게 되면서부터 두 나라는 육십령(六十嶺)을 비롯한 소백산맥의 높고 낮은 고개를 넘나들며 크고 작은 전투를 벌였다. 나제통문도 그런 전투지역의 범위 안에 드니 당연히 백제와 신라의 군대가 자주 오고갔을 것은 불문가지다. 『삼국사기』에 김유신이 백제의 장군 의직(義直)과 무산성(지금의 무주)에서 싸웠다는 기록도 남아 있다. 그러므로 김유신에 관한 전설이나 그밖의 얘기들도 터무니없이 맹랑한 것만은 아니라고 하겠다.

그러면 도대체 나제통문은 언제부터 나제통문이란 말인가? 결론부터 말한다면 잘해야 80, 90년 전쯤부터다. 일제강점기에 무주와 김천을 잇는 신작로를 닦을 때 통문을 뚫었다는 것이 이남마을에 살고 있는 노친네들의 한결같은 증언이다. 신라사람들과 백제사람들이 서로 오갔다니 아주 내려잡아도 조선시대쯤에 옛일을 기념하여 생겼다면 한결 멋져 보이고 '스토리'가 제대로 맞아떨어져 모양새가 나겠지만 사실이 그렇지 않은 걸 어쩌랴. 그러나 뭐 그리 낙담할 일은 아니리라. 생각 밖으로 연륜이 깊지 않기는 해도 늦은 대로 먼 과거의 사연을 잊지 않고 되새기는 마음들이 갸륵하고 따숩지 않은가 말이다.

문은 닫기 위해 있는가, 아니면 열기 위해 만드는가? 둘 다이다. 문은 폐쇄와 개방을 동시에 상징한다. 닫으면 등돌림이요 열면 손 마주잡음이다. 문의 이중성이다. 그러나 문의 이중성을 결정하는 것은 사람이다. 사람이 닫으면 닫히고 열면 열리는 게 문이다. 영호남 어간에 무심히 뚫려 있는 나제통문에 서서 문의 의미를 생각해본다. 나제통문은 언제나 열려 있다.

특집
팔만대장경판의 제작 과정

박상진(경북대학교 교수)

    해인사에 보관되어 있는 팔만대장경판은 무게만도 4톤 트럭 70대 분량인 280톤이나 된다. 팔만대장경판의 제작은 몽고군과 피나는 항쟁을 계속하면서 고려국의 운명을 걸고 이룬 대역사(大役事)임에도 불구하고 제작 과정에 관한 기록은 거의 남아 있는 것이 없다.

    이렇듯 해인사 팔만대장경판은 신비의 유물이라고 할 만큼 오늘날의 과학 지식으로도 풀지 못하는 비밀을 간직하고 있어서 우리의 궁금증을 더하고 있다. 무슨 나무를 어디서 어떻게 베어서 켜고 다듬었으며, 글자는 어떻게 새겼고 어떤 방법으로 말려서 만들었기에 750여 년이 지난 지금도 거의 완벽하게 보존되어오고 있는 것일까?

    여기서는 경판의 재질 분석을 통해 알아낸 결과와 이에 관련된 자료들을 바탕으로 대장경판 만드는 과정을 재구성하여 팔만대장경판에 관한 궁금증을 일부라도 풀어보고자 한다.

경판 나무의 선정

    산벚나무와 돌배나무 등 경판에 쓰인 나무는 같은 종류가 한꺼번에 모여서 자라지 않는 특성이 있다. 각자의 자람에 알맞은 곳에 한 그루씩 자란다. 운 좋게 땅이 깊고 양지바른 곳에는 경쟁자가 많게 마련이다. 물푸레나무, 참나무 등 우악스럽고 무서운 경쟁자를 물리치기 위해서는 하늘을 향하여 한눈 팔지 않고 빨리 높이 올라가지 않으면 안된다. 좀더 많은 햇빛을 얻는 것이 바로 생존과 연결되어 있기 때문인데, 많은 나무와 경쟁한 나무일수록 늘씬하고 곧바른 줄기를 갖게 된다. 이런 나무만이 경판재로 쓰일 수 있다.

    경판재로 선택되는 나무의 가장 중요한 조건은, 경판의 너비가 24cm이므로 굵기가 적어도 40cm 이상은 되어야 하고 곧바르고 옹이가 없어야 한다. 그러나 아무리 좋고 적당한 나무라도 베어서 가져 나오기가 어려우면 쓸모가 없다. 경판재로 가장 많이 사용된 산벚나무는, 살고 있는 동네에서 한참을 들어가야 하는 깊은 산 속에서만 자라는 나무가 아니고 야트막한 앞산이나 뒷산에서도 흔히 만날 수 있는 친근한 나무이다. 산벚나무는 이른봄 잎이 나기도 전에 온통 분홍빛 꽃을 피우고, 나무껍질은 대부분의 다른 나무가 시꺼멓게 세로로 보기 흉하게 갈라지는 반면에 진한 적갈색에 숨구멍이 가로로 나 있어서 멀리서도 쉽게 찾을 수 있는 장점이 있다.

　돌배나무도 먹는 과일이 달리는 나무이니, 크고 곧바르게 자라서 경판재로 적당한 돌배나무가 어디에 얼마만큼 있는지 사람들은 잘 알고 있었을 것이다. 다른 경판재 나무들도 어느 나무가 속썩음이 없고 옹이가 적어 베어내면 경판을 만들기에 적합한 좋은 나무인지는 금세 알아보았을 것이다.

벌채와 운반

　경판을 만들기에 적당한 나무가 선정되면 다음은 나무를 베어 넘기는 벌채 단계이다. 먼저 나무를 어디에 넘기는 것이 좋을지 결정한 다음, 넘어질 방향으로 땅에서 한 뼘 정도 떼어놓고 도끼자국을 깊게 넣는다. 그리고 반대편 약간 높은 곳에 도끼자국을 한 번 더 넣으면 예정된 곳으로 넘어진다. 가지가 붙어 있는 줄기 부분은 옹이가 들어가 있어 쓸 수 없으므로 경판을 만들기에 알맞게 적어도 90cm 이상의 길이로 절단을 한다.

　이제는 가장 힘든 운반 문제가 남는다. 어림 계산을 하여도 한 토막의 무게는 110~130kg이나 된다. 쌀 한 가마 하고도 또 반 가마의 무게가 더 있으니 아무리 힘센 장정이라도 지게에 혼자 지고 내려오기는 어렵다. 두 사람이나 네 사람이 한 조가 되어 어깨에 매고 '영차! 영차!' 목도를 해야 했을 것이다. 따라서 목도 거리는 짧을수록 좋다. 바다나 강에 바로 면하여 자란 나무라면 굴려서 금세 물 속으로 떨어뜨릴 수 있다. 일단 물 속으로 떨어뜨린 나무는 뗏목으로 만들거나 배로 끌어서 분사대장도감(分司大藏都監)이나 경판재를 모으는 중간 하치장으로 옮기면 된다. 낙동강, 섬진강 등의 연안을 비롯하여 거제도와 남해도로 이어지는 크고 작은 섬과 바다에 맞붙어 있는 여수, 하동, 고성, 진해 등 남해안 해안선 지역이 벌채 대상 지역이었을 것이다.

판자 켜기

통나무 상태로 운반한 후 한곳에 모아 판자 켜기 등 가공 과정에 들어가면 능률적이고 일관작업을 할 수 있다는 장점은 있으나, 강이나 바다에서 조금만 떨어져 있으면 운반하는 데 엄청난 인력을 동원해야 하는 단점이 있다. 또 경판재처럼 크기가 일정한 판재를 만들어야 할 경우에는 꼭 한곳에 모아서 일관작업을 해야 할 이유도 없다. 그 많은 경판재를 조달하기에는 강이나 바다에서 좀 멀리 떨어진 곳에서도 벌채하여 이용하지 않을 수 없다.

그렇다면 어떻게 해야 할 것인가? 필자의 생각으로는 경판 제작에 쓰인 대부분의 나무는 벌채하여 1~2년 동안 현장에 그대로 방치해두었다가 판자 켜기를 하여 필요 없는 죽데기 등은 내버리고 꼭 필요한 경판용 판자만 운반하였다고 본다. 이렇게 하면 여러 가지 장점이 있는데, 우선은 운반할 때 무게가 10분의 1 이상으로 줄어들어 훨씬 간편하고 효과적이다. 벌목한 나무를 벌채 현장에 얼마 동안 방치했을 때의 또 다른 이점은 건조할 때의 갈라짐과 비틀어짐 등의 결함이 훨씬 덜 생긴다는 것이다. 그외에 속나무와 겉나무 사이의 심한 수분 차이도 상당히 없어지며 나무진도 빠져버린다. 목수들이 말하는 나무를 삭히는 작업이 바로 이 과정인 것이다.

나무를 베어둔 후 느긋하게 1~2년 기다렸다가 이제는 충분히 진이 빠졌다고 생각되면 두 사람이 한 조가 되어 제법 굵은 나뭇가지를 잘라 X자 모양으로 판자를 켜는 틀을 만든다. 진을 뺀 통나무를 틀에 걸친 후 두께 5cm 정도의 판자가 나오게 켤 위치를 표시한 다음, 아래위로 서로 마주 보면서 흥부가 박타는 모양으로 톱질을 하면 원하는 경판용 판자가 만들어진다.

옹이가 많거나 썩은 부분이 포함되어 있어서 쓸 수가 없는 것은 그대로 버리고 오면 되므로 대단히 효율적이고 편리하다. 또, 아무리 진을 뺀 나무라도 갓 켠 판자는 수분이 많으므로 표면이 햇빛에 노출되거나 공기 중에 오랫동안 방치되면 갈라지거나 비틀어질 염려가 있으므로 신속히 운반하여 바로 물 속에 담가두는 것이 효과적이다.

산에서 바로 만들어진 경판용 판자는 적게는 몇 장, 많게는 십여 장씩을 지고 내려올 수 있다. 그리고 경판을 새기는 절에 개인적으로 '경판시주'를 하거나 분사 대장도감 등 관청에 받쳤을 것이다.

대장경판과 바닷물

전해지는 이야기에 의하면 경판을 만들 나무를 베어 바닷물에 3년을 담가두었다 가 소금물에 삶아서 건조한 후 경판을 만들었다고 한다. 번거롭고 귀찮은 이런 과 정을 왜 밟았으며, 과연 소금물에 삶을 필요까지 있었을까?

서유구(1764~1845)의『임원경제지』「이운지」(怡雲志)에 실린 경판 만드는 방법과 인쇄 후의 보관 방법에 대한 내용을 보면, "나무를 켜서 판자를 만든 다음 소금물에 삶아내어 말리면 판이 뒤틀리지 않고 또 조각하기도 쉽다"고 하였다.

나무의 건조는 나무 속에 있던 수분이 표면으로 이동하여 수증기가 되어 대기 중 으로 날아가면서 차츰 마르는 것인데, 나무의 세포 구조가 복잡하므로 중요한 것 은 판자가 휘거나 갈라지지 않게 하는 것이다. 그러나 대장경판 목재처럼 두껍고 넓은 판재는 아무 처리도 하지 않고 그대로 건조하면 속의 수분이 표면으로 제대로 이동하기도 전에 표면이 너무 빨리 건조되어버림으로써 갈라지고 비틀어지기 쉽다. 이럴 경우에 소금물에 판자를 담가두었다가 건조하면 수분을 흡수하는 성질을 가 진 소금기가 표면에 발린 상태가 되어 약간씩 흡습하면서 건조되므로 비록 천천히 마르지만 결함이 없는 경판재를 얻을 수 있다. 얼마 전까지만 해도 바둑판이나 다 듬이판 등 두꺼운 기구를 만들기 위하여 오줌통이나 시궁창에 나무재료를 몇 년씩 담가두었다가 음지에서 건조하는 것을 볼 수 있었는데 모두 소금물 처리의 한 방법 이다.

실제로 통나무나 판자를 바닷물에 넣어둔 후 바닷물이 들어간 깊이를 조사해보 았더니 0.1cm 남짓밖에 되지 않았다. 경판재를 만들 통나무를 바닷물에 담그는 것은 우리가 보통 생각하는 것만큼 큰 효과가 없고, 오히려 바닷속에 오래 두면 바 다나무좀 혹은 목선천공충 등의 해양 생물에 의해 피해를 입기 쉽다. 따라서 전설 처럼 통나무를 바닷물에 3년 동안 담가두었다는 것은 과학적으로 아무런 근거도 없고, 또 그렇게 반드시 해야 할 필요도 없는 과정이다. 다만 판자를 건조하기 전에 소금물에 삶았다는 「이운지」의 기록은 타당성이 있고, 또 이 과정을 밟아야만 건조가 잘 되므로 필수 과정이었을 것이다.

이외에도 판자를 소금물에 삶는 처리 과정은 나무의 진을 빼고 판자 내의 수분 분포를 균일하게 하며 나무결을 부드럽게 하여 글자를 새기기 쉽게 해주는 역할을 한다. 아울러서 숨어 있던 벌레 알들이 글자를 새긴 후 애벌레가 되어 경판을 파먹는 것을 예방하는 효과도 겸하고 있다.

건조의 실재

경판재를 소금물에 삶고 찌는 것은 모두 판자를 갈라지거나 비틀어짐이 없이 잘 건조시키기 위함이다. 소금물에 삶는 등 온갖 정성을 들인 경판용 판자는 여전히 너무 두꺼워서 그대로 건조하면 갈라지고 휘어져서 못 쓰게 되기 쉬우므로 또 다른 추가 조치가 필요하다. 판자의 양끝에 두껍게 풀칠을 하고 한지를 붙여두는 것인데, 이는 나무의 수분이 섬유 방향으로 너무 빨리 이동하여 방향 간에 불균형이 생기는 것을 막기 위함이다.

다음으로 배수가 잘 되고 바람이 잘 통하도록 사방이 툭 터졌으며 오늘날의 강당처럼 넓으면서 비를 피할 수 있는 건물이 필요하다. 제법 규모를 갖춘 사찰이라면 선원(禪院)을 비롯하여 적당한 건물이 있었을 것이고 그도저도 없다면 경판재 건조를 위한 가건물을 지어야 한다.

그리고 바닥에 받침목을 두 개 놓고, 가로로 경판용 판자를 받침목 길이만큼 십여 장 정도 놓는다. 그 위에 다시 받침목을 나란히 놓고 판자를 얹는 작업을 반복하여 취급하기 쉽도록 높이가 1~2m 정도 되게 한다. 마지막으로 올린 판자 위에는, 경판용 판자가 휘거나 틀어지는 것을 방지하고 혹시라도 돌풍에 넘어가지 않도록 무거운 돌을 얹어두고 새끼줄로 묶어둔다. 그외에도 우물정자로 쌓거나 세워 쌓기 등 여러 가지 방법으로 건조하였을 것이다.

판자더미의 가장자리에 있는 판자가 훨씬 빨리 건조되므로 며칠에 한 번씩 판자더미를 풀어 위치를 바꿔가면서 건조를 계속한다. 나무의 종류에 따라 기간은 다르나 산벚나무나 돌배나무라면 약 1년 정도 온갖 정성을 쏟으면 적당히 건조되어 글자를 새기기에 알맞은 판자가 된다.

판자 다듬기

이제 바로 경판을 새길 수 있는 판자 다듬기에 들어가야 한다. 먹물을 튀기고 한 장 한장 길이를 정하여 마구리에 들어갈 네 귀퉁이 부분을 크기에 맞춰 작은 톱으로 잘라낸다. 그 다음, 정해진 두께에 맞게 깎아내는 작업을 한다. 자귀로 대체적인 작업을 한 뒤 정밀하게 정해진 두께까지 대패로 조심스럽게 마무리를 하였을 것이다. 한쪽 면만 새겨진 경판의 경우 글자가 새겨져 있지 않은 뒷면은 자귀의 흔적이 선명하게 남아 있어서 이런 과정을 거쳤을 것이라고 짐작할 수 있다.

그런데 여기서 우리의 감탄을 자아내는 것은 나무를 다루는 기술의 정밀성이다. 경판의 길이가 78cm인데 실제 각 경판 간의 차이가 0.2~0.5cm밖에 되지 않는다. 너비는 24cm인데 오차 범위가 0.1~0.6cm이며, 두께는 2.7~2.9cm인데 불과 0.03cm 이내의 차이밖에 나지 않는다.

또 한 장의 경판에서 각 위치에 따른 두께의 편차가 0.1cm 이하인데 이는 더욱 우리를 놀라게 한다. 두께를 조정하는 것은 대패를 이용하는 기술에 의하여 결정되는데 이 정도의 편차라면 그야말로 신의 손이 아니면 불가능하다. 오늘날 컴퓨터로 조작되는 자동 대패기에서도 이런 편차라면 우수한 성능의 기계라고 할 수 있으니 우리 선조들의 나무 다루는 솜씨에 다시 한번 감탄하지 않을 수 없다.

다음은 마구리를 만드는 작업이다. 경판용 목재는 주로 널결(U자 또는 V자 모양의 나무결) 판자인데, 곧은결 판자에 비하여 휘고 갈라지기 쉽기 때문에 기계적으로 휨을 방지할 수 있는 조치가 필요하다. 길이는 경판의 너비와 거의 같거나 경판 너비보다 살짝 더 나오게 정확하게 맞춘다.

마구리의 가운데는 끌로 홈을 파내어 경판 몸체와 암수가 꼭 맞게 하고 나무못을 마구리의 아래위 두 군데에 박아넣어 경판 몸체가 빠져나오지 않도록 견고하게 고정하였다. 그래도 마음이 놓이지 않았던지 마구리와 경판 사이를 얇은 금속판, 즉 금구(金具)로 다시 연결하였다. 금구는 구리, 철, 구리 계열 합금 등 다양한 금속이 사용되었으며, 경판과 마구리를 감싼 금구는 쇠못을 사용하여 단단히 고정시켰다.

쇠못 중에는 근세에 만들어진 기계못이 상당수 포함되어 있는데 이는 경판을 새길 당시에 금구를 제작한 것이 아니고 조선조 고종 때 수리하면서 만들었다는 설을 뒷받침하고 있다. 그러나 경판마다 금구가 너무 완벽하게 만들어져 있어서 모두 다 고종 때의 금구라고 단정하기는 어렵다. 사용된 금속의 성분 분석 등 과학적인 조사가 이어져야 할 것이다.

경판 새김

이제까지의 공정으로 경판을 새길 준비는 다 되었다. 다음은 한지에 정성스럽게 쓴 대장경 원본을 받아다가 준비된 경판용 판자 위에다 고루 풀칠을 하고 붙인다. 인쇄할 때 글자가 바로 찍히도록 하기 위하여 글자가 씌어진 면이 판자 쪽으로 가도록 뒤집어 붙이고, 위에다 다시 한번 풀칠을 하여 말린다. 완전히 마르면 하얗게 되어 글씨가 잘 보이지 않으므로 경판을 새기기 바로 전에 들기름 등 식물성 기름을 얇게 바르고 바로 경판 새김에 들어간다.

새김의 과정이야말로 경판 제작의 마지막 단계이며 가장 중요한 공정이다. 아무리 벌채에서 건조, 판자 다듬기까지가 완벽하였다 하더라도 앞뒤로 합쳐 640여 자의 글자 중 한 자라도 잘못 새기면 그야말로 나무아미타불을 외쳐야 할 만큼 온갖 정성을 쏟아야 한다. 그래서 글자를 새기는 각수(刻手)는 많은 경험을 가진 노련하고 숙련된 솜씨를 가진 장인이 아니면 안된다.

경판을 새기는 과정은 분업 상태로 이루어진 것으로 보인다. 즉, 허드렛일을 하고 글씨가 씌어진 원본을 붙이는 보조원, 행과 행 사이의 넓은 공간을 파내는 초보 각수, 획이나 빗침 부분를 제외한 글자와 글자 사이를 깎아내는 반 숙련각수, 마지막 세밀한 부분을 새기는 장인, 이렇게 단계별로 나뉘어 이루어졌다고 본다.

달인의 경지에 이른 장인이 하루에 새길 수 있는 글자 수는 얼마나 될까? 요즈음 서각(書刻)을 전문으로 하는 분들의 이야기를 들어보면 한 사람이 하루에 새길 수 있는 글자 수는 적게는 30자, 많이 잡아도 50자라고 한다. 경판 한 장을 새기는데 13일에서 21일이 필요한 셈이다. 하루 새길 수 있는 글자 수를 평균 40자로 잡아 전체 대장경판 글자 수 5,200여 만 자로 나누어 동원된 장인의 연인원을 알아보면 약 131만여 명이라는 계산이 나온다. 실제로 경판을 새긴 기간은 12년간이니 연간으로 따져 11만 명의 연인원이 필요하나, 연도별 새긴 경판의 매수가 일정하지 않으니 많은 해는 수십만 명의 장인이 동원되어야 한다. 따라서 장인 수만 따져도 하루에 적게는 300명에서 많게는 1,000명 이상이 동원되었을 것이다. 여기에 보조원과 미숙련 각수들까지 포함하면 경판을 새기는 데 필요한 인원은 우리의 상상을 뛰어넘는다.

팔만대장경판에 새겨진 글자의 모양을 보면 수많은 경판의 글씨체가 마치 한 사람이 새긴 것처럼 거의 동일하다. 글자를 새기는 데도 엄청난 노력과 인원이 필요하겠지만 글씨를 동일하게 쓰는 것도 대단한 정성이 깃들이지 않으면 안되었을 것이다. 당시에는 인쇄술이 일반화되지 않은 시기라서 사경(寫經: 손으로 경을 옮겨 쓰는 일)이 매우 발달되어 있었다 한다. 풍부한 사경 인원 중에서 대장경판 사경의 장인을 선발하여 마치 한 사람이 쓴 듯이 글자 모양이 통일될 때까지 일정 기간 동안 필체 교정교육을 시킨 것으로 추정된다. 글씨가 하도 아름다워 조선시대의 명필 추사 김정희 선생도 이 글씨를 보고 "이는 사람이 쓴 것이 아니라 마치 신선이 내려와서 쓴 것 같다"고 감탄해 마지않았다고 한다.

잘못 새겨진 글자의 처리

경판을 새겨나가는 과정에 정신 통일을 하지 않으며 '아차!' 하는 순간에 획이 하나 날아가버린다. 전해지는 이야기로는 글자 한 자 새기고 합장 한 번 하였다고 하니 지극한 신앙심과 정성이 없었다면 오늘날 우리가 보는 이 완벽한 대장경판이 가능하지 않았을 것이다.

그러나 이 또한 사람이 하는 일이다. 아무리 조심을 하더라도 실수는 있게 마련이고, 실제로 대장경판에는 그 흔적을 가끔 볼 수 있다. 경판을 조사하던 중 너무 완벽함만을 듣고 보아온 팔만대장경판에서 이런 실수를 만났을 때, 고려인의 인간적인 면을 엿보는 것 같아 오히려 반갑기까지 하였다.

잘못 판각한 글자는 두 가지 방법으로 수리되었다. 첫째는 틀린 글자를 ㄷ자로 오려내고 다른 나무에 바른 글자를 새겨서 맞춰넣는 방식이다. 오려낸 깊이가 깊지 않으면 뒷면에 아교를 발라 붙였는데 부분적으로 떨어져 있는 경우도 있다. 다른 방법은 틀린 글자의 행이 있는 나머지 부분을 U자형으로 길게 모두 오려내고 새로 새긴 행을 너비 방향에서 밀어넣는 방식이다. 두 방식 모두 경판을 웬만큼 주의 깊게 관찰하지 않고서는 찾아낼 수 없을 정도로 짜맞춤이 너무나 치밀하다.

옻칠

팔만대장경판에는 일부 경판에 옻칠이 되어 있다. 일부라고 한 것은 경판의 글자를 새기지 않은 외곽부에 육안으로 명확하게 옻칠이 된 것을 확인할 수 있는 경판도 있으나 대부분은 인쇄할 때 사용한 먹이 두꺼운 층을 형성하고 있어서 옻칠의 유무를 단정하기 어렵기 때문이다.

옻칠은 주로 글자새김이 있는 부위의 바깥쪽 외곽부에 되어 있다. 마구리는 옻칠을 하지 않았으며 할 필요도 없다. 글자가 새겨진 대부분의 경판은 옻칠이 안된 것으로 보인다. 경판 중에는 글자의 표면이 유난히 매끄러운 경판이 있어서 어떤 분들은 글자 부분에도 옻칠이 되었다고 주장한다. 그러나 글자 부분에 옻칠을 하면 나무 세포의 미세한 틈새기까지도 막아버려 먹물이 나무의 글자 부분에 잘 묻지 않아 오히려 인쇄할 때 방해가 된다.

옻은 생옻을 사용하여 2~3회 발랐고 칠의 두께는 0.06mm 정도이다. 일반 옻칠과는 달리 몇 개의 경판을 제외하고는 안료를 섞지 않아 색깔로 옻칠 유무를 확인하기 어렵다. 옻칠이 된 부분을 현미경으로 검사해보면 목질부와 옻칠 사이에 먹층이 들어 있는 경우가 많다. 이는 경판을 새긴 다음 여러 번 인쇄를 한 후에 옻칠을 한 것임을 의미한다. 옻칠 공정에서 바탕을 고르게 해주는 눈막이란 공정이 있는데, 몇 번 인쇄를 하면 먹물에 섞여 있는 미세한 돌가루가 이런 과정을 자연스럽게 대신해주는 역할도 하게 된다.

해인사 고문서 등 몇몇 기록을 보면 옛날에 경판을 새기면 옻칠을 하는 경우가 왕왕 있었다고 한다. 그러나 팔만대장경판의 경우, 방대한 양의 경판을 한꺼번에 모두 옻칠하려면 많은 양의 옻과 품이 들어갔을 것이고 경판을 새기는 일만으로도 힘들었던 경판 제작 기간에는 바로 옻칠을 할 수 없었을 것이다. 따라서 경판을 제작한 후 사용하면서 필요한 경판만 골라서 옻칠을 한 것 같다. 모든 경판에 옻칠을 하지 않더라도 나무라는 재료의 특성상 수분 관리만 잘 해주면 별다른 문제가 생기지 않는다. 팔만대장경판이 보관되어 있는 대장경판전 건물은 이런 의미에서는 대단히 효과적인 건물이다.

부록 1
가야산과 덕유산 지역을 알차게 볼 수 있는 주제별 코스

수려한 풍광의 가야산에서 마음 넉넉한 덕유산으로

가야산과 덕유산은 경남과 전북을 대표하는 명산으로, 그리 높지는 않으나 산세가
장엄하고 골이 깊으며 수려한 풍광을 지녀 사철 많은 사람들이 찾는다. 바위 능선
이 장관인 가야산을 거쳐 후덕한 덕유산을 찾아가는 여정은 명산에 깃들인 명찰을
찾아가는 길이기도 하다. 1박 2일 정도면 가야산과 덕유산 일대를 모두 돌아볼 수
있는데 산행을 포함한다면 하루 정도 더 여유 있게 일정을 잡는 것이 좋다.

(성주 방면에서 33번 국도와 59번 지방도로 또는 대구 방면에서 88올림픽고속도로를 따라)→가야산 해
인사→청량사→월광사터 동서삼층석탑→(88올림픽고속도로 해인사 교차로를 거쳐 거창으로)→거창
수승대→동계고택→가섭암터 마애삼존불상→(37번 국도와 1089번 지방도로를 따라 무풍을 거쳐 무주
로)→나제통문→덕유산 백련사→적상산성과 안국사

조선의 풍패향 전주와 마이산의 기이한 풍광을 찾아

조선왕조의 발상지 전주는 우리나라를 대표하는 맛의 고장이며 아직도 생활 속에
전통문화가 살아 숨쉬는 예향이다. 역사 오랜 도시에 산재해 있는 문화유적을 느
긋한 마음으로 돌아보다보면 고풍스런 고도의 향기를 느낄 수 있다. 전라북도의 지
붕이라 불리는 진안에서는 색다르고 기이한 풍광을 만날 수 있는데, 우리나라에 이
런 풍광이 있었나 싶은 곳이 바로 진안의 마이산이다. 언제나 답사객과 관광객으
로 붐비는 이곳에서 우리땅의 색다른 모습을 체험하게 될 것이다.

(호남고속도로 익산교차로에서 741번 지방도로와 17번 국도를 따라)→완주 화암사→(17번 국도를 따
라 전주로)→경기전→풍남문→전주객사→(26번 국도를 따라)→완주 송광사→진안 마이산과 탑사

* 다음은 한국문화유산답사회에서 가야산 지역을 답사할 때 사용했던 일정표이다.
좀더 짜임새 있는 여행을 하고 싶다면 아래를 참고삼아 자신만의 새로운 일정표를
만들어 답사해볼 수도 있을 것이다.

한국문화유산답사회 제53차 답사 「거창·합천·고령 순례」 일정표
1998년 2월 21~22일
첫째날—14:00 출발(경부고속도로 옥천교차로→무주 구천동 경유) / 18:50 숙소 도착(수승대 국민관
광지 내 수승대모텔(T.053-943-7962)
둘째날—07:00 수승대 산책 / 08:00 아침식사 / 08:50 출발 / 09:00 동계고택 / 09:30 출발 / 10:00
가섭암터 마애삼존불상 / 10:30 출발 / 11:10 신원면 과정리 거창양민학살사건 합동묘소 참배 / 11:30
출발 / 12:30 점심식사(황매휴게산장·식당 T.053-931-1367) / 13:10 출발 / 13:20 영암사터 / 14:30
출발 /16:00 고령 지산동 고분군과 유물전시장 / 17:30 서울로 출발

부록 2
가야산과 덕유산 지역으로 가는 기차와 버스

1. 덕유산 지역으로 가는 기차

행선지	전주	전주	전주	전주	전주	전주	전주	전주
완급별	무궁화	무궁화	무궁화	새마을	무궁화	무궁화	무궁화	무궁화
용산			06:50	07:50	08:50		10:50	12:50
영등포			06:57	07:57	08:57		10:57	12:57
수원			07:17	08:17	09:18		11:18	13:18
평택			07:40	08:37	09:40		11:40	13:40
천안			07:55	10:43	09:55		11:55	13:55
조치원			08:16		10:19		12:16	14:16
서대전			08:45	09:32	10:46		12:49	14:45
논산			09:19	10:04	11:22		13:23	15:19
익산			09:50	10:29	11:54	13:50	13:48	15:30
삼례	07:39	09:29	10:04		12:09	13:28	14:04	16:02
전주	07:50	09:40	10:15	10:52	12:20	13:40	14:15	16:13

행선지	전주	전주	전주	전주	전주	전주	전주	전주
완급별	새마을	무궁화	무궁화	무궁화	새마을	무궁화	무궁화	무궁화
용산	13:50		14:45	16:20	17:10	18:47	21:45	22:50
영등포	13:57		14:51	16:27	17:17	18:54	21:51	22:57
수원	14:18		15:15	16:48	17:37	19:16	22:15	23:17
평택			15:38	17:11		19:40	22:37	23:39
천안			15:53	17:27	18:09	19:55	22:52	23:54
조치원			16:14	17:51		20:16	23:13	00:15
서대전	15:30		16:41	18:21	18:56	20:42	23:40	00:42
논산	16:02		17:13	19:01	19:28	21:14	00:12	01:17
익산	16:30		17:40	19:53	19:53	21:44	00:39	01:46
삼례		18:29	17:54	20:23		21:58		02:00
전주	16:54	18:40	18:05	20:35	20:15	22:10	01:06	02:11

(전라선 하행)

행선지	삼례	삼례	전주	삼례	삼례	삼례	삼례	삼례
완급별	무궁화	무궁화	새마을	무궁화	무궁화	무궁화	무궁화	무궁화
여수	05:20	06:05	08:00	09:10	11:15	12:05	13:10	14:20
순천	05:55	06:42	08:37	09:51	11:56	12:45	13:45	14:57
구례구	06:16	07:03	08:57	10:14	12:17	13:05	14:10	15:19
남원	06:47	07:32	09:25	10:42	12:46	13:33	14:38	15:50
전주	07:28	08:14	10:01	11:21	13:29	14:16	15:18	16:33
삼례	07:40	08:28		11:32	13:41	14:30	15:30	16:45

이 시각표는 2006년 12월 현재의 것으로 앞으로 변경될 수 있으므로
터미널과 기차역에 미리 연락을 해보고 떠나야 한다.

행선지	전주	삼례	삼례	전주	삼례	삼례	삼례	삼례
완급별	새마을	무궁화	무궁화	새마을	무궁화	무궁화	무궁화	무궁화
여수	15:10	15:40	17:30	18:35	19:00	19:35	22:20	(진주발)
순천	15:45	16:20	18:04	19:13	19:40	20:14	22:56	23:43
구례구	16:05	16:41	18:24	19:33	20:03	20:37	23:17	00:04
남원	16:34	17:10	18:53	20:01	20:35	21:08	23:47	00:34
전주	17:11	17:48	19:32	20:37	21:19	21:54	00:25	01:15
삼례		18:02	19:45		21:34	22:10		01:27

(전라선 상행)

행선지	삼례	삼례	삼례	삼례
완급별	통일	통일	통일	통일
전주	07:10	09:20	18:40	20:45
송천	07:16	09:28	18:45	20:51
동산	07:20	09:33	18:49	20:54
삼례	07:25	09:38	18:53	20:59

(군산·전라선 하행)

행선지	전주	전주	전주	전주
완급별	통일	통일	통일	통일
군산		07:20	17:20	18:40
익산	06:25	07:55	17:56	19:40
삼례	06:40	08:11	18:12	19:56
동산	06:46	08:16	18:15	20:01
송천	06:50	08:20	18:19	20:05
전주	06:56	08:25	18:24	20:11

(군산·전라선 상행)

2. 덕유산 지역으로 가는 고속버스

운행구간	첫차	막차	배차(분)	차삯	소요시간	비고
서울→전주	05:30	21:30	10	11,000	2:50	우등(16,000)
서울→진안	10:10	15:10	2회	11,800	3:30	
동서울→전주	06:00	20:00	30~1:00	12,900	2:50	우등(18,900)
서울상봉→전주	06:20	18:00	5회	10,900	2:50	우등(18,800)
대전→전주	06:20	21:30	20~40	4,800	1:20	우등(7,100)
대구→전주	07:00	18:40	1:20	11,600	3:30	우등(17,100)

운행구간	첫차	막차	배차(분)	차삯	소요시간	비고
울산→전주	09:00	17:00	4회	16,900	4:30	우등(25,100)
부산→전주	06:40	19:00	12회	14,700	3:35	우등(21,700)
광주→전주	06:00	23:00	30~40	5,700	1:40	우등(8,300)
인천→전주	06:30	18:40	40~1:00	12,000	3:10	우등(17,600)
인천→전주	22:10		1회	19,400	3:40	심야우등
성남→전주	06:00	22:00	19회	10,700	2:40	우등(15,600)
고양→전주	06:40	19:30	4회	13,000	3:40	우등(19,100)

3. 가야산 지역으로 가는 시외버스

운행구간	첫차	막차	배차(분)	차삯	소요시간	비고
서울남부→거창	08:40	17:50	13회	17,500	3:30	직행
서울남부→합천	10:08	16:45	5회	21,800	4:30	직행
청주→거창	15:20		1회	17,100	4:30	완행
옥천→거창	16:20		1회	13,200	3:00	직행
영동→거창	13:00	17:20	3회	10,200	2:30	직행
대전동부→거창	07:50	19:20	7회	9,500	1:50	고속
대구서부→거창	06:33	21:30	52회	4,600	1:10	고속
대구서부→거창	07:05	20:50	8회	4,600	1:30	직행, 고령 경유
대구서부→거창	23:00		1회	5,100	1:10	심야
대구서부→해인사	06:30	20:00	40회	4,200	1:10	직행, 고령 경유
김천→거창	07:40	20:00	9회	6,300	1:20	직행
고령→거창	07:40	20:30	0:30	3,300	1:30	직행
고령→해인사	07:05	20:30	0:15	3,300	0:40	직행
성주→고령	06:50	20:30	16회	3,000	1:30	직행
부산서부→거창	07:00	18:40	0:50	11,200	2:50	고속, 고령 경유
부산서부→합천	07:00	18:40	0:50	9,500	2:20	고속
창원→거창	09:40		1회	12,500	4:00	직행
창원→합천	09:50	14:30	2회	7,500	2:00	직행
마산→거창	10:35	16:10	2회	11,400	2:30	직행, 고령 경유
마산→거창	09:18	15:54	8회	12,300	3:00	직행
마산→합천	07:00	18:20	6회	6,800	1:40	직행
울산→거창	09:00	13:30	2회	12,000	3:00	직행, 고령 경유
진주→거창	06:50	19:47	0:30	8,100	1:50	직행
진주→해인사	09:20	17:50	3회	7,900	2:30	직행
의령→합천	07:40	20:00	23회	4,000	1:00	직행
합천→거창	06:50	19:40	1:00	3,100	0:50	완행, 수승대 경유
합천→해인사	07:35	19:10	4회	4,300	1:00	직행

4. 덕유산 지역으로 가는 시외버스

운행구간	첫차	막차	배차(분)	차삯	소요시간	비고
서울남부→무주	08:30	14:35	5회	12,200	3:20	직행
서울남부→삼례	06:30	18:40	13회	9,500	2:40	고속
서울남부→장수	09:20	14:35	4회	17,100	4:00	직행, 무주 경유
부천→전주	07:00	18:00	11회	15,100	3:30	직행
수원→전주	07:50	18:30	12회	11,200	2:40	고속
평택→전주	08:40	18:40	7회	10,800	2:20	직행, 삼례 경유
용인→전주	09:30	18:50	5회	11,900	2:30	직행
이천→전주	07:20	18:30	7회	11,900	3:00	직행
의정부→전주	07:10	18:30	7회	16,300	3:30	직행
고양화정→전주	06:40	19:30	9회	13,000	3:30	직통
안산→전주	07:30	18:30	11회	14,400	3:30	직통
춘천→전주	10:30	16:30	2회	17,400	4:15	직행
홍천→전주	13:00	14:35	2회	19,500	5:00	직행
횡성→전주	13:30	15:15	2회	16,400	4:00	직행
원주→전주	09:00	16:00	4회	14,400	3:30	직행
속초→전주	10:05	12:10	2회	32,200	7:00	고속
강릉→전주	09:30	16:40	3회	20,700	6:00	직통
청주→무주	09:50	12:30	2회	9,400	2:40	고속
청주→전주	07:20	19:30	21회	8,200	2:30	고속
옥천→무주	07:30	20:10	9회	5,700	1:20	직행
영동→무주	08:35	21:00	13회	2,700	0:40	직행
영동→구천동	09:10	19:30	5회	4,600	1:30	직행, 무주 경유
대전동부→진안	06:45	17:00	10회	7,400	3:30	직행
대전동부→무주	07:10	21:00	17회	3,900	1:00	직행
대전동부→구천동	07:10	20:00	4회	7,200	2:40	직행, 무주 경유
대전서부→전주	09:20		1회	4,800	1:20	고속
대전서부→전주	06:50	18:35	8회	4,800	2:00	직행, 삼례 경유
금산→무주	07:15	21:00	9회	2,600	0:45	직행
금산→진안	12:00	15:30	2회	4,100	1:50	직행
금산→진안	07:55	17:50	5회	4,100	1:50	직행
금산→전주	08:30	17:56	5회	6,900	1:30	직행
천안→전주	07:50	19:30	8회	8,700	2:30	직행
대천→전주	08:00	17:00	3회	8,000	2:30	직행
논산→전주	07:10	19:35	9회	4,900	1:05	직행, 삼례 경유
부여→전주						
성환→전주						
전주→무주	06:20	20:30	17회	7,600	2:30	직행, 진안 경유
전주→장수	06:30	21:30	18회	6,000	1:30	직행, 진안 경유

운행구간	첫차	막차	배차(분)	차삯	소요시간	비고
전주→진안	06:00	21:30	0:10	3,600	0:50	직행
익산→전주	06:30	23:06	132회	2,800	0:45	직행
군산→전주	06:10	22:20	7회	4,400	1:00	직행
군산→전주	23:30		1회	4,800	1:20	심야
김제→전주	06:20	22:40	89회	2,400	0:40	직행
부안→전주	05:50	22:10	0:10	4,100	1:10	직행
부안→전주	07:30	19:38	0:20	4,100	0:50	직통
정읍→전주	06:30	22:00	0:10	3,000	1:00	직통
정읍→전주	06:30	19:40	12회	3,000	1:20	직행
고창→전주	06:40	20:30	28회	5,300	1:20	직통
순창→전주	07:05	19:50	1:30	4,800	1:00	직통
순창→전주	06:30	20:30	0:30	4,800	1:20	직행
남원→무주	07:00	18:40	13회	8,900	2:00	직행, 장수 경유
남원→장수	07:00	19:30	14회	4,000	0:50	직행
남원→전주	07:00	20:30	52회	5,500	0:50	직통
남원→전주	06:10	22:00	121회	5,500	1:20	직행
진안→마이산	07:30	19:00	0:30	650	0:10	완행
진안→장계	07:00	21:40	1:00	2,000	0:30	직행
진안→전주	06:20	21:50	0:10	3,600	0:40	직행
진안→장수	07:25	21:50	0:30	2,400	0:40	직행
진안→죽도	09:10	20:10	4회	900	0:30	완행
무주→구천동	07:25	20:20	15회	3,300	0:50	직행
무주→구천동	05:40	22:15	0:02	3,300	0:50	직행
무주→장계	06:00	19:50	28회	3,800	1:30	직행
무주→전주	06:30	19:50	13회	7,600	2:20	직행
무주→전주	08:50	19:25	5회	7,600	1:40	직행, 진안 경유
장수→무주	06:40	19:50	0:35	4,900	1:00	직행, 장계 경유
장수→장계	08:15	17:20	5회	1,200	0:20	완행
장수→전주	06:10	20:35	0:30	6,000	1:50	직행, 진안·장계 경유
장수→전주	08:15	20:10	1:20	6,000	1:20	직행, 진안 경유
장계→전주	06:20	21:00	20~30	5,100	1:20	직행, 진안 경유
격포→전주	12:09		1회	7,100	1:40	직통
격포→전주	08:10	20:50	11회	7,100	2:00	직행
영광→전주	06:40	18:50	0:20	7,800	2:30	직행
함평→전주	07:10	17:20	1:00	9,300	2:40	직행
목포→전주	07:20	16:30	1:00	10,400	3:30	직행
곡성→전주	08:10	20:05	0:30	7,300	1:30	직행
구례→전주	07:00	19:45	0:25	8,300	2:20	직행
순천→전주	07:30	19:05	12회	11,700	3:00	직행
여수→전주	06:38	18:10	11회	15,100	3:40	직행

운행구간	첫차	막차	배차(분)	차삯	소요시간	비고
대구서부→전주	07:24	17:58	16회	11,600	4:00	고속, 거창 경유
대구북부→무주	08:22	14:20	3회	12,200	3:30	직행
김천→무주	07:10	15:50	4회	7,600	1:50	직행
김천→설천	07:10	15:50	4회	6,100	1:30	직행
고령→전주	06:25	08:40	2회	13,800	2:00	직행, 거창 경유
부산서부→장계	07:05	15:42	4회	16,600	4:00	고속, 진안 경유
부산서부→전주	06:20	16:18	8회	19,700	5:30	고속
부산서부→진안	09:21	15:42	2회	18,600	4:20	고속
창원→전주	09:00	16:40	4회	18,000	5:00	직행
마산→전주	07:14	17:10	9회	17,200	4:30	직행
마산→전주	08:00	17:00	6회	17,200	3:00	직통
진주→전주	06:52	18:28	36회	15,300	3:20	직행
산청→전주	06:56	19:05	0:20	10,800	2:30	직행
산청→장계	09:40	18:10	4회	5,800	1:20	직행
함양→전주	06:30	19:45	0:20	8,800	2:00	직행
거창→전주	08:45	19:15	11회	10,900	2:50	직행, 진안 경유

5. 덕유산 지역 주요 기차역 전화번호

삼례 : (063)291-2778

동산 : (063)211-7788

송천 : (063)272-7788

전주 : (063)242-4175

6. 덕유산 지역 고속터미널 전화번호

전주 : (063)277-1572

진안 : (063)433-2508

7. 가야산과 덕유산 지역 주요 시외버스터미널 전화번호

고령 : (054)954-4455

합천 : (055)931-0142

거창 : (055)942-3601

해인사 : (055)932-7361～2

전주 : (063)270-1700, 272-0109

진안 : (063)433-2508

장수 : (063)351-8889

장계 : (063)352-1514

무주 : (063)322-2245

부록 3
문화재 안내문 모음

고령·합천·거창·전주·완주·진안·장수·무주 지역의 중요 문화재 안내문을 모아놓았다. 이 안내문들은 문화재청에서 정리한 것으로 따로 보관·관리하는 동산 문화재와 일부 기념물은 제외했다. 단, 이 책의 내용과 다를 수 있음을 밝혀둔다. 하지만 이 책에서 찾아가지 않은 유물·유적까지 포함하고 있으므로 답사여행을 더욱 폭넓게 하는 데 보탬이 될 것이다.

경상북도

고령군

고령 지산동 당간지주

보물 제54호

소재지:경상북도 고령군 고령읍 지산리

이것은 본래의 위치에 동서로 상대하여 서 있는 당간지주이다. 외면은 양 옆 모서리를 죽이고 종문대(縱文帶)를 조각하여 매우 장식적이고 화려한 의장수법을 보이고 있다. 지주의 정상부는 첨형(尖形)으로 하고 바깥으로 내려오면서 3단의 굴곡을 이루게 하여 호선(弧線)으로 처리하였다. 지주의 안쪽에는 간공(竿孔) 2개가 있는데 이들은 장방형의 형태로 구멍을 뚫어 간을 끼우도록 하였다. 전체적으로 볼 때 이는 화려 단아한 조각이나 만든 솜씨로 보아 통일신라시대 중기인 8세기경에 건조된 우수한 당간지주의 하나라 하겠다.

고령 지산동 고분군

사적 제79호

소재지:경상북도 고령군 고령읍 지산리

고령에서 가장 큰 산인 주산의 남록으로 뻗은 구릉의 동남쪽 경사면을 따라 200기가 넘는 크고 작은 대가야시대의 무덤들이 모여 있는데 윗부분에는 지름 20m 이상의 큰 무덤이, 중간에는 지름 10m 안팎의 중간 크기의 무덤이, 그리고 아래쪽에는 작은 무덤들이 주로 모여 있다. 이곳 주산의 남쪽 제일 큰 무덤은 금림왕의 능이라고 전해지고 있으며 그 아래에 있는 큰 무덤들도 대가야의 왕들의 능이라고 전해오고 있다. 1977년과 1978년에 걸쳐 경북대학교와 계명대학교에서 부분적인 발굴조사를 함으로써 이들 무덤의 성격이 일부 밝혀졌다. 특히 1978년 계명대학교에서 발굴한 제32호 무덤에서는 철제의 갑옷, 금동관 등 중요유물이 출토되어 지배계급의 무덤임이 밝혀졌고, 아울러 주인공을 위해 생매장된 순장무덤임이 밝혀져 우리나라 고대사회에서 있었던 순장제도를 실제로 밝힐 수 있는 중요 무덤이 되었다.

고령 양전동 암각화

보물 제605호

소재지:경상북도 고령군 고령읍 장기리

이 유적은 높이 3m, 너비 6m 정도의 산비탈 절벽에 겹둥근무늬·십자무늬·탈 모양 등을 쪼아서 새긴 선사시대의 암벽그림이다. 겹둥근무늬는 세 겹인데 모두 4점으로 흔히 해나 달 등을 상징한다고 알려져 있다. 이와 함께 탈 모양은 17점이나 새겨져 있어서 이 암벽그림의 성격을 짐작케 한다. 탈은 위가 넓은 사다리꼴 얼굴에 사방으로 수염 같은 것을 뻗게 하였으며, 중심에는 선을 그어 아래위로 구멍을 새겼는데, 눈·코·입 등을 상징한다고 한다. 이러한 형태는 울주 반구대나 시베리아 암벽의 탈과는 차이가 있다. 이들 둥근무늬나 탈 모양 등은 우리나라 선사 암벽그림을 대표하는 울주 암벽그림에 비해서 그 모양이 상당히 단순화되었고 기법 역시 도식화 내지 형식화되었으므로 제작연대는 근처에서 발견되는 석기·토기와 비슷한 청동기 후기나 초기 철기시대로 생각된다. 이것은 당시 사람들이 농경의식 때 사용하던 종교적인 뜻을 가진 암벽그림으로 생각되며, 우리나라 선사문화 연구에 귀중한 자료이다.

고령 고아동 벽화고분

사적 제165호

소재지:경상북도 고령군 고령읍 고아리

이곳은 1963년 무덤 안에서 그림이 발견되어 세상에 알려진 벽화무덤이다. 시체를 넣어두는 돌방은 북쪽의 좁은 벽은 똑바로 쌓아올렸고, 동쪽과 서쪽의 긴 벽은 위로 갈수록 차츰 좁게 쌓아올려 천장에는 판자 모양의 큰 돌을 한 줄로 나란히 덮었다. 무덤 속으로 들어가는 연도는 돌방의 천장보다 낮게 남쪽으로 만들었다. 돌방의 벽면에는 회칠을 하고 그림을 그렸지만 모두 벗겨져버렸고, 돌방과 연도의 천장에는 붉은색·녹색·갈색을 사용하여 그린 연꽃그림이 지금도 그대로 남아 있다. 이곳은 옛 가야지역에서 지금까지 발견된 벽화무덤으로는 유일한 것으로 무덤의 구조상 공주에 있는 백제 송산리 벽화고분과 비슷한 점이 있다. 무덤이 만들어진 시기는 6세기경으로 보고 있다.

고령 주산성

사적 제61호

소재지:경상북도 고령군 고령읍 중화리

이 산성은 고령읍의 서쪽에 있는 산 이름을 붙여서 주산성, 혹은 이산성이라고 부르는 가야시대의 성터이다. 정상부를 석축으로 두른 내곽과 남쪽과 동쪽의 비탈진 곳을 넓게 둘러싼 외곽으로 된 이중의 성벽을 지니고 있다. 서남쪽으로 연결된 봉우리에는 또 하나의 작은 보루가 딸려 있고, 계속 낮아지는 산등성이에 가야시대의 고분군이 있다. 규모는 큰 것이 아니지만 둘레가 700m를 넘고 계곡 쪽으로는 견고히 석축한 성벽이 남아 있다. 성안에는 우물터와 건물터가 있으며 가야시대의 토기편과 기와조각이 흩어져 옛 대가야국의 중심적인 성터로 유서가 깊은 면모를 보여주고 있다.

성산 사부동 도요지

사적 제71호

소재지:경상북도 고령군 성산면 사부리

이곳 가마자리에서는 14세기 말부터 15세기에 걸쳐 만들어진 상감청자, 상감 및 인화분청의 대접, 접시, 사발 등이 주로 출토되고 있다. 대체로 기벽은 두껍고 굽은 투박하며, 모래받침으로 구웠고, 유약은 두껍게 발랐으나 광택이 있다. 이곳 사부동 요지는 기산동 요지와 함께 조선시대 초기의 『세종실록지리지』에 실린 전국의 324개 소의 가마 중에서도 가장 상품의 자기를 만든 곳으로 이름나 있는 곳이며, 현재 남아 있는 '고령인수부', '고령장흥고' 명의 그릇들을 만들었던 곳으로 보여진다. 낙동강 줄기에 있는 고려의 지리적, 자연적 조건에 알맞은 양질의 흙과 연료, 도공이 갖추어져 우수한 분청사기가 만들어진 곳이었다.

성산 기산동 도요지

사적 제72호

소재지:경상북도 고령군 성산면 기산리

이 가마터는 여기에서 1.6km 떨어진 곳에 있는 사부동 가마터와 함께 고령지방에서 생산되던 조선시대의 분청사기와 백자 등을 구워낸 대표적인 가마터 중의 하나이다. 대접·접시·사발 등이 많고 특히 인화분청과 귀얄분청사기의 파편이 많이 묻힌 것으로 보아 조선 초기부터 임진왜란(1592) 전까지 자기를 구워냈음을 알 수 있다. 그릇들은 대부분 두께가 두껍고 투박하며 두껍게 발라진 유약은 대체로 암록색을 띠고 있다. 당시 고령지방은 낙동강 줄기에 자리잡은 지리적 조건으로 질 좋은 흙과 땔감이 풍부하고, 뛰어난 도공이 있어서 우수한 분청사기가 많이 만들어지던 곳이었다.

점필재 종택

경상북도 민속자료 제62호

소재지:경상북도 고령군 쌍림면 합가리

이 건물은 선산 김씨 문충공과 종택으로, 문충공 점필재 김종직(1431~1492) 선생은 조선 성종 때 형조판서 등을 역임하면서 성리학에 의한 개혁정치를 추진한 사림파의 중심 인물이다. 현재의 가옥은 1800년경에 지은 것이며 안채·사랑채·중사랑·고방·대문간·묘우 등이 튼ㅁ자형으로 배치되어 있으며, 가운데 2칸에 대청을 두고 좌우에 큰방과 건넌방을 두었다. 사랑채 역시 일자형으로 동편 끝에 2칸의 마루를 두고 그 왼쪽에 방을 꾸몄다. 묘우에는 김종직 선생의 불천위신주를 모시고 있다.

고령 안화리 암각화

경상북도 기념물 제92호

소재지:경상북도 고령군 쌍림면 안화리

선사인들이 암벽에 새긴 조각으로 가로 115cm, 세로 90cm의 암면에 쪼기수법으로 3개의 암각화를 새겼는데 기본형은 "U"자형 반원을 새기고 좌우에 활 모양의 선을 대칭되도록 그렸으며, 우측의 그림 속에 성혈을 팠다. 암각화의 상부 절벽의 암면에도 같은 종류의 암각화 2~3개가 더 있으며, 영일 칠포리 암각화와 유사한 점으로 보아 해안인과 내륙인은 동일한 암각 의식을 가진 것으로 추정된다.

반룡사 다층석탑

경상북도 유형문화재 제117호

소재지:경상북도 고령군 쌍림면 용리

이 석탑은 고려시대의 탑으로 3단의 화강암 기단 위에 1층의 옥신이 남아 있고, 그 위에 점판암으로 만든 옥개석이 다층으로 남아 있다. 점판암 다층석탑은 신라 말에 시작하여 고려시대에 많이 만들어졌다. 해인사 원당암 다층석탑과 금산사 육각다층석탑 등이 이 유형에 속한다. 탑의 높이는 2.4m로 단아한 소형탑의 아름다움을 볼 수 있다.

고령 개포동 석조관음보살좌상

경상북도 유형문화재 제118호

소재지:경상북도 고령군 개진면 개포리

바위 앞면을 광배삼아 얕게 새긴 이 보살좌상은 고려 성종 4년(985)이라는 조성연대를 지니고 있는 귀중한 고려시대 조각이다. 전체 윤곽은 돋을새김이고 옷주름이나 연꽃무늬 등은 선으로 긋고 있는 도식적인 수법으로 만들었는데, 이러한 특징은 상 자체에서도 잘 나타나고 있다. 머리에 쓴 보관은 보살의 화관 종류와는 판이한 정자관 형식이어서 완전히 토속화된 것이며, 얼굴 역시 평면적인 윤곽에 가는 눈, 좁은 코, 작은 입 등에서 토속적인 용모를 보여주고 있다. 그뿐 아니라 결가부좌한 이 보살상은 다소 어색한 형태인데, 양 무릎에 갖다 붙인 듯한 두 발, 가슴에 표현된 오른팔과 손의 불균형스럽고 치졸한 모양, 통견한 불의의 도식적인 옷주름선 등은 모두 지방 장인이 광주 약사마애불좌상 같은 중앙의 세련된 조각을 본떠 토속적으로 만들었다는 것을 알려준다. 명문의 기록과 함께 보관 중앙에 화불이 새겨져 있고 왼손에 연꽃가지를 들고 있는 점으로 보아 관음보살상이 확실하다. 따라서 고려 초기에 지방에서 지방 장인의 손으로 조성한 토속화된 관음보살상의 양식을 알려주는 자료로 중요한 것이다.

경상남도

합천군

가야산 해인사 일원

사적 및 명승 제5호

소재지:경상남도 합천군 가야면 치인리

가야산

가야산은 법보종찰인 해인사의 주산이며 높이가 해발 1,430m로서 소백산맥의 한 지맥으로 우리나라 팔경의 하나인 영산이다. 농산정에서 시작해서 홍류동 계곡은 홍송이 울창한 십리계곡으로 수석과 송림은 다른 대찰, 명산에서도 보기 어려운 경관을 간직하고 있다.

해인사

해인사는 신라 애장왕 3년(802)에 순응, 이정양 대사가 창건하였다고 한다. 조선 초기 태조 7년(1398)에 팔만대장경을 강화 선원사에서 이장하여 법보사찰을 이루었는데, 지금껏 능히 삼재를 면하여 전승되어오고 있다. 대장경은 81,258판으로 고려 고종 23년(1236)으로부터 38년(1251)에 이르기까지 15년간에 걸쳐 완성한 호국안민염원의 결정체이다. 부속암자로서 원당암을 비롯하여 홍제암, 용탑선원, 삼선암, 약수암, 국일암, 지족암, 희랑대, 청량사 등이 있다.

문화재

해인사 대장경판(국보 제32호), 해인사 장경판전(국보 제52호), 반야사 원경왕사비(보물 제128호), 월광사지 삼층석탑(보물 제129호), 합천 치인리 마애불입상(보물 제222호), 청량사 석조석가여래좌상(보물 제265호) 등이 있다. 중요민속자료 제3호인 광해군 내외 및 상궁옷들과 70여 종의 유물은 국보적 가치를 지니고 있는 귀중한 문화재이다.

해인사

소재지:경상남도 합천군 가야면 치인리

이 절은 법보종찰이요, 화엄십찰의 하나이다. 「가야산해인사고적」과 최치원의 「신라가야산해인사선안주원벽기」 등에 의하면 해인사는 순응·이정 두 대사에 의하여 신라 애장왕 3년(802)에 창건되었는데, 그때 왕의 조대비 성목태후가 대시주었다고 한다. 해인이란 「대방광불화엄경」에 나오는 해인삼매(海印三昧)에서 유래된 것으로 해인사는 화엄사상을 천명하고자 이루어진 도량이다. 해인사를 한국 삼보사찰의 하나인 법보사찰이라 부르는 것은 해인사 대장경판전에 「고려대장경」이 보관되어 있기 때문이다.

해인사는 대적광전, 대장경판전, 명부전, 응진전, 삼성각, 웅향각, 퇴설당, 행해당, 심검당, 궁현당, 경학원, 구광루, 명월당, 사운당 등 수많은 전각들이 있다. 또 국보 제32호의 팔만대장경판, 국보 제52호의 장경판전, 보물 제128호의 반야사 원경왕사비, 보물 제129호 월광사지 삼층석탑, 보물 제222호 합천 치인리 마애불입상, 보물 제265호 청량사 석조석가여래좌상, 보물 제266호 청량사 삼층석탑, 중요민속자료 제3호 광해군 내외 및 상궁옷 등과 70여 종의 유물 등 다수의 국보적인 보물들이 있다.

해인사 대장경판

국보 제32호

소재지:경상남도 합천군 가야면 치인리

이 대장경판은 고려 고종 때 대장도감에서 새긴 목판이다. 대장경은 경(經)·율(律)·논(論)의 삼장 또는 일체경을 말하며 불교경전의 총서를 가리키는 말이다. 일반적으로 해인사 대장경판은 고려시대에 판각되었기 때문에 고려대장경이라 하며 또한 판수가 8만여 판에 이르고 8만 4천 번뇌에 대치하는 8만 4천 법문을 수록했다 하여 팔만대장경이라고도 한다. 그리고 현종(1009〜1031, 재위) 때 새긴 초조대장경이 몽고의 침입에 불타버려 다시 새겼다 하여 재조대장경이라고 일컫기도 한다. 이 대장경판은 고종 19년(1232)에 초조대장경이 몽고군의 침입으로 불타버리자 몽고의 침입을 불력으로 막고자 국가적인 차원에서 대장도감을 설치하여 새긴 것이다. 이때 개태사의 승통인 수기가 북송관판과 거란본 및 우리의 초조대장경을 널리 대교하여 오류를 바로잡은 대장경 역사상 가장 완벽한 대장경판이다. 이규보가 지은 「대장각판 군신기고문」에 보면 현종 2년(1011)에 거란병의 침입 때 대장경(초조대장경)을 새겨 거란병이 물러갔음을 상고하고, 지금 몽고의 침입으로 이 대장경판이 불타버려 다시 새기니 몽고의 침입을 부처님의 힘으로 물리치게 하여 달라는 염원에서 부처님에게 고하고 있다. 대장경판은 고종 24년(1237)부터 35년(1248)까지 12년 동안 판각하였는데, 준비기간을 합치면 모두 16년이란 기간이 걸려 완성된 것이다. 이 대장경판은 판심이 없는 권자본형식의 판식으로 한 면에 23행 14자씩 총 1,501종 6,708권을 대장도감과 분사대장도감에서 새긴 것인데, 이중 분사대장도감에서 새긴 판은 79종 520권이 판가에 수록되어 있다. 해인사 대장경은 이 고려대장경감각판 외에 5종의 분사대장도감의 판각판과 조선조에 판각된 사간판이 포함되어 있다. 해인사 대장경판은 현존 최고의 대장경판일 뿐 아니라 가장 완벽하고 정확한 대장경판으로 우리 민족이 남긴 세계에서 가장 위대한 문화유산 가운데 하나이다.

해인사 장경판전

국보 제52호

소재지:경상남도 합천군 가야면 치인리

해인사는 법보의 사찰이라고 불린다. 이곳에 팔만대장경이 보관되어 있기 때문이다. 장경판전은 정면 15칸이나 되는 큰 규모의 두 건물을 남북으로 나란히 배치하였다. 남쪽의 건물을 수다라장, 북쪽의 건물을 법보전이라 하며 동·서쪽에도 작은 규모의 동·서 판전이 있다. 건물은 큼직한 부재를 간결한 방식으로 처리하여 판전으로서 필요로 하는 기능만을 충족시켰을 뿐 장식적 의장을 하지 않았으며, 전·후면 창호의 위치와 크기가 서로 다르다. 통풍의 원활, 방습의 효과, 실내 적정 온도의 유지, 판가의 진열장치 등이 매우 과학적이며 합리적으로 되어 있는 점은 대장경판이 지금까지 온전하게 보존되어 있는 중요한 이유 중의 하나라고 평가받고 있다. 조선 세조 4년(1458) 확장·재건한 후 성종 19년(1488) 다시 건립한 것으로 추정되며, 임진왜란에도 피해를 당하지 않아 옛모습을 남기고 있는데, 광해군 14년(1622)에 수다라장을 중수하고 인조 2년(1624)에는 법보전을 중수하였다. 1964년 해체수리시 상량문과 광해군 어의가 발견되어 보존하고 있다.

해인사 고려각판

국보 제206호, 보물 제734호

소재지:경상남도 합천군 가야면 치인리

해인사에 소장되어 있는 큰스님의 문집 및 불교경전은 국가에서 새긴 고려대장경판(국보 제32호)과는 달리, 고려시대에 사찰에서 새긴 목판이다. 이 고려각판은 현재 해인사 동·서 사간판고에 봉안되어 있는 경판 가운데 모두 54종 2,835매에 이르고 있는데, 이중 28종 2,725매가 국보 제206호로, 26종 110매가 보물 제734호로 지정되어 있다. 이 국보 제206호의 고려각판은 고려 숙종 3년(1098)의 간기가 있는 화엄경을 비롯하여 충정왕 원년(1349)에 간행된 화엄경약신중까지 고려시대의 목판들이다. 이 가운데 화엄경과 시왕경의 변상도 등 한국 전통 판화 자료와 원효, 의상, 대각국사의 문집 등 한국 고승들의 저술은 한국 불교 역사 및 사상의 연구뿐만 아니라 한국 전통문화 전반에 걸쳐 귀중한 자료로 부각되어 있는 목판으로 해인사에 유일하게 남아 있는 우리 민족문화의 정수인 것이다.

합천 치인리 마애불입상

보물 제222호

소재지:경상남도 합천군 가야면 치인리

거대한 바위를 다듬어 불상을 고부조하고 발 아래 대좌를 마련한 이 불상은 머리 뒤에 원형두광을 얕게 새기고, 나머지 부분을 신광으로 처리한 석주형의 거대한 마애불상이다. 얼굴과 두 손을 정교하게 조각한 반면 불신은 마치 석주에 새긴 듯 옷주름 등을 간략하게 처리했다. 육계가 높직한 소발의 머리, 꼬리가 올라간 눈, 융기된 인중이 뚜렷한 비만한 얼굴, 건장하나 평면적인 가슴에 보이는 승각기, 당당한 왼쪽 어깨에 나타난 고리장식 등은 9세기 초로 추정되는 백률사 금동약사불입상(국보 제28호)과 비교되는 당대의 걸작품이라 하겠다.

해인사 석조여래입상

보물 제264호

소재지:경상남도 합천군 가야면 치인리

광배와 대좌를 잃은 이 불상은 목이 절단되는 등 전체적으로 손상이 심하지만 통일신라 말기의 불상계통을 보여주고 있는 중요한 작품이다. 육계가 낮은 소발의 머리에 갸름한 얼굴로 코가 짧고 입이 작다. 머리에 비해 왜소한 불신은 각진 좁은 어깨, 몸에 밀착된 두 팔, 허리 등의 몸의 굴곡이 표현되지 않은 네모진 신체는 마치 석주와도 같다. 여기에 새겨진 넓은 띠주름식의 법의는 V자로 흐르다가 허리 부근에 U자형으로 바뀌어 두 다리에 물결무늬를 형성하는 점 등은 당시 유행하던 통일신라 말 석불상들에 나타나던 특징을 따른 예라 하겠다. 이처럼 이 불상은 평판적이며 경직된 특징이 나타나기 시작한 신라 말 내지 고려 초의 석불상인 것이다.

해인사 원당암 다층석탑 및 석등

보물 제518호

소재지:경상남도 합천군 가야면 치인리

이 석탑과 석등은 9세기 통일신라시대에 조성된 것이다. 석탑은 지면에 3단의 화강암 지대석을 놓고 그 위에 단층기단을 올렸는데, 밑갑석에는 복련을 새기고, 윗갑석에는 앙련을 새겼다. 기단 우주는 대리석이며 기단 위는 10층의 옥개석만 남아 있는데, 원래는 옥개석 사이에 옥신석이 있었던 것이다. 상륜부에는 화강암의 노반과 복발이 남아 있다. 기단부터 10층의 옥개석은 모두 점판암이다. 점판암의 석탑은 고려시대에 크게 유행하였던 것으로 이 석탑은 그중에서 가장 오래된 것이다. 석등은 화사석이 없어졌다.

해인사 길상탑

보물 제1242호

소재지:경상남도 합천군 가야면 치인리

해인사 일주문에서 남쪽으로 약 50m 지점에 소탑 17기가 서 있다. 이 소탑은 가람배치와는 무관하게 노변에 안치된 일종의 장엄탑으로도 생각되며 상하 이층기단에 우주, 탱주의 양식은 물론, 옥개석의 층급받침 또한 5단으로 전형적인 신라 삼층석탑이며 높이는 약 3m이다. 이 탑은 통일신라시대의 전형 석탑양식을 갖춘 탑으로 2층의 기단을 지니고 있으며, 특이한 점은 상층기단이 하나의 돌로 조성되어 있다. 전체적으로 보아 탑신부에 비해 기단부가 낮고 넓어서 상당히 안정된 느낌을 준다. 옥개받침은 각각 5단으로 구성되어 있고 상륜부는 노반 이상이 결실되었으나 노반에 지름 5.2cm 정도의 찰주를 꽂았던 원형 구멍이 남아 있다. 이 탑에서 발견된 유물들은 현재 국립중앙박물관에 소장되어 있는데, 그 중 소탑이 157개가 있으나 완전한 수량이 아니다. 이는 이 탑의 건립이 탑지의 기록에서도 알 수 있듯이 통일신라시대에 유행한 조탑경인 무구정광대다라니경에 의거했음을 보여주고 있으며, 소탑은 원래 99개, 77개가 안치되는 것이 원칙이므로 19개는 망실된 것으로 생각된다. 그리고 4매의 탑지는 23cm의 정방형으로 두께 2.4cm의 검은 전판(塼板)으로 만들어졌는데 명문은 신라 말기의 대문장가인 최치원이 찬(撰)한 것으로서 유명하다. 즉 건령(乾寧) 2년(신라 진성여왕 8년, 서기 895)을 전후한 7년에 걸친 통일신라 말기의 혼란 속에서 창궐한 도적떼로부터 사보(寺寶)를 지키기 위해 힘쓰다 희생된 승속의 영혼을 달래기 위해 이 탑을 건립했다는 사실과 함께 탑의 높이, 공장승(工匠僧), 탑 안에 납입한 법보의 내용 및 탑을 건립하는 데 소용된 비용 등을 기록하고 있음이 주목된다. 특히 탑의 높이를 일장삼척으로 기록하고 있는데, 이는 비록 상륜부가 결실되었으나 현재 탑의 높이를 3m로 볼 때 이 탑의 조성에 당척이 적용되었음을 보여주고 있어 당시 도량형을 연구하는 데 귀중한 자료가 된다. 뿐만 아니라 탑지의 기록에 따라 석탑 건립에 소요된 비용과 물품 등이 당시의 사원 경제연구에 도움이 된다. 아울러 탑을 건립하게 된 배경 및 소요된 비용 등의 기록을 통해 통일신라 말기 혼란된 사회상을 비롯하여, 경제상을 밝히는 중요한 단서를 전해주고 있다. 해인사 길상탑은 3m의 단아한 소탑으로서 섬약하면서도 소박한 특징을 보여주는 신라 하대의 대표적인 소탑이라 할 수 있다. 뿐만 아니라 호법을 위하여 순교한 승병들의 뜻을 기리는 최치원 선생의 찬문이 기록된 탑지석도 발견되어 해인사 및 신라 불교 연구에도 귀중한 사료로 평가되어 보물로 지정할 가치가 충분하다고 판단된다.

해인사 영산회상도

보물 제1273호

소재지:경상남도 합천군 가야면 치인리

권속들이 현저히 증가하여 대형화한 군도형식의 절정을 이루고 있는 이 불화는 많은 권속들을 효과적으로 배치하여 구도의 묘를 잘 살려내고 있다. 중앙의 석가모니불을 중심으로 하단에서부터 상단에 이르기까지의 권속들은 4구의 사천왕과 26구의 보살무리, 아난·가섭 존자, 50나한, 팔부중과 기타 여러 신들, 144분에 이르는 분신불과 12분의 타방불 등 모두 240여 구에 달할 정도로 대집단을 이루며 화면 전체를 가득 메우고 있다. 그럼에도 불구하고 시선이 막히지 않고 탁 트인 이유는 권속을 각 무리에 따라 질서정연하게 열지어 배치하고, 상단으로 올라갈수록 인물의 크기를 점점 작게 표현하여 보는 사람의 시선을 위로 모으는 상승효과를 최대한 살려주고 있기 때문이라 하겠다. 항마촉지인에 결가부좌한 채 전신에서 사방으로 빛이 뻗쳐나가고 있는 본존불은 권속들에 비하여 유난히 크고 떡 벌어진 어깨로 건장하여 예배자를 압도하고 있지만, 둥근 얼굴과 엷은 미소로 인하여 원만함과 부드러움을 느끼게 한다. 그러나 그 외의 인물상들은 마치 한 가지 본을 사용하여 그린 듯 모습들이 서로 유사하고 닮아 있어 다소 도식적인 느낌이다. 구도와 더불어 이 불화에서 주목되는 점은 본존불 및 권속들의 옷과 대좌 등에 표현된 정교한 문양으로서, 거의 빈틈없이 빽빽하게 시문(施紋)된 금니(金泥)와 채색문양은 과다할 정도이지만 정교하고 꼼꼼함이 돋보인다. 밝은 홍색과 녹색의 주조색에 흰색과 금니를 적절히 사용하여 전체적으로 밝고 화사한 분위기를 자아내고 있는데, 특히 불·보살의 피부와 옷의 문양에 집중적으로 사용되고 있는 금니는 이 불화만이 가진 독특한 특징이라 하겠다. 또한 이 불화는 화기(畵記)에 의해 당대의 거장인 의겸 비구가 주도하여 영조 5년(1729)에 그린 것임을 알 수 있는데, 지금껏 사용되지 않았던 「호선」(毫仙)이란 당호(堂號)를 사용하고 있는 것으로 보아 완숙기의 작품임을 짐작할 수 있다. 따라서 이 불화는 정착된 군도 형식의 구도와 격조 높은 채색, 정교한 필치 등 양식적 특징과 함께 당시 최고의 불화승들에 의하여 조성되었다는 점에서 조선시대 후기 불교회화 연구에 귀중한 자료이다.

해인사 삼층석탑

경상남도 유형문화재 제254호

소재지:경상남도 합천군 가야면 치인리

전형적인 신라시대 일반형 석탑으로 삼층기단 위에 3층 탑신을 형성하고 정상에 상륜부를 장식하고 있다. 본래는 이층기단이었으나 1926년 중수시에 1층이 가해진 것이라 한다. 상층기단 갑석의 부연은 전형적인 신라식이며 탑신부의 양 우주와 5단씩의 옥개받침 또한 신라식이다. 상륜부는 노반과 보륜, 보주 등이 정연하게 놓여 있다. 건립연대는 9세기로 추정되며 탑의 규모는 높이 6m로 큰 탑에 속한다.

해인사 석등

경상남도 유형문화재 제255호

소재지:경상남도 합천군 가야면 치인리

이 석등은 네모진 대석에 안상을 새겼고, 그 위에 여덟 잎의 복련을 새겼는데 연꽃잎 면에는 보상화문을 나타내고 있다. 기둥은 8각이며 높이는 49cm, 직경은 57cm이다. 앙련은 직경 110cm이고 그 위에 놓인 화사석에는 4면에 사천왕상을 양각했고 그 사이에 4개의 등창을 내었다. 높이 67cm, 직경 68cm로 역시 8각이다. 화사석 위의 옥개석은 직경 140cm이며 그 위에 몇 개의 보주로 마감하였다. 중간의 간석이 새로 보충되어 그 때문에 전체에 균형이 잡히지 않은 듯한 안타까움이 남는다. 석등 바로 앞 서쪽에 사방 175cm×82cm의 직사각형 봉로석이 있다. 측면의 안상, 윗면의 연화문 등은 조각이 모두 우아하다. 본래 석탑 앞에 있던 것을 언제인가 현 위치로 옮긴 것이다. 건립시기는 통일신라시대로 전체 높이는 약 3.1m이다.

해인사 대적광전

경상남도 유형문화재 제256호

소재지:경상남도 합천군 가야면 치인리

이 불전은 해인사를 창건하던 신라 애장왕 3년(802)에 순응·이정 두 스님이 창건하였는데, 처음에는 2층으로 된 큰 건물로 비로전이라 하였다. 그후 조선 성종 19년(1488) 인수·인혜 두 대비의 지원으로 학조대사가 중창할 때 대적광전이라 개명하였다. 이후 여러 차례의 화재로 옛 모습은 찾아볼 수 없고 현재의 건물은 순조 17년(1817) 제월 스님이 경상관찰사 김노경의 후원으로 세웠던 것을 1971년 이지관 주지가 개금불사와 아울러 대폭 중수한 것이다. 정면 5칸 측면 4칸의 팔작지붕 건물로 공포는 외2출목 내3출목의 다포식이다. 불전의 주불과 좌우의 화관을 쓴 문수·보현 보살상은 은행나무로 조성한 것인데, 금당사에서 고종 광무 원년(1897) 범운 스님이 옮겨 모셨다고 한다.

해인사 목조희랑대사상

보물 제999호

소재지:경상남도 합천군 가야면 치인리

경상남도 합천군 가야면 해인사박물관에 소장된 고려 초기의 초상 조각으로 크기는 82cm에 이른다. 목조에 베를 입혀 채색한 스님의 진영으로 우리나라에서 희귀한 초상 조각이어서 특히 주목된다. 희랑 스님은 화엄종의 조사로 고려 건국기에 태조를 도왔던 왕건의 복전이다. 당시 해인사 승려들은 견훤을 지지하는 남악파와 왕건을 지지하는 북악파로 나뉘어 있었는데 희랑은 북악파의 종주였다. 이 상은 몇 토막의 나무에 조각하여 이은 것이고 밑을 막아 복장을 장치하였다. 대체로 체구는 등신대에 가까우나 머리는 다소 큰 편이다. 얼굴은 길고 이마에는 주름살이 깊이 파였으며, 자비로운 눈매, 우뚝 선 콧날, 잔잔한 입가의 미소는 노스님의 인자한 모습을 잘 나타내고 있다. 여윈 몸에는 흰 바탕에 붉은색과 녹색 점이 있는 장삼을 입고 그 위에 붉은 바탕에 녹색 띠가 있는 가사를 걸치고 있는데 그 밑에 금색이 드러나는 것으로 미루어 원래 모습에는 금빛이 찬연했을 것으로 추정된다. 얼굴과 목 부분, 그리고 단정히 맞잡은 두 손의 모습에 나타난 사실적인 표현은 당신의 다른 조각작품과 비교되지 않는 뛰어난 기법을 보여준다고 하겠다. 조성연대는 고려 초 930년경 이전으로 추정되며, 지금까지 우리나라에서 발견된 유일한 승려의 목조진영이라는 점에서 미술사적인 중요성이 크다고 하겠다. 특히 중국 요대에 제작되었다고 전해지는 이런의 건칠승려상과의 비교 검토가 요구되는 뛰어난 상이라 할 수 있겠다.

해인사 대적광전 홍치4년 명동종

보물 제1253호

소재지:경상남도 합천군 가야면 치인리

이 동종은 해인사 금당인 대적광전의 종으로 주조되어 오늘에 이르고 있는데 신라, 고려 시대의 동종양식을 따르지 않고 조선 초기의 여러 동종양식을 보이고 있다. 종신(鍾身)과 용뉴로 구분된 이 종의 몸체는 연화문의 상대와 무문(無文)의 하대 사이를 5단으로 구획하여 각각 돌선대(突線帶)를 돌렸고 그 안에 여러 가지 문양을 장식하였다. 종의 정상에는 용통(甬筒)이 없는 쌍룡의 용뉴가 원각되었는데 용의 모습이 매우 사실적이고 생동감이 넘쳐나며, 어깨부분의 상대에는 21엽(葉)의 단판복연 밑으로 유곽과 보살이 교차하여 4좌(座)씩 배치되었다. 당초문대의 유곽 내에는 아홉 개의 유두가 돌기되었

고 보살은 양각된 입상으로서 원형두광과 보관, 천의 등을 모두 선각으로 표현하였다. 종신 중앙에는 3개의 굵은 돌기선을 둘려 중대를 이루었으며 이 돌기선을 중심으로 상·하부에는 각종 장식문양이 가득하다. 즉 상부는 당초문과 보상화문을 연속된 무늬로 도안화하여 양각하였고 하부는 운룡문과 파수문을 양각해놓음으로서 종신 전체가 무늬로 가득하여 매우 화사하다. 하대는 파상문 밑에 태선일조(太線一條)로 구획되었는데 위쪽에는 일정한 간격을 두고 팔괘를 배치하였고 아래쪽에는 아무런 무늬도 새기지 않았다. 특히 유곽이 있는 단 아랫부분에는 주조년대와 소장처를 알려주는 '해인사 대적광전종 홍치사년신해춘성'(海印寺 大寂光殿鍾 弘治四年辛亥春成)이라는 해서체의 양주명문을 고식에 따라 오른쪽에서 왼쪽으로 횡서하였다. 이로 보아 이 종은 조선 성종 22년(1491) 해인사 대적광전의 종으로 주조된 것임을 알 수 있으며, 용뉴의 힘찬 형상과 종신에 새겨진 정교하고 다양한 무늬들을 통해 심혈을 기울여 정성껏 제작한 것임을 보여주고 있다. 즉, 조선 초기의 양식적 특징을 잘 보여주고 있을 뿐만 아니라, 주조 솜씨가 우수하고 조각이 아름다워 조선시대 동종으로는 매우 뛰어난 대표작이라 할 수 있다. 그러므로 이 동종은 우리나라 범종의 변천과정과 양식연구에 귀중한 자료가 되며 불교공예 자료로서도 가치를 지니고 있다고 하겠다.

홍제암

보물 제1300호

소재지:경상남도 합천군 가야면 치인리

홍제암은 사명대사 유정이 임진왜란이 평정된 후 이곳에 와 수도하다 여생을 보낸 곳이다. 조선 광해군 6년(1614)에 혜구 스님이 영자전을 건립하여 임진왜란 때 승병을 일으켜 나라를 구한 승병장 서산, 사명, 영규 대사의 영정을 봉안하였고 현종은 동 15년(1674)에 사명대사의 시호인 홍제존자에서 따 홍제암이란 이름을 내려 지금에 이른 것이다. 경내에 있는 사명대사비는 광해군 4년(1612)에 세운 것을 1943년에 일본인 합천경찰서장이 파손하여 방치했던 것을 1958년에 복원한 것이다.

사명대사비 및 부도

보물 제1301호

소재지:경상남도 합천군 가야면 치인리

이곳 홍제암은 임진왜란 때 승병을 일으켜 나라를 지킨 사명대사가 선조의 하사로 동왕 41년

(1608)에 창건하여 말년에 수도하다가 입적한 곳이다. 광해군 6년(1614)에 혜구 스님이 영자전을 지어 서산·사명·영규 대사의 영정을 봉안하였고, 현종 15년(1674)에 '홍제당(암)'이라 사액되었다. 그동안 6차례 보수하였는데 현존 건물은 1979년 10월에 완전 해체 복원한 것이다. 경내에는 사명대사비와 부도가 있다. 사명대사비는 대사의 일대기를 기록한 것으로 광해군 4년(1612)에 건립하였는데 1943년에 일본인 합천경찰서장이 파손하였던 것을 1958년에 복원하였다. 부도는 사명대사의 사리를 봉안한 석조물로서 대사가 입적한 광해군 2년(1610)에 세워 오늘에 이른 것이다.

반야사 원경왕사비

보물 제128호

소재지:경상남도 합천군 가야면 치인리

가야면 야천리 반야사 옛터에 있던 것을 1961년 해인사 경내의 현 위치로 옮겼다. 고려 인종 3년(1125)에 건립하였는데 김부일이 글을 짓고 이원부가 우세남의 서체로 글씨를 썼다. 원경왕사(1045~1114)의 속성은 신씨이고, 이름은 낙진으로 숙종 때 승통이 되었으며, 예종 때 왕사가 되었다. 세수 70세, 법랍 62세로 입적하였다.

합천 백암리 석등

보물 제381호

소재지:경상남도 합천군 대양면 백암리

석등이 위치한 이곳은 속칭 백암사지 또는 대동사지라 전하는 곳이다. 석등의 형태는 우리나라 석등의 기본형인 팔각석등이다. 상륜부는 없어졌으나 다른 부재는 완전하며 하대석에는 화려한 단엽8판의 복련이 새겨져 있고 간석은 8각주 소문이며 상대석은 화려한 단판8엽의 앙련으로 새겨져 있다. 상대석 위로 화사석을 얹고 있는데 화사석은 통식의 일반형으로 사면에 화창이 있고 창구주연에는 정공이 있다. 특히 화창과 교차가 배치된 사면에는 각 면마다 사천왕상이 양각되어 있어 화사석을 돋보이게 하고 있다. 최상부의 옥개석은 낙수면이 평평하고 얇으며 합각이 뚜렷한 나대의 전형적 양식을 하고 있고 전각부에는 귀꽃이 조각되어 있었으나 현재는 모두 파손되어 흔적만이 남아 있다. 전체적인 양식으로 보아 통일신라시대 중기인 8세기 후반의 우수한 석등이라 할 수 있다.

월광사지 삼충석탑

보물 제129호

소재지:경상남도 합천군 야로면 월광리

동과 서에 서 있는 이 쌍탑은 통일신라시대에 조성된 탑이다. 두 탑 모두 이중기단 위에 탑신과 옥개석이 3층으로 조성되었는데, 탑신에는 양 우주를 조각하였고, 옥개석에는 5단의 받침이 조각되어 통일신라 정형탑의 양식을 따르고 있다. 특히 옥개석의 살짝 든 네 귀의 추녀선과 탑신의 비례가 알맞아 경쾌하고 간결한 아름다움을 볼 수 있다. 두 탑의 높이는 각각 5.5m인데, 탑 꼭대기의 상륜부는 없어졌고 동탑에는 노반이 남아 있다.

청량사 석등

보물 제253호

소재지:경상남도 합천군 가야면 황산리

이 석등은 널찍한 지대석 위에 8각의 하대석을 놓았는데 그 측면 석에는 각 면에 안상을 새겼고 안상 안에는 사자를 부각했다. 8각 하대석 위에 8판의 복련을 새겼으며 8각마다 삼산형의 귀꽃을 조각했다. 연화대 상면에는 소문의 괴임석이 있고 그 위에 다시 24판의 복련을 둘렀다. 중대석은 고복식 형식인데 간주 위아래 양단에 연꽃잎과 화사한 꽃무늬를 가득 조각했다. 중앙부에도 꽃무늬를 장식했다. 상대석은 8판의 큼직한 앙련을 조각했으며, 화사석은 4면에 화창을 내고 나머지 4면에 사천왕상을 양각했다. 옥개석은 각 전각에 반전이 경쾌한 느낌을 주고 옥개석 위에는 보개로 보이는 석재가 있다. 이 석등은 9세기 후반기의 장식적 수법이 풍부하고 원만한 우수한 석등이다. 총 높이는 3.4m이다.

청량사 석조석가여래좌상

보물 제265호

소재지:경상남도 합천군 가야면 황산리

이 불상은 불신·광배·대좌 등 불상의 삼부작을 모두 갖춘 완전한 석불좌상이다. 항마촉지인과 우견편단 형식으로 석굴암 본존불의 형식을 계승하고 있는 9세기의 대표적인 석불상이다. 육계는 낮아 불분명하며 나발의 머리칼은 정연하고 촘촘하게 표현되어 있고, 얼굴은 사각형이면서도 부피감을 힘있게 나타내어 강력한 부처의 의지를 보여주고 있다. 이목구비 역시 분명하게 부각시켜 정신성을 강하게 시사하고 있다. 또한 어깨는 넓고 당당하며 가슴이 발달되고 허리는 잘쑥하여 건장한 불상 모습을 나타내고 있어서 얼굴과 함께 이 불상의 특징을 잘 묘사하고 있다. 광배는 주형거신광배인데 불꽃무늬와 비천무늬 등이 복잡·화려하고 섬세하게 돋을새김되어

있다. 대좌는 사각형 석대좌인데 하대의 복련, 중대의 보살상과 신상, 상대의 삼단받침으로 구성되어 있어 불신의 특징과 더불어 9세기 불상 양식을 대표하는 석불상으로 크게 주목된다.

청량사 삼층석탑

보물 제266호

소재지:경상남도 합천군 가야면 황산리

이 탑은 이중기단 위에 3층 탑신을 형성하였고, 지대석 아래 탑 주위를 화강석재로 둘러서 넓게 탑구를 형성하였다. 상하기단의 탱주는 12주이고 탑신에는 양 우주가 있다. 옥개석의 층급받침은 5단이며 낙수면은 완만하나 전각의 반전은 심한 편이다. 상륜부는 노반만 남아 있으나 잘 처리된 탑의 각 부분은 아름다운 조화를 보이고, 조각수법도 경쾌하고 명랑하여 우아한 가작이다. 9세기를 대표하는 석탑으로 전체 높이 4.85m이다.

합천 영암사지

사적 제131호

소재지:경상남도 합천군 가회면 둔내리

이곳 영암사터에는 금당지, 서금당지, 중문지 등의 건물터와 삼층석탑, 쌍사자석등, 귀부, 석조 등의 석조물이 남아 있고, 1984년에 있었던 발굴에서는 통일신라시대로부터 고려시대에 이르는 각종의 와당들이 발견되었다. 지금 사지 내에 남아 있는 우수한 조각의 석조물이나 발굴 당시에 발견된 금동여래입상, 그리고 사지의 규모 등으로 볼 때 영암사는 유서 깊은 고찰이었음이 분명하지만, 영암사라는 절 이름은 주민들 사이에 구전되어 오던 것이고 문헌에는 제대로 전하는 것이 없어 영암사의 내력을 자세히 알 길이 없다. 다만 서울대학교 도서관에 탁본으로 남아 전하는 「적연국사자광지탑비명」에 '고려국가수현 영암사'라고 하는 절 이름이 나타나고 있는데·가수현은 삼가현의 옛이름이므로 이 절이 고려 때부터 영암사라고 불리던 것을 알 수 있다. 그런데 조선조의 기록인『삼가현읍지』에 보면 이 절이 위치하고 있는 황매산에 몽계사, 묵방사, 보암사, 사나사(일명 부도사)가 있었던 것으로 나타나며, 지도를 보면 지금 영암사지의 위치에 보암사구지라는 표시가 있어 영암사는 조선조에 와서는 보암사라고도 불리던 것으로 생각된다.

영암사지 쌍사자석등

보물 제353호

소재지:경상남도 합천군 가회면 둔내리

이 석등은 통일신라시대에 조성된 것이다. 8각의 기대 측면에는 안상이 배치되었고, 그 안상 안에 사자상이 조각되었다. 연화를 새긴 하대석과 쌍사자를 한 돌로 조각하였다. 쌍사자는 앙련의 상대석을 받치고 있으며, 상대석 위의 8각 화사석에는 4면에 화창이 있고 또한 사천왕상이 조각되어 있다. 8각의 옥개석 위에는 귀꽃이 있으며, 정상에는 연화문으로 장식하였다. 석등 꼭대기의 상륜부는 없어졌고, 현재의 높이는 2.31m이다.

영암사지 삼층석탑

보물 제480호

소재지:경상남도 합천군 가회면 둔내리

삼층석탑은 9세기 통일신라 석탑이다. 이중기단 위에 3층의 탑신부를 세웠는데 탑 꼭대기의 상륜부는 모두 없어졌다. 탑 기단부에는 우주와 탱주가 새겨졌고, 상층기단 갑석 밑에는 부연이 조각되었다. 옥신석에는 우주가 새겨져 있으며, 옥개석은 추녀선이 직선이고 받침이 4단이다. 이 탑은 통일신라 3층 정형탑의 양식을 따르고 있으며 정교한 조각솜씨와 경쾌한 추녀선의 아름다움을 보여준다. 현재의 탑 높이는 3.8m이다.

영암사지 귀부

보물 제489호

소재지:경상남도 합천군 가회면 둔내리

이 두 개의 귀부는 9세기 통일신라시대의 작품이다. 이것은 원래 비신을 받쳤던 비좌대인데 비신과 이수를 잃었다. 동귀부는 거북 등에 6각의 귀갑문이 있고 비신을 괴었던 비좌 주위에는 아름다운 구름무늬가 새겨져 있다. 거북의 머리는 용머리같이 새겨 직각으로 세워져 있는데, 입에는 여의주를 물고 있다. 이 귀부의 조각은 대단히 정교하고 생동하는 힘을 느끼게 한다. 서귀부는 거북 등에 귀갑문과 인동문이 있고, 비좌의 4면에는 안상과 연꽃잎을 조각하였다. 거북의 머리는 용머리처럼 표현되었는데 여의주를 물고 있다. 서귀부는 동귀부보다 얇고 약간 작으나 거의 같은 솜씨를 엿볼 수 있다.

합천 옥전 고분군

사적 제326호

소재지:경상남도 합천군 쌍책면 성산리

이 고분군은 낙동강의 한 지류인 황강에 의해 형성된 평야지대가 내려다보이는 능선에 위치하며, 대형고분 18기를 중심으로 크고 작은 고분이 산재·분포되어 있다. 고분의 형태는 대형 수혈식

석곽분을 비롯하여 소형 봉토분, 토광묘, 석관
묘, 목곽묘 등 다양하고, 독특한 구조를 갖추고
있다. 고분의 축조연대는 가야시대인 4세기에
서 6세기에 걸쳐진 것들이다. 1985년 11월 25
일부터 1988년 1월 25일까지 1차·2차 발굴을 실
시해 토기류 521점, 철기류 1,202점, 금제류 17
점, 금동제류 50점, 청동제류 1점, 토제류 1점,
목걸이 8점, 기타 52점 등 총 1,852점의 유물이
출토된 바 있다. 특히 갑주, 도검, 화살촉 등 무
구류와 안장, 마면갑, 등자 등이 마구류는 귀중
한 학술자료이다. 갑주 등은 고구려 벽화고분에
서 볼 수 있는 중요한 유물이며, 사슴뿔은 우리
나라 고분에서 처음 출토된 것이다. 그리고 금
동장 단봉 용봉장식 환두대도 4개의 발견과 금
제귀걸이, 팔찌, 금동제 마구류의 발견은 가야
시대의 수준 높은 금속공예의 일면을 보여주는
동시에 우리나라 및 일본 고분문화연구에 획기
적인 자료이다. 특히 이 지역이 가야집단의 지
배자들의 무덤이었으며, 『일본서기』에 보이는
다라국(일명 대량국)의 실체일 가능성을 보여
주는 곳이기도 하다.

합천 묘산면의 소나무
천연기념물 제289호
소재지:경상남도 합천군 묘산면 화양리
이 나무는 소나무과에 딸린 상록교목이며 높이
17.5m, 가슴높이의 둘레 5.5m로서 지상 3m
부터 가지가 갈라지기 시작하여 동서로 25m, 남
북으로 23.4m 정도 퍼졌고, 수령은 400년 정
도로 추정하고 있다. 연안 김씨의 후손들이 전
하는 바에 의하면 조선 광해군 4년(1612)에 연
흥부원군 김제남이 영창대군과 더불어 역적으로
몰리자 김제남의 6촌 동생뻘되는 사람이 피신하
여 이 나무 밑에서 살았다고 한다. 이 나무는 구
룡목(龜龍木)이라고도 하는데, 껍질이 거북이
의 등처럼 갈라지고 나무 모양이 용같이 생겼다
는 뜻이며 마을의 당산목으로 삼아왔다.

합천 묘산 묵와고가
중요민속자료 제206호
소재지:경상남도 합천군 묘산면 화양리
이 집은 조선 선조 때 선전관을 지낸 윤사성이 인
조 때 지은 것으로, 안채·사랑채·행랑채·솟을
대문간채·사당·헛간 등 여러 채의 건물들이 있
어, 양반집의 모습을 잘 이루고 있다. 더욱이 윤
사성의 6대조(판사공장, 김종서의 처삼촌)가 후
학을 양성코자 건립한 영사재가 현존하고 있으
며, 파리장서에 서명 활동한 항일독립운동가 만

송 윤중수(윤사성의 10세손)의 집인 관계로
더욱 유서 깊은 고택이다.

삼가 기양루
경상남도 유형문화재 제93호
소재지:경상남도 합천군 삼가면 금리
이 누의 건축연대는 알 수 없으나, 합천군에서
는 가장 오래된 누각이라 한다. 정면 3칸 측면
2칸의 중층 팔작집으로 익공계 양식인데, 2층 툇
마루 밖으로는 계자난간을 둘렀다. 예로부터 고
을 수령들의 연회장으로 쓰여왔다고 전한다.

신라 충신 죽죽비
경상남도 유형문화재 제128호
소재지:경상남도 합천군 합천읍 합천리
이 비는 대야성 싸움 때 신라도독 김품석의 부하
장수로서 대야성을 끝까지 지키다가 죽은 죽죽
의 공적을 기념하기 위하여 조선시대에 세운 석
비이다. 비각에는 '신라충신죽죽지비'라는 현
판이 있다. 죽죽은 신라 선덕여왕(632~647, 재
위) 때 대야주 사람으로 사후에 급찬으로 추증
되었다. 비의 높이 약 1.4m, 폭 54cm, 두께 약
19cm의 화강암제이다. 비문에는 '용집을유
시월상한진양강대수기'(龍集乙酉十月上澣晋
陽姜大邃記)라고 각자되어 있어 조선 중종 20
년(1525)에 건립하였음을 알 수 있다.

구음재
경상남도 유형문화재 제234호
소재지:경상남도 합천군 가회면 함방리
이 구음재는 소요당 윤언례 선생이 후학들과 강
학수신하기 위해 선조 8년(1575)경에 지은 것
이다. 윤언례 선생은 증이조판서 겸 지의금부사
로 곽재우 장군의 창의기병에 적극 참여하였다.
또 윤탁 선생(증병조참판, 곽재우 휘하의 영장)
과 윤선 선생(의정부고참찬 겸 세자좌빈객)이
뜻을 세우고 공부하던 유서 깊은 곳이다. 구음
재는 동재(육영재)와 서재(신추당)를 좌우에 둔
ㄷ자형 평면을 이루는 맞배집으로 앞에 고직사
·행랑채를 두었고, 행랑채 앞에는 지당을 두어
옛스런 모습을 이루고 있다.

초계향교
경상남도 유형문화재 제227호
소재지:경상남도 합천군 초계면 초계리
이 향교는 조선 인조 6년(1628)에 설립되었으
며 현재 경내에는 정문인 팔덕문, 명륜당, 내삼
문, 동·서무, 대성전 등 6동의 건물이 있다. 향
교의 배치는 조선시대의 전형적인 형태로 전학

후묘, 즉 앞에 강학을 하는 명륜당을 두고 뒤에
성현을 봉사하는 대성전을 두었다. 정문은 누문
의 형식으로 상층 누각에 풍화루라는 편액을 걸
었다. 명륜당은 정면 5칸 측면 2칸의 팔작지붕
건물로 자연석을 쌓아 만든 높은 기단 위에 세웠
다. 대성전은 정면 3칸 측면 3칸의 맞배지붕 건
물로 제사를 위하여 전면 1칸을 개방하였다.

합천향교
경상남도 유형문화재 제228호
소재지:경상남도 합천군 야로면 구정리
이 향교는 조선 세종 때 유림에서 향리 자제들의
교육을 위하여 건립한 것으로 고종 18년(1881)
수해 때 합천군청을 지금의 야로로 이건할 때 함
께 옮겨와 현재에 이른 것이다. 오른쪽 터에 강
당인 명륜당을, 왼쪽 터에 문묘인 대성전과 동·서
양무를 두어, 강학공간과 배향공간이 병렬로 배
치되었으나 이건 전의 배치와는 다른 듯하다.

삼가향교
경상남도 유형문화재 제229호
소재지:경상남도 합천군 삼가면 소오리
이 향교는 조선 세종 때에 유림에서 향리 자제들
의 교육을 위하여 건립하였다고 하는데 중종 15
년(1520)에는 명륜당 등을 확장 보수하였으며,
최근(1982년, 1984년)에도 보수한 바 있다. 앞
쪽 낮은 터에는 강당인 명륜당을 건축하여 강학
공간을 이루고, 뒤쪽 높은 터에는 문묘, 대성전
을 지어 배향공간을 이룸으로써 전학후묘의 배
치를 이루고 있다. 강당인 명륜당은 단층 팔작
집이고 대성전은 단층 맞배집으로 좌우에 풍판
을 크게 달았다.

추본사와 명곡사
경상남도 유형문화재 제264호
소재지:경상남도 합천군 야로면 정태리
추본사와 명곡사는 분성 배씨의 시조인 배지타
를 비롯하여 부·현경·우·승고·원봉 및 맹후
·명원·형원·일장 공을 제사지내는 곳이다. 추
본사는 조선 중종 32년(1537) 상정에 창건하였
으나 퇴락하여 1948년 현 위치로 옮겨 재건하였
다. 사당은 전툇칸을 둔 평면형태이며 전면 퇴
주와 창방 위에는 익공을 여러 겹 겹처 결구하여
특이한 형식을 이루고 있다. 조선 숙종 원년
(1675) 명곡에 명곡서원을 창건하였으나 고종
때 서원철폐령으로 헐렸다. 1938년 상정에 명
곡사로 재건하였으며 1948년 현 위치로 옮겼다.
전툇칸이 없는 3칸 평면에 익공계의 공포수법으

로 지은 맞배집이다.

거창군

거창 양평동 석조여래입상

보물 제377호

소재지:경상남도 거창군 거창읍 양평리

따로 마련된 연화좌 위에 직립한 이 불상은 거구의 독립상으로 한 돌로 조성된 원통형의 신체에 굴곡진 허리와 두 다리 등에 양감이 표현된 통일신라 후반기의 우수한 불상이다. 원각상으로 솜씨 있게 처리된 얼굴을 제외하고 긴장미가 줄어들었지만 날씬하면서도 우아한 아름다움은 남아 있는 셈이다. 신체의 비례보다 큰 머리, 근엄한 얼굴, 각진 좁은 어깨, 몸에 붙인 두 팔, 신체의 굴곡이 드러낸 얇은 옷주름이 U자로 흐르다 두 다리에 긴 타원형의 옷주름을 형성한 것은 예천 동본동 석조여래입상(보물 제427호)과 비교할 수 있지만 그보다 세련된 작품으로 당대의 걸작으로 손꼽힐 만하다.

거창 상동 석조관음입상

보물 제378호

소재지:경상남도 거창군 거창읍 상리

이 불상은 팔각연화좌 위에 직립한 보살상으로 오른손은 몸에 붙여 정병을 잡고, 왼손은 가슴에 대어 연꽃송이를 쥔 모습이다. 높은 보계, 장방형의 평판적인 얼굴에 작고 긴 눈, 두터운 입술 등 이목구비의 표현은 보살상의 온화하고 자비로운 모습과는 거리가 먼 모습이다. 각이 진 어깨, 평판적이고 경직된 신체의 모습, 좌우대칭적이고 도식적인 옷주름 처리 등은 고려시대 불상양식의 특징이 잘 표현되어 있다.

가섬암지 마애삼존불상

보물 제530호

소재지:경상남도 거창군 위천면 상천리

이 불상은 석굴의 암벽에 새긴 삼존불인데, 전체를 보주형으로 파서 광배인 동시에 빗물이 흘러내리는 홈의 구실을 하게 하였다. 본존불은 넓적한 얼굴에 삼각형의 코, 작은 눈과 입, 밋밋한 귀 등 둔중하고 토속적인 얼굴을 보여주고 있다. 좌·우 협시보살 역시 비슷한 형태의 얼굴 모습임을 알 수 있다. 긴 체구의 신체는 양감이 거의 없이 조각되었는데, 각진 어깨, 밋밋한 가슴, 부자연스런 팔과 발목 등 신체 각 부분의 모습은 매우 도식적이며, 신체 양쪽으로 새깃같이 뻗친 옷

자락은 삼국시대 불상에서 보이는 표현이지만 삼국시대 양식이 아닌 고려시대에 새로 나타난 도식적인 수법임을 알 수 있다. 따라서 이 불상은 삼국시대 불상양식을 계승하여 도식화한 모습으로 표현한 고려시대의 삼존상이라 할 수 있다.

거창 둔마리 벽화고분

사적 제239호

소재지:경상남도 거창군 남하면 둔마리

이 무덤의 내부구조는 남북 2.45m, 동서 90cm, 높이 90cm의 석관 형태의 석실 두 개가 동서로 나란히 놓였고 석실 중간벽에는 네모난 작은 창을 뚫어놓았다. 석실의 벽면에는 회칠을 하고 인물을 주로 그렸다. 이중 가장 대표적이고 또렷한 그림은 동쪽의 석실 동벽에 있는 천녀 6인이 악기를 연주하는 주악천녀상이다. 이들 주악천은 고인의 혼을 극락 또는 하늘나라로 인도, 안주하게 하기 위해 축복해주고 있는 모습으로 12지상이나 사신도와는 다른 친절하고 현실적인 종교화에 가깝다. 이 벽화고분은 발굴 조사 전 도굴을 당해 출토유물은 없었으나 그림의 내용으로 보아 고려적인 색채를 강하게 보이고 있어 고려시대의 무덤으로 추정되고 있다.

정온 선생 가옥

중요민속자료 제205호

소재지:경상남도 거창군 위천면 강천리

조선 선조 2년(1569) 2월 6일 역동에서 출생, 인조 20년(1642) 6월 21일 타계한 문간공 동계 정온 선생의 신위를 모신 사당을 짓고 후손들이 누대를 살아온 곳이다. 선생은 영창대군의 처형을 반대하여 제주도에서 10년간 귀양살이를 하였다. 병자호란(1636) 때에는 화친을 반대하여 자결하려다 뜻을 이루지 못하고, 사후 영의정으로 추증되었다. 선생은 광주 현절사, 제주 귤림서원, 거창 도산서원, 함양 남계서원에 배향되었다. 생가는 솟을대문간채, 큰사랑채, 중문간채와 중사랑, 안채, 안사랑채로 구성되고, 안채 뒤로 사당채가 건립되었다.

농산리 석조여래입상

경상남도 유형문화재 제36호

소재지:경상남도 거창군 북상면 농산리

이 불상은 광배 윗부분이 다소 깨어졌지만 광배와 대좌를 모두 갖춘 통일신라시대의 비교적 완전한 석불입상이다. 불상과 광배를 한 돌에 조각하여 암반형 바위를 원추형으로 쪼아 만들어 대좌 위에 얹은 것이다. 256cm나 되는 거구의

석불상이지만 상당히 세련된 수법을 보여주고 있다. 즉 계란형의 복스러운 얼굴, 알맞은 이목구비와 세련된 미소, 당당한 가슴과 유연한 어깨, 잘록한 허리와 날씬한 다리, 얇은 법의 속에 드러난 사실적인 체구 등은 통일신라시대의 사실적인 양식을 잘 나타내주고 있다. 여기에 통견의 법의 주름이 목 부분에서 U자형으로 내려오다가 두 다리에서 각기 나뉘어져 발목에서 V자로 크게 마무리하는 우드나석불의 형식은 유려한 선묘와 더불어 감산사 아미타불상의 계통을 잇고 있는 뛰어난 석불상이라 하겠다. 거신광배의 불꽃무늬나 원추형 대좌의 연꽃무늬 등은 비록 마멸되었지만 역시 당시의 특징을 잘 보여주고 있는 통일신라의 무르익은 사실양식을 잘 보여주는 귀중한 작품이다.

갈계리 삼층석탑

경상남도 유형문화재 제77호

소재지:경상남도 거창군 북상면 갈계리

탑불마을에서 약 200m쯤 떨어져 있는 이 탑은 이중기단 위에 삼층탑신을 구성하여 현재 높이가 3.2m이다. 기단부는 상·하층 각 면에 양 우주와 1개의 탱주가 모각되고, 상층기단 갑석에는 부연이 마련되어 있다. 탑신이나 기단부각은 없고 옥개석의 받침은 4단이며 추녀 끝은 약간 도톰하다. 상륜부는 없어졌으며 전체적으로 보아 고려시대 전기의 작품으로 추정된다. 이 부근에 사찰이 있었다고 하나 절 이름은 알 수 없다.

거창향교

경상남도 유형문화재 제230호

소재지:경상남도 거창군 거창읍 가지리

이 향교는 조선 태종 15년(1415)에 대성전을 짓고, 공자를 봉안하여 봄·가을로 제사를 모셨다. 선조 5년(1572)에 개수한 바 있고, 선조 7년(1574)에 강당인 명륜당을 지어 지방의 자제를 교육하는 관학으로서의 기능을 다하게 되었다. 그후 임진왜란(1592) 때 소실되어 인조 원년(1623)에 중건하였다. 숙종 41년(1715)에는 춘풍루를 건축하여 향교의 모습을 두루 갖추게 되었다. 현재 경내에는 대성전이 정면 3칸 측면 2칸의 맞배집으로, 정면 3칸 측면 1칸의 내삼문·외삼문과 더불어 제향공간을 형성하고, 정면 5칸 측면 2칸의 맞배집인 명륜당과 정면 5칸 측면 2칸의 맞배집으로 된 동·서 양재, 정면 3칸 측면 2칸의 중층 팔작집인 춘풍루가 강학공간을 형성하고 있다.

거열성

경상남도 기념물 제22호
소재지:경상남도 거창군 거창읍 상림리
축성의 정확한 연대는 확실치 않으나, 부근에 있는 또 하나의 성터와 함께 신라와 백제가 치열한 싸움을 벌였던 곳이라고 전해온다. 특히 신라 문무왕 3년(663) 2월에 이곳에 웅거한 백제의 부흥운동군을 신라의 장군인 흠순과 천존 등이 대군으로 공격하여 700여 명을 참수했다는 기록이 있다. 따라서 이곳은 백제가 멸망한 직후 부흥을 도모하던 의용군의 한 거점으로서 큰 공방전이 있었던 유서 깊은 성터이다.『신증동국여지승람』등의 지리서에는 읍의 북쪽 8리에 있고, 둘레가 3리나 되는 석축산성이라 하였다. 성벽은 둘레 약 1.5km이고 높이 8m, 폭은 아랫부분이 7m 윗부분이 4m 되는 견고한 석성이다.

거창 개봉 고분

경상남도 기념물 제51호
소재지:경상남도 거창군 거창읍 대동리
이곳 구릉산에 모여 있는 옛 무덤들은 봉토의 형태가 뚜렷한 것으로 모두 5기가 남아 있으며 이 중 가장 규모가 큰 것은 지름 30m, 봉분 높이 10m에 달하고 있다. 일제시대에 모두 도굴되어 무덤에 함께 묻었던 유물들이 분실됨으로써 무덤의 연대를 정확히 알 수 없게 되었다. 그러나 주변에서 수습되는 토기편 등과 지역의 위치로 보아 대가야시대의 무덤들로 여겨지고 있다.

거창 내오리 지석묘

경상남도 기념물 제65호
소재지:경상남도 거창군 주상면 완태리
지석묘는 고인돌 또는 돌멘(Dolmen)이라고도 불리고 있으며, 우리나라에서는 선사시대 가운데에서도 청동기시대에 살았던 사람의 무덤으로 알려져 있다. 이곳 구릉에는 3기가 있는데, 이중 남쪽에 있는 것은 이른바 북방식으로서 탁자 모양으로 되었다고 해서 탁자식이라고도 하고 있다. 큰 뚜껑돌 밑의 공간에 시체가 놓이는 곳이 마련되고, 앞뒤는 작은 돌로 막았던 것이나 막음돌은 없어졌다. 지석묘 내부에서는 민무늬토기, 돌칼, 돌촉 등이 출토 수습되었다.

거창 갈계리 임씨 고가

경상남도 민속자료 제9호
소재지:경상남도 거창군 북상면 갈계리
이 건물은 조선 중기의 문신이며 효자로 이름이 높았던 갈천 임훈 선생이 거처하던 가옥으로, 중종 2년(1507)에 지은 것이다. 갈천 선생은 연산군 6년(1500)에 거창군 북상면 갈계리에서 출생하여 생원를 거쳐 사직서참봉, 전생서참봉을 역임하다가 노부를 봉양하기 위하여 사직하였고, 친상을 당하여서는 60세의 노구에도 지성을 다하여 그 효성으로 정려가 내려졌다. 후에 광주목사에 제수되었다. 가옥은 솟을대문채와 선생의 자호를 딴 자이당과 안채로 구성되어 있으며 안채 옆에 갈천 선생과 그의 동생 임에 선생의 문집책판 장판각과 사당이 있다. 홍문의 초석이 거머리로 조각된 것이 흥미롭다.

전라북도

전주시

풍남문

보물 제308호
소재지:전라북도 전주시 완산구 전동2가
조선시대 관찰사의 소재지였던 전주에는 시가지를 둘러싼 성곽이 초기부터 있었으며, 그 성곽에는 동서남북에 각각 문이 있었는데 선조 30년(1597) 정유재란 때에 모두 파괴되었다. 성곽과 성문이 다시 수축된 것은 영조 10년(1734)이며 이때 남문을 명견루(明見樓)라 하였다. 그러나 명견루는 영조 43년(1767) 큰 화재로 불타버렸다. 현재의 문루는 그 이듬해에 당시의 관찰사 홍낙인이 재건한 것으로 풍남문이란 이름도 이때 붙인 것이다. 그후 순종 융희 원년(1907) 도시계획의 일환으로 성곽과 성문은 모두 철거되고 이 풍남문만 남게 되었다. 풍남문은 그후 종각, 포루 등이 일부 헐리고 지면이 묻히는 등 그 옛모습이 크게 훼손되었는데 지난 1978년부터 3년간의 보수공사로 다시 그 원모습이 드러나게 되었다. 아래층 내부에 전후 두 줄로 4개씩 세운 기둥이 그대로 연장되어 위층이 변주로 되는데 이러한 기둥배치는 우리나라 문루건축에서는 희귀한 양식이다.

전주객사

보물 제583호
소재지:전라북도 전주시 완산구 중앙동
객사는 고려·조선 시대에 고을에 설치했던 객관으로 출장을 나온 관원이나 외국 사신의 숙소로도 사용하였다. 조선시대에 와서 주전(본관)에 전패를 안치하고 국왕에게 배례를 올렸으며, 국가 경조시에는 민관이 합동으로 의식을 거행하거나 외객을 접대할 때는 연회장으로 사용되었다. 전주객사는 전주사고를 지은 뒤 남은 재료로 조선 성종 2년(1471)에 서익헌을 개축한 기록으로 미루어 그 이전에 건립되었음을 알 수 있다. 원래는 주관과 동·서 익헌·맹청·무신사 등 많은 건물이 있었으나 지금은 주관과 서익헌과 수직사만 남아 있다. 주관의 현판에 쓴 '풍패지관'(豊沛之館)은 전주객사를 일컫는 말로서 전주가 조선왕조의 발원지라는 뜻이다. 현재 초석만 남아 있는 동익헌은 서익헌과 규모가 같으나 도로확장으로 인해 1칸이 부족하다. 객사의 정문은 주관을 정면하여 내삼문·중삼문·외삼문이 있었으나 원래의 내삼문 안쪽으로 경역이 축소되어 있다.

남고산성

사적 제294호
소재지:전라북도 전주시 완산구 동서학동
이 성은 전주 남쪽에 있는 고덕산과 천경대·만경대·억경대로 둘러싸인 곳을 돌로 쌓은 포곡식 산성이다. 후백제를 세운 견훤이 이곳에 고덕산성을 쌓았다는 이야기가 전해오며, 조선 순조 13년(1813)에 고쳐 쌓고 남고산성이라 했다. 이 성은 유래가 매우 오래된 것으로 알려져 있는데, 『세종실록지리지』에서는 둘레 1,413보이고 성 안에 물이 흐르는 계곡뿐만 아니라 7개의 샘이 있다고 하였고, 『신증동국여지승람』에서는 둘레 8,920척, 높이 8척이라 했다. 순조 13년(1813)의 수축으로 둘레 2,693보에 성body 위의 여장이 1,946타가 만들어졌고 성안에는 4군데의 연못과 25개의 우물이 있었으며 100호 이상의 주민이 살고 있었다. 성문은 동·서에 있었으며 각기 3칸·6칸 규모의 단층 문루가 있었다. 이밖에 암문·포루의 시설과 산성을 지키는 별장의 관아 12칸·창고 20칸·화약고 3칸·군기고 5칸을 비롯한 각종 건물이 즐비하게 있었다. 지휘소인 장대는 9칸 규모의 남장대와 4칸 규모의 북장대가 있었고, 남고사가 있어 승려들이 산성 수호에 참여하고 있었다. 지금은 성벽이 많이 허물어졌고 남고진사적비가 산성의 수어태세 및 연혁을 알려주고 있다. 현재 성의 둘레는 약 5.3km이다.

전주 전동성당

사적 제288호
소재지:전라북도 전주시 완산구 전동1가
전주는 한국 천주교회사에서 중요한 위치를 차지하고 있는 곳이다. 조선 정조 8년(1784) 이승훈이 중국에서 영세를 받고 우리나라 최초의

천주교 신자가 되어 천주교를 한국에 들여온 다음해, 이승훈으로부터 전교받은 유항검이 호남지방의 포교책임자가 됨으로, 다른 지방에 비해 일찍 포교되었다. 그후 윤지충이 모친상 때 교리를 좇아 신주를 불태우고 제사를 금하자 당시 유림들의 극심한 비난을 받게 되었고 이에 관련된 윤지충, 권상연 등이 순교를 당하였다. 이곳은 옛 교인들의 사형집행장이었던 풍남문 밖 순교성지이다. 이 성당은 프랑스 신부 보드레·윤에 의해 1908년 착공되어 1914년 준공되었다. 설계 및 감독은 프랑스 신부 위돌·박이 담당하였고 시공에는 중국인 기술자 100여 명이 동원되었다 한다. 평면구성은 삼랑식으로 되었으며 종탑부의 돔이나 주두를 가진 석조기둥 등 비잔틴 요소를 혼합한 로마네스크 양식의 건물로 국내에서 가장 아름다운 성당 건축물이다.

경기전

사적 제339호
소재지:전라북도 전주시 완산구 풍남동3가

이곳은 조선 태조의 영정을 봉안한 곳이다. 전주는 원래 이왕조의 시조인 신라 사공 이한 공의 발상지라 하여 전주 이씨 후손들이 조상을 받드는 성역으로 삼아온 터전이기도 하다. 태종은 1410년에 완산(전주), 계림(경주), 평양 3개소에 태조 강헌대왕의 영정을 봉안하여 어용전(御容殿)이라 하였다. 그후 세종 24년(1442)에는 전주에 경기전(慶基殿), 경주에 집경전(集慶殿), 평양에 영숭전(永崇殿)이란 호칭을 붙였다. 그러나 경기전은 임진왜란 때 소실되었고, 그후 광해군 6년(1614)에 중건된 것이다. 한편 영조 47년(1771)에는 경기전 북쪽에 조경묘를 세워 이왕조의 시조인 이한 공과 시조비인 경주 김씨의 신위를 봉안하였다. 현존하는 경기전 건물의 배치는 남쪽의 홍전문을 지나 외삼문을 들어서면 양측에 문간체의 익사를 달아내 내삼문에 면하게 되는데 그 통로는 전(塼)으로 바르게 깐 신도(神道)이다. 외삼문 내정 좌우로는 사고석 담장을 돌렸는데 동측에는 협문을 두고 포장도를 전기 신도에서 이곳으로 연결하였다. 그리고 내삼문 문간체에 양측으로 연결되는 담장에도 각기 1개소씩 일각문을 두었다. 내삼문을 들어서면 그 북쪽에 내·외삼문과 남북축을 맞추어 정전이 놓이고 그 동·서 양측에 익사 또는 행각이 연결되어 꺾이어 남향하다가 끊기어 그 나머지 부분을 담장으로 연결하여 폐쇄공간을 이루고 있다. 정전은 지대석과 면석, 갑석으로 이루어진 춤 높은 기단 위에 정면 3칸 측면 3칸 다포계 형

식의 맞배집인데 그 전면에 바로 붙여 춤이 약간 낮은 기단을 정전기단과 접속시켜 앞으로 돌출시키고 그 위에 첨각을 두어 마치 능침의 丁자각과 같은 평면을 하였다. 이 첨각기단의 동·서·남면에는 각 1개소씩 계단을 두어 전을 깐 포도와 연결되게 하였는데 남쪽에는 폭이 넓은 신도와 연결되고 동·서쪽은 폭이 아주 좁은 도로로 연결되어 한번 꺾이어 내삼문 쪽으로 향하였다. 정전은 전면에는 띠살 사분합을 달고 측면에는 전퇴 쪽으로 외짝의 띠살문을 달았으며 그 외의 면은 심벽을 쳤다. 공포는 창방과 평방 위에 배열한 내·외 3출목의 다포형식인데 측면에는 포작을 배열하지 않은 것이 특이하다. 또 전면의 첨각은 전·측면이 단칸으로 벽 없이 트였다. 공포는 주심포 형식이고 지붕은 전면에 풍판을 두고 정전 처마 밑으로 연결시켰다. 정전 양측에 접속된 익사는 동서로 2칸씩 연결되다가 남북으로 뻗은 4칸짜리 행각과 연결되었는데 이들은 내정 쪽으로는 트인 열주를 보이고 외측으로는 벽체로 막혀 있다. 또 정, 익사, 행각의 기단을 약간씩 단차를 두어 위계를 나타낸 것 같다. 이 행각의 공포는 초익공 형식이다. 경기전의 건물배치에 대하여 상세한 그림으로 그린 '경기전, 조경묘도형'이 있는데 여기에는 현재 없어진 부속건물들과 별전이 있고 서남쪽에 전사청, 동·서재, 수복방, 제기고 등의 부속건물이 배치되었으며 동북쪽에는 별전과 그 앞에 조산(造山)을 두고 있는 광역의 범위를 조영하였다.

조경묘

전라북도 유형문화재 제16호
소재지:전라북도 전주시 완산구 풍남동3가

조경묘는 영조 47년(1771) 7도의 유생들이 상소하여 창건하였는데, 영조의 어필로 된 전주 이씨 이한 공의 위패가 모셔져 있다.

예종대왕 태실 및 비

전라북도 민속자료 제26호
소재지:전라북도 전주시 완산구 풍남동3가

예종대왕 태실과 함께 경기전 경내로 옮긴 태실비 비석 전면에 '예종대왕태실(睿宗大王胎室)'의 6자가 해서로 음각되어 있다. 후면에는 만력 6년 10월 초 2일건(萬曆六年 十月初二日建)이라 하고, 그 아래 두 줄로 '후 156년 갑인 8월 26일 개석립(後 百五十六年 甲寅 八月 二十六日 改石立)이라 새겨 있다. 그런데 만력 6년은 조선 선조 11년(1578)이며, 후156년 갑인은 영조 10년(1734)이다. 비는 높이

0.73cm 저폭 1.26cm 크기의 거북이가 도사리고 앉아 있는 형태의 돌 위에 세워졌고, 윗부분은 용을 조각한 대리석이다. 비는 높이 1m 폭 46cm 두께 21cm로서, 네 모퉁이가 각이 되게 했다.

한벽당

전라북도 유형문화재 제15호
소재지:전라북도 전주시 완산구 교동1가

한벽당은 조선왕조 태조(1392~1398, 재위)의 개국을 도운 공신이며 집현전 직제학을 지낸 월당 최담 선생이 태종 4년(1404)에 별장으로 건립하였다. 이곳은 원래 옥처럼 상시 맑은 물이 흘러 바윗돌에 부딪쳐 흩어지는 정경이 마치 벽옥한류(璧玉寒流) 같다 해서 한벽당이란 이름을 붙인 것이다. 한벽당의 규모는 정면 3칸 측면 2칸의 팔작지붕이며 건평은 7.8평이다.

조경단

전라북도 기념물 제3호
소재지:전라북도 전주시 덕진구 덕진동1가

조경단은 전주 이씨 시조 이한 공의 묘소이다. 조선왕조 태조인 이성계는 새 왕조를 세운 뒤 이곳 건지산 묘역을 각별히 수호하게 하였으며 그후 역대 왕들도 계속 이의 보호에 정성을 다하였다. 특히 고종황제는 광무 3년(1899) 5월에 단을 만들어 당상관을 배치하고 연 1회 제사하는 한편 단을 중심으로 450정보의 단역을 마련하기까지 하였다. 비석에 새겨진 '대한조경단(大韓肇慶增)이란 글씨 및 비문은 고종황제의 어필이다.

이목대와 오목대

전라북도 기념물 제16호
소재지:전라북도 전주시 완산구 교동

이목대는 조선 태조의 5대조인 목조 이안사의 출생지로 전하여 오는 곳이다. 전하는 바에 의하면 전주 이씨의 시조 이한 공 이후 목조에 이르기까지 누대에 걸쳐 이곳에서 살았으나 목조에 이르러 관원과의 불화로 함경도로 이사하게 되었다고 한다. 이곳 비문 역시 오목대의 것과 같이 고종의 친필이며 비각은 당초에 오목대의 동편 높은 대지 위에 있었으나 도로확장공사로 이곳에 옮겨 세웠다.

오목대는 조선왕조 태조가 된 이성계 장군이 고려의 삼도도순찰사로 있을 당시 군사를 이끌고 잠시 머물렀던 장소이다. 고려 우왕 6년(1380) 금강으로 침입한 왜구가 퇴로를 찾아 남원으로 내려오자 장군이 이들을 맞아 운봉싸움에서 대승을

거두고 돌아오는 길에 오목대에서 개선잔치를 베풀었다고 전한다. 현존하는 '태조고황제주필유지'라는 비석은 고종황제(1863~1907, 재위)에 의하여 광무 4년(1900)에 건립된 것이다.

문학대

전라북도 기념물 제24호
소재지:전라북도 전주시 완산구 효자동3가
문학대는 고려 공민왕 때 대학자인 황강 이문정 선생이 낙향하여 만년을 보낸 곳으로 공민왕 6년(1357)에 건립되었다. 그후 임진왜란 때 훼손되어 집터만 남아 있던 것을 순조 24년(1824)에 후손들이 중건하였다. 선생은 관직에서 물러나 문학대에서 성리학을 강론하며 많은 후학과 인재를 길러냈고, 당시 숭불억유로 말미암은 여러 가지 폐단을 상소하여 이를 바로잡게 하는 등 많은 공적을 남겼다.

학인당

전라북도 민속자료 제8호
소재지:전라북도 전주시 완산구 교동
인재 백낙중은 뛰어난 효자로서 고종황제(1863~1907, 재위)로부터 승훈랑 영릉참봉에 제수되었다. 사후에 이를 널리 알리기 위하여 본인의 호자 '인'자를 따서 '학인당'(學忍堂)이라 하였다. 솟을대문에는 '백낙중지려'(白樂中之閭)라 쓴 현판을 걸어놓았다. 7량 가구의 곱은자집으로, 꺾이는 부분의 팔작지붕 처리가 흥미로우며 추녀와 사래 끝은 동판으로 싸서 풍우를 막게 하였다. 이 건물은 조선 말기에 건립된 상류가옥으로 전주고도 한옥보존지역의 대표적인 건물 중 하나이다. 당시 일류 도편수와 목공 등 연인원 4,280명이 압록강, 오대산 등지의 목재를 사용하여 2년 6개월에 걸쳐 건축하였다 하며 백미 4,000석이 투입되었다 한다.

전주향교 일원

사적 제379호
소재지:전라북도 전주시 완산구 교동
이 향교는 고려시대부터 있었다고 하나 확실한 고종이 없으며 원위치는 지금의 경기전 근처이다. 기록에 의하면 조선 세종 23년(1441) 경기전을 짓고 태조의 영정을 봉안하였는데 이웃에 있는 향교에서 들려오는 소리가 소란하다 하여 부서 화산의 동쪽 기슭으로 옮겼으나 임진·정유재란을 겪은 후 부중에서 멀어 불편하므로 당시의 관찰사 장만이 현재 위치로 옮긴 것이라 한다. 현재 경내에는 대성전·명륜당·계성사·동무·서무 등이 있다.

전주향교 대성전

전라북도 유형문화재 제7호
소재지:전라북도 전주시 완산구 교동1가
전주향교는 고려시대에 창건되었다고 전하고 있으나, 정확한 기록은 없다. 구전에 의하면 향교가 있던 자리는 경기전 근처이며, 경기전을 세우게 되자 주위가 번잡하다고 하여 태종 10년(1410)에 화산동으로 이건하였다. 그 뒤 선조 때 순찰사 장만과 유림들이 합심하여 현 위치로 옮겼으며, 현재 남아 있는 건물은 이때에 건립된 것으로 추정된다. 전주향교의 현존 건물의 배치형태를 보면 대성전을 중심으로 좌우에 동·서무가 있고, 정면에 일월문(日月門) 그 앞에 만화루(萬化樓)가 있으며, 대성전 뒷담을 사이로 명륜당(明倫堂)이 있고, 서쪽으로 장서각(藏書閣), 계성사(啓聖祠), 양사재(養士齋)와 사마재(司馬齋) 그리고 주위에 교직사(校直舍) 등 여러 건물이 있다. 이곳 배향위패는 서울의 성균관과 같이 대성전에는 공자를 주벽으로 사성과 십철, 송대 육현을 배향하고 있으며, 동서 양무에는 공자의 제자를 비롯한 중국의 유학자 7인과 우리나라의 18현 등 총 25인을 배향하고 있다. 조선조 때 관학의 성격을 띠고 있을 당시, 이 향교는 도호부의 관아가 있던 관계로 학생수가 액내생(額內生) 90명, 액외생(額外生) 90명으로 총 180명에 정7품의 훈도 1명이 배속되어 학생들에게 사서 오경 등을 가르쳤다. 이곳에는 특히 계성사가 있어서, 여기에 5성(五聖)의 위패를 모시고 있다. 이 계성사는 영조 17년(1741)에 판관 송달보가 창건하고, 정랑 이기경이 상량문을 썼다. 대성전은 효종 4년(1653)에 부윤 심택과 판관 한진기가 중건하였는데, 이 기발이 중건기를 남겼다. 명륜당은 광무 8년(1904)에 군수 권직상이 중수하였다. 또한 대성전은 융희 원년(1907)에 당시 군수였던 이중익이 중수하여 현재에 이르고 있는 건물로서 정면 3칸, 후면 2칸이다. 정면 3칸에는 널문을 달았으며, 기둥은 모두 두리기둥이고, 지붕은 맞배지붕이며, 양 합각에는 방풍판을 달았다.

조선 태조왕 이성계상

보물 제931호
소재지:전라북도 전주시 완산구 풍남동3가
조선왕조의 태조인 이성계(1335~1408)의 자는 중결(仲潔), 호는 송헌(松軒)이었다. 고려 후기에 삼군도총제사 등을 지냈으며, 1392년에

공양왕을 폐위시키고 조선왕조의 태조가 되었다. 『조선왕조실록』과 『승정원일기』 등 각종 기록에 의하면 태조어진은 모두 25점이나 그려졌는데, 면복본·정건본·익선관본·곤복본·황룡포본·입자본·마좌본 등이다. 물론 모두 영전이나 진전 봉안용이다. 이들 태조어진은 문소전·선원전·집경전·경기전·영숭전·목청전·영희전·남별전 등에 봉안되었다. 태조어진 봉안에 참여한 화가를 보면 윤상익·조세걸·이재관·조중묵·조석진·채용신 등이 있다. 현재 전주 경기전에 봉안되어 있는 태조어진은 고종 9년(1872)에 조중묵이 모사한 익선관본이다. 물론 현재 유일의 태조어진이다. 어깨와 앞가슴에 황룡을 수놓은 청포를 입고 용상에 정좌한 태조의 모습은 공식적인 어진도상형식으로 그려졌다.
참고로 현존하는 조선왕조의 어진을 보면 다음과 같다. ( ) 안의 연대는 모사연대이다. 태조어진(1872), 모조어진(1714~1744), 익종어진(1826), 철종어진(1852), 고종어진(1891·1899·1901·1909) 등이다.

완주군

위봉사

소재지:전라북도 완주군 소양면 대흥리
추줄산 중턱에 있는 이 절은 전해오는 말에 의하면 백제 무왕 5년(604)에 서암대사가 처음 세웠다고 하나 확실하지 않다. 『극락전중수기』에 의하면 신라 말기 한 서민이 이 산에 오르니 숲에서 봉황 3마리가 노닐어 이곳에 절을 짓고 위봉사(威鳳寺)라 하였다 한다. 그후 고려 공민왕 8년(1359) 나옹화상이 이곳에 머물러 전각과 암자를 세웠고, 조선 숙종 원년(1675)에 태조암을 세웠다. 고종 5년(1868) 포련선사에 의하여 크게 중수되었다. 1912년에는 전국 사찰 30본사의 하나로 52개의 말사를 두게 되었다 한다. 현재는 보물 제608호인 보광명전과 전라북도 유형문화재 제69호인 요사와 삼성각만이 남아 있다. 이곳에는 『묘법연화경』과 『신증동국여지승람』을 관각한 목각경판 350여 매가 보존되었었는데 지금은 서울 동국대학교박물관에 보관되어 있다.

위봉사 보광명전

보물 제608호
소재지:전라북도 완주군 소양면 대흥리
보광명전은 다포집 양식으로 건축된 팔작집으로

굵직한 재목들을 사용하여 집이 웅장하게 보이
며 귀솟음도 뚜렷하다. 공포는 내·외 모두 3출
목이다. 쇠서[牛舌]의 조각솜씨와 내·외부의 연
화를 초각(草刻)한 솜씨 그리고 귀공포의 간결
한 처리수법 및 보의 다듬은 기법 등으로 보아 17
세기경에 건축된 것으로 추정된다. 불단 위에는
아미타불과 좌우보살을 안치하였고 불상 위에는
낙양각과 운룡으로 장식된 화려한 닫집을 두었
으며 가구는 1고주 7량으로 대들보 위로는 우물
천장을 가설하였다. 별화로 그린 주악비천상이
나 후불벽 뒷면에 그린 백의관음보살상 등은 색
조가 차분하고 아늑한 금단청과 더불어 고식 채
화의 우수함을 보여주고 있다.

위봉사 관음전(요사)

전라북도 유형문화재 제69호
소재지:전라북도 완주군 소양면 대흥리

이 요사는 팔작지붕의 앞뒤 건물 가운데를 맞배
지붕으로 연결시켜 배치평면이 I자형을 이룬 특
이한 배치를 하고 있다. 건물의 용도도 서로 달
라 앞면은 극락전이고 뒷면은 요사로 사용되고
있다. 위봉사「극락전중수기」에 의하면 조선 고
종 5년(1868) 포련선사가 60여 칸의 건물을 지
었다고 하는데, 가구의 짜임새로 보아 이 불전
도 그때 중창된 것임을 알 수 있다. 이 위봉사에
는 『묘법연화경판』, 『신증동국여지승람』 목각판
이 보관되어 있었으나, 현재는 동국대학교박물
관과 전주시립박물관에 30여 쪽이 소장되어
있다.

위봉산성

전라북도 기념물 제17호
소재지:전라북도 완주군 소양면 대흥리

이 산성은 조선 숙종 원년(1675)에 7년의 세월
과 7개 군민을 동원하여 쌓았다. 이곳에 산성을
쌓은 것은 전주에서 가까운 험한 지형을 골라 유
사시 전주 경기전의 태조 영정과 조경묘의 시조
위패를 봉안하기 위한 것이다. 갑오동학혁명시
에 전주부성이 동학군에 의해서 함락되자 태조
의 영정과 시조의 위패를 이곳에 피난시킨 일이
있다. 이 성의 당초의 규모는 폭 3m, 높이 4〜
5m, 길이 16km이며, 3개소의 성문과 8개의
암문이 축조되었다. 성안에는 4, 5개의 우물과
9개의 못을 팠고, 진을 두어 지켰다. 지금은
일부 성벽과 동·서·북 3개문 중 전주로 통하는
서문만이 유일하게 남아 있는데, 이 역시 문 위
에 있었던 3칸의 문루는 붕괴되어 없어지고 높
이 3m, 폭 3m의 아치형 석문만이 현존한다.

화암사 우화루

보물 제662호
소재지:전라북도 완주군 경천면 가천리

이 건물은 극락전의 정문과 같은 성격의 누문형
식인데, 정면만을 누문형식으로 하고 후면은 단
층건물로 한 반누각식으로 되어 있다. 현재의 건
물은 조선 광해군 3년(1611)에 세워진 것으로
그후에도 여러 차례 수리되었으나 크게 변형되
지는 않은 것 같다. 정면 지층의 기둥은 4칸이
나 2층에서는 정면 3칸, 측면 2칸으로 되어 있
다. 공포는 안과 밖이 모두 3출목 형식의 다포
집 양식이며, 공포 부재의 조각솜씨 등으로 보
아 조선 초기 양식이 가미된 느낌이 든다. 내부
는 남쪽 중앙에 고주 2개를 세워 대들보를 그 위
에 얹고 한쪽으로 이어진 퇴량은 평주 위 공포에
얹게 하였다. 천장은 연등천장이며 대들보와 고
주 위에서는 화반형식의 포작을 짜서 동자기둥
의 기능을 하도록 하였다.

화암사 극락전

보물 제663호
소재지:전라북도 완주군 경천면 가천리

이 건물은 우리나라에 하나밖에 없는 하앙식(下
昻式) 건물의 유일한 예이다. 이 건물은 1981
년 수리할 때 묵서명이 발견되어 조선 선조 38
년(1605)에 건립되었음이 밝혀졌다. 이 건물은
잡석기단 위에 자연석 덤벙주초를 놓고 민흘림
기둥을 세웠으며, 정면 3칸 측면 3칸의 다포양
식의 맞배지붕 형식이다. 건물 내부에는 중앙칸
뒤쪽에 소박한 불단을 놓고 관세음보살상을 봉
안하였으며, 그 위에 닫집을 만들어 비룡을 조
각하였다. 공포는 외2출목 내3출목으로 외부는
앙서형의 쇠서를 새기고, 내부는 연화초를 새겼
다. 공포 위에는 하앙이 경사로 얹혀져 외부에
서는 처마의 하중을 받고 내부에서는 지붕하중
으로 눌러주게 되어 있어 처마하중이 공포에 주
는 영향을 격감시키게 하였다. 하앙식 공포는 중
국이나 일본에서는 많이 볼 수 있는 구조이지만,
우리나라에서는 유일한 유구이므로 목조건축 구
조 연구상 귀중한 유구라 할 수 있다.

화암사 중창비

전라북도 유형문화재 제94호
소재지:전라북도 완주군 경천면 가천리

이 비는 조선 세종 23년(1441)에 비문을 짓고,
선조 5년(1572)에 건립하였다. 비석의 규모는
높이 130cm, 넓이 52cm, 두께 11cm로 앞·뒷
면에 모두 해서체로 된 894자가 쓰여져 있는데

상당 부분의 글씨가 마멸되어 완전 해독이 불가
능하다. 비문의 내용에 의하면 신라시대 원효·의
상 대사가 이 절에 머물면서 수도하였다는 기록
이 있는 것으로 보아 신라 때 세워진 것으로 추
측되며, 의상대사가 세운 화엄 10대 사찰 중 전
해오는 4개 사찰의 하나가 아닌가 여겨진다. 또
한 화암사 앞에 의상대사가 서역에서 가지고 온
전단향목의 씨를 심어 기른 전단목이 있었는데
이것이 중국에까지 알려져 중국에서 사신을 보
내 옮겨가 궁전 뜰에 심게 되었다는 것에서 화암
사의 절 이름이 유래되었다고 한다. 더불어 원
효·의상 대사와 성상국 등의 뜻을 받아 보수하
고 잘 지키라는 당부의 내용도 있는 중요한 중창
비이다.

송광사

소재지:전라북도 완주군 소양면 대흥리

이 절은 종남산 동쪽 기슭 평탄한 곳에 자리하고
있다. 고려시대에 보조국사가 이곳을 지나다 지
세를 보고 큰절이 들어설 곳이라 하여 절터를 잡
은 뒤, 그 제자들에게 절을 짓도록 당부하였으
나 뜻을 이루지 못하였고, 조선 광해군 14년
(1622) 벽암대사에 의하여 불사가 시작되어 인
조 14년(1636)에 개창되었다고 한다. 경내에는
대웅전, 일주문, 십자각, 송광사 사적비 등 전
라북도 유형문화재가 있고 그외 금강문과 천왕
문, 약사전, 관음전, 명부전, 나한전, 첨성각 등
이 있다. 전하는 바에 의하면 창건 당시 대웅전
은 2층전이었다고 하며 원래 일주문도 남쪽
3km 지점 마수교 앞의 '나드리'라고 하는 곳에
있었다고 전하여져 창건 당시의 사찰 규모가 웅
대했음을 말해주고 있다. 현재의 대웅전은 그 상
량문에 의하면 철종 8년(1857)에 중건된 것으
로 내부의 천장과 벽에 그려진 그림 20여 점은
조선 후기의 민화 연구에 귀중한 자료로 평가되
고 있다.

송광사 대웅전

보물 제1243호
소재지:전라북도 완주군 소양면 대흥리

전해오는 이야기에 의하면 583년(신라 진평왕
5)에 터를 잡았고, 867년(경문왕 7)에 도의선
사가 창건하였고 그 뒤 보조국사가 중창하였다
고 한다. 그후 1622년(광해왕 14)에 덕림선사
가 중창했고, 조선 인조 때에 벽암대사에 의해
절의 확장공사가 이루어졌고, 조정에서는 송광
사라는 사호를 내려 지금에 이르고 있다. 현재
이 절의 이름을 종남산 송광사라 하는데 종남산

이란. 도의선사가 절터를 구하러 남쪽으로 내려오다가 이곳에 이르러 땅 속에서 풍부하게 쏟아져 나오는 영천수를 발견하고 여기가 큰 절을 세울 곳이라고 생각하여 더 이상 남쪽으로 내려가는 것을 그만두었다는 데에서 유래되었다 한다. 현재 이곳에 보존되어 있는 '전주부송광사개창비'(全州府松廣寺開創之碑)의 내용을 보면, 송광사는 1622년(광해군 14)에 승려 웅호, 승명, 운정, 덕림, 득순, 홍신 등이 보조국사의 뜻을 따라 처음 세운 것이라 한다고 한다. 보조국사는 고려시대 도승으로 조계종의 창시자이며 호를 목우자(牧牛者)라 하는데, 그가 전주의 종남산을 지나다가 영천이라 부른 우물을 발견하고 물을 마셔보니 그 맛이 특이하여 그는 이 물로 인해 이곳이 앞으로 큰 절터가 될 것이라 생각하고 샘 주위의 네 귀퉁이를 돌로 쌓아둔 뒤 순천으로가 송광사를 지었다고 한다. 그 뒤 그는 제자들에게 전주 종남산을 지날 때 그곳에 절터를 마련해두었다는 것과 거기에 반드시 절을 지으면 크게 번창할 것이라고 하였다고 한다. 이러한 그의 뜻을 옮기지 못하다가 1622년에 이르러서 전술한 웅호 등의 승려들에 의하여 14년의 공사 끝에 1636년(인조 14)에 완성을 보게 되었으며, 당시 무주 적상산 안국사 주지로있던 벽암대사를 개창조로 삼았다고 한다. 이때 절터의 땅은 전술한 승명의 증조부인 이극룡이 희사했다고 기록되어 있다. 건물이 모두 완성된 뒤 벽암대사를 모시고 50일 동안 화엄법회를 열었는데 이때 수천 명으로부터 시주를 받았다고 한다. 절의 이름을 보조국사의 뜻을 받들었다는 의미에서 종남산 송광사라 하였다는 기록도 있다. 현재 송광사에는 대웅전, 나한전, 명부전, 일주문, 금강문, 천왕문, 종루(범종각), 관음전 등의 건축물 및 개창비, 사적비 등의 비가 남아 있다.

대웅전은 송광사의 본전으로서, 석가여래를 본존불로, 좌우에 아미타여래와 약사여래가 안치되어 있다. 전면 5칸 측면 3칸의 팔작지붕 다포계 건물로서, '대웅전, 의창군서'(大雄殿, 義昌君書)라는 편액이 걸려 있다. 의창군은 선조의 8남이며, 광해군의 아우로서, 인조 15년(1636)에 세운 송광사 개창비의 비문을 썼다. 아마도 이때에 쓴 것으로 보이며, 이는 대웅전 건립연년에도 참고가 된다. 그러나, '성상즉위구년정사육월초이일가'(聖上卽位九年丁巳六月初二日記)라는 상량문이 있는바, 이는 철종 8년 정사(丁巳)인 것 같다. 건물 내 서벽에는 불탱화가 있는데, '함풍칠년정사십일월초육일 (咸

豊七年丁巳十一月初六日)이라 적혀 있다. 이는 건물 중수연대인 철종 8년이다. 불탱화는 가로 258cm, 세로 385cm이다. 평면 규모는, 앞면의 중앙어간폭은 375cm, 좌우매간폭은 345cm, 총 길이 17.55m, 옆면은 중앙간폭이 315cm, 앞뒤간폭 345cm, 총 너비 10.05m, 주심에서 댓돌 끝까지는 290cm이다. 건평 47.3평, 내부는 고주를 세우고, 간벽을 가르고 그 앞에 불단을 짜서 삼존불좌상을 안치하였는데, 천장에 닫집은 짜지 않았다. 좌우 형랑 머리에는 용을 조각하고, 천장 중앙의 우물반자에는 오엽(五葉)의 보상화문을 그리고, 남면과 양측면의 빗반자에는 무악상을 그렸다. 남면 중앙에 3면, 그 좌우에 각 2면, 동서 측면에 각 2면씩이다. 남면 서측에는, 무용도와 횡적도, 중앙은 좌로부터 비파, 나팔의 취주도와 무용도, 남면 동측에는 천도진상도와 장고도, 동면에는 무용도와 용고, 서면에는 무용도와 쟁 등 취타도를 그렸다.

송광사 종루
보물 제1244호
소재지:전라북도 완주군 소양면 대흥리
평면십자형의 누각건축이다. 재산대장에는 16평 2합이라 하였다. 근세의 다포계 가구를 보여주고 있으나, 매우 희유한 건축으로써 주목된다. 『동국이상국집』(하권)에는, 최승제(충헌) 십자각에 붙인 글이 있다. '금차각야 능사각여십자이기중즉방여정인, 유세소위장로자 고이십자명지'(今此閣也 楞四角如十字而其中則傍如井焉, 類世所謂帳盧者 故以十字名之)라 하였다. 이로써 이미 고려시대에도 십자각 건물이 있음을 알 수 있다. 중앙 칸을 중심으로 동서남북으로 각 한 칸씩 덧붙여지고, 따라서 지붕도 중앙에서 모아지는데, 지붕 끝은 팔작지붕으로 처리하여 아름다운 곡선을 보여준다. 각 주간너비는 모두 250cm를 유지하고 있다. 높이 7m 자연석 초석 위에 굵은 150cm 높이의 누하주를 세우고, 그 위에 멍에를 짜고 난간을 두루고 마루를 깔았다. 누상주는 높이 210cm, 그 위에 창방을 지르고, 평방을 얹고 공포를 짰다. 각 우주 위에는 귀공포를, 기둥 살미에는 주간공포를 하나씩 얹었는데 내외 각 3출목씩을 짰다. 내부는 천정판이 따로 없이 팔망에서 짜올라간 공포가 중심에서 합치되는 가구성을 보여준다.

송광사 소조사천왕상
보물 제1255호

소재지:전라북도 완주군 소양면 대흥리
사천왕은 원래 인도의 브라만교 또는 힌두교의 신이었으나 불교에 수용되어 수호신으로의 신앙적 기능을 지녀왔으며 조선시대에는 사찰 입구에 사천왕문을 세워 봉안하고 있는데 대웅전을 향하여 오른쪽에는 동방 지국천왕과 북방 다문천왕 왼쪽에는 남방 증장천왕과 서방 광목천왕이 위치하고 있다.

동방 지국천왕상은 오른쪽 팔꿈치를 높이 쳐들어 칼을 잡고 왼손은 엄지와 검지를 길게 펴서 칼끝을 잡으려는 자세를 취하고 있으며 칼자루의 장식은 없다. 왼쪽 다리 옆의 악귀는 상의를 벗고 오른쪽 어깨로부터 굵은 끈을 왼쪽 옆구리에 걸쳤으며 바지를 입고 있다. 북방 다문천왕상은 양손으로 비파를 들고 있으며 지상에서 약간 들어올린 왼쪽 다리를 악귀가 오른손으로 받들고 있는 형상을 취하고 있다. 악귀는 상투장식에 눈이 심하게 튀어나오고 주먹코에 광대뼈가 붉겨져 입체감을 나타내고 있는데 상의를 벗고 바지만 걸쳤으며 오른쪽 어깨에서 왼쪽 옆구리에 굵은 띠가 감겨져 있다. 남방 증장천왕은 왼손에는 보주를 잡고 오른손으로 용을 움켜쥐고 있는데 용은 입을 벌리고 천왕상의 얼굴을 향해 치솟고 있으며 꼬리는 팔뚝의 한 번 휘감으며 올라가고 있다. 악귀는 꽃장식이 달린 모자를 쓰고 있는데 자세는 북방상과 같으며 발등의 근육과 발톱까지 세밀하게 묘사하고 있다. 서방의 광목천왕상은 오른손을 들어 당(幢)을 잡았는데 깃발은 뒤로 휘어지고 왼팔은 거의 어깨까지 올려 손바닥 위에 보탑을 올려놓았다. 다리 아래의 악귀는 측면을 향하고 있는 다른 악귀에 비해 정면을 향하고 있는 점이 다르다.

이들 사천왕상은 눈이 유달리 튀어나오고 수염이 독특하게 뚜렷할 뿐 아니라 다리를 질끈 묶은 표현양식이나 악귀를 발로 누르고 있는 모습 등이 분노상을 잘 나타내고 있다. 또한 갑옷, 허리띠, 무기를 든 모습 등에서 무장이 갖추어야 할 용맹상들도 아울러 지니고 있어 청정도량을 수호하는 호법신중으로서의 기능을 지닌 사천왕상을 잘 나타낸 조형물이라 할 수 있다. 이러한 종교적 의미와 함께 병자호란을 겪고 난 이후 외적의 침입에 대한 방어력을 강화한다는 상징적 의미도 아울러 지니고 있다. 사천왕상은 역사적으로 국난을 당했을 때 자주 조성하였으며, 그러한 역사적 배경의 상일수록 분노상과 용맹상의 특징을 잘 나타내고 있다.

한편 서방 광목천왕상의 왼쪽 머리끝 뒷면에는 '순치기축육년칠월일필금산화원주조상'(順治

己丑六年七月日畢金山畵圓土造像)이란 묵서(墨書)가 있어 조선 인조 27년(1649)에 조성된 것임을 알 수 있으며, 왼손에 얹어놓은 보탑 밑면에는 '건륭오십일년병오오월일…신조성(乾隆五十一年丙午五月日…新造成)'의 묵서명이 있어 정조 10년(1786)에 새로이 보탑을 만들어 안치하였음을 알려주고 있다. 따라서 이 사천왕상은 제작연대가 확실하고 병자호란 이후 국난극복의 강한 의지를 담고 있을 뿐만 아니라 사천왕상이 지녀야 할 분노상, 용맹상의 상호를 잘 표현하고 있는 기법 등이 돋보이는 작품이다.

송광사 소조삼불좌상 및 복장유물

보물 제1274호

소재지: 전라북도 완주군 소양면 대흥리

본존불인 석가불을 중앙에 안치하고 오른쪽에 아미타불, 왼쪽에 약사불을 배치한 삼불상으로 5m가 넘는 거불이며, 조선 후기 양식이 나타나기 시작한 시기적 특징을 보이고 있다. 무량사 소조불상과 함께 가장 거대한 소조불상이지만 불두와 불신, 대좌 등이 비교적 조화를 이루고 있으며 상호는 장중·원만하고 목에는 삼도를 나타내지 않고 있다. 법의는 통견을 두텁게 처리하여 당당한 불상 양식에 걸맞는 표현기법을 보여주고 있으며 나발의 표현을 뚜렷하게 하여 강한 인상을 나타내고 있다. 이 삼불상은 본존불의 복장에서 나온 조성기에 의하면 숭정(崇禎) 14년(1641) 6월 29일 임금과 왕비의 만수무강을 빌고 병자호란으로 청나라에 볼모로 잡혀가 있던 소현세자와 봉림대군의 조속한 환국을 발원하면서 조성하였음을 알 수 있다. 또한 명과 청나라의 연호를 함께 사용하고 있어 임진왜란과 병자호란을 겪으면서 당시의 극심한 혼란기를 극복하기 위한 국난극복의 의지와 역사의식의 반영과 당시의 문화적 역량을 최대한 발휘하였음을 보여주고 있다. 한편 본존인 석가불에서 삼불의 조성기와 『묘법연화경』(妙法蓮華經)을 위시한 불교류, 후령통(喉鈴筒) 등 다수의 복장품이 발견되었는데, 특히 불상조성기에 의해 이들 불상의 제작연대, 제작자, 제작배경 등을 상세히 알 수 있다. 따라서 이 삼불상은 제작연대가 명확할 뿐만 아니라, 당시의 혼란기를 불력(佛力)에 의지하여 극복하려는 국가적인 신앙심과 국난극복의 역사의식이 반영된 작품이라는 점에서 귀중한 자료이다. 복장유물 12종 중 불상조성기(석가불, 약사불, 아미타불) 3점과 후령통 3점이 지정되었다.

송광사 일주문

전라북도 유형문화재 제4호

소재지: 전라북도 완주군 소양면 대흥리

송광사는 위봉산성으로 가는 도중의 개울 옆 평지에 자리잡은 절로서 백제계 평지형 배치형태를 보여주고 있는데, 일주문→금강문→천왕문→대웅전으로 이어지는 중심축은 이를 잘 표현해주고 있다. 이러한 중심축의 첫 단계인 일주문은 본래 현재의 위치에서 남쪽으로 3km 지점인 나들이라고 하는 곳에 세워졌는데, 송광사 경역이 축소되어감에 따라 순조 14년(1814) 정준선사에 의하여 조계교 부근으로 옮겨졌다가 1944년 해광극인선사가 현 위치로 옮겼다 한다. 이 건물은 조선 중기의 작품으로 추정되는데, 전체적인 균형이 잘 이루어져 있어 말쑥하고 단정한 멋을 느끼게 하며, 다포계 구조로 된 맞배지붕 형식이다. 또한 민흘림이 있는 원형기둥의 앞뒤에는 연화로 조각된 보조기둥이 외목도리를 받치고 있는 것이 특징이다. 보조기둥을 포함하여 기둥은 덤벙주초 위에 세웠고, 기둥 위에는 창방과 평방 위에 공포를 두었는데, 창방머리 보조기둥과 주기둥을 연결하는 보의 머리, 그리고 1개의 주간포를 구성하고 있는 초제공의 끝을 모두 용두로 장식하였으며, 또한 전·후면의 3充목과 앙서의 화려함은 조선 중기 이후의 화려한 장식적 수법을 느끼게 한다. 처마는 겹처마로 구성되어 있으며 막새기와를 사용하지 않으면서 처마끝 부재들의 아름다움을 가리지 않도록 함으로써 건물의 구성은 원숙한 비례감을 느끼게 한다.

송광사 사적비

전라북도 유형문화재 제5호

소재지: 전라북도 완주군 소양면 대흥리

이 비는 조선 인조 14년(1636)에 송광사 개창을 기념하기 위하여 세운 것으로 높이 2.4m, 폭 94cm이다. 비문은 신익성이 짓고 글씨는 이창군 이광이 썼다. 앞면에는 비명과 고려의 보조국사가 전주의 종남산을 지나가다 절터를 잡아놓고 제자들에게 절을 지을 것을 당부하였다는 내용과 보조국사로부터 벽암대사에 이르는 계보가 기록되어 있다. 뒷면에는 종남산인 명공의 말을 인용하여 절을 짓게 된 경위 및 벽암의 제자와 시주한 사람, 그리고 개창 당시 기술자들의 이름을 기록하였다.

송광사 동종

전라북도 유형문화재 제138호

소재지: 전라북도 완주군 소양면 대흥리

이 범종은 숙종 42년(1716)에 만들어진 것으로서, 종을 거는 고리까지 포함하여 높이 107cm, 종 부분만은 84cm, 아랫부분은 지름 73cm, 두께 4.5cm 크기이며, 동으로 만들어졌다. 종의 윗부분에는 60개의 입화식(立花飾) 꽃무늬가 있고, 그 아래에 방패 모양의 꽃무늬를 양각하였다. 다시 그 밑에 연주형(練珠形) 돌기 60개가 둘러져 있고, 종의 위와 아래를 구분할 수 있는 9.5cm 두께의 띠가 그 밑에 있다. 종의 아랫부분에는 지름 6cm의 원이 8개가 양각되어 있고, 그 원 안에 범자(梵字)를 새겼으며, 그 아래쪽에 세로의 면에는 보살입상을 조각하였고, 나머지 한면에는 전패를 배치하였다. 보살입상의 크기는 길이 24cm이며, 머리 뒤에 광배를 두르고 보관을 쓰고 있다. 전패 안에는 주상삼전수만세(主上三殿壽萬歲)라고 양각하였다. 종의 가장 아랫부분에는 지름 6cm 정도에 실상화덩초의 무늬를 둘러놓았다. 이 동종에는 "강희 55년 병신 4월 전라우도 광주무등산증심사대종조성"(康熙五五年丙申四月全羅右道 光州無等山澄心寺大鐘造成)으로 시작하여 시주자의 이름이 양각되어 있고 "대시주 계묘 채구 건융 34년 기축 9월 중수 문광득"(大施主癸卯蔡龜乾隆三四年己丑九月重修文光得)이란 글이 음각되어 있다. 이에 따라 이 범종은 광주 무등산 증심사에서 만들어졌으며, 그 뒤 영조 45년(1769)에 보수되었음을 알 수 있다.

수만리 마애석불

전라북도 유형문화재 제84호

소재지: 전라북도 완주군 동상면 수만리

거대한 암벽에 새겨진 이 석불상은 신라 말 고려 초에 유행하던 거구의 마애불좌상 가운데 한 예이다. 소발의 머리에는 육계가 큼직하게 표현되었고, 얼굴은 풍만하며 이목구비도 시원한 편이다. 체구는 넓은 가슴, 큼직한 무릎 등으로 당당하고 듬직하게 보인다. 이 점은 머리와 상체의 두드러진 양감의 표현에서도 잘 나타나고 있어서 상당히 박진감나는 불상이라 하겠다. 항마촉지인을 한 손과 결가부좌한 발은 이 불상의 특징을 더욱 선명히 나타내주고 있는데 조소적인 우수성을 실감나게 한다. 통견의 불의는 비교적 두터워진 것으로 도피안사 철불좌상의 평행계단식 웃주름과 비슷한 주름을 전면적으로 표현하고 있다. 이처럼 거구의 불상이면서도 적절한 양감과 균형 있는 모습을 보여주고 있다.

진묵대사 부도

전라북도 유형문화재 제108호
소재지:전라북도 완주군 용진면 간중리

이것은 진묵대사(1563~1633)의 부도이다. 진묵대사의 이름은 일옥(一玉)이며 진묵은 그의 호이다. 대사는 김제군 만경면 화포리에서 태어났는데, 이 화포리란 곳은 옛날의 불거촌으로, 부처가 살았던 마을이란 의미를 나타낸다. 어려서 부친을 여의고 7세에 출가하여 주로 완주지역에서 활동한 것으로 추정되며, 특히 봉서사에서 선으로 마음을 가라앉히고 불경을 강구하면서 일생을 마쳤다 한다. 그의 법통을 이은 종통이 밝혀지지 않고 있으나 그의 신비스러운 기행이적은 지금까지 전해오고 있다. 또한 불교관계의 학문뿐 아니라 유학에도 조예가 깊었다고 한다. 이 부도는 화강석으로 지대석 위에 상하 이단의 대좌를 갖추고 구형의 탑신을 얹어 팔각의 개석을 구비하고 있으며 개석 상단에는 보주형의 상륜을 얹고 있다. 전체 높이가 1.8m의 조선시대 전형양식을 따르고 있는 석조부도이다.

안심사 부도 및 부도전

전라북도 유형문화재 제109호
소재지:전라북도 완주군 운주면 완창리

안심사는 6·25 전까지 존재하였다고 하는데, 당시 경내에 30여 채의 건물과 주변에 13개의 암자가 있었으나 공비들에 의해 모두 타버렸다고 한다. 현재 이 절터 안에는 불에 타지 않은 석재와 주춧돌들이 남아 있어 당시 번창했던 사찰의 원형을 상상해볼 수 있게 한다. 유물로는 부도전과 부도전 밖에 있는 3기의 부도가 있다. 안심사 부도전은 영조 35년(1759)에 건립된 것으로서 세조가 직접 글을 짓고, 글씨까지 써서 안심사에 보내주었으며, 글씨를 보관하기 위해 어서각도 함께 세웠다. 그리고 부도전을 세운 목적은 당시까지 이곳 안심사에 전해오고 있던 석가불타의 이[齒] 1개와 10개의 사리를 모시기 위한 것이라 한다. 그리하여 당시 안심사에 있던 명응 스님을 중심으로 수십 명의 시주를 받아 5개월 여에 걸쳐 부도전을 세우게 되었다고 한다.

안심사 사적비

전라북도 유형문화재 제110호
소재지:전라북도 완주군 운주면 완창리

이 비는 조선 영조 35년(1759)에 세운 것으로, 비문의 내용으로 보아 비문은 효종 9년(1658)에 지은 것이다. 비석의 형태는 화강암으로 된 직사각형의 지대석 위에 장방형의 비신을 세우고, 비석 상단에는 조선 후기에 흔히 보이는 팔작지붕형의 이수를 갖추고 있다. 비신은 높이 215cm, 넓이 104cm, 두께 38cm이다. 비문은 1행 58자로 비의 전후좌우 4면에 새겼는데, 앞면의 비문은 당시(1658) 안심사의 주지 처능의 부탁으로 우의정 김석주가 안심사의 사적을 찬하였고, 이것을 100여 년 후에 이조판서를 지냈던 홍계희가 썼다. '대둔산 안심사비'라는 비석 이름은 영의정 유척기가 썼다. 사적비의 내용을 보면 안심사는 다섯 차례에 걸쳐 중창하였음과 안심사에 대한 역사적 내력 및 부도전을 건립하게 된 경위 등을 상세히 알 수 있다.

진안군

성석린 좌명공신 왕지

보물 제746호
소재지:전라북도 진안군 동향면 대량리

조선 태종 2년(1402)에 방간의 난을 평정하고 태종을 왕위에 오르게 한 공로로 익대좌명삼등공신에 포상된 바 있는 창녕부원군 성석린(1338~1423)에게 보작이 주어지는 왕지(王旨)이다. 전문은 다음과 같다.

왕지
성석린위수충동덕익대좌명공신대광보국숭록대부영의정부사겸판개성유후사유후사수문전대제학영춘추관사창녕부원군자(成石璘爲輸忠同德翊佐明功臣大匡輔國崇祿大夫領義政府使兼判開城留後司留後司修文殿大提學領春秋館事昌寧府院君者)
홍무삼십오년십일월십팔일(洪武三十五年十一月十八日)
이 왕지에 쓰인 관명은 여말선초의 관직이 병용되고 있으며 사급연월일 위에는 '조선국왕지인'(朝鮮國王之印)이라 한 옥새가 찍혀 있다. 필체는 조선 초에 일반적으로 사용한 초서체이고 크기는 가로 61.1cm, 세로 32cm이며 지질은 장지이다.

진안 평지리의 이팝나무

천연기념물 제214호
소재지:전라북도 진안군 마령면 평지리

이 이팝나무는 물푸레나무과에 딸린 낙엽교목으로 꽃은 암수가 각각 딴나무에 달리고 흰색이며 4월에 핀다. 꽃에는 꿀샘이 없어 비교적 벌레가 찾아들지 않으며 옛날부터 일시에 피면 풍년이, 잘 피지 않으면 흉년이, 시름시름 피면 한발이 심하다고 한다. 잘 자라는 곳은 골짜기나 개울가 등이고 지리적으로는 일본, 대만, 중국에 분포한다. 이 지방에서는 이 나무를 이암나무 또는 뻿나무라고도 한다.

운산리 삼층석탑

전라북도 유형문화재 제10호
소재지:전라북도 진안군 진안읍 운산리

이 석탑은 인근 사지에서 옮겨온 것이라고 하는데 이중기단 위에 3층의 탑신을 형성한 일반형 석탑이다. 탑신은 각 1석씩인데 탑신석에는 양 우주를 모각하였다. 옥개석은 추녀가 얇고 우각에서 약간의 반전이 있을 뿐이다. 낙수면의 경사 반전도가 심하지 않아 매우 경쾌한 느낌을 주고 있다. 2층 탑신부터 높이가 급격히 줄어들었으나, 폭의 체감률은 완만하고 얕은 우주형을 새기는 등 수법은 동일하다. 2층 옥개석은 체감률이 작다. 고려 초기의 우수작이다.

진안향교 대성전

전라북도 문화재자료 제14호
소재지:전라북도 진안군 진안읍 군상리

진안향교는 태종 14년(1414)에 군상리 웃샛골에 창건하였으나, 선조 25년(1592) 임진왜란 때 완전히 소실된 것을 선조 34년(1601)에 중건하였으며, 인조 14년(1636) 현 위치로 이건하였다. 이 향교는 목조건물로서 대성전, 향교당(鄕校堂), 명륜당(明倫堂), 사직고(司直庫), 창고, 서재, 변소, 외삼문, 내삼문 등이 있다. 임진왜란 이후 재정의 어려움으로 폐허되어 고종 31년(1894)에 한 고을에 1개씩만 남기고 다 철폐하였다. 진안향교를 이건하게 된 것은 선조 34년(1601)에 중건한 뒤 이상하게도 춘추향제(春秋享祭)가 끝나면 그날 밤에 어김없이 교복(校僕)을 호랑이가 물어가곤 해서 향교를 이건하기로 결정, 인조 14년(1636)에 향리 유림들이 헌금을 모아 논 3천 평을 마련, 현재의 위치로 이건하였다. 내삼문에는 대성전이 있는데, 이 대성전 기둥이 싸리나무라는 이야기가 전해왔으나 1969년 개수할 때 싸리나무가 아닌 소나무임이 확인됐다. 진안향교에도 다른 향교와 마찬가지로 중국의 공자를 비롯 4현 10철과 우리나라 18현을 배향하고 있다.

천황사 대웅전

전라북도 유형문화재 제17호
소재지:전라북도 진안군 정천면 갈룡리

천황사는 신라 헌강왕 원년(875)에 무염선사가

창건하고 고려시대에 의천대사가 중창하였으며, 조선시대에는 학조·애운·혜명 대사 등이 중창하였다 한다. 대웅전은 전, 후면에만 기둥 위에 평방을 돌리고 기둥 위에와 그 중간에 각각 공포를 배치한 다포계의 양식이면서 맞배지붕으로 되었다. 맞배집으로서 전, 후면에만 다포식의 공포를 배치한 예는 흔하지 않은 수법이다. 공포는 내·외 3출목을 두고 비교적 복잡한 형태로서 외부제공은 새장한 앙서형으로 되었고, 내부제공은 초각하여 연꽃을 새겼다. 내부 불상 위로는 간략한 닫집을 설치하고 그 위로 우물천장을 가설하였다. 공포 및 가구의 수법 등으로 보아 조선 후기에 건립된 것으로 추정된다.

천황사 부도
전라북도 문화재자료 제123호
소재지:전라북도 진안군 정천면 갈룡리
천황사는 『동국여지승람』에는 숭암사(崇嚴寺)라 기록되어 있으며, 일명 천황사(天皇寺)라 불려왔는데, 특히 일제 때에는 이 천황이라는 이름이 금지되어 숭암사로 불리웠다 한다. 본래 이웃 주천면 운봉리에 창건되었던 사찰인데, 조선조 숙종 때 중창되면서 현재의 자리로 옮겨진 것이라 한다. 대웅전에서 약 150m 정도 떨어진 산기슭에 부도 2기가 있는데, 왼쪽 1기는 두 개의 돌을 짝맞춘 8각기단에 3층탑 모양으로 쌓아올린 것으로 조선 후기의 작품으로 추정되며, 오른쪽 1기는 기단 위에 달걀 모양의 돌을 놓고 그 위에 옥개석을 덮어 전체의 높이 170cm를 이루고 있는데 앞면에 애운당대사지탑(愛雲堂大師之塔)이라 새겨진 내용으로 보면 아마 조선조 현종대~숙종대에 건립된 것으로 추정된다.

회사동 석탑
전라북도 유형문화재 제72호
소재지:전라북도 진안군 상전면 주평리
이 탑은 이중기단을 갖춘 석탑으로 높이 1.4m의 소형탑이다. 방형지대석 위에 하층기단을 놓았으며 기단면석은 장대석을 2단으로 결합하였다. 상층기단 면석에는 양 우주가 있다. 상대갑석은 일매석으로 상면의 중앙에 굵은 호형과 각형의 괴임을 높게 각출하였다. 초층 옥신은 우주를 모각하였으며 이 탑신부 이상은 소형으로 매우 균제하고 견실한 결구미를 보여준다. 초층 옥개석의 추녀는 파손되었으나 중후하면서 우아하고 추녀 밑에는 3단의 받침이 각출되어 있다. 이층 옥신부터는 높이가 급격히 줄어들었다. 이 탑은 기단양식이나 옥개석의 특징 등에서 신라

탑의 형식을 보여주고 있으나 고려 전반기의 작품으로 보인다.

강정리 오층석탑
전라북도 유형문화재 제73호
소재지:전라북도 진안군 마령면 강정리
이 석탑은 중후한 멋을 지닌 고려탑이다. 단층기단 위에 5층의 탑신을 올렸다. 1층 탑신은 약간 높고 2층부터는 급격히 낮아졌으며 우주가 조각되었다. 탑신과 옥개석은 각각 한 돌로 조성되었다. 옥개석은 4단의 층급받침이 조각되었으며, 낙수면의 경사가 급하고 네 귀의 추녀 끝이 약간 들려 있다. 이 탑은 체감률이 작아서 밋밋한 감을 주는데 옥개석이 두터워서 둔감하게 보인다. 탑의 높이는 3.77m이며 상륜부에는 노반과 복발이 있다.

마이산
전라북도 기념물 제66호
소재지:전라북도 진안군 진안읍 단양리, 마령면 동촌리
마이산은 소백산맥과 노령산맥의 경계에 넓게 펼쳐져 있는 두 봉우리를 말하는 것으로 섬진강과 금강의 분수령을 이루고 있다. 동쪽에 솟아 있는 수마이봉은 해발 667m이며, 서쪽에 솟아 있는 암마이봉은 673m이다. 마이산은 시대별로 신라 때 서다산, 고려 때 용출봉, 조선 초기에는 속금산으로 불려오다가 조선 태종 때 진안읍 성묘산에서 제사를 지내다 바라보니 말귀와 같다 해서 마이산이라 개칭하여 오늘에 이르고 있다. 또 계절별로는 각기 돛대봉, 용각봉, 마이산, 문필봉 등으로 불리기도 한다. 마이산은 전체가 바위로 되어 있으나 관목과 침엽수 활엽수 등이 군데군데 자라고 있으며, 화암굴·탑사·금당사 등이 있다.

마이산탑
전라북도 기념물 제35호
소재지:전라북도 진안군 마령면 동촌리
마이산은 진안읍에서 남서쪽으로 단양리 사양골을 거쳐 두 봉우리로 직행하면서 약 3km에 이른다. 마이산은 흠 하나 없이 콘크리트 지질의 두 바위봉우리가 있어 그 모양이 흡사 말의 귀 같다고 하여 마이산이라 부른다. 높이는 동쪽 봉우리(수마이봉)가 667m이고, 서쪽 봉우리(암마이봉)가 673m이다. 두 자웅의 봉우리가 하늘을 찌를 듯이 솟아 있으며, 용암동문(龍岩洞門)이라 새긴 암벽 사이를 들어서면 기암괴석이 난립하여 절경을 이룬다. 마이산의 매력

은 산세가 웅장하다는 것보다도 오히려 산의 형태가 기이하고 아름다운 데 있다 하겠다. 산기슭에는 금당사(金塘寺)가 있고, 여기에서 약 2km 올라가면 유명한 마이탑사(馬耳塔舍)와 은수사에 다다른다. 은수사에서 다시 바윗길을 올라가면 자웅양봉의 산허리에 은수대가 있다. 수마이봉 중턱에 두 갈래로 갈라진 틈 사이를 들어서면 하늘에서 떨어지는 듯한 샘물기가 솟아내리는 풍혈냉천(風穴冷泉)의 약수가 있는 화암굴(華岩窟)이 있다. 마이산탑은 이곳에 살았던 이갑용 처사가 작은 바윗돌을 쌓아 탑을 만든 것인데, 탑은 모두 80여 기에 이르고 있어 대장관을 이루고 있다. 마이산은 신라시대에는 서다산(西多山), 고려시대에는 용출산(龍出山)이라 일컬어져 오다가 이태조가 등극하기 전 이곳에서 백일기도를 드릴 때 영감에 산이 마치 금을 묶어놓은 것같이 느껴져 속금산(束金山)이라 명명하였다고 전하지만, 이 산이 마이산이란 이름으로 불리기 시작한 것은 조선 태종에 의해서라고 한다. 태종이 이 산에 올랐다가 하산, 진안에 이르러 쳐다보니 산의 형상이 흡사 말의 귀와 같다고 하여 산이름을 고쳐 마이산이라 명명하였다고 전하여진다. 산 이름도 사계절의 변화에 따라 다르게 불려지는데, 봄에는 돛대봉, 여름에는 용각봉, 가을에는 마이산, 겨울에는 문필봉이라 부른다.

금당사 목불좌상
전라북도 유형문화재 제18호
소재지:전라북도 진안군 마령면 동촌리
이 목불좌상은 통일신라시대의 창건으로 전해져 오는 금당사의 주존불상으로 불단 위에 높이 봉안되어 있다. 중앙의 본존불을 중심으로 좌·우 협시보살을 배치한 삼존불상인데 중앙 본존불은 하품중생인을 한 아미타불상이고 좌우는 관음보살과 세지보살로 이른바 아미타삼존불상이다. 사각형적이면서 평판화된 얼굴과 비교적 당당한 체구이지만 움츠린 어깨와 경직된 양감, 그리고 도식적이고 단순화된 법의의 표현으로 조선 후기 불상양식을 잘 보여주고 있다. 그러나 둥근맛나는 양감과 온화한 얼굴표정으로 보아 적어도 17세기 후반기(1675)에 제작된 상당한 수준의 작품으로 평가된다. 좌·우 보살은 복잡한 보관이나 가슴의 영락장식 그리고 두 손에 잡은 연꽃가지 등 장식적 요소를 제외하면 본존불과 흡사하다.

금당사 괘불탱

보물 제1266호

소재지:전라북도 진안군 마령면 동촌리

독존도 형식의 이 괘불도는 보살 모습을 그린 것으로 원형 두광, 거신형 광배에 용화수 가지를 들고 서 있는 전형적인 모습이다. 머리에는 연꽃 위에 수많은 얼굴이 표현된 보관을 썼는데 그 좌우에는 봉황을 장식하였고 뒤로는 머리칼을 묶은 흰 매듭이 보인다. 얼굴은 방형의 원만상(圓滿像)으로 이목구비를 작게 묘사하였으며, 신체는 얼굴에 비해 비교적 왜소하나 장대한 편으로 의습의 화려한 영락장식과 화호로운 문양이 화면을 압도시키고 있다. 화불은 거신형 광배 바깥으로 열 구씩 총 20구가 마치 호위하듯 배치되어 있는데 이러한 화불 배치는 충남 무량사 미륵불 괘불탱(1627년작, 보물 제1265호)과 개심사 영산회 괘불탱(1772년작, 보물 제1264호)과도 유사하다. 이 괘불도는 구도 면에서 화불을 작게 묘사하여 본존불을 강조한 구도를 보여주며, 형태는 당당하면서도 중후한 모습으로 신체 비례가 비교적 균형을 이루고 있다. 색채는 주홍을 중심으로 녹색과 분홍색·흰색 등 중간톤의 색조를 사용하여 화면 전체가 은은한 분위기를 자아내고 있으며, 문양은 두광·옷·광배·배경에서 다양한 무늬를 볼 수 있다. 두광 내의 봉황·연화·모란문과 변형된 여러 가지 화문, 지그재그 문양, 도안화된 구슬과 점 문양 등으로 상당히 복잡해보이지만 중간톤의 은은한 채색 사용으로 문양의 번잡함보다는 안정된 불의 세계를 잘 나타내고 있다 하겠다.

금당사 석탑

전라북도 문화재자료 제122호

소재지:전라북도 진안군 마령면 동촌리

금당사는 1,300년의 전통을 지닌 사찰로서, 고려 말에 이르기까지 적극적인 숭불정책에 힘입어 전국 경복사를 근본도장으로 한 열반종의 사찰로 호남 동부권에 열반종의 종지를 선양하는 교종사찰로 확고한 자리를 점하고 있었으며, 고려 말에 이르러 나옹화상의 도통처(道通處)였다고 전해지고 있다. 그 뒤 조선시대에 이르러 침체와 함께 임진, 병자 등 두 큰 난리를 거치는 동안 더욱 피폐화되었다. 그러나 결과적으로는 국란을 겪으며 표출된 승병의 국가적 공헌이 어느 정도 인정되면서 다소 불교에 대한 인식이 달라지기 시작하게 됨에 따라 숙종 원년(1675) 금당사는 혈암에서 현재의 터로 자리를 옮겨 중건되면서부터 새로운 발전의 계기를 이

룩하여 오늘에 이르고 있다. 금당사 석탑은 현재 남아 있는 부재로 보아 오층석탑으로 추정되며 기단부는 중석이 없어져 다른 돌로 대신하였으며 갑석을 얹은 위에 3층의 옥신과 옥개석을 쌓아놓았다. 상륜부는 없어진 것을 후에 올려놓은 것으로 보인다. 이 지방에서 볼 수 있는 소형 석탑으로 제작 양식이나 수법이 고려시대의 탑으로 추정된다.

주천서원

전라북도 문화재자료 제142호

소재지:전라북도 진안군 주천면 주양리

이 서원은 지방의 유림들이 충, 효, 예의 유교정신을 높일 목적으로 1930년 광산 김씨 문중에서 창건하였다. 이 서원에는 중국 송나라의 주문공(주희)을 중심으로 하고 송나라의 남전 여대림, 청계 주잠과 퇴계 이황, 율곡 이이, 매곡 김충립, 긍구당 김중정을 배향하였고 매년 음력 9월 15일에 제례를 올린다.

마이산의 줄사철나무 군락지

천연기념물 제380호

소재지:전라북도 진안군 마령면 동촌리

줄사철나무는 노박덩굴과에 속하는 상록활엽의 덩굴식물로 줄기에서 잔뿌리가 내려 나무나 바위를 덩굴처럼 기어오르며 자란다. 꽃은 5∼6월에 연한 녹색으로 피고 열매는 10월에 연한 홍색으로 익으며 황적색 종의 속에 종자가 들어 있다. 이곳 군락지는 우리나라 내륙지방의 북한계지이며 유일한 노목군을 이루고 있다. 특히 은수사 주변은 암벽을 기어오르며 붙어 있는 상태인데도 불구하고 수세가 좋다.

장수군

논개사당

전라북도 기념물 제46호

소재지:전라북도 장수군 장수읍 두산리

이곳은 진주 의기 논개로 알려져 있는 의암 주논개(1574∼1593)를 모신 사당이다. 논개는 선조 7년(1574) 9월 9일 현 전라북도 장수군 임내면 주촌부락에서 부친 주달문과 모친 밀양 박씨의 외동딸로 태어났다. 논개는 일찍이 부친을 여의고 숙부 주달문에게 의탁하고 있었는데 숙부가 임내면 김풍헌에게 민며느리로 보내자 그곳에서 도망쳤다가 붙잡혀 장수현감 최경회의 재판을 받게 되었다. 다행히 무죄방면은 되었으나

의지할 곳이 없는 논개는 최 현감 부인의 주선으로 최 현감의 후실로 들어앉게 되었다. 그후 선조 25년(1592) 4월에 임진왜란이 일어나자 최 현감은 의병을 모집해서 왜군을 무찌르는 전공을 세워 1593년 4월 경상우도 병마절도사로 승진되어 논개와 함께 진주에 부임하였다. 그러나 동년 6월 29일 진주성이 왜군에게 함락되자 최 절도사는 김천일, 고종후 장군과 함께 남강에 투신 순절하였다.

이에 논개는 국치의 설욕과 최 절도사의 원수를 갚을 기회를 엿보던 중, 동년 7월 7일 촉석루에서 벌어진 왜군의 승전 잔치에 기생을 가장하고 참석하여 주흥에 도취된 왜장 게다니무라 로쿠스케를 남강가의 바위로 유인해서 그의 허리를 껴안고 함께 물 속에 몸을 던져 순절하였다. 당시 논개의 나이는 방년 19세에 불과하였다. 그후 조정에서도 논개의 순절을 높이 찬양하여 의암이라는 사호를 내렸고 진주 촉석루 곁에 논개사당을 지어 그 넋을 위로 추모하게 되었다. 1954년에는 논개의 생장지인 이곳 장수에 논개의 사당을 세우고 의암사라 명명하였다.

장수향교 대성전

보물 제272호

소재지:전라북도 장수군 장수읍 장수리

이 향교는 조선 태종 7년(1407)에 장수면 선창리에 창건되었는데 숙종 11년(1685)에 현재의 자리로 옮기고 그후 여러 차례 중수·보수하였다. 임진왜란(1592) 때 훼손되지 않고 보존되어 조선 전기 양식이 그대로 남아 있다. 경내에는 대성전·명륜당·동재·서재·사마재·양사재 등이 있으며 임진왜란 때 향교를 지키는 데 큰공을 세운 충복 정경손의 의기를 기리는 정문인 부강문이 있다. 대성전은 낮은 석축기단 위에 세운 맞배집으로 정면 3칸 측면 3칸이다. 5성과 10철, 송조6현, 우리나라 18현의 위패를 모시고 있다.

장재영 가옥

전라북도 민속자료 제21호

소재지:전라북도 장수군 번암면 노단리

이 가옥은 상량문에 "숭정기원후사병진삼월이십팔일을유오시"(崇禎紀元後四丙辰三月二十八日乙酉午時)라고 기록되어 있어 철종 7년(1856)에 건립된 건물임을 알 수 있다. 안채는 초석은 장방형의 자연석 화강암이며, 토방은 자연석을 중첩하여 쌓았다. 처마는 홑처마이고, 정면 4칸, 측면 3칸의 팔작지붕이다. 정면에서 볼 때 왼쪽 맨끝이 부엌이고, 앞쪽으로 찬방이 있

다. 사랑채는 안채의 정면 앞쪽에 배치되어 있는데, 정면 4칸, 측면 2칸의 맞배지붕이다. 기둥은 원기둥이고, 홑처마이다. 정면에서 볼 때 왼쪽 첫칸은 지붕이 다른 3칸보다 훨씬 낮은데 이것은 후에 달아낸 것이기 때문이다. 그래서 이 칸의 기둥만은 각기둥이다. 그 다음 칸은 방이고, 그 다음은 대청마루이고, 그 다음은 건넌방이다. 행랑채는 정면 3칸, 측면 2칸의 팔작지붕이고, 널판지로 전체가 구성되어 있다. 공기가 잘 통하도록 지표면으로부터 40cm 높이에 바닥이 널판으로 되어 있다. 문간채는 정면 3칸, 측면 1칸의 솟을대문이다. 왼쪽은 변소와 헛간이 있고, 오른쪽은 문간방이 있다. 가운데는 솟을대문이 있고, 문 앞 양쪽에 폭 56cm, 길이 47cm, 높이 40cm의 화강암으로 된 하마석이 있다. 본래 하나는 집 앞 도로변에 있던 것을 옮겨온 것이다. 본래 문간채의 오른쪽으로 곳간채가 보이는 정면에 솟을대문 형식의 중문이 있었으나, 지금은 주춧돌만 남아 있다.

장수 양악탑

전라북도 유형문화재 제21호
소재지:전라북도 장수군 계북면 양악리

이 석탑은 양악리 산기슭 밭 가운데 위치하고 있으며, 높이 2m에 불과한 화강암으로 된 소형탑이다. 본래 이곳에 수방사(壽訪寺)라는 사찰이 있었다고 전한다. 몇 차례 이동 재건하는 과정에서 탑재도 손실되고, 파손도 심하나 원형의 특징을 살필 수 있다. 방형 지대석 위에 그보다 너비가 좁혀진 방형대석을 놓고, 그 위에 방주석을 제1옥신으로 하고, 그 위에 옥개석을 얹었다. 옥개석 위에 방형 옥신을 놓았는데, 우주가 모각되었다. 이 옥신 위에는, 옥개석과 상층 옥신을 하나의 돌로 새긴 탑신을 얹었다. 옥개석 추녀밑은 경사를 이루고, 3단의 받침이 있다. 그 위에 다시 제3층 옥개석과 제3층 옥신을 하나의 돌로 새긴 탑신을 얹었다. 옥개석 아랫면에 3단 받침이 있고, 윗면에도 1단의 괴임이 있어, 상층 옥신을 새겼다. 옥신부도 형태는 하층과 같으며, 이 위에도 제4층 옥개석과 제5층 옥신을 하나의 돌로 새긴 탑신부가 있는데, 수법 형태 모두 하층과 같다. 이와 같이 옥개석에 상층 옥신을 하나의 돌로 조각한 예는 매우 희귀한 것이며, 옥신의 상부 너비를 좁혀 형성한 것도 주목된다. 고려 후기 작품으로 추정된다.

어서각

전라북도 문화재자료 제32호
소재지:전라북도 장수군 번암면 노단리

어서각은 추담(秋潭) 장현경(張顯慶)에게 하사한 영조의 친필을 보관하기 위하여 정조 23년(1799)에 건립되었다. 추담 장현경(1730~1805)은 흥성인(興成人)으로 자는 사응(士應)이며, 호는 추담이다. 영조 28년(1752) 정시에 급제, 춘추관기사관겸홍문관박사를 시작으로 각 조낭관을 거쳐 춘추관기주관, 편수관 등을 역임하였다. 어서각에 보관된 어서(御書)는 홍저지(紅楮紙, 22cm×35cm)에 쓴 영조의 친필로서 영조 39년(1763) 겨울 공이 사관으로 입직하였을 때, 영조께서 정청(政廳)에 나오시어 잣죽과 꿩구이를 내리자, 성은에 감복하여 율시를 지어 올리니 대왕께서도 크게 기뻐하시어 어서를 하사하신 것이라 한다.

압계서원

전라북도 문화재자료 제35호
소재지:전라북도 장수군 산서면 학선리

압계서원은 산서면 학선리에 위치하고 있으며, 정조 13년(1789)에 창건되었다. 창건 당시에는 고려조의 명관인 육려(陸麗)를 비롯, 국헌(菊軒) 임옥산(林玉山), 비암(秘岩) 박이항(朴以恒) 등 3인의 신위를 모셨다. 정조 22년(1798)에는 삼암(三岩) 박이겸(朴以謙)을 배향하였고, 정조 23년(1799)에는 고산(孤山) 김설(金渫)을 배향함으로써 5위를 모시게 되었다. 고종 5년(1868)의 서원 철폐령에 따라 철거되고, 다만 후손들이 설단(設壇)하여 제사만을 모셨으나, 1958년에 중건되었다.

수열비

전라북도 문화재자료 제40호
소재지:전라북도 장수군 계남면 화음리

수열비는 장수군 계남면 화음리 수열평에 위치하고 있으며, 선조 30년(1597) 정유재란 때 장수지방에 침입한 왜적들은 약탈과 방화를 일삼으며 부녀자들을 겁탈하기도 하였다. 이때 화평마을에 살고 있던 양사무(梁思無)의 부인 해주오씨(海州吳氏)는 아침밥을 짓고 있다가 들어닥친 왜적들에게 젖가슴을 잡히는 등 모욕을 당하자 부엌에서 식칼을 들고 나와 젖가슴을 칼로 베어 왜적들의 면전에 뿌렸다. 부인은 "짐승만도 못한 오랑캐들아 욕심나는 젖을 가지고 네 나라로 돌아가라" 대성일갈하니 적들은 부인의 위엄에 눌려 달아났으며, 부인은 많은 피를 쏟고 그 자리에서 운명하고 말았다. 뒤에 유림에서 이를 나라에 상주하여 예조에서 비를 세우게 하니, 이것이 "세임진양사무처해주오씨수열비"(歲壬辰梁思無妻海州吳氏樹烈碑)이며, 뒷면에 수열평(樹烈坪)이라 썼으므로 마을 이름도 화평에서 수열평으로 고쳐 부르게 되었다. 비문은 선조의 제12남인 인흥군 영의 아들 낭선군 우가 썼다.

타루비

전라북도 기념물 제83호
소재지:전라북도 장수군 천천면 장판리

이 비는 천천면 장판리 앞 장척애(裝尺崖) 옆 산기슭 도로변에 위치하고 있으며, 순조 2년(1802) 8월 당시의 장수현감 최수형(崔壽亨)이 타루비를 세워 순의리(殉義吏)에 대한 충절의 넋을 달랬다. 순의리는 현감 조종면(趙宗冕)을 배행하다가 현감이 장척애에서 죽자 따라서 순절한 장수현의 통인(通引)이었다. 120년이 지난 후에 세워진 비석에는 순의리의 성명이 기재되지 않아 영영 성명을 찾을 길이 없다. 비를 세우자 세상 사람들은 또 다시 기적을 발견했다. 어느 시기가 되면 비각 속에 들어있는 비석에서 물방울이 흘러내린다고 하는데, 사람들이 이것을 보고서 비석이 눈물을 흘린다고 하였다. 비석이 눈물을 흘림은 필경 순의리의 영혼이 신통력을 발휘하는 것이라고 전해지고 있다. 비각의 기둥에는 다음과 같은 주련이 붙어 있어 보는 사람의 마음을 감동시키고 있다. "의중태산취기웅장 족답심연시이홍모"(義重泰山取其熊掌 足踏深淵視以鴻毛, 의로운 것이 태산과 같이 무거우니 곰의 발바닥을 취했고 깊은 못 속을 밟아 목숨을 기러기 깃털과 같이 가벼히 보다). 최수형 현감이 세운 타루비는 무슨 이유에서인지 좌대 부분이 부러져 다시 세웠으나, 볼품없는 비석이 됨에 따라 후에 지방 사람들이 순의리비를 세워서 비각 속에는 비석 두 개가 서 있게 되었다. 비각 옆 암벽에는 장척애 심연에 빠져 죽은 조종면 현감의 불망비(不忘碑)가 각자되어 있어 더욱 감회가 깊으며, 같은 날 세상을 하직한 두 분의 비석이 나란히 세워졌다. 당시 고을을 다스리던 현감도 명관이었으며 배행한 통인도 명철하였던 것이다. 순의리는 의암 주논개, 호성 충복 정경손 같이 장수군의 삼절(三節)로 추대되고 있다.

신광사 대웅전

전라북도 유형문화재 제113호
소재지:전라북도 장수군 천천면 와룡리

신광사는 신라 흥덕왕 5년(830)에 무염국사가

창건하였다고 전해지고 있으며, 조선 헌종 6년(1840)에 현감 조능하(趙能夏)가 중수하였다. 대웅전은 정면 3칸, 측면 3칸의 맞배지붕으로 주심포 양식에 속한다. 주초는 자연석 덤벙주초를 사용하였고, 그 위에 배흘림이 있는 기둥을 세웠다. 건물의 양끝이 처져 보이는 것을 방지하기 위하여 귀솟음 수법을 사용하였으며, 우주의 안쏠림도 보인다. 어칸과 협칸의 폭은 같으나, 어칸에는 2분합의 빗살문을, 협칸에는 2분합의 아(亞)자형 문을 달았고, 측면의 앞협칸에도 각각 외짝 아자형 문을 달았다. 주심포 양식의 공포는 외2출목으로 살미첨차의 끝을 쉬서, 연봉, 그리고 닭의 머리 모양의 조각으로 화려하게 장식하였고, 포간에는 귀면의 화반대공을 1개씩 세웠는데, 이것은 창방 위 평방과 장여를 결구하고 있어, 다포계 양식을 사용했던 당시 시대상을 엿볼 수 있게 한다. 건물의 배면에는 익공계 양식을 사용하여 그 익공 위에 보를 받히게 하였다. 또한 흔히 볼 수 없는 것으로 겹처마를 사용하여 지붕 위에 너와를 깔았고, 용마루에만 기와를 얹었다. 대웅전의 가구형식은 2고주 5량집으로 고주 뒤편에 불단을 만들어 불상을 안치하였고, 공포는 좌우 첨차 없이 살미첨차를 한몸으로 하여 운궁형을 이루게 하였다. 천장은 우물천장으로 짰으며, 마루도 우물마루로 하였다.

장수 봉덕리의 느티나무

천연기념물 제396호
소재지:전라북도 장수군 천천면 봉덕리
장수 봉덕리의 느티나무는 지상으로부터 약 1.5m까지 외줄기로 되어 있고 그 위부터 줄기가 갈라져 있다. 주간부는 내부가 비어 있는 부분도 있으나 수피는 깨끗하고 생육상태도 양호할 뿐만 아니라 수형도 매우 아름답다. 장수(長水)란 섬진강과 금강의 발원지로서 '꼴이 깊어 물이 길다'고 하여 붙여진 지명으로 지세 못지않게 인심 또한 후한 곳으로 물과 관련된 지명이 많이 있다. 봉덕리에서는 예로부터 음력 정월 초사흘 밤 유시 경에 산신에게 마을의 수호와 번영을 비는 당산제가 행해지고 있었는데 한해 동안 마을의 평안을 비는 마을 공동체적 행사로 정착되어 왔다. 마을사람들은 매년 정월 초사을 밤 유시경에 이곳 당산에서 당산제를 지내는데 잡귀와 병마를 쫓아 마을이 평안해지기를 빈다. 제사를 주관하는 제관과 축관은 상(喪)을 당하거나 출산한 사람을 제외한 사람 중에서 청결한 사람으로 뽑는다. 제물은 마을의 공동 답(800평)

을 경작한 사람 집에서 마련하는데 주로 돼지머리, 주과(酒果), 포, 떡, 나물 등이다. 제사 당일에는 우물을 깨끗이 치우고 황토를 뿌려 주변을 정화한 다음 제수장만이 끝날 때까지 우물의 사용과 출입을 금하도록 금줄을 친다. 제사를 관장하는 제관, 축관과 제수를 장만하는 사람은 목욕재계, 외출금지, 버린 것 안 먹기 등의 금기를 철저히 지키도록 한 후 당산제를 지낸다.

장수 장수리의 의암송

천연기념물 제397호
소재지:전라북도 장수군 장수읍 장수리
이 나무는 원줄기가 외줄기로 되어 있는데 지상으로부터 1m 부분에서 줄기가 시계방향으로 뒤틀려져 나선형을 이루고 있다. 지상으로부터 3.5m 부분에서 2개의 큰 가지가 남북 방향으로 발달되어 있는데 북쪽가지의 직경은 80cm이고 남쪽가지의 직경은 50cm 정도의 크기이다. 그 위로 줄기가 여러 개로 갈라져 우산형 수관을 이루고 있다. 의암송은 임진왜란 당시 일본 적장과 남강에 몸을 던진 논개가 1588년경에 심었다고 전해온다.

무주군

적상산성

사적 제146호
소재지:전라북도 무주군 적상면 북창리
적상산성은 층암절벽으로 둘러싸인 적상산을 축조된 석축산성으로 북문은 동서남북 4대문 가운데 정문이다. 조선 광해군 2년(1610) 이곳에 조선시대 5대 사고 중의 하나인 적상산사고를 설치하고 『조선왕조실록』과 『왕실족보』를 보관하였다. 사고의 수호를 위해 적상산성의 수비가 강화되어 조선 인조 18년(1640)에 전라감사 원두표가 산성을 증축하여 영사를 넓혔다는 기록이 호국사비(1643년에 건립)에 기록되어 있다. 또 『적상산성조진성책』에 의하면 이곳에는 2층 3칸의 문루가 있었다고 전한다. 문 밖에는 북창이 있었으므로 지금도 마을이름을 북창이라고 한다.

적상산성 호국사비

전라북도 유형문화재 제85호
소재지:전라북도 무주군 적상면 괴목리
사면이 층암절벽으로 둘러싸여 천혐의 요새를 이룬 적상산은 고려 때 도통사 최영과 조선의 체찰사 최윤덕이 군사를 모아 훈련을 시키던 곳이다.

조정에서는 국난을 대비하여 적상산에 축성할 것을 여러 차례 논의한 바 있었고 광해군 2년(1610)에 순안어사 최현의 상소로 부분적인 수축을 하였다. 그후 사고를 설치하여 『조선왕조실록』과 『왕실족보』를 봉안하였다. 인조 21년(1643) 이조판서 이식이 왕명을 받고 산성을 둘러보니 산성의 수호가 허술하여 알아본즉 정축난시 수군과 승병이 흩어지고 없어 사고 보존이 어려운 실정이므로 왕께 상주하여 사찰 건립과 승군 모집을 허가받아 호국사를 창건하였다. 호국사 창건 비용은 전라감사 윤명은이 본인의 봉급으로 충당하였고 승려 각명 등이 일을 맡았으며 현감 심헌이 감독하여 완성하였다. 이에 호국사라고 이름붙인 것은 삼장법사의 경축기도에서 딴 것이며 산의 모양을 따서 속칭 적상산이라 하였다.

호국사지

소재지:전라북도 무주군 적상면 북창리
호국사는 조선 인조 21년(1643)에 이조판서 겸 대제학인 이식이 어명으로 산성을 순찰한 후 적상산성과 사고의 수직이 허술하다고 왕께 고하여 승병을 양성하고 산성 및 사고를 지키기 위하여 인조 23년(1645)에 세운 절이다. 1949년 소실되었으며 사지 앞에는 창건할 때 건립한 적상산 호국사비가 남아 있다.

적상산성 사고지

소재지:전라북도 무주군 적상면 북창리
조선 광해군 4년(1612)에 실록각을 창건하고, 2년 뒤(1614)에 사고를 설치하였으며, 동왕 10년(1618) 9월에 평안도 묘향산의 『조선왕조실록』 일부를 옮겨왔다. 인조 19년(1614)에는 선원각·군기고 등도 건립하였다. 사고의 규모는 사고 11칸, 승장청 6칸, 군기고 7칸, 화약고 1칸, 수사당 6칸, 문루 3칸, 선원각 6칸 등의 건물이 있었으며, 사책의 수는 실록이 824책, 선원록 1,446책, 의궤 260책, 잡서 2,984책 등 5,514책이 봉안되었던 곳이나, 1910년 한일합방 후 『조선왕조실록』을 규장각으로 이송하면서 사고는 황폐되었다.

무주 구상화강편마암

천연기념물 제249호
소재지:전라북도 무주군 무풍 오산리
산출이 희귀한 구상화강편마암의 표력(漂礫)이 우리나라에서는 처음으로 이 강바닥에서 발견되었으나 그 근원지는 아직 알려져 있지 않다. 표

력의 지름은 보통 1m 미만이나 수미터에 달하는 것도 있다. 영국의 지질학자 아더 호옴즈(A. Holmes) 교수가 1928년 처음으로 구상화강암이라는 이름을 사용하였다.

무주 설천면의 반송

천연기념물 제291호
소재지:전라북도 무주군 설천면 삼공리
반송(盤松)은 소나무과에 딸린 소나무의 한 품종이며, 소나무와 비슷하지만 밑에서 갈라진 많은 가지가 원줄기와 함께 자라 올라 수관이 반구형 또는 퍼진 우산같이 되는 것이 다르다. 이 반송은 높이가 17m, 가슴높이의 둘레가 5.3m이고 수관의 너비는 동서쪽으로 14.3m, 남북쪽으로 16.4m이며 수령은 200년 정도로 추정하고 있다. 이 나무는 옛날 이 부락에서 살던 이주식이란 분이 근처에서 자라던 것을 현재의 위치에 옮겨 심었다고 전해 내려오고 있다. 나무 밑부분에 보이는 많은 구멍은 솔잎혹파리를 방제하기 위하여 살충제를 주입하였던 자리이다. 이 지방에서는 구천동의 상징목으로 삼고자 구천송이라고 부르고 있다.

무주 설천면의 음나무

천연기념물 제306호
소재지:전라북도 무주군 설천면 심곡리
두릅나무과에 딸린 낙엽교목이며, 높이가 15m, 가슴높이의 둘레가 3.53m인데, 3m쯤 되는 곳에서 굵은 가지가 사방으로 퍼졌다. 수관의 너비는 동서가 21.5m, 남북이 15m이며, 남쪽에는 가지가 없다. 수령은 350년 정도로 추정하고 있으며 농민들은 이 나무에는 마귀가 접근하지 못한다고 믿고 있어 가지를 잘라서 대문 위에 꽂아 놓기도 한다. 본부락의 수호신같이 처우하며, 음력 정초에 이 나무 앞에서 동제를 지내오고 있다.

무주 설천면 일원의 반딧불과 그 먹이 서식지

천연기념물 제322호
소재지:전라북도 무주군 설천면 소천리 하천, 청량리 하천
금강 상류 설천면의 남대천 일대는 여름 밤하늘을 깜박이는 반딧불을 켜고 날아다니는 개똥벌레의 서식지이다. 개똥벌레는 반딧불과에 속하는 곤충으로 8·9월에 나타나는 것이 늦반딧불이고 그보다 앞서 6월부터 9월에 걸쳐 날아다니는 것이 애반딧불이다. 늦반딧불의 애벌레는 육상의 습지나 개울가의 풀 위에서 달팽이류와 작은 곤충 등을 잡아먹고 살고 애반딧불의 애벌레는 깨끗한 시냇물이나 논 또는 도랑에서 다슬기, 잔

새우 또는 작은 벌레 등을 먹고 산다. 어미는 4~500알을 낳고 그것에서 깐 애벌레는 물속이나 물가에서 성장을 하고 봄철이 되면 땅속으로 들어가 번데기가 되었다가 여름에 성충으로 되어 배우자를 찾아 밤하늘을 날아다닌다.

무주 한풍루

전라북도 유형문화재 제19호
소재지:전라북도 무주군 무주읍 당산리
이곳 한풍루는 전주의 한벽당, 남원의 광한루와 더불어 삼한의 하나로서, 호남의 제1루라고 칭한 기록이 있다. 조선 선조 25년(1592)에 왜군의 방화로 소실되었던 것을 선조 32년(1599)에 현감 임환이 다시 지었고, 정조 7년(1783)에 현감 임중원이 중수하였다. 그후 일제시대에 불교 포교당으로 사용되다가 충북 영동으로 이전되었는데, 1971년에 현 위치에 다시 옮겨 지었다. 건물은 2층 누각으로 하층은 정면 3칸 측면 4칸이며, 상층은 정면 3칸 측면 2칸으로 되어 있다.

문효공과 정경부인 영정

전라북도 유형문화재 제81호
소재지:전라북도 무주군 무풍면 현내리
경재 하연(1376~1453)은 진주인으로 조선 태조 5년(1396) 식년문과에 급제한 후 버슬길에 올라 경상도 관찰사, 예조참판, 평안도 관찰사를 거쳐 세종 27년(1445) 좌찬성에 오르고 우의정, 좌의정을 거쳐 세종 31년(1449) 영의정이 된 인물이다. 『경재집』을 보면 하연 및 정경부인의 상은 원래 효성이 지극하고 그림에도 뛰어났던 아들 하우명이 직접 그린 적이 있다 한다. 무주군 소재 하연부부상 역시 하우명 수사본을 저본으로 하여 이모한 것으로 추정되는데, 합천군 및 청원군 영당에 전해오는 하연부부상에 비해 고격을 갖춘 작품이다. 하연부인의 복식 및 두식 처리는 조선 초기의 여인복식사 연구에 있어 귀중한 자료로서, 하연부인의 여모는 정상이 뚫리고 좌우 귀를 덮은 모양이 조바위의 전신으로 보인다. 조선 초기에는 이처럼 부부가 함께 초상화를 그리는 풍조가 유행하였던 듯 하연부부상 이외에도 박연부부상, 조반부부상 등 수폭이 전래되고 있다. 조선 중기 이후 여인초상화가 회귀해진 사실을 볼 때 이 부부상의 회화사적 가치는 주목할 만하다.

덕유산 백련사

소재지:전라북도 무주군 설천면 삼공리
덕유산 중심부 구천동 계곡 상류에 자리잡은 이

절은 신라 신문왕(681~691) 때 백련선사가 은거하던 곳에 백련이 피어나자 짓게 된 것이라 전해오는데, 구천동 14개 사찰 중 유일하게 남아 있는 것이라 한다. 조선 말기까지 중수를 거듭하여 오다가 한국전쟁 때 모두 불타버린 것을 1962년 대웅전 재건을 시작으로 원통전·선수당·보제루·천왕문·요사·일주문 등이 세워졌다. 이곳에는 백련사지(전라북도 기념물 제62호), 백련사 계단(전라북도 기념물 제42호), 매월당 부도(전라북도 유형문화재 제43호), 정관당 부도(전라북도 유형문화재 제102호) 등의 유적이 있다.

백련사 계단

전라북도 기념물 제42호
소재지:전라북도 무주군 설천면 삼공리
이 계단은 구천동 백련사 뒷산에 위치하고 있는 금강계단(金剛戒壇)으로서, 창건연대는 미상이나 신라시대에 창건된 것으로 전해지고 있다. 이 계단에서는 불교의 계의식(戒儀式)을 행사는 단(壇)으로 덕유산에서 흔히 볼 수 있는 화강암질의 암석으로 조각되었으며, 옛날 이곳 백련사의 번성기에 조성된 것으로 추정되며, 사찰의 뒷산 등성이에 약 100㎡의 바닥을 고르게 정비하여 자연석을 깔고 그 중앙에 대석(臺石)을 설치한 후 석종형의 무문탑(無紋塔)을 세웠다. 또한 탑의 서쪽 5m 지점에 동·서·남·북의 방위를 장식한 듯한 삼각점의 홈이 조각되어 있고, 그 안에 직경 80cm의 원이 새겨져 있는 좌대가 배치되어 있다. 석탑의 대식은 직경이 2m이며, 탑신의 높이는 2m, 둘레 4m로 대식에서 높이 1.6m지점 윤부(輪部)에 25개의 여의주문의 보류을 조각하고, 그 위에 높이 40cm의 유두형 보주를 조각하였다.

매월당 부도

전라북도 유형문화재 제43호
소재지:전라북도 무주군 설천면 삼공리
매월당 김시습(1435~1493)은 조선 세조 때의 생육신의 한 사람으로 말년에 입산, 승려가 되어 각처의 큰 절을 두루 다니다가 부여 무량사에서 타계하였다. 매월당과 구천동은 언제부터 어떤 관계가 있었는지는 잘 알 수 없다. 그런데 그의 후손이 이 산방에서 살고 있었으며, 위토답이 있어 매년 음력 9월 9일이면 제사를 올렸다고 전한다. 광무 4년(1900)에는 무주부사 이하섭이 백련사를 중수할 때 매월당의 초상 앞에 제사를 올렸다고도 전해진다.

백련사 정관당 부도

전라북도 유형문화재 제102호
소재지:전라북도 무주군 설천면 삼공리

정관당 곽원선은 조선 중엽 전북 불교보급에 큰 영향을 미친 대선사이다. 그는 중종 28년(1533) 충남 연산에서 태어나 일찍이 소년 시절에 입산 수도하여 승려가 되었고, 말년에는 서산대사의 제자가 되어 고승 임성당 충언, 시승 운곡당 충휘 등 많은 제자들을 남겼다. 이 탑은 이곳 구천동에서 선풍을 전하다 광해군 원년(1609)에 입적한 정관당의 부도탑으로 연화대석 위에 석종형 탑신을 안치하고 있다.

구천동 주목군총

전라북도 기념물 제2호
소재지:전라북도 무주군 설천면 삼공리

구천동 주목은 주목과에 속한 상록침엽교목으로 나무의 껍질은 윤기가 흐르는 적갈색이다. 잎은 선형이며 길이 1.5~2cm, 너비 3mm 정도로서 나선상으로 배열되며 꽃은 4월에 피고 열매는 9, 10월에 붉게 익는다. 고산식물의 하나로서 덕유산(해발 1,614m)의 주봉인 향적봉을 오르는 8분 능선에서부터 정상에 이르기까지 수령 약 300~500년생 1,000주가 군총을 이루고 있다. 이 고장에서는 주목을 이곳 향적봉에만 있는 나무라는 데서 유래되어 일명 향목 또는 적목이라고도 부르고 있다. 관상수로 애용되며 목재의 색깔과 결이 고와 고급 가구재로 쓰이고 옛날에는 마패를 만드는 재료로 쓰였다고 하며 잎과 열매는 약재로도 쓰인다고 한다.

마산동굴

전라북도 기념물 제41호
소재지:전라북도 무주군 적상면 사산리

소백산맥에 속한 적상산 부근의 노고봉 남방 속칭 늦쇠솥골 계곡에 위치한 이 마산동굴은 기기절묘한 형태의 종유석과 석순이 생성되어 대자연의 신비를 간직하고 있는 석회암 천연동굴이다. 입구가 좁고 경사가 급하여 겨우 한 사람이 들어갈 정도로 험하기는 하나 굴 속 깊은 곳에는 담회색 암벽과 담홍색의 종유석, 석순이 마치 아름다운 궁전을 연상케 한다. 이 동굴 부근의 암석은 석회암으로써 이 근방을 중심으로 2.4km 주위에는 석회석, 장석, 규석 등의 광산이 있다.

칠연의총

전라북도 기념물 제27호
소재지:전라북도 무주군 안성면 공정리

이 무덤은 한말 일제와 싸우다 산화한 의병장 신명선과 그의 부하들이 묻힌 곳이다. 순종 융희 원년(1907) 일본의 강압으로 정미7조약이 체결되어 우리의 군대가 해산당하게 되자 일본의 침략에 울분을 참지 못하던 시위보병들이 조국의 수호를 위해 전국에 흩어져 배일항쟁을 벌이게 되었다. 이때 시위대 출신인 신명선은 무주에 들어와 덕유산을 거점으로 의병을 모집하여 무주·장수·순창·용담·거창 등지에서 일본군과 싸우면서 수많은 공을 세웠다. 융희 2년(1908) 4월 어느날 의병장 신명선이 계속되는 접전으로 피로에 겹쳐 이곳 칠연계곡 송정에서 휴식을 취하고 있던 중 잠복하고 있던 일본군의 기습을 받아 최후의 일각까지 혈전으로 항거하다가 150여 전 대원이 함께 장렬하게 최후를 마쳤다. 뒤에 부근 주민들이 의병들의 유해를 모아 이곳에 묻어 놓고 이를 7연총이라 불렀다.

안국사 극락전

전라북도 유형문화재 제42호
소재지:전라북도 무주군 적상면 북창리

안국사는 해발 1,034m의 적상산 분지에 있는 적상산성의 유일한 고찰이다. 고려 충렬왕 3년(1277)에 월인화상이 창건하였다 하며 원래는 승병이 수직하는 숙소로 지어진 절인데 이 산성에 사고를 설치하였고, 인조(1623~1649, 재위) 때 『선원록』을 두기 위해 지었던 선원각 6칸을 후일 이곳에 옮겨 세웠다. 경내에는 극락전·천불전·부도전·산신각 등이 있는데 이 절의 본전인 극락전은 다포계로 맞배지붕이어서 특이하다. 기록에 의하면 광해군 5년(1613)과 고종 원년(1864)에 중수되었다.

안국사 영산회괘불탱

보물 제1267호
소재지:전라북도 무주군 적상면 괴목리

이 영산회괘불도는 석가불을 위시하여 증청묘법 다보여래와 극락도사 아미타불, 그리고 협시인 관음·대세지 보살과 문수·보현 보살이 배치된 군집도 형식을 보이고 있다. 주존불인 석가불은 이 목가비가 큼직큼직한 원만상의 얼굴에 묵중하고 건장한 신체, 유난히 길게 늘어진 팔, 짧아 보이는 하체 등에서 다소 불균형스러운 비례를 보여준다. 머리 부분은 정상 계주와 중간 계주가 큼직하게 묘사되었으나 이에 비해 육계는 나지막하며, 특히 두 귀가 큼직하여 괴체성을 보이고 있다. 통견의의 어깨에서 건장한 신체를 엿볼 수 있으며 거신형 광배도 큼직하여 화면을 압도시키고 있다. 이 괘불화는 화면 중앙의 본존불인 석가불과 왼쪽의 다보여래를 중심으로 문수·보현 보살, 관음·대세지 보살이 횡대로 배치되어 있다. 이와 같은 구도는 조선시대의 대형 불전인 대웅전이나 대광명전 등에 세 폭의 불화가 배치되는 형식을 한 화면에 담은 것으로 보이는데, 본존불을 강조하고 시선을 집중시키는 효과를 의도적으로 과시하여 나타낸 것으로 보인다. 본존불의 건장하고 각진 어깨, 노출된 가슴과 팔 등은 이상화된 불상으로서의 이미지와는 거리가 멀지만 이러한 면은 채색과 문양에서 보충되고 있다. 즉, 녹색과 주홍색을 중심으로 한 회색·황색·분홍 등 중간 색조는 은은한 분위기를 만들고 있으며, 연화문·모란·변형된 갖가지 꽃무늬, 단청문양처럼 도안화된 여러 문양들이 어우러져 영축산에서의 설법 장면을 환상적으로 이끌어주고 있다. 10m가 넘는 대형 괘불도로서 임금과 왕비, 그리고 세자의 만수무강을 빌고 있으며 시주에도 많은 인원이 참가하였다. 화원은 1750년경 경남 고성의 운흥사를 중심으로 전국 각처에서 활약한 의겸 비구가 참여한 것이 주목된다. 특히 화기의 'ㅁ6년'이라는 연대는 옹정(雍正) 6년(1728)과 건륭(乾隆) 6년(1741)으로 추정되는데 운흥사 괘불탱(영조 6년, 1730, 옹정 8년)과는 구도와 묵중하고 괴량감 있는 신체, 의습에서 보이는 번잡하고 도안화된 문양 등이 유사하여 양식 비교의 필요가 있다. 정조 16년(1792)과 순조 9년(1809)에 후배지를 중수한 기록이 있어 의겸이 가장 활발히 활약한 시기인 1730년경에 만들어진 것으로 보이지만, 정확한 연대는 개암사 영산회괘불탱(영조 25년, 1749, 건륭 14년, 보물 제1269호)과 비교해야 할 것이다.

안국사 부도군

소재지:전라북도 무주군 적상면 북창리

이 부도들은 안국사 역대 스님들의 사리를 봉안한 부도탑들이다. 청운당 사리탑과 봉골탑은 숙종 43년(1717)에, 월인당대사 영골탑은 영조 26년(1750)에, 보운당 사정탑은 영조 29년(1753)에 각각 세워진 것이다.

원통사지

전라북도 기념물 제67호
소재지:전라북도 무주군 안성면 죽천리

이 사지는 덕유산 남쪽 기슭에 위치하고 있는 고찰지(古刹址)로서, 원통사 중창비문에 의하면 신라시대에 창건되었던 사찰임과 함께 창건 당시의 규모에 대해서는 알 수 없으나, 법당 외에

종각·누각 등의 건물이 있었던 것으로 기록되어 있다. 또한 이 비문에 의하면 탄언(坦彦), 도영(道英), 혜옥(惠玉), 일학(一學) 등의 대사에 의해 당(堂)과 종각을 중창했고, 불상을 중수했으며, 동종을 주조하는 등의 대불사를 하였다. 광무 9년(1905) 을사조약 이후 덕유산 원통사에는 의병장 김동신, 문태서, 신명선, 박춘실 등의 의병부대가 항일투쟁의 근거지로 삼았으며, 1949년 여순사건에는 병화로 소실되었다. 그후 1976년에는 주지로 부임해온 배재열 스님이 본격적인 복원계획을 하고 있던 중 1982년 삼보법회 회장인 황광석 거사가 원통사를 찾아와 사재를 들여 복원을 시작한 지 3년 만인 1985년에 대웅전, 선초당, 초연교 등을 완성함으로써 원통사 옛모습을 찾게 되었다.

서벽정

전라북도 기념물 제80호
소재지:전라북도 무주군 설천면 두길리
서벽정은 고종 23년(1886) 연재(淵齋) 송병선(宋秉璿)이 무주에 낙향하여 구천동 수성대(水城臺)에 건립하여 머물던 곳으로서, 화재로 소실되었던 것을 고종 28년(1891)에 재건하였으며, 6·25사변을 계기로 공산군의 숙영지 역할을 하기도 하였다. 송병선의 호는 연재이며, 송시열의 9세손으로서, 서연관, 지평을 거쳐 대사헌 등에 이르렀으나 취임하지는 않았다. 그는 벽사설(闢邪說)을 지어 양학 배척을 하였고, 일본과의 조약을 반대하였다. 또한 그는 조선 말엽의 세태를 개탄하고 운둔생활을 하던 중 친구의 소개로 이곳에 오게 되었다 한다. 광무 9년(1905) 을사조약이 체결되자 수일간 단식을 하며 개선조건 10조를 고종에게 상소하려다 뜻을 이루지 못하고 강제로 대전 석남촌으로 옮겨지자 「전국민에게 보내는 글」, 「서사동지」(書祀同志)에게 보내는 글을 짓고 1907년에 음독순절하였다.

무주향교 대성전

전라북도 문화재자료 제103호
소재지:전라북도 무주군 무주읍 읍내리
무주향교는 조선 태조 7년(1398)에 현사(縣舍)의 북쪽에 창건하였으나, 호랑이의 침해로 말미암아 숙종 18년(1692) 당시 부사 김몽신이 향로산 서쪽으로 이전하였다. 그러나 지대가 습하여 할 수 없이 순조 34년(1834) 당시 현감 이헌승이 현재의 위치로 이전하려 하였으나, 준공 전에 사망하였고, 그 뒤를 이은 현감 김용, 김기증 역시 이 일을 완공치 못하고 사망하고 말았다. 그후 이광승 현감이 이를 완공하였다. 그후 고종 13년(1876), 21년(1884) 2차에 걸쳐 중수하여 오늘에 이르고 있다. 대성전에는 공자를 중심으로 안자, 증자, 자사, 맹자의 중국 4성과 공문 10철, 즉 민손, 염경, 염옹, 재여, 단목사, 염구, 중유, 언언, 복상, 전손사, 그리고 송대 6현, 즉 주희, 정명도, 정이천, 소강절, 장횡거, 주자를 배향하고 있다. 동무에는 우리나라의 18현 가운데 9현, 즉 설총, 안향, 김굉필, 조광조, 이황, 이이, 김장생, 김집, 송준길, 서무에는 나머지 9현, 즉 최치원, 정몽주, 정여창, 이언적, 김인후, 성혼, 조헌, 송시열, 박세채 등을 배향하고 있다. 현재 이곳에는 대성전을 비롯하여 명륜당 그리고 동·서무, 양사재, 외삼문과 내삼문, 전사재, 교직사 등이 있다.

부록 4
참고문헌

『고고미술』 상·하, 한국미술사학회, 1979

『국보』, 웅진출판, 1992

『동산문화재지정보고서』(1996∼97지정편), 문화재관리국, 1998

『문화재안내문안집』 6집(전북), 8집(대구·경북上), 10집(부산·경남), 문화재관리국 문화재연구소, 1990

『벽화고분』, 이화여자대학교 박물관, 1973

『선종대가람 완주송광사』, 송광사, 1997

『완주화암사 실측조사보고서』, 문화재관리국, 1985

『우리나라 문화재』, 문화재관리국, 1970

『한국미술사』, 대한민국예술원, 1984

『한국민족문화대백과사전』(전27권), 한국정신문화연구원, 1991

『한국의 미』, 중앙일보사, 1985

『한국의 발견』(경상북도/경상남도/전라북도편), 뿌리깊은 나무, 1983

『한국전통문화』, 국립중앙박물관, 1992

『한옥의 재발견』, 주택문화사, 1995

거창군지편찬위원회, 『거창군지』, 거창군, 1979

고유섭, 『고유섭 전집』 1, 통문관, 1993

김광언, 『한국의 주거민속지』, 민음사, 1988

김기흥, 『새롭게 쓴 한국고대사』, 역사비평사, 1993

김길웅, 「가섭사지 마애삼존불에 대한 고찰」, 『신라문화』(제6집), 동국대신라문화연구소, 1989

김리나, 『한국고대 불교조각사 연구』(증판), 일조각, 1995

김봉렬, 『시대를 담는 그릇』, 이상건축, 1999

김봉렬, 『한국의 건축』, 공간사, 1985

김부식 지음·조병순 엮음, 『삼국사기』, 성암고서박물관, 1984

김삼웅, 『해방후 정치사 100장면』, 가람기획, 1994

김원룡, 「거창 고려벽화고분 약보」, 『박물관신문』 제18호, 1971

김원룡, 『한국미의 탐구』(개정판), 열화당, 1996

김한곤, 『한국의 불가사의』, 새날, 1997

노민영·강희정 기록, 『거창양민학살─그 잊혀진 피울음』, 온누리, 1988

대한불교신문 편집국, 『한국의 사찰』, 대한불교신문, 1993

리영희, 『역정─나의 청년시대』, 창작과비평사, 1988

민영규, 『사천강단』, 우반, 1994

민족문화추진위원회 옮김, 『신증동국여지승람』, 1969

민현구, 「고려의 대몽항쟁과 대장경」, 『고려대장경 연구자료집 1』, 고려대장경연구소, 1987

박기용, 『거창의 누각과 정자 16─위천 관수루』, 아림신문, 1995

박상진, 『다시 보는 팔만대장경판 이야기』, 운송신문사, 1999

박세길, 『다시 쓰는 한국현대사』 1, 돌베개, 1988

박태순, 『국토와 민중』, 한길사, 1983

송수권, 『남도기행』, 도서출판 시민, 1990

신경림, 『민요기행』 2, 한길사, 1989

신영훈, 『한국의 살림집』 상·하, 열화당, 1983

심봉근, 『합천 영암사지』 1, 동아대학교 박물관, 1985

염영하, 『한국의 종』, 서울대학교출판부, 1991

예용해, 『민속공예의 맥』(예용해전집 제4권), 대원사, 1997

오지영, 『동학사』, 대광문화사, 1984

우윤, 『전봉준과 갑오농민전쟁』, 창작과비평사, 1992

이강오·정구복, 『전주·완주지역 문화재보고서』, 전북대학교 박물관, 1979

이고운·박운산, 『명산고찰 따라』 속2, 운주사, 1994

이고운·박운산, 『명산고찰 따라』 하, 운주사, 1993

이덕일, 『당쟁으로 보는 조선 역사』, 석필, 1997

이재창·장경호·장충식, 『해인사』, 대원사, 1993

이중환 지음·이익성 옮김, 『택리지』, 을유문화사, 1994

이지관, 『교감역주 역대고승비문』 3, 가산불교문화연구원, 1995

인제대 가야문화연구소편, 『가야제국의 왕권』, 신서원, 1997

일연 지음·김봉두 편역, 『삼국유사』, 교학사, 1993

장기인, 『한국건축용어집』 제4집, 한국건축가협회, 1969

장수문화원편, 『논개의 생애와 충절』, 장수문화원, 1997

장충식, 『한국의 탑』, 일지사, 1989

전라북도 문화예술과, 『사찰지』, 대광출판사, 1990

정명호, 『한국석등양식』, 민족문화사, 1994

정영호, 「조선전기 범종고」, 『동양학』 제1집, 단국대, 1971

정희상, 『이대로는 눈을 감을 수 없소』, 돌베개, 1990

조영석, 『관아재고』(영인본), 한국정신문화연구원, 1984

주남철, 『한국건축미』 제2판, 일지사, 1995

최영선, 『자연사 기행』, 한겨레신문사출판국, 1995

편집부 엮음, 『우리 건축을 찾아서』 2, 발언, 1994

한국관광문화연구소, 『한국의 명산대찰』, 국제불교도협의회, 1982

한국보이스카우트 연맹, '한국의 성곽과 봉수' 발간위원회, 『한국의 성곽과 봉수』, 1989

한국정치연구회 정치사분과, 『한국현대사 이야기주머니』 1, 녹두, 1993

황수영, 『한국금석유문』, 일지사, 1976

부록 5
찾아보기